软件需求(第 2 版)

(美) Karl E. Wiegers　著

刘伟琴　刘洪涛　译

清华大学出版社
北　京

内 容 简 介

本书是有关软件需求的经典教材,本书全面而深入地讲述了软件开发中一个至关重要的问题——软件需求问题。软件开发人员及用户往往容易忽略沟通的重要性,导致软件开发出来后,不能很好地满足用户的需要。返工不仅在技术上给开发人员带来巨大的麻烦,并且会造成人力、物力和资源的浪费,还使软件性能深受影响,所以在开发早期提高项目需求分析的质量,减少重复劳动,通过控制项目范围的扩大及需求变更来达到按计划完成预定目标,是当前软件业急需解决的问题,也是本书讨论的主要内容。

本书对第 1 版的内容进行了扩展,不仅对原有的知识点进行了补充,还引入了一些新知识,以求与时代发展同步。

本书可以作为计算机专业及软件工程专业学生的教材使用,也非常适合作为项目经理、软件开发人员的指导性参考书。

软件需求(第 2 版)
Software Requirements(second edition)(ISBN 0-7356-1879-8)
Karl E. Wiegers

Copyright © 2003 by Microsoft Corporation.

Original English Language Edition Copyright © 2003 by Microsoft Corporation.
Published by arrangement with the original publisher, Microsoft Press,
a division of Microsoft Corporation, Redmond, Washington, U.S.A.

本书中文版由 Microsoft Press 授权清华大学出版社出版。

北京市版权局著作权合同登记号　图字:01-2003-3097

图书在版编目(CIP)数据

软件需求(第2版) / (美)威格斯(Wiegers,K.E.)著;刘伟琴,刘洪涛译. —北京:清华大学出版社,2004.11
(2023.12 重印)
书名原文:Software Requirements(second edition)
ISBN 978-7-302-09834-8

Ⅰ. 软…　Ⅱ. ①威…②刘…③刘…　Ⅲ. 软件开发　Ⅳ. TP311.52
中国版本图书馆CIP数据核字（2004）第 111917 号

责任编辑:李朋朋　张　莉
封面设计:陈刘源
版式设计:北京东方人华科技有限公司
责任印制:曹婉颖

出版发行:清华大学出版社
　　　网　　　址:https://www.tup.com.cn, https://www.wqxuetang.com
　　　地　　　址:北京清华大学学研大厦 A 座　　　邮　　编:100084
　　　社 总 机:010-83470000　　　邮　　购:010-62786544
　　　投稿与读者服务:010-62776969, c-service@tup.tsinghua.edu.cn
　　　质 量 反 馈:010-62772015, zhiliang@tup.tsinghua.edu.cn
印 装 者:三河市铭诚印务有限公司
经　　销:全国新华书店
开　　本:185mm ×260mm　　　印　　张:23.25　　　字　　数:555 千字
版　　次:2004 年 11 月第 1 版　　　印　　次:2023 年 12 月第 22 次印刷
定　　价:59.00 元

产品编号:009190-02

译 者 序

随着计算机软件项目的规模越来越大，竞争日趋激烈，软件开发组织越来越认识到软件质量的重要性，在这种情况下软件工程的理念已渐渐深入人心，人们已经从中受益。

软件需求作为软件工程的一个阶段，在软件项目开发中起着至关重要的作用。软件项目要取得成功，最重要的莫过于了解所要开发的软件需要解决哪些问题，这就是软件需求所要解决的问题，因此，软件需求为软件项目的成功奠定了基础。如果软件开发人员与客户不进行充分的交流与沟通，没有就产品的功能性需求和非功能性需求达成共识，就匆匆忙忙开始着手编写代码，其后果可想而知，很可能不能满足用户的需要，从而不得不对项目进行返工，这就造成了人力和物力的巨大浪费。如果我们在软件项目开发之前，充分地完成软件需求的相关活动，就可以避免这种情况的发生。

本书是一本非常实用的需求工程参考书，书中按照需求工程的各个阶段，即需求获取阶段、需求分析阶段、编写需求规格说明阶段、需求确认阶段和需求管理阶段组织起来，并提供了许多有效技术，这些技术为用户、开发人员和管理层之间进行交流提供了方便。本书作者卡尔·E·威格(Karl E. Wiegers)是需求工程领域的权威人士，他曾担任过软件开发人员、软件经理以及软件过程和质量改进负责人，在长期的工作中积累了丰富的经验。本书第 1 版曾荣获"软件开发"效率大奖，目前已成为参与软件开发过程的所有人员必不可少的参考书。本书第 2 版对第 1 版中所提出的最佳实践进行了许多扩充，这一版不仅在每一章中都列举了大量的实例并提供了新的案例，而且，作者还根据自己的亲身经历，为完成不同的任务提供了颇具特色的检查列表、范例文档和模板。另外，作者还从自己丰富的职业生涯中精选出了一些趣闻轶事，增加了技术书籍的趣味性。相信阅读本书之后，读者对于需求工程一定会有一个全面而透彻的理解。

参加本书翻译工作的人员还有苏正泉、米强、张颖、夏红、谷昀、江峰、徐利生、李宏为、赵琪、姬凌岩。

由于时间仓促以及水平有限，错误之处在所难免，敬请读者批评指正。

译 者
2004 年 4 月

前　言

尽管软件业已经经历了 50 年的发展历程，但是许多软件开发组织仍然在努力收集它们的产品需求，将这些需求编写成文档并进行管理。许多信息技术项目之所以不能在预定的进度和预算范围内向用户交付预期的所有功能，其主要原因不外乎就是缺少来自用户的信息，需求不够完整及需求发生了变化。许多软件开发人员都感到收集客户需求并不是一件轻而易举的事情，或者说他们并不精通于此事。客户经常没有耐心参与需求开发，或者是指派不合适的人选来提供需求信息。项目参与者甚至经常不能就"到底什么是需求"达成一致意见。正如一位作者所观察到的："工程师们宁肯解读 Kingsmen 乐队在 1963 年演唱的经典歌曲 'Louie Louie' 中的歌词，也不愿意解读客户的需求"。

软件开发所涉及的人员沟通至少与计算一样多，但是，我们却经常只强调计算而忽略了沟通。本书提供的许多工具为沟通提供了方便，并可以帮助软件从业人员、管理人员、市场人员和客户应用有效的需求工程方法。第 2 版新增加的章节内容包括需求分析员的角色、业务规则的重要性，以及将需求工程应用到维护性项目、软件包解决方案、外包项目和渐进式项目中所采用的方法。书中大量的特殊段落中所提供的材料都是真实的，旨在阐明与需求相关的典型经历，这些段落用图标🔲标示。

这里所介绍的这些技术是需求工程中主流的"良好实践"，而不是陌生的新技术，也不是声称可以解决所有需求问题的详尽方法学。我于 1999 年编写了本书的第 1 版，此后在 100 多个研讨会中为各类公司和政府组织中的人员讲授过软件需求。我已经了解到这些做法实际应用于各种项目，包括那些后续追加服务的方法，无论是小型项目还是大规模的项目，开发新项目还是维护已有项目均可适用。另外，这些技术也并不局限于软件项目，它们也同样适用于硬件和系统工程。与任何一种其他的软件实践一样，我们需要根据常识和经验来搞清楚如何使这些方法更好地为我们服务。

从本书中获得的收益

在您所能采用的所有软件过程改进中，改进的需求工程实践为我们所带来的好处很可能是最大的。我重点描述了实用的并已得到认可的技术，这些技术可以在下列方面对我们有所帮助：

- 在开发周期早期改进项目需求的质量，可以减少返工和提高生产率。
- 通过控制范围扩大和需求变更来满足项目的进度目标。
- 达到更高的客户满意度。
- 降低维护成本和技术支持的成本。

我的目的是帮助大家改进收集并分析需求、编写并确认需求规格说明、在整个产品开发周期中管理需求等几个方面所采用的过程。我希望大家真正地将改进的实践用于具体的项目中，而不要只是读一读而已。了解新的实践并不难，然而，事实上要改变人们的工作方法却不是一件容易的事。

本书读者对象

需要定义或理解软件产品需求的所有人员都会从本书中获得对自己有用的信息。第 1 类对象是在项目开发中承担需求分析员角色的人，他们可能是专职的需求分析专家，也可能只是临时承担需求分析员的角色。第 2 类对象包括设计人员、程序员、测试人员以及其他必须理解并满足用户要求的团队成员。负责指定使产品在商业上获得成功的特性和属性的市场人员和产品经理也会发现这些实践十分具有价值。必须按时交付产品的项目经理也可以通过本书了解到如何管理项目需求活动和处理需求变更。第 3 类对象是客户——他们希望自己定义的产品能够满足功能和质量的需要。本书将帮助客户理解需求过程的重要性以及他们在这一过程中所扮演的角色。

全 书 展 望

本书共分 4 个部分。第 I 部分"什么是软件需求？为什么要实现软件需求？哪些人应参与软件需求"，包括第 1 章至第 4 章，这一部分一开始提出了一些定义，并描述了优秀需求具备的若干特性。如果你们是负责技术的一方，那么我希望你们能与重要客户共同阅读第 2 章中有关客户和开发人员合作伙伴关系这一部分。第 3 章介绍了业界需求开发和管理的几十个"良好实践"，以及需求开发的总体过程。第 4 章的主题是需求分析员的角色。

第 II 部分"软件需求开发"包括第 5 章至第 17 章。这一部分首先介绍了定义项目的业务需求所采用的方法。其他章节描述了如何找到合适的客户代表，获取他们的需求，以及将用例、业务规则、功能性需求和质量属性编写成文档。第 11 章描述了几种分析模型，这些分析模型可以从不同的角度来表示需求。第 13 章描述了如何使用软件原型来减小风险。其余的章节提出了划分需求优先级和确认需求的各种方法。在这一部分的最后，描述了在某些特殊的项目情况下需求开发所面临的特殊难题，并研究了需求如何影响项目工作的其他方面。

第 III 部分"软件需求管理"包括 18 章至 21 章，这一部分的主题是需求管理的理论和实践，重点强调处理需求变更所用的方法。第 20 章描述了如何通过需求可跟踪性将单个需求与它们的起源、下游开发的可交付成果联系起来。这一部分的最后介绍了几种商业工具，这些工具能够进一步改进管理项目需求使用的方法。

本书的最后一部分"实现需求工程"包括第 22 章至附录 D，帮助我们将理论概念运用到具体实践中。第 22 章将新的需求工程技术加入到项目组的开发过程中。第 23 章描述了与需求相关的一些常见的项目风险。附录 A 中的当前需求实践自我评估能够帮助我们选择最合适的需求基数和方法。其他附录介绍了需求和过程改进模型、需求错误诊断指南和几个需求文档范例。

案 例 研 究

为了演示本书所描述的方法，我们从基于实际项目的若干案例研究中选择了一些实例，特别提供了一个称为"化学制品跟踪系统"的中等规模的信息系统(不要着急——理解这一项目并不需要我们了解任何化学知识)。遍布于整本书中的项目参与者之间的样例对话均来自于这些案例研究项目。无论你所在的项目组构建何种软件，我认为你都可以找到相关的对话。

从理论到实践

扫清将新的知识付诸于行动所遇到的障碍需要相当的精力，要做到这一点绝非易事。停留在已经熟知的实践领域会比较轻松，人们都不喜欢变化。为了在改进需求的过程中助你一臂之力，每一章的最后都提供了"下一步"，你可以遵循这些步骤着手应用相应章节的内容。书中提供了带有注释的需求文档模板、审查列表、需求优先级电子数据表、变更控制过程和许多其他的过程资产，可以通过 http://www.processimpact.com 下载。通过这些材料，我们就可以开始着手应用这些技术。最初可以先实施一些小的需求改进，但不要拖延，要马上行动。

有些项目参与者不愿意尝试新的需求技术。有些人则完全不切实际，如果你正在与这样的人打交道，那么这些技术都不能发挥作用。使用本书中所提供的材料来教育你的同行、客户和经理，提醒他们在以前的项目中所遭遇到的与需求相关的一些问题，并讨论如果尝试某些新方法会收到哪些潜在的收益。

我们不必在一个全新的开发项目中开始应用改进的需求工程实践。第 16 章讨论了几种方法，可以将本书中所介绍的许多技术应用到维护性项目中。增量地实现需求实践也是一种低风险的过程改进方法，这可以为在下一个较大的项目中采用一整套新技术作好准备。

需求工程的目的是要开发优秀的需求，使得我们能够在一个可以接受的风险级别上继续进行设计和构造工作。在需求工程上需要我们花费足够的时间，以尽量减少返工、产品不被接受和拖延进度等风险。本书还提供了一些工具，便于相关人员协同工作，为合适的产品开发合适的需求。

目　　录

第I部分

什么是软件需求？为什么要实现软件需求？哪些人应参与软件需求

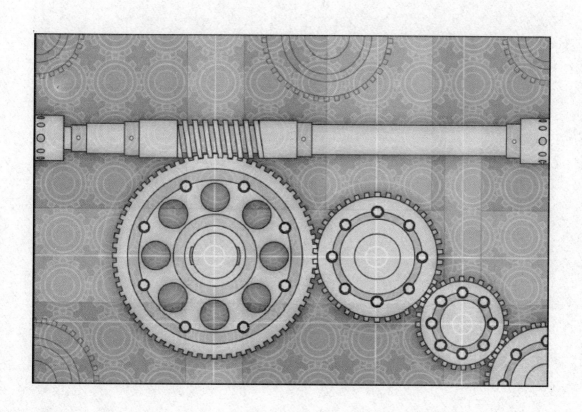

第1章 软件需求基础知识

"您好。是 Phil 么？我是人力资源部的 Maria。我们使用您做的人事管理系统时遇到点问题。有位女职员想把名字改成 Sparkle Starlight，可我们在系统里怎么都改不过来。能帮帮忙吗？"

"她嫁了一个姓 Starlight 的人么？"

"没有，她没结婚，只是改了名字。"Maria 答道，"所以才有这样的麻烦。好像只有在婚姻状况改变时才能改名字。"

"是的。我从来没想过谁会无缘无故地改名字。我们讨论系统的时候您可没跟我提过这种可能。所以只能从修改婚姻状况的对话框进入修改名字的对话框。"

"谁都可以改名字。只要他愿意，随时都行，这是合法的。我以为您知道呢。"Maria 说，"星期五之前必须搞定，不然 Sparkle 就兑换不了支票。您能在那之前把这个错误改过来么？"

"这根本就不是错误！"Phil 反驳道，"我从来不知道您需要这个功能。我正忙着做一个新的性能评估系统。而且我还要对人事管理系统进行一些修改，"(话筒里传来翻纸的声音)，"对，这就有一个。月底没准能改好，这周肯定不行，抱歉。下回早点儿告诉我，麻烦把问题写下来。"

"我怎么跟 Sparkle 说？"Maria 问，"兑不了支票她就得赊账。"

"搞清楚，Maria，这可不是我的错。"Phil 抗议了，"如果您当时告诉我要能随时修改姓名，就不会有今天的事。您不能怪我没猜到您的想法。"

Maria 很生气却无可奈何，只好气冲冲地说："好了。就是这种事让我恨透了计算机。改好了马上通知我，这总可以吧。"

如果您曾经有过这种客户经历，您肯定明白这种连最基本的操作都完不成的软件多么让人烦恼。即便开发人员最终可能会帮您改好，您通常也不愿总求助于他。然而，站在开发人员的立场，如果系统完成后才从用户那里得知需要什么功能，也的确很难接受。已经完全按最初的要求实现了系统，却不得不停下手头的项目去修改系统以便满足用户的新需求，这也是件很讨厌的事。

许多软件问题都源于收集、记录、协商和修改产品需求过程中的方式不当。前面 Phil 和 Maria 的例子中就有这些方面的问题，包括信息收集方式不正规，没有明确提出想要的功能，假设是未经沟通的错误假设，需求的定义不够充分，以及未经仔细考虑进行需求变更等。

很少有人会甩给建筑商 30 万美金而不详细说明自己对房子的想法和要求。相反，他们会不厌其烦地提出各种细节要求。要对房子进行改造就得掏钱，购房者尽管不情愿，却都能理解。然而，在软件开发中遇到同样问题时，人们却常常轻率地将其忽略。软件项目中 40%～60% 的缺陷都是由需求分析阶段的过失所致(Davis 1993; Leffingwell 1997)。对欧洲软件行业所做的大规模调查显示：确定和管理用户需求是问题最多的两个环节(ESPITI 1995)。尽管如此，许多组织仍然没有采取有效手段来实施这两个必要的项目活动。由此导致的结果常常是用户和开发者之间产生需求的鸿沟——二者对产品需求的理解相去甚远。

软件或系统项目涉众(stake holder，产品或项目相关人员)的利益之间的相互作用在需求过程中表现得最为强烈。项目涉众包括：

- 客户：为达到其公司的业务目标而投资项目或购买产品。
- 用户：直接或间接与产品打交道，是客户的一部分。
- 需求分析员：负责编写需求并传达给开发团队。
- 开发人员：设计、实现和维护产品。
- 测试人员：确定产品的行为是否与预计的相一致。
- 文档编制人员：负责编写用户手册、培训资料和系统帮助。
- 项目经理：制定项目计划并带领开发人员获得成功。
- 法律人员：确保产品符合所有相关法规。
- 生产人员：制造包含该软件的产品。
- 市场营销、技术支持及其他与产品和客户打交道的人员。

如果处理得当，各方利益的相互作用将能够使产品获得成功，同时使客户感到满意，并使开发人员充满成就感；否则，就会导致误解、挫折和矛盾，从而降低产品的质量和商业价值。由于需求是软件开发和项目管理活动的基础，所以涉众必须承诺遵循有效的需求过程。

但是开发和管理需求绝非易事，没有任何捷径与魔法。由于很多组织被一些同样的问题所困扰，所以我们可以寻找共同的解决方法，以用于多种不同的情况。本书介绍了很多这类方法。虽然都是以新系统的开发为背景引入这些方法，但其中大部分其实也适用于项目维护和选用现成的商业软件(参见第 16 章)。这些需求开发及管理方法并非只适用于采用顺序式瀑布型开发生命周期的项目，即使采用增量开发模式的项目开发小组也需要知道每次该增加什么功能。

本章将帮助您：

- 理解软件需求工程的一些重要术语。
- 区分需求开发与需求管理。
- 保持对潜在的与需求相关的问题的警觉性。
- 了解完善的需求应该具备的特征。

📖 **为自己把脉**

只要对照下面各项来检查最新的项目，就能对组织的项目需求状况作出快速评估。如果项目中有 3 项与以下情况符合，那就读读这本书吧。

- 项目的前景(vision)和范围(scope)未曾明确定义。
- 客户太忙，没时间与需求分析员和开发人员一起讨论需求。
- 用户代理，如生产经理、开发经理、用户负责人或营销人员，自诩可以代表用户，其实他们不能准确说出用户的需要。
- 需求只存在于组织中那些所谓专家的脑子里，没有被记录下来。
- 客户坚持所有需求都很重要，不愿排出它们的优先次序。
- 开发人员在编码过程中发现需求有歧义，缺少足够的信息，只能去猜测。
- 开发人员与客户沟通时只关心用户界面，忽略了用户需要用软件去做什么。
- 客户签字确认了需求却又一直提出修改要求。
- 项目范围因接受需求变更而扩大，却没有相应地增加投入或减裁功能，进度因此被延误。
- 需求变更的请求被弄丢，开发人员和客户都不了解所有变更请求的状态。
- 开发人员按客户要求实现的功能无人问津。
- 需求规格说明(SRS)中的要求都实现了，客户却不满意。

1.1　软件需求的定义

软件行业存在这样一个问题，用于描述需求工作的术语没有统一的定义。对同一项需求，不同的人会有不同的描述，称其为用户需求、软件需求、功能需求、系统需求、技术需求、业务需求或产品需求。客户对需求的定义，在开发人员看来可能只是高级别的产品概念；而开发人员的需求概念对用户来说也许就是详细的用户界面设计。定义的多样性导致了令人迷惑和沮丧的沟通问题。

需求必须被记录成文档，这一点很重要。我曾在一个项目中经历过开发人员的角色轮换。每次轮换后，新任需求分析员都跑来对客户说："我们来谈谈需求吧。"客户不胜其烦，回答也变得很不客气："我早就把需求告诉您那些前任了，赶紧把系统给我做出来！"实际情况是没有谁把需求写下来，所以每位新任分析员都只能从头开始。仅凭一堆电子邮件、语音邮件、便条、会议记录，以及对走廊中几次交谈的模糊印象就自称掌握了需求，那纯属自欺欺人。

1.1.1　对需求的不同解释

咨询专家 Brian Lawrence 提出，需求是"任何促成设计决策的因素"。很多信息都属于这一范围。

IEEE 的软件工程标准术语表(1990)则将需求定义为：

- 用户为解决某个问题或达到某个目标而需具备的条件或能力。
- 系统或系统组件为符合合同、标准、规范或其他正式文档而必须满足的条件或必须具备的能力。
- 上述第一项或第二项中定义的条件和能力的文档表达。

这一定义既体现了用户对需求的看法(系统的外部行为)，也代表了开发人员的观点(一些深层的特性)。术语**用户**隶属于**涉众**，因为并非所有涉众都是用户。我对需求的理解是：产品为向涉众提供价值而必须具备的特性。下面这条定义则确认了需求类型的多样性(Sommerville 和 Sawyer 1997)：

> 需求是……对应该实现什么功能的说明——可以是对系统运行方式
> 或系统特征与属性的描述；还可能是对系统开发过程的约束。

很显然，对于需求是什么没有一个统一的定义。为便于交流，我们需要协商决定一组限定词用来修饰"需求"这个内涵丰富的术语，并认识到用可通用的形式记录需求的重要性。

 注意 不要一厢情愿地认为项目涉众对需求的理解是一致的。应该事先给出定义，才能保证大家谈论的是同一个问题。

1.1.2 需求的层次

本节将给出我对需求工程领域一些常用术语的定义。软件需求包括 3 个不同的层次——业务需求、用户需求和功能需求。除此之外，每个系统还有各种非功能需求。图 1.1 中的模型给出了各种需求关系的示意图。和其他所有模型一样，这个模型也不能面面俱到，但它确实有助于理解需求的整体概念。图中的椭圆代表各类需求信息，矩形则是存储这些信息的载体(文档、图形或数据库)。

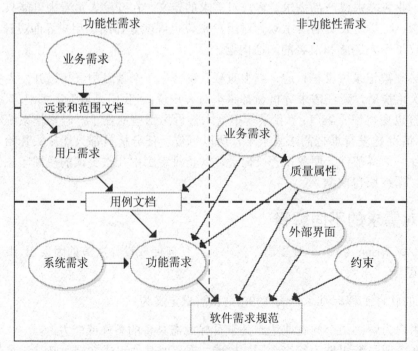

图 1.1 各种需求的关系

注：第7章中介绍了各种需求的示例。

　　业务需求(Business requirement)表示组织或客户高层次的目标。业务需求通常来自项目的投资人、购买产品的客户、实际用户的管理者、市场营销部门或产品策划部门。业务需求描述了组织为什么要开发一个系统，即组织希望达到的目标。我喜欢用前景和范围(vision and scope)文档来记录业务需求，这份文档有时也被称作项目轮廓图或市场需求(project charter 或 market requirement)文档。如何生成这份文档是第 5 章的主题。定义项目范围是控制范围扩大这个常见问题的第一步。

　　用户需求(user requirement)描述的是用户的目标，或用户要求系统必须能完成的任务。用例、场景描述和事件-响应表都是表达用户需求的有效途径。也就是说用户需求描述了用户能使用系统来做些什么。例如，在航空公司、汽车出租公司或酒店的网站上"预订"就是一个用例。

　　注　　第 8 章专门讨论了用户需求。

　　功能需求(funetional requirement)规定开发人员必须在产品中实现的软件功能，用户利用这些功能来完成任务，满足业务需求。功能需求有时也被称作**行为需求**(behavioral requirement)，因为习惯上总是用"应该"对其进行描述："系统应该发送电子邮件来通知用户已接受其预定"。功能需求描述的是开发人员需要实现什么。第 10 章将举例说明这点。

　　术语**系统需求**(system requirement)用于描述包含多个子系统的产品(即系统)的顶级需求。系统可以只包含软件子系统，也可以既包含软件又包含硬件子系统。人也可以是系统的一部分，因此某些系统功能可能要由人来承担。

　　我们小组曾编写过一个用来操纵实验室设备的软件。它能控制这些设备给整排烧杯加入精确数量的化学药品(把这项乏味的工作自动化)。我们根据整个系统的需求推导出软件子系统的功能需求：向硬件发送信号来移动加药的喷头，读取定位传感器，开泵和关泵。

　　业务规则包括企业方针、政府条例、工业标准、会计准则和计算方法等。第 9 章中指出业务规则本身并非软件需求，因为它们不属于任何特定软件系统的范围。然而，业务规则常常会限制谁能够执行某些特定用例，或者规定系统为符合相关规则必须实现某些特定功能。有时，功能中特定的质量属性(通过功能实现)也源于业务规则。所以，对某些功能需求进行追溯时，会发现其来源正是一条特定的业务规则。

　　功能需求记录在**软件需求规格说明**(SRS)中。SRS 完整地描述了软件系统的预期特性。以下提到 SRS 时都把它当作文档，其实，SRS 还可以是包含需求信息的数据库或电子表格；或者是存储在商业需求管理工具中的信息(参见第 21 章)；而对于小型项目，甚至可能是一叠索引卡片。开发、测试、质量保证、项目管理和其他相关的项目功能都要用到 SRS。

　　除了功能需求外，SRS 中还包含非功能需求，包括性能指标和对质量属性的描述。**质量属性**(quality attribute)对产品的功能描述作了补充，它从不同方面描述了产品的各种特性。这些特性包括可用性、可移植性、完整性、效率和健壮性，它们对用户或开发人员都很重要。其他的非功能需求包括系统与外部世界之间的外部界面，以及对设计与实现的约束。**约束**(constraint)限制了开发人员设计和构建系统时的选择范围。

人们经常谈论到产品特性。所谓**特性**(feature)，是指一组逻辑上相关的功能需求，它们为用户提供某项功能，使业务目标得以满足。对商业软件而言，特性则是一组能被客户识别，并帮助他决定是否购买的需求，也就是产品说明书中用着重号标明的部分。客户希望得到的产品特性和与用户的任务相关的需求不完全是一回事。Web 浏览器的收藏夹和书签，拼写检查，宏录制，汽车的电动车窗，免税代码的在线更新，电话的快速拨号功能以及病毒特征的自动更新都是产品特性的例子。一项特性可以包括多个用例，每个用例又要求实现多项功能需求，以便用户能够执行某项任务。

为了更好地掌握前面提到的几类需求，我们举一个字处理程序的例子。它可能有这样一项业务需求："产品允许用户轻松地更正文档中的拼写错误。"因此该产品的包装盒上列出了拼写检查器这一功能特性。对应的用户需求则可能包括"找出拼写错误"和"把单词添加到词典中"这样一些任务，或者叫作用例。拼写检查器有多项独立的功能需求对应于各种操作，例如找到并突出显示拼错的单词，用对话框显示修改建议，用正确的单词替换整篇文档中同一单词的所有拼写错误。还有一项称为**可用性**(usability)的质量属性，它规定了业务需求中"有效"(efficiently)一词的含义。

管理人员或市场营销人员负责定义软件的业务需求，以提高公司的运营效率(对信息系统而言)或产品的市场竞争力(对商业软件而言)。所有的用户需求都必须符合业务需求。需求分析员从用户需求中推导出产品应具备哪些对用户有帮助的功能。开发人员则根据功能需求和非功能需求设计解决方案，在约束条件的限制范围内实现必需的功能，并达到规定的质量和性能指标。

图 1.1 中的模型显示的是一个自顶向下的单向需求流，没能反映出业务需求、用户需求与功能需求之间可能存在的循环和迭代关系。当一项新的特性、用例或功能需求被提出时，需求分析员必须思考这样一个问题："它在范围内吗？"。如果答案是肯定的，则该需求属于需求规格说明，反之则不属于。但答案也许是"不在，但应该在"，这时必须由业务需求的负责人或投资管理人来决定：是否扩大项目范围以容纳新的需求。这是一个可能影响项目进度和预算的商业决策。

1.1.3   不属于需求的内容

需求规格说明中不包括(除已知约束外的)设计和实现的细节、项目的计划信息，以及测试信息(Leffingwell 和 Widrig 2000)。把这些内容与需求分开，就可以把需求活动的注意力集中到了解开发小组需要开发的产品特性上。项目中通常还包括其他类型的需求，如开发环境需求，进度或预算限制，帮助新用户跟上进度的培训需求，或者发布产品使其转入支持环境的需求。这些都属于**项目**需求而不是**产品**需求，因此不属于本书讨论的范围。

1.2　需求的开发与管理

需求领域的术语问题如此突出,甚至对这门学科的称呼都很混乱。有的作者称其为需求工程(Sommerville 和 Kotonya 1998);也有人称之为需求管理(Leffingwell 和 Widrig 2000)。我找到一个好办法解决这个问题,就是把软件需求工程划分为**需求开发**(本书第Ⅱ部分讨论的内容)和**需求管理**(在第Ⅲ部分讨论),如图 1.2 所示。

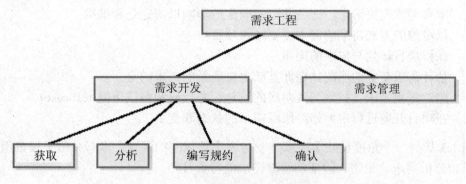

图 1.2　软件需求工程的组成

1.2.1　需求开发

需求开发可进一步细分为**获取**(Elicitation)、**分析**(analysis)、**规格说明**(specification)和**确认**(Validation)(Abran 和 Moore 2001)。这些子学科涵盖了为软件和软件相关产品收集、评估和记录需求相关的所有活动,包括:

- 确定产品将要面对的各类用户。
- 从各类用户的代表处收集需求。
- 了解用户的任务和目标,以及这些任务要实现的业务目标。
- 分析从用户处得到的信息,将用户的任务目标与功能需求、非功能需求、业务规则、解决方案建议及其他无关信息区分开来。
- 将顶层的需求分配到系统构架内定义好的软件组件中。
- 了解各质量属性的相对重要性。
- 协商需求的实现优先级。
- 将收集的用户需求表述为书面的需求规格说明和模型。
- 审阅需求文档,以确保在认识上与用户声明的需求相一致。应在开发小组接受需求之前解决所有分歧。

迭代(iteration)是需求开发成功的关键。需求开发计划应包含多个周期,每个周期包括研究需求,细化高层需求以及请用户确认需求的正确性。这一过程很费时而且可能会遇到挫折,但却是定义软件新产品时消除不确定性所必需的过程。

1.2.2　需求管理

需求管理的任务是"与客户就软件项目的需求达成并保持一致"(Paulk et al. 1995)。这种一致应体现在书面的需求规格说明和模型中。取得用户认可只满足了批准需求所需的一半条件，还必须让开发人员接受需求规格说明并同意在产品中加以实现。需求管理包括下列活动：

- 定义需求基线(某一时刻，对特定版本中已达成一致的需求内容的描述)
- 审查需求变更请求，评估其可能产生的影响以决定是否批准
- 以可控的方式将准的需求变更融入项目中
- 保持项目计划与需求的同步
- 估计需求变更的影响，在此基础上协商新的需求约定
- 跟踪每项需求，找到与其对应的设计、源代码和测试用例(test case)
- 在项目开发过程中，始终跟踪需求的状态和变更

图 1.3 从另一个角度反映了需求开发与需求管理间的区别。本书介绍了很多用于获取需求、分析需求、说明、验证和管理需求的特殊技巧。

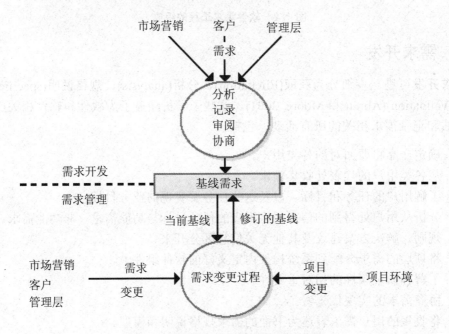

图 1.3　需求开发与需求管理的分界

1.3　所有项目都有需求

在 1987 年发表的那篇经典文章"没有银弹：软件工程本与末"中，Frederick Brooks 雄辩地指出了需求在软件项目中的重要地位：

软件系统开发过程中最难的部分是对要开发什么作出准确的判断。所有概念性工作

中最难的是建立详细的技术需求，包括所有与用户、机器和其他软件系统的接口。这部分工作的错误对最终系统的破坏最大，也最难纠正。

开发应用软件或包含软件的系统是为了帮助用户改善生活。花在了解用户需求上的时间是保证项目成功的高回报的投入。如果不记下与客户商定的需求，开发人员怎么可能让客户满意？即便是开发非商业用途的软件，如开发小组内部使用的函数库、软件组件和工具，也应该充分理解需求。

在开始开发软件之前，往往无法确定所有的需求。这种情况下，可以采用迭代和增量方法，每次实现一部分需求，得到用户反馈后再进入下一循环。但是不能以此为借口直接开始编码，不事先仔细分析下一次循环的需求。编码迭代的代价要比设计思想的迭代高得多。

人们有时会拒绝花时间记录需求。其实记录需求并不难，难的是**发现**需求。记录需求主要是阐明、详细描述和抄录需求等工作。对产品需求的充分理解能够确保开发团队有的放矢，找出问题的最佳解决方案。有了需求，就可以按优先次序排列工作，对项目所需的人力和资源进行估算。不了解需求，就无法确定项目何时能够完成以及是否达到目标，并且无法在范围必须缩小时做出取舍。

📖 没有理所当然的需求

我最近遇到这样一个开发小组，他们使用自己开发的软件工程工具，其中包括一个源代码编辑器。不幸的是，尽管大家都认为该工具应该具有代码打印功能，但谁都没有明确指出这一点。结果，在组织代码评审时，开发人员只能亲手抄写代码。

即使是不言自明或理所当然的需求，如果没有把它写下来，软件没能满足用户的要求也就不足为怪了。要经常问问"我们作了哪些假设？"，让隐藏的想法显现出来。在讨论需求的过程中，如果遇到假设，要把它记下来并进行确认。开发一个换代系统时，必须研究原有系统的特性后再决定是否在新的系统中保留它们，而不是想当然。

1.4 优秀的团队遇到糟糕的需求

需求问题导致的主要后果是返工——重复做您认为早已做好的事情。返工的成本占了总开发成本的30%~50%(Boehm 和 Papaccio 1988)，而对于返工的情况，70%~80%是因需求错误引起的(Leffingwell 1997)。从图 1.4 可以看出，在项目末期才发现缺陷，对其进行改正的成本要比在缺陷刚产生不久时修改的成本高得多。防止需求错误的发生并及早发现它们，对于减少返工功效十分显著。试想如果能把返工减少一半，您的生活将会多么不同：您可以更快地开发出产品，即便不用通宵达旦地工作，您也能在同样的时间里开发出比原来更多更好的产品。

需求实践中的种种不足会给项目的成功带来很多风险。"成功"是指以商定的成本和进度交付满足用户对功能和质量的期望的产品。第 23 章中讲述了如何控制这些风险使项目不致因其而脱轨。以下几节将介绍一些最常见的与需求相关的风险。

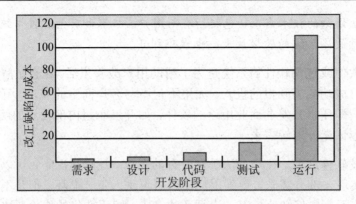

图 1.4　不同阶段改正缺陷的开销比较

1.4.1　用户参与不足

客户常常不能理解为什么必须下这么大力气去收集需求和保证需求质量。开发人员往往也不重视用户的参与，原因是他们认为与用户打交道不像写代码那么有趣，或者自以为已经知道了用户想要什么。有些时候，与产品实际的使用者直接联系很困难，而用户代理方又不能完全理解用户的真正需求。用户参与不足将导致不能在项目早期及时发现需求中的缺陷，从而延误项目的完成。在整个项目开发过程中，开发团队必须始终与实际用户直接合作。第 6 章解释了这种合作的不可替代性。

1.4.2　用户需求扩展

由于开发过程中需求的不断发展与增加，项目往往会落后于计划的进度并超出预算。出现这种情况是因为没有依据对需求的规模和复杂度的实际评估来制订计划，而不断修改需求又使情况变得更糟。问题的责任部分在于用户不断提出修改需求的要求，部分在于开发人员处理这种要求的方式。

要控制项目范围的改变，首先应明确项目的业务目标、全局规划、范围、限制、成功标准以及产品的预计用途。然后参考这一框架对所有新特性和需求变更进行评估。有效的变更过程包括分析变更可能产生的影响，该过程能够帮助涉众作出明智的商业决策，确定接受哪些变更请求，并就时间、资源成本与特性的取舍进行权衡。成功常常需要变化，而变化总要付出代价。

随着开发过程中变更在产品内部的扩散，项目的结构可能逐渐瓦解。代码补丁使程序更难理解和维护。插入的代码可能导致模块违反**强内聚和弱耦合**这一设计原则。要减少需求变更对质量造成的影响，处理变更时应该先对结构和设计进行适当的修改，而不是直接修改代码。

1.4.3　有岐义的需求

岐义是需求规约的大忌(Lawrence 1995)。岐义表现为同一读者可以对一项需求声明作出多种解释，或者不同的读者对同一需求产生不同的理解。第 10 章列出了很多容易产生歧义、给读者造成负担的词语。产生歧义的另一个原因是需求不精确和没有充分细化。

岐义会导致涉众对产品怀有不同的期望。因此最终交付的产品会让部分人感到意外。有岐义的需求使开发人员的时间浪费在解决无需解决的问题上。有岐义的需求导致测试人员与开发人员对产品功能的理解不同，从而使测试人员也要浪费时间来解决这些差异。

消除歧义的办法之一是让代表不同观点的人对需求作正式的检查(参见第 15 章)。仅仅以征求意见的形式把需求文档分发下去不足以发现歧义。尽管不同审阅者对某项需求有不同的理解，但每人都认为自己的理解是合理的，没有提出异议。从而使歧义直到项目后期才被发现，而这时再进行修改需要付出更高代价。为需求编写测试用例以及构造原型也是发现歧义的方法。

1.4.4　镀金问题

开发人员为产品添加了一项需求说明中没有提到的功能，他认为"用户肯定会喜欢的"。这就是所谓的"镀金问题(gold plating)"。用户通常并不关心额外的功能，在这方面花时间纯粹是浪费。开发人员和需求分析员不应擅自添加特性，应该把创意和备选方案提交给客户，让他们做决定。开发人员应该力求简洁，而不是自作主张去超越客户的需求。

客户时常强调用户界面这类看来很酷，却对产品没多少实际价值的特性。开发任何功能都要耗费时间和金钱，应该让投入能够产生最大价值。要避免镀金问题，就应该追溯每项功能的来源，弄清楚为什么添加该功能。收集需求时，使用用例方法，有助于着重考虑可实现商业任务的功能需求。

1.4.5　过于抽象的需求

营销人员或经理经常喜欢只给出一个粗略的说明，也许只是餐巾纸上草草涂抹出的产品概念。他们希望开发人员在开发过程中充实它。这种方式对研究性项目或需求特别灵活的项目或许管用，但是需要紧密合作的团队，而且仅限于开发小型系统(McConnell 1996)。大多数情况下，这种做法的结果是使开发人员受挫(在错误的假设下工作，而且缺乏指导)，让客户失望(因为得不到预想的产品)。

1.4.6　忽略了某类用户

用户所使用的产品特性、产品的使用频率以及用户自身的经验水平不尽相同。因此，多数产品都拥有不同的用户群。如果一开始没能找出产品的所有重要用户群，就会有某些用户需求得不到满足。确定所有用户群后，还要保证获得各类用户的需求，第 6 章中讨论了这一主题。

1.4.7　不准确的计划

"这就是我对新产品的想法，什么时候能完成？"在对所讨论问题有了更深入的了解之前不要急于回答。不能充分理解需求，就会作出过于乐观的估计，最终不可避免地陷入超支的泥潭。设计人员随口说出的估计可能被用户当成承诺。造成软件成本估算失败的最主要原因包括频繁变更需求、遗漏需求、未与用户充分沟通、需求的说明不精确，以及对需求的分析不透彻(Davis 1995)等。给出估算结果时，应该提供范围(最好的情况、最可能和最糟的情况)或把握程度("我有九成把握在三个月内完成")。

1.5 优质需求过程的好处

实现有效的需求工程过程可以让组织受益匪浅。减少开发后期以及整个维护过程中不必要的返工并可带来极大的回报。但优质需求的高回报往往不明显，以至于人们常常错误地认为讨论需求所花费的时间会导致推延产品的交付。然而，对质量成本的整体评估却显示出重视早期质量工作的意义(Wiegers 1996)。

合理的需求过程强调产品开发中的协作，要求涉众始终参与合作。收集需求使开发团队对产品的用户和市场有更好的理解。用户和市场是任何项目成功与否的关键因素。在开发产品之前了解市场和用户，与用户收到产品后再进行了解相比，所需的代价要低得多。

邀请用户参与收集需求可以激发他们对产品的热情，并建立他们对产品的忠诚。强调用户的目标而不是华而不实的功能，就能避免编写那些永远派不上用场的代码。客户的参与能够缩小用户需要的产品与开发人员提交的产品之间的期望差。开发者迟早都要面对客户的反馈。应该尽早得到客户的反馈，也许可以借助原型来激励用户产生反馈。需求开发的确需要时间，但要比产品测试时或发布后大量进行修改所需的时间少得多。

优质需求带来的好处远不止这些。把选定的系统需求明确分配到各个不同的软件、硬件和人员子系统这种方式突出了产品的系统设计方法。有效的变更控制过程可以把需求变更的负面影响降至最低。无歧义的需求文档为系统测试带来极大便利，使交付让各方都满意的优质产品的可能性大为提高。

没有人能够保证改进需求过程所作的投入一定能产生回报。但是，您可以通过分析来思考及推测需求能够提供的帮助。首先来看改进过程所需的投入。其中包括用于评估现状、开发新的过程和文档模板、人员培训、购买参考书籍与工具，以及可能要聘请顾问等所需的成本。最大的投入则是开发团队收集、编写、检查和管理需求的时间。接下来再看看您可以得到的好处和因此而节约了多少时间和金钱。下面列出的好处并不能完全量化，但确实存在：

- 减少需求缺陷
- 减少开发过程中的返工
- 减少不必要的特性
- 降低改进成本
- 加快开发进度

- 提高沟通效率
- 控制需求范围的改变
- 项目更有序
- 对系统测试的评估更准确
- 提高客户和开发人员的满意度

1.6　优秀需求的特点

如何才能将好的需求规格说明与那些有问题的区分开来？这一节首先对说明中的单条需求(即需求声明)特点进行讨论，然后将介绍 SRS 作为整体应具备的特点。如果想知道您的需求是否具备这些特点，最好的办法就是请几位项目相关人员仔细审阅您的 SRS。不同的人会发现不同的问题。例如，分析员和开发人员无法准确判断完备性和正确性，而用户则无法评价技术可行性。

1.6.1　需求陈述的特点

理想情况下，每一项用户需求、业务需求和功能需求都应具备下列性质。

完整性

每一项需求都必须完整地描述即将交付使用的功能。它必须包含开发人员设计和实现这项功能需要的所有信息。如果发现缺少某项信息，应使用 TBD(to be determined, 待定)这一标准符号加以标明。在开发系统的任一部分之前都必须解决需求中所有的 TBD。

正确性

每一项需求都必须准确地描述将要开发的功能。判断正确性的参考是需求的来源，如实际用户和高级的系统需求。如果一项软件需求与其相对应的系统需求发生冲突就是不正确的。只有用户代表才能决定用户需求的正确性。正因如此，需求规约必须经过用户或用户信任的代理人的审阅。

可行性

需求必须能够在系统及其运行环境的已知能力和约束条件内实现。为避免不可实现的需求，在需求的获取阶段，应安排一名开发人员始终和营销人员或需求分析员协同工作。由开发人员来进行可行性检查，判断技术上能够实现哪些需求，或者什么功能需要额外的成本才能实现。评估需求可行性的方法包括增量开发方法和概念证明(proof-of-concept)原型。

必要性

每一项需求记录的功能都必须是用户的真正需要，或者是为符合外部系统需求或某一标准而必须具备的功能。每项需求都必须来源于有权定义需求的一方。对每项需求都必须追溯至特定的客户需求的来源，譬如用例、业务规则或其他来源。

有优先次序

为每一项功能需求、特性或用例指定一个实现优先级，以表明它在产品的某一版本中的重要程度。如果所有需求都被视为同等重要，项目经理就很难采取措施应对预算削减、进度拖后、人员流失或开发过程中需求增加等情况。

　　注　第 14 章将更详细地讨论如何设置优先级。

无歧义

一项需求声明对所有读者应该只有一种一致的解释，然而自然语言却极易产生歧义。编写需求时应该使用用户所在领域的、简洁明了的语言。"易理解"是与"无歧义"相关的一个需求质量目标：必须能够让读者理解每项需求究竟是指什么。应该在词汇表中列出所有专用的和可能让用户感到迷惑的术语。

可验证性

看看您能否设计一些测试方法或使用其他验证方法，如检查或演示来判断产品是否正确实现了需求。如果某项需求不可验证，那么判定其实现的正确与否就成了主观臆断，而不是客观分析。不完备、不一致、不可行或有歧义的需求也是不可验证的(Drabick 1999)。

1.6.2　需求规格说明的特点

仅仅写好每条需求声明是不够的。需求规格说明中所包含的整体需求集还必须具备下列特性。

完整性

不能遗漏任何需求或必要的信息。需求遗漏问题很难被发现，因为它们并没有列出来。第 7 章中会推荐几种寻找被遗漏需求的方法。着重于用户任务而不是系统功能会有助于避免遗漏需求。

一致性

需求的一致性是指需求不会与同一类型的其他需求或更高层次的业务、系统或用户需求发生冲突。必须在开发前解决需求不一致的问题。只有经过调查才能知道需求正确与否。记下每项需求的来源，当发现需求冲突时您就知道该找谁商量。

可修改性

必须能够对 SRS 作必要的修订，并可以为每项需求维护修改的历史记录。这要求对每项需求进行惟一标识，与其他需求分开表述，从而能够明确地提及它。每项需求只能在 SRS 中出现一次。如果有重复的需求，很容易因为只修改其中一项而产生不一致。可以将相关需求合并到原声明中来避免对需求的重复声明。使用目录和索引可以使 SRS 更易于修改。用数据库或商业的需求管理工具来存储需求就能使其成为可重用的对象。

可跟踪性

需求如果是可跟踪的，就能找到它的来源、它对应的设计单元、实现它的源代码以及用于验证其是否被正确实现的测试用例。可跟踪的需求都有一个固定的标识符对其惟一标识。记录这类需求应采用结构化、精细准确的方式，而不是大段冗长的描述。不要在一项需求声明中描述多项需求。不同的需求应对应不同的设计单元和代码段。

☞ 注　第 10 章讨论如何编写高质量的功能需求，第 20 章介绍了如何跟踪需求。

没有人能写出每项需求都具备上述所有理想特性的 SRS。但是，只要在编写和审阅需求时始终记住这些特点，就能写出更好的需求文档，开发出更好的产品。

👣 下一步

- 把您在目前和以往项目中遇到的与需求有关的问题写出来。判断每个问题属于需求开发还是需求管理，分析它们对项目的影响和造成这些问题的根本原因。

- 就目前和以往项目中遇到的与需求有关的问题、问题的根源及影响，与开发小组成员及其他项目相关人员展开讨论。告诉所有参加者，如果想解决这些难题，就要敢于面对它们。他们准备一试吗？

- 为整个项目团队安排一天的软件需求培训。想办法把重要客户、营销人员和管理人员都请来。培训是打造团队的最佳方法。培训使项目的所有参与人在表达上有了统一的词汇，对有效的技术和行为具有相同的理解。具备这些条件，他们便可以共同解决各方所面临的问题了。

第 2 章　客户眼中的需求

Contoso 制药公司的高级经理 Gerhard 正在与公司信息系统开发小组的新任经理 Cynthia 会谈。"我们需要为公司开发一套化学品跟踪管理信息系统，"Gerhard 说，"这套系统应该让我们能够对库房和各实验室中已有的化学容器进行跟踪管理。这样，化学家们也许可以从楼里头某个同事那拿到需要的容器，而不必另外买一个新的。这应该能为我们省下一大笔钱。另外，医保部门也要向政府提交一些关于化学品使用情况的报告。再过 5 个月就要对规定的执行情况进行第一次审查，你们能在那之前把系统开发出来吗？"

"我已经明白了这个系统的重要性，Gerhard，"Cynthia 说，"不过在我提出进度之前，我们需要为系统收集一些需求。"

Gerhard 很奇怪："你指什么？我刚才已经告诉你需求了。"

"事实上您所说的只是项目的概念和一些业务需求，"Cynthia 解释道，"这些高层的需求不能给我足够的细节让我知道要开发一个什么样的软件，可能要花多长时间。我想派一名需求分析员去跟部分用户交谈，了解他们对系统的需求。之后我们才能知道哪些功能既能满足你的业务目标，又能满足用户的需求。你也许根本就不需要一个新的软件系统来达到省钱的目的。"

Gerhard 之前从未遇到 IS 人员有如此的回应。"化学家们都是大忙人，"他表示反对，"他们没时间在你们开始编程之前指出每个细节。你们难道不能估计出该开发什么吗？"

Cynthia 力图说明她的道理——为什么要从将要使用新系统的人们那里收集需求："如果我们只是尽量去猜测用户需要什么，开发出的系统肯定不能让人满意。我们是软件开发人员，不是化学家。我们不可能真正知道化学家们需要使用这个系统来做什么。我有过教训，如果我们不在编码之前花时间去了解这些问题，结果不会让任何人满意。"

"我们可没有那么多时间，"Gerhard 坚持，"我已经告诉了你我的需求。请你马上开始。随时向我通报进展情况！"

类似的对话在软件行业里经常发生。需要新的信息系统的客户常常不能理解：为什么有了其他内部和外部涉众的意见，还非要听取系统的实际用户的意见呢。营销人员有了一个美妙的产品设想后，也常常自认为充分了解了购买者的需要。然而，直接从产品的实际用户处收集需求这一过程是不可替代的。一些当代的"敏捷"(agile)软件开发方法，如极限编程，就建议让一位客户专门在开发公司与开发小组紧密协作。确如一本关于极限编程的书指出的："只有客户和编程人员齐力掌舵，项目才能驶向成功。"(Jeffries、Anderson 和 Hendrickson 2001)

某些需求问题源于混淆了不同层次的需求(业务需求、用户需求和功能需求)。Gerhard 表达了一些业务需求，即他希望 Contoso 公司能够从化学品跟踪管理新系统中得到的好处。但他并不能描述用户需求，因为他不是系统的目标用户。至于用户，他们可以说出自己必须能够借助该系统完成哪些任务，却不知道开发人员必须实现哪些功能需求才能让他们完成这些任务。

这一章将讨论客户与开发人员之间的关系，这对软件项目的成功至关重要。还提出了软件客户权利法案和对应的软件客户责任法案，这些法案强调了需求开发中客户(尤其是用户)参与的重要性。

对拒绝的担忧

最近访问某公司的信息系统部时，我听说了一件不幸的事。开发人员刚刚完成了一套用于公司内部使用的新系统。在系统设计之初，用户只给他们提供了极少的需求。可是，当开发人员骄傲地推出系统时，用户却完全否定了它。这对开发人员是个很沉重的打击，因为为了满足他们所理解的用户需求，他们工作得那么辛苦。没办法，他们只能进行修改。如果误解了需求，结果只能是修改系统。如果从一开始就安排用户代表参与开发过程，代价会小得多。

这些开发人员用来修正系统缺陷的时间显然不在计划之内，因此计划中的下一个项目只好被推迟。他们陷入"三输"的困境：开发人员沮丧不安，客户因为不能如期得到新系统而不快，公司浪费了大笔经费。假如从一开始就让客户广泛、全程地参与，这样的结局其实是可以避免的。然而，这种不幸的结局在软件行业并不少见。

2.1 客　　户

最广义地讲，**客户**泛指直接或间接得益于产品的个人或组织。软件的客户包括那些提出软件需求，购买、定义、使用软件产品或选择接受软件功能的项目涉众。在第 1 章中讲过，其他涉众还包括需求分析员、开发人员、测试人员、文档编写人员、项目经理、技术支持人员、法律人员和市场营销人员。

Gerhard，前面提到的那位经理，代表了购买或投资软件项目的一类客户。这些处于高级管理层的客户负责定义业务需求。他们给出高层次的产品概念，并从业务角度说明为什么需要这样一个产品。如第 5 章中讨论的，业务需求描述了客户、公司或其他涉众希望达到的业务目标。业务需求为项目的其他部分提供了参考框架。所有其他产品特性和需求都必须满足业务需求。但是，业务需求没有提供足够的细节帮助开发人员了解项目。

低一层的需求——用户需求——则应来自实际使用产品的人。这类用户(通常被称为"最终用户")构成了另一类型的客户。用户能够描述出他们需要使用产品完成哪些任务，以及他们希望系统具备哪些质量特性。

提供业务需求的客户往往自称为用户的代言人，但实际上他们并不是系统的直接用户，因此不可能准确提供用户的需求。对于信息系统、签约开发或自己开发的项目，业务需求应来自投资项目人，而用户需求则应来自产品的实际使用者。涉众各方必须对用户需求与业务需求间的一致性进行检查。

不幸的是，这两类用户也许都觉得自己没有时间来配合需求分析员的工作(收集、分析和记录需求)。有时候，客户希望不需要太多讨论需求分析员和开发人员就能明白客户需要什么。真要是这么容易就好了。那种只要给开发人员一些模糊的需求，再不时往他们的办公室送几个比萨，就能搞定一切的日子已经一去不复返了。

商业软件(那些有薄膜包装的)开发的情形稍有不同：这种情况下客户往往就是用户。市场部和产品管理部等客户代理通常试图自行确定究竟什么样的产品能够吸引客户。正如第 7 章中指出的，即便是开发商业软件过程中的用户需求，也应该有最终用户的参与。如果不这样做，那就等着杂志上的评论文章来揭露你的产品的缺陷吧。这些缺陷本来只要有足够的用户参与就能避免。

业务需求与用户需求发生矛盾不足为奇。业务需求中反映的组织策略和预算限制有时对用户是不可知的。如果用户不喜欢管理层强加给他们的新的信息系统，他们也许会认为这是软件开发人员的过错，因而不愿与其合作。把项目的目标和局限之处明确地告诉用户，也许能缓和这种紧张关系。这也许不能让所有人满意，但至少给了用户一个理解和认同的机会。需求分析员应该跟主要用户代表和管理层投资人一起努力去协调所有矛盾。

2.2　客户与开发人员的合作伙伴关系

要想开发出优秀的软件产品，必须以优质需求为基础精心制定计划。而高质量的需求则源自开发人员和客户之间良好的沟通与合作，即所谓的合作伙伴关系。然而很多时候开发人员与客户之间却是一种对立的关系。项目经理如果只考虑自己的进度而不考虑用户提出的需求，就会造成矛盾。这样的局面对谁都没有好处。

只有当参与各方都了解自己获得成功的条件，并且理解和尊重合作者的成功条件时，合作才能取得成功。然而，随着项目承受的压力不断增大，涉众各方很容易忘记大家的目标其实是一致的：开发出具有较高商业价值的成功的软件产品，给所有涉众带来回报。

软件客户的权利法案(见表 2.1)列出了 10 项权利。在项目需求工程的实施过程中，客户可以理直气壮地向需求分析员和开发人员提出这些要求。客户每拥有一项权利都意味着软件开发人员和需求分析员承担一项对应的义务。软件客户的义务法案(见表 2.2)则列出了需求过程中客户对需求分析员和开发人员承担的 10 项义务。也许有人更愿意将其视为开发人员的权利法案。

表 2.1 软件客户的权利法案

客户有权利

1. 要求需求分析员使用客户的语言

2. 要求需求分析员熟悉客户的业务，了解客户对系统的目标

3. 要求需求分析员把需求收集过程中客户提供的信息组织成书面的软件需求规格说明

4. 要求需求分析员解释需求过程生成的所有工作结果

5. 要求需求分析员和开发人员尊重客户，始终以合作和专业的态度与客户进行互动

6. 要求需求分析员和开发人员为需求和产品实现提供思路和备用方案

7. 要求开发人员实现能让产品使用起来更容易、更有趣的特性

8. 调整需求，便于重用已有的软件组件

9. 在提出需求变更时，获得对变更的成本、影响及二者权衡关系的真实评估

10. 获得满足功能和质量要求的系统，这些要求必须事先告知开发人员并征得其同意

表 2.2 软件客户的义务法案

软件客户有义务

1. 为需求分析员和开发人员讲解业务并定义业务术语

2. 提供需求，阐明需求，通过与开发人员的交互将需求充实完善

3. 对系统需求的描述必须详细、准确

4. 需要时，及时对需求做出决断

5. 尊重开发人员对需求成本和可行性的评估

6. 与开发人员协作，为功能需求、系统特性和用例设置优先级

7. 审阅需求文档，评估原型

8. 发现需要变更需求时，及时与开发人员沟通

9. 按照开发组织的变更控制过程提出需求变更

10. 尊重需求分析员在需求工程中使用的过程

作为项目计划的一部分，客户和所有参与开发的人员都应该仔细阅读这两张表，并达成一致看法。忙碌的客户也许不愿意参与需求工程(这是对第二项责任的逃避)。但是我们知道，缺少用户的参与会使生成不符合需求的产品的风险大为增加。需求开发的每一位参与者都应该了解并承担自己的义务。如有疑惑应该进行协商，使每个人都清楚各自应负的责任。这样能够减少以后因一方不愿意或不能提供对方所需而产生的

矛盾。

💡 **注意**　不要指望项目涉众天生知道如何合作进行需求开发。必须花时间讨论如何最有效地进行协作。

2.2.1　软件客户的权利法案

权利之一：要求需求分析员使用客户的语言

需求的讨论必须以客户的业务需求和业务工作为中心，使用客户的业务用语。客户可以通过词汇表向需求分析员提供业务术语。这样在与需求分析员交谈时，客户就不用为那些计算机行话感到头痛了。

权利之二：要求需求分析员理解客户的业务和目标

通过与客户交流获得需求，需求分析员能够更充分地理解客户的业务以及如何让产品适合业务需求。这将帮助开发人员开发出满足客户要求的系统。客户可以邀请开发人员和需求分析员参观他和同事的工作。如果正在开发的系统是用来替代现有系统的，开发人员应该像客户那样实际操作现有系统，从而了解现有系统如何适合客户的工作流程，知道哪些地方可以改进。

权利之三：要求需求分析员编写软件需求规格说明

需求分析员对来自不同客户的信息进行整理，把用例同业务需求、业务规则、功能需求、质量目标、对解决方案的建议等内容区分开来。需求分析最终应提交出一份软件需求规格说明(SRS)。SRS 是开发人员与客户就目标产品的功能、质量和约束达成的协议。应选择客户容易理解的方式组织和编写 SRS。客户可以通过审阅规格说明和其他形式的需求说明来确保它们准确并完整地表达了自己的需求。

权利之四：听取对需求工作成果的解释

需求分析员也许会使用不同的示意图来配合 SRS 文本对需求进行描述。第 11 章中介绍了这样几种分析模型。这些对需求的不同表达方式很有用，因为有时图解能更清晰地表述出系统某些方面的行为，例如工作流程。这些图解看来也许比较陌生，却不难理解。客户可以要求需求分析员解释每张图(或其他形式的需求开发的工作成果)要表达什么，图中符号的含义，以及如何检查图解是否有错。

权利之五：得到需求分析员和开发人员的尊重

如果客户和开发人员不能相互理解，讨论需求将是一件令人沮丧的事。合作能够帮助双方认清对方面临的问题。参与需求开发过程时，客户有权要求需求分析员和软件人员尊重他们的想法，并且珍惜他们为项目成功所付出的时间。同样，客户也应该尊重开发团队中每一位成员，他们都在为项目成功这一共同目标而共同努力。

权利之六：听取开发人员对于需求及如何实现需求的想法和备用方案

需求分析员应该了解客户现有的系统为何不能很好地满足他们的业务流程需要，从而保证新的系统能够更高效满足新需要。精通业务的需求分析员时常能够对客户的业务流程提出改进建议。富于创造力的需求分析员还能提出客户未曾想到的功能，从而增加新软件的价值。

权利之七：描述使产品易于使用的特性

客户可以要求需求分析员留意用户功能需求之外的软件特性。这些特性，即所谓的质量属性，可使软件更易于使用，更受欢迎，从而可让用户更快捷地完成任务，用户常常要求产品"用户友好"、"稳定"、"高效"。这些术语过于主观，对开发人员帮助不大。因而需求分析员应该让客户列出具体的特性以实现这些要求。

权利之八：为实现重用而对需求做出调整

需求常常是灵活的。需求分析员也许知道有现成的软件组件大致符合客户描述的部分需求。需求分析员应该把这种情况告诉用户，让他们选择是否对需求做出修改，以便开发人员能够重用已有的软件。如果客户能够调整需求，实现合理的重用，就可以节约时间和金钱。如果想在产品中集成一些现有的商业软件，需求就必须具备一定的灵活性，因为已有的组件很少能完全符合客户的需求。

权利之九：获得对变更成本的真实估算

如果知道还有开销更小的方案，客户会作出不同的选择。每当一项需求变更被提出时，都必须对它的成本和影响做出评估，这样才能做出合理的商业决策，决定是否批准该变更。客户有权要求开发人员对成本、影响和二者的权衡关系做出评估。开发人员不能因为自己不愿实现某一变更而有意夸大其成本。

权利之十：得到满足功能和质量需求的系统

这是大家都希望项目达到的圆满结果。但有两个前提：客户将开发正确产品需要的所有信息明确告知了开发人员；开发人员也让客户清楚了所有的选择和约束。客户一定要说明他们的所有假设和期望；否则，开发人员很可能无法满足客户的需求。

2.2.2 软件客户的义务法案

义务之一：为需求人员和开发人员讲解业务

开发小组依靠客户为他们讲解客户的业务概念和术语。讲解业务的目的不是要把业务分析员培养成该领域的专家，而是帮他们理解客户的问题和目标。不能要求业务分析员掌握客户的业务中细微和深层的内容。客户认为肯定应该掌握的知识，需求分析员可能并不知道。如果不说明有关这类知识可能会在随后的过程中导致问题。

义务之二：花时间提供并阐明需求

客户都是大忙人，而参与需求开发的客户往往又是其中最忙的人。尽管如此，他们还是有义务投入时间去参与产品开发过程、自由讨论、会谈以及其他需求获取活动。有时分析员可能自认为已经理解了客户的观点，后来才发现还需要进一步的说明。对开发和改进需求的这种迭代方法要有耐心。因为迭代体现了人类交流的复杂性，是软件项目成功的关键。客户要容忍那些看似愚蠢的问题；优秀的需求分析员会选择那些能让用户开口的问题进行提问。

义务之三：对需求的说明必须具体和准确

客户给出的需求常常是含糊和混乱的，这是因为准确说明细节既乏味又费时。但是，开发过程的某一时刻，必须有人来解决歧义和不准确的问题。这时客户是解决问题的最佳人选。否则，就只有指望开发人员能做出正确的**猜测**。

在 SRS 中暂时使用**待定**(TBD)标志是个好方法。TBD 标志表示还需要进一步的研究、分析以及更多信息。不过，TBD 有时也用于表示某项需求难以解决，没人愿意去处理它。客户应尽量把每项需求的意图阐述清楚，以便需求分析员可以在 SRS 中将其准确表达出来。如果无法准确描述，客户应该同意采用能达到所需准确度的方法。这些方法通常需要用到原型技术。使用原型技术，客户和开发人员可采用增量和迭代方法合作进行需求定义。

义务之四：及时做出决定

正如承包商在建房时所做的那样，需求分析员会要求客户作出很多选择和决定。这些决定包括：解决来自多个客户的需求间不一致的问题，在相互矛盾的质量属性间作出选择，以及评估信息的准确性。相关的客户必须及时做出决定，否则开发者常常会因为得不到用户的决定而没有信心继续开发，从而由于等待答复造成进度的拖延。

义务之五：尊重开发人员对成本和可行性的评估

所有软件功能的实现都需要成本。开发人员最有资格来估算这些成本，尽管他们中很多人并非熟练的评估员。客户需要的某些特性可能在技术上不可行，或者实现的成本过于高昂。有些需求可能提出了在操作环境中不可能达到的性能，或者要求访问不在系统内的数据。开发人员可能会带来关于成本和可行性的坏消息，但客户还是应该尊重他们的判断。

有时客户可以重写需求，让需求可行，成本更低。例如，要求某一动作"瞬间"发生是不可能的，但更具体的时间需求（"在 50 毫秒内"）则是可以实现的。

责任之六：为需求设置优先级

很少有项目能有足够的时间和资源来实现所有想要的功能。需求分析的一项重要内容就是确定哪些功能是必需的，哪些是有用的，哪些对客户是可有可无的。对于设置优先级，客户应该起主导作用，因为开发人员无法确定某项需求对客户究竟多重要。开发人员将提供关于每项需求的成本和风险的信息，帮助确定最终的优先级。客户确定了需求的优先级后，开发人员可以据此在合适的时间内，以最低的成本创造出最大的价值。

利用给定的时间和有限的资源，开发人员究竟能实现多少客户提出的功能？关于这一点客户要尊重开发小组的判断。谁都不愿意听到自己的要求不能在项目中得到满足的结论，但事实如此。项目的决策者将不得不在下列各项之间作出选择：根据优先级缩小项目范围，延长开发周期，投入更多的人力和财力，或者在质量要求上作出让步。

义务之七：审阅需求文档，评估原型

第 15 章将指出需求审阅是最有价值的保证软件质量的活动之一。让客户参与审阅是评估需求是否具备完整性、正确性和必要性这些所需特性的惟一方法。审阅活动也使客户代表有机会向需求分析员提供反馈，指出其工作是否符合项目的要求。如果客户代表对文档中的需求是否准确没有把握，他们应尽早通知相关负责人，并提出改进建议。

仅仅通过阅读需求规格说明，很难想象出系统是如何运行的。为了更好地理解需求并找出满足需求的最佳方法，开发人员常常会为目标产品构造**原型**(prototype)。客户对这些初步的、不完整的、试验性的实现的反馈可为开发人员提供极具价值的信息。必须认识到原型不是实用的产品，不能强迫开发人员提交原型，不能把它当成具有完整功能的系统。

义务之八：将需求变更及时告知开发人员

不断地变更需求会严重威胁开发小组按进度交付高质量产品的能力。变更是难免的，但一项变更在开发周期中提出的时间越晚，它造成的不良影响就越大。变更会导致代价高昂的返工。如果在软件开发已走上正轨后才提出新的功能，项目进度就会被延误。客户一旦意识到需要更改需求，就应马上通知与其合作的需求分析员。

义务之九：遵循开发组织的变更过程

为了将变更的负面影响降至最低，客户就必须遵循项目中定义的变更控制过程。这样做可以保证变更请求不会被遗漏，并保证对每一项提出的变更的影响能够得到分析，以及以一致的标准对所有被提出的变更进行判断。因此，负责业务的涉众就能够做出明智的业务决定，把合适的变更结合到项目中。

义务之十：尊重需求分析员使用的需求工程方法

收集和验证需求是软件开发过程中一个最大的难题。需求分析员使用的各种方法都有其理论基础。虽然需求活动也许会让你感到麻烦，但花在理解需求上的时间始终是一种很值得的投入。如果客户能够理解并尊重需求分析员用于需求开发的方法，整个需求过程就会变得更轻松。客户可以要求需求分析员解释为什么需要某些信息，为什么要让自己参加这些与需求相关的活动。

2.3 关于"签字"

客户和开发人员之间合作伙伴关系的核心是就产品的需求达成一致。很多组织把在需求文档上签字作为客户认可需求的标志。需求批准过程的所有参与者都应该明白签字意味着什么，否则会出现很多问题。问题之一是客户代表把在需求文档上签字视作毫无意义的仪式："他们给我一张纸，纸上的一条横线下印着我的名字。我在那上面签了名，要不然开发人员就不肯开始编码。"这种态度导致了后来的矛盾冲突：当用户提出更改需求被拒绝或对交付的产品不满时，他会说："不错，我是在需求上签了字，可我根本没时间把它们从头到尾读一遍。我相信你们这帮家伙，可你们却让我失望了。"

另一个关于签字的问题是开发经理把签字作为冻结需求的方法。每次客户提出更改需求，他就指着 SRS 提出反对："可你已经在这些需求上签了字，我们正照着它们开发。如果有其他的需求，你该早点儿说。"

这两种态度都忽略了一个事实：不可能在项目初期就能明确所有的需求，需求肯定要随时间的推移而发生变化。批准需求是终结需求开发过程的正确方式，但是，参与者必须对签字的准确含义达成一致的理解。

> 🔔 **注意** 不要把签字当成武器。应该把它作为项目的一个里程碑。对于签字之前应进行哪些活动，以及签字对将来变更的影响，各方应形成明确一致的理解。

签字不仅仅是仪式，更重要的是建立需求协议的**基线**，即某一时刻需求的瞬态图。需求规格说明书的签字的潜台词应该是："我同意这份文档反映了我们此刻对项目需求的最佳理解，它描述的系统能够满足我们的需求。进一步的变更将在此基线的基础上，依照项目定义的变更过程进行。我知道变更被批准后，我们可能要重新协商对项目成本、资源和进度的约定。"需求分析员定义好基线后，应该将需求置于变更控制之下。这样，开发小组就能在必要时以一种可控制的方式对项目范围做出修改。这一方式包括分析每项变更对进度等项目成功因素造成的影响。

项目开发过程中，当需求中的疏漏被发现，或市场和业务需求发生变化时，客户和开发人员之间容易产生摩擦。对需求基线的一致理解则有助于减少这种摩擦。客户可能会担心一旦批准 SRS，他们就不能再提出修改，因此就拖延对需求的批准，从而导致分析工作陷入瘫痪这种可怕的困境。设置基线是很有意义的，它能给所有主要的涉众带来信心：

- 客户管理层相信项目的范围不会过度膨胀直至失控，因为客户掌握了范围变更的决定权。
- 用户代表有信心开发团队会跟他们一同努力开发出符合需求的系统，即便他们不能在系统开始构建之前想到所有的需求。
- 开发管理人员有信心，因为开发团队有了业务伙伴。业务伙伴能够保证项目的中心工作集中在业务目标上。他们将与开发人员一起在进度、成本、功能和质量之间做出平衡。
- 需求分析员也充满信心，因为他们可以有效地管理项目的变更，将变更引起的麻烦减至最小。

用明确的协议来结束前期的需求开发活动，能够帮助客户和开发人员形成合作伙伴关系，携手走上项目成功之路。

下一步

- 明确由哪些客户负责为项目提供业务需求和用户需求。看看权利法案和义务法案中哪些条款是他们理解、接受和已经实行的。

- 跟重要客户一起讨论权利法案，了解他们是否认为有些权利自己没有享受到。与他们讨论责任法案，就接受哪些条款达成一致。根据讨论结果对权力法案和义务法案做出相应的修正，这样各方便能就如何进行合作达成共识。
- 假如你是参与软件开发项目的客户，认为自己的需求权利没有得到足够的尊重，你可以找软件项目经理或需求分析员一起讨论权利法案。如果想建立更为融洽的合作关系，你必须先按照义务法案的要求尽到自己的义务。
- 说明在批准需求文档时，签字的真正含义。把这个定义写下来。

第3章 需求工程的推荐方法

十多年前，我曾是一个软件开发方法集的爱好者。软件开发**方法集**(methodology)指包装好的整套模型和技术方法，用于为项目提供整体解决方案。但现在我更愿意寻找和应用行业的**最佳方法**(best practice)。最佳方法的做法是：在你的软件工具包中储存各种技术方法，用于解决不同的问题，而不是试图设计或购买整体解决方案。即便采用商业开发方法集，也可以对其进行改造，使它最大程度地满足你的需求。还可以从工具包中选出其他有效方法补充该方法集。

最佳方法是一个有争议的说法：谁能决定什么是"最佳"，他有什么依据？一种决定方法是召集一群行业专家或研究员来分析来自不同组织的项目。这些专家在其中寻找一些方法，它们的有效性能是和成功的项目联系在一起，而失败的项目则往往没有很好地实施这些方法，或者根本就没有实施。通过这些手段，专家们就那些一直产生良好结果的活动达成了一致。这些活动就被称为**最佳方法**。对于专业软件人员来说，这些活动代表了十分高效的方法，能够提高特定类型或特定条件下项目的成功几率。

表 3.1 列出了近 50 种方法，分别属于 7 个类型，它们可以帮助大部分项目开发团队更好地完成他们的需求工作。有几项方法属于多种类型，但是表 3.1 中每个方法只出现一次。这些方法并不能适用于所有情况，因此要运用合适的判断标准常识和经验而不是照本宣科地应用它们。注意并非所有这些方法都已经被认定为行业最佳方法，这就是为什么我将这一章的标题定为"需求工程的推荐方法"，而不是"最佳方法"的原因。我怀疑是否所有这些方法都曾为了这个目的而被系统地评估过。尽管如此，很多业内人士已经发现这些技术是有效的(Sommerville 和 Sawyer 1997；Hofmann 和 Lehner 2001)。本章中将简单介绍每一个方法，并给出了可以获得关于该技术的更多内容的章节或其他来源。本章的最后一节介绍了一个适合绝大部分软件项目的需求开发过程(一系列活动)。

表 3.1 需求工程推荐方法

知　识	需求管理	项目管理
● 培训需求分析员	● 定义需求变更控制进程	● 选择合适的开发周期
● 对用户代表和管理者进行需求培训	● 成立变更控制委员会	● 根据需求制订项目计划
● 对开发者进行应用领域相关的培训	● 分析需求变更的影响	● 重新协商权利或义务
● 创建术语表	● 控制需求版本并为其建立基线	● 管理需求风险
	● 维护需求变更的历史记录	● 跟踪需求耗费的人力物力
	● 跟踪每项需求的状态	● 回顾以往的教训
	● 衡量需求稳定性	
	● 使用需求管理工具	
	● 创建需求跟踪矩阵	

续表

需求获取	需求分析	编写规格说明	需求验证
● 定义需求开发过程	● 绘制关联图	● 采用SRS模板	● 审查需求文档
● 定义项目前景和范围	● 创建原型	● 确定需求来源	● 测试需求
● 确定用户群	● 分析可行性	● 惟一标识每项	● 确定合格标准
● 选择用户代言人	● 确定需求优先级	需求	
● 建立核心队伍	● 为需求建模	● 记录业务规范	
● 确定用例	● 创建数据字典	● 定义质量属性	
● 确定系统事件和响应	● 将需求分配至各		
● 举行进一步需求获取	子系统		
的讨论	● 应用质量功能调度		
● 观察用户如何工作			
● 检查问题报告			
● 重用需求			

3.1　知　识　技　能

软件开发人员大都未曾接受过需求工程的正规培训。然而，许多开发人员在他们职业生涯的某些时刻都会担任需求分析员的角色，与用户打交道，获取、分析需求，并将它们编写成文档。期望所有开发人员天生就都胜任需求工程中需要进行大量沟通的工作是不合理的。培训可以提高分析员的熟练程度，使他们工作起来更得心应手，却无法弥补人际关系能力的不足或兴趣的缺乏。

由于需求过程是必不可少的，因此项目的所有涉众都应该理解需求工程的概念和方法。将各方涉众召集起来利用一天的时间进行软件需求培训，这是打造团队的一种有效方法。各方可以更好地理解合作伙伴所面临的挑战，明白为了整个团队的成功参与者们需要对方做些什么。同样，开发者也应该了解产品应用领域中的基本概念和术语。关于这些主题可以在以下章节中找到更详细的内容：

- 第 4 章
- 第 10 章

培训需求分析员

所有将要成为分析员的团队成员都应该接受需求工程方面的基本培训。需求分析专家需要几天时间来进行这样的培训。熟练的需求分析员应具备以下特点：耐心，思维条理性强，有良好的交际和沟通能力，理解产品应用领域，并且掌握丰富的需求工程技术。

对用户代表和管理者进行软件需求培训

参与软件开发的用户应该接受一到两天的需求工程方面的培训。开发经理和客户经理也会发现这些内容很有用。培训可使用他们明白重视需求的意义；需求工作包括哪些活动，要提交什么样的结果；忽略需求过程会导致什么风险。一些参加过我的需求研讨课程的用户说他们从此更加体谅软件开发人员。

对开发人员进行应用领域的相关培训

为了帮助开发人员对应用领域有一个基本的理解，可以安排一个研讨课程，内容是客户的业务活动、术语和产品的目标。这样可以减少开发过程中的混淆、误解、和返工。还可以在项目开发过程中为每位开发人员配备一位"用户伙伴"，负责向他解释行话和业务概念。用户代言人可以担当这个角色。

创建项目术语表

定义应用领域专业名称的术语表可以减少误解。术语表中包括同义词、有多种含义的术语、以及既有特定领域的含义又有日常含义的术语。既可以是名词又可以是动词的单词，如"process"和"order"，尤其容易产生混淆。

3.2　需　求　获　取

第 1 章讨论了 3 个不同层次的需求：业务需求、用户需求和功能需求。这些需求在项目不同阶段的来源不同，有着不同的受众和目的，需要用不同的方式写入文档。项目范围内的业务需求不能排斥任何必要的用户需求，而且每项功能需求都应该可以追溯到对应的用户需求。您还需要收集非功能需求，如对质量和性能的要求。在以下章节中介绍了有关这些主题的内容：

- 第 3 章
- 第 5 章
- 第 6 章
- 第 7 章
- 第 8 章
- 第 22 章

定义需求开发过程

将你的组织如何获取和分析需求、编写规格说明和验证需求的步骤编写成文档。提供如何完成主要步骤的指导可以帮助分析员做好工作，还能够使规划项目的需求开发任务、进度和所需的资源变得更为容易。

编写前景和范围文档

前景和范围(vision and scope)文档包含了产品的业务需求。前景说明使所有涉众可以对产品的目标达成共识。范围则定义了需求是否属于某个特定版本的界线。前景和范围一起为如何评估提出的需求提供了参考。项目前景应该在不同版本之间保持相对稳定，但是每个版本需要有自己的项目范围声明。

确定用户群和他们的特点

将产品的用户分成组，以避免出现某一用户群的需求被忽略的情况。不同的用户在很多方面存在着差异，例如：使用产品的频率、所使用的产品功能、他们的优先级以及熟练程度。详细描述出他们的工作内容、意见、工作地点及其个性特点将有助于实现更好的产品设计。

为每类用户选择代言人

为每类用户选择至少一位能够准确反映其需求的代言人。用户代言人提供某一类用户的需求，并代表他们作出决策。开发内部信息系统时这很容易做到，因为用户就是同事。而开发商业产品时，则要与主要的客户或测试者建立起良好的合作关系，从而确定合适的用户代言人。用户代言人必须一直参与项目的开发而且有权在用户需求方面作出决策。

建立典型用户的中心小组

把产品早期版本或同类产品的用户代表召集起来，收集他们对正在开发的产品的功能和质量特性的意见。这样的中心小组对于商业开发尤为有用，因为你可能拥有一个庞大且多样的客户群。中心小组与用户代言人不同，他们通常没有决策权。

与用户代表沟通以确定用例

与用户代表沟通、了解他们需要使用软件来完成的任务——用例。讨论用户与可以完成这些任务的系统之间的交互方式。在编写用例的文档时应采用标准模板，并根据这些用例推导出功能需求。一种经常用于政府项目的方法是定义一个业务概念(ConOps)文档，它从用户的观点出发描述了新系统的特性(IEEE 1998a)。

确定系统事件和响应

列出系统可能发生的外部事件以及对每个事件所期待的响应。事件包括从外部硬件设备所接收的信号或数据，以及可以触发响应的临时事件，例如你的系统在每晚同一时刻生成的外部数据输入事件。业务事件可触发业务应用中的用例。

召开专门的需求获取讨论会

专门的需求获取讨论会可以方便分析员和客户进行合作。它是研究用户需求、编写需求文档的一种十分有效的途径(Gottesdiener 2002)。这种会议的典型例子包括联合需求计划(Joint Requirements Planning，简称 JRP)会议和联合应用程序开发(Joint Application Development，简称 JAD)会议。

观察用户工作的过程

观察用户执行业务任务的过程，能够确定用户对新的应用程序可能有哪些应用。可以画一张简单的工作流程图(最好用数据流图解)来描绘用户什么时候拥有什么数据，以及怎样使用这些数据。编制业务过程流程文档将有助于您确定支持该业务过程的系统需求。您甚至可能性发现客户并非真的需要一个全新的软件系统就能达到他们的业务目标。

检查当前系统的问题报告来进一步完善需求

客户的问题报告及补充需求提供了很多建议，指出在新产品或新版本中应添加哪些功能。负责提供支持及帮助的人能够为将来开发工作中的需求提供很有价值的信息。

跨项目重用需求

如果客户要求的功能与已有产品的某项功能很相似，则可以查看需求(和客户！)是否具有足够的灵活性允许重用一些已有的组件。多个项目可以重用那些符合一个组织的业务规则的需求。这类需求包括用于控制对应用程序的访问的安全需求，符合政府法规(如残疾人法)的需求等。

3.3 需 求 分 析

需求分析包括对需求进行推敲和润色以保证所有的涉众人都能够理解需求，以及仔细检查找其中的错误、疏漏和其他缺陷。分析包括将高层的需求分解成具体细节、创建开发原型，以及评估可行性和协商需求优先级。其目的是开发高质量、内容详细的需求，让管理者能够对项目做出实际的评估，使技术人员能够继续进行设计、开发和测试。

用多种方式来表达某些需求通常是很有帮助的——例如，同时使用文本和图形形式。这些不同的方法可以揭示出许多单独一种方法所不能发现的问题。多种方法将有助于所有涉众就产品发布后他们将得到什么达成共识(一个共享的视图)。关于需求分析方法的更多讨论可以在以下章节中找到：

- 第 5 章
- 第 10 章
- 第 11 章
- 第 13 章
- 第 14 章
- 第 17 章

绘制关联图

关联图是显示新系统如何适应它的环境的一个简单的分析模型。它定义了正在开发的系统和系统的外部实体(如用户，硬件设备和其他信息系统)之间的界线和接口。

创建用户界面和技术原型

当开发人员或用户对需求不能确定时，可构建一个开发原型——一个不完全的、可能的、初步的实现，以便使概念和可能性变得更为直观明了。让用户评估原型能够帮助项目涉众对要解决的问题形成更一致和正确的理解。

分析需求的可行性

在允许的成本和性能要求下，分析在指定的运行环境下实现每项需求的可行性。明确与每项需求实现相关的风险，包括与其他需求之间的冲突、对外界因素的依赖以及技术上的障碍。

确定需求优先级

可采用分析方法确定产品功能、用例或单项需求的相对实现优先级。以优先级为基础，确定各项功能或各组需求应包括在哪个版本中。接受需求变更后，应将每一项变更加入到将来的某一版本中，并在该版本的计划中作出相应的变化。在项目的整个开发过程中，应定期评估和调整优先级，以适应客户需求、市场条件和业务目标的变化，

为需求建模

较之 SRS 中的细节或原型提供的用户界面视图，图形分析模型对需求的描述更为抽象。模型能够揭示不正确的、不一致的、遗漏的或冗余的需求。这类模型包括数据流图、实体关系图、状态转换图或状态图、对话图、类图、序列图、交互作用图、决策表和决策树等。

创建数据字典

数据字典中包括系统用到的所有数据项和结构的定义。数据字典可使参与项目开发的每个人都使用统一的数据定义。在需求阶段，数据字典应该定义问题领域中的数据项以方便客户和开发团队之间的交流。

将需求分解到子系统

必须将包括多个子系统的复杂产品的需求分配到各个软件、硬件以及人员子系统和部件中去(Nelsen 1990)。这种分配工作通常由系统工程师或架构设计师来完成。

应用质量功能调配

质量功能调配(QFD)是一种高级系统技术，它将产品功能、属性与客户的重要性联系起来(Zultner 1993;Pardee 1996)。该技术提供了一种分析方法以明确哪些功能最能满足客户的需要。QFD 将需求分为 3 类：期望需求——客户或许并未提及，但若缺少却会让他们感到不满意的需求；普通需求；额外需求——实现了会给客户带来较高利益，未实现也不会受到责罚。

3.4　规　格　说　明

不管你如何获得需求，都应该将它们编成一致的、可访问、可检查的文档。可以用项目前景和范围文档记录业务需求。用户需求通常使用用例或事件响应表来表达。SRS中包含详细的软件的功能需求和非功能需求。编写需求说明的方法在以下几章中讨论：

- 第 9 章
- 第 10 章
- 第 12 章

采用 SRS 模板

为组织定义一种标准模板用于编写软件需求规约。该模板为记录功能说明和其他与

需求相关的信息提供了统一的结构。不必创建一种全新的模板，只需改造一个已有的模板让它可适合你的项目特点即可。许多组织都采用 IEEE Standard 830-1998(IEEE 1988b)中规定的 SRS 模板作为基础；第 10 章中给出的模板就改造自该模板。如果你的组织开展了多个不同种类和规模的项目，例如大型的新项目和小规模的版本改进，应该为每个项目定义一个合适的模板。模板和过程的规模都应是可缩放的。

确定需求来源

为保证所有涉众都明白 SRS 中为何包括这些需求，以及便于进一步阐明需求，应追溯每项需求的来源。结果可能是某项用例或其他客户要求，也可能是更高层的系统需求、业务规则或其他外部来源。为每项需求记录受其影响最大的涉众，这样，当变更请求提上议程时，你就可以知道该和谁联系。可以通过使用跟踪链或者定义需求属性来确定需求来源。关于需求属性的更多内容可参见第 18 章。

为需求分配惟一标号

可定义一种约定，用于为 SRS 中的每项需求提供一个惟一的识别标号。这种约定应该很健全，经得起随时间推移发生的对需求的增加、删除和修改。为需求标号使得需求可以被跟踪，其变更可以被记录。

记录业务规则

业务规则包括公司章程、政府法规和计算机算法。之所以应将业务规则从 SRS 中分离出来单独形成文档，是因为它们的存在通常超出了特定项目的范围。某些业务规则将引出实施它们的功能需求，因而需要在这些需求和对应的规则之间定义跟踪链。

定义质量属性

在功能需求之外还应考虑非功能的质量属性，这会使你的产品达到并超过客户的要求。这些属性包括性能、效率、可靠性、可用性等。应该将质量需求写入 SRS 文档。客户对这些质量属性的相对重要性的意见可以让开发者做出适当的设计决策。

3.5 需 求 验 证

需求验证可确保需求声明是正确的、具备了所需的质量属性，而且能够满足客户的需要。SRS 中有些需求读起来感觉很好，可是当开发人员在实际工作中使用它们时就会出现问题。根据需求编写测试用例时经常会发现需求中的歧义和含糊不清的地方。只有纠正这些问题，才能使需求成为设计和最终系统验收(通过系统测试或用户接受度测试)的可靠基础。第 15 章将对需求验证作进一步的讨论。

审查需求文档

对需求文档进行正式审查是保证软件质量的有效手段之一。应由代表不同群体(如分析员、客户、开发人员和测试人员)的审查员组成审查小组，对 SRS、分析模型和相关信息进行仔细检查，找出其中的缺陷和漏洞。在需求开发的过程中进行初步的评审也是大有裨益的。虽然需求审查并不是最容易实现的新实践之一，但却是最有价值的，因此立刻开始进行需求审查吧。

测试需求

应根据用户需求推导出功能测试用例，以便记录产品在特定条件下应有的行为。与客户一起对用例进行走查，以确保他们反映了所期望的系统行为。从测试用例追溯到功能需求，以确保没有忽略任何需求，而且每项需求都有其对应的测试用例。可用测试用例来验证分析模型和原型的正确性。

定义合格标准

让用户描述决定产品是否满足他们的需求并适合使用的标准。以使用情况为基础进行合格性测试(Hsia、Kung 和 Sell 1997)。

3.6　需 求 管 理

一旦有了项目的初步需求，就必须处理好开发过程中不可避免的来自客户、管理层、营销部门、开发团队以及其他群体的变更请求。要进行有效的变更管理，必须建立一个过程，用于提请变更、评估变更的可能成本和对项目的影响。变更控制委员会(Change Control Board，简称 CCB)由主要涉众组成，负责决定接受哪些需求变更。通过跟踪每项需求在开发和系统测试过程中的状态就能洞察整个项目的状态。

建立良好的配置管理方法是进行有效需求管理的前提。用来控制基本代码的控制工具也可以管理需求文档。需求管理所涉及的技术将在第 18 章～第 21 章中详细介绍。

定义需求变更控制过程

建立一个用于提议、分析和解决需求变更的过程。通过这个过程管理所有提议的变更。商业化的问题跟踪工具可支持变更控制过程。

成立变更控制委员会

可授权由涉众组成的小组作为变更控制委员会(CCB)来接收需求变更的请求，对它们进行评估，决定接受或拒绝，并设置实现的优先顺序或者在哪个版本中实现。

分析需求变更的影响

对影响进行分析有助于 CCB 做出明智的业务决策。应该评估被提出的每项需求变更，从而确定它对项目的影响。可参照需求跟踪矩阵找出其他可能需要修改的需求、设计元素、源代码和测试用例。应确定实现变更需要完成的任务，并评估完成这些任务所需要的工作量。

建立基线和控制需求文档的版本

基线是由已经被提交到一个指定版本中的实现(implementation)的需求组成的。在需求被定为基线后，只能通过定义的变更控制过程来实现变更。应该给每个版本的需求规格说明指定一个惟一的标识，以避免需求草案与基线之间以及新旧版本之间的混淆。一种更好的方法是使用合适的配置管理工具，将需求文档置于版本控制之下。

维护需求变更的历史记录

记录需求规格说明变更的日期、变更的内容、变更的实施者和原因。版本控制工具或商业需求管理工具可以自动完成这些任务。

跟踪每项需求的状态

建立一个数据库，为每一项功能需求保存一条记录。保存每项需求的重要属性，包括需求的状态(例如已提议、已批准、已实现或已验证)，这样在任何时候都能掌握每个状态类的需求数量。

衡量需求的稳定性

记录已设为基线的需求数，以及每周提议和批准的需求的变更(增加，修改，删除)数。过多的需求变更是一个"报警信号"，意味着问题并未真正弄清楚，项目范围没有明确定义，业务规则变化过快，需求获取过程中漏掉了很多需求，或政策变化太快。

使用需求管理工具

商业需求管理工具可用于在数据库中存储各种类型的需求。可以为每项需求定义属性，跟踪每项需求的状态，并在需求和其他软件开发产品间建立跟踪链。这项方法能够帮助你实现本节中介绍的其他需求管理任务的自动化。

创建需求跟踪矩阵

建立一个表，把每项功能需求和实现它的设计和代码部分、验证它的测试部分联系起来。需求跟踪矩阵还能把功能需求和产生它的高层需求以及其他相关的需求联系起来。应该在开发过程中就建立这个矩阵，而不要等到工程结束。

3.7 项 目 管 理

软件项目管理方法和项目的需求过程密切相关。应根据需要实现的需求来规划项目资源、进度和承诺。需求变更会影响到这些项目计划，因此项目计划应该预先为需求变更和范围扩大作一些准备(Wiegers 2002d)。关于需求工程的项目管理方法，更多内容可参考以下章节：

- 第 17 章
- 第 18 章
- 第 23 章

选择合适的软件开发生命周期

组织应该定义多种开发生命周期，以适应不同的项目类型和不同程度的需求不确定性(McConnell 1996)。项目经理应该选择和采用最适合他的项目的开发周期。生命周期的定义中应包括需求工程的活动。如果在项目的早期几乎没有充分定义需求或范围，应计划以小规模增量方式开发产品，并且要在充分理解需求，具有强健、可修改的体系结构基础上进行开发。可能的话，可以实现一些特性集，这样你可以周期性发行产品的一部分，并可尽早将它交付给客户 (Gilb 1998；Cockburn 2002)。

根据需求制订项目计划

当范围和详细的需求变得清楚时，应反复斟酌项目的计划和进度表。通过评估所需的投入，根据最初产品前景和项目范围开始开发功能需求。过早地以尚不明确的需求为基础进行开销和进度评估是非常不可靠的，但是当您对需求的理解加深时可以再来改进你的评估。

需求变更时重新讨论项目承诺

当你将新的需求合并到项目中时，应估计一下你是否仍然可以利用可用资源兑现当前的进度和质量承诺。如果不能，将项目的实际情况报告给管理层，协商制定新的、可行的承诺(Humphrey 1997；Fisher、Ury 和 Patton 1991；Widgers 2002b)。如果没有协商成功，应及时与管理者和客户交流可能的结果，这样他们就不会被意想不到的项目结果搞得晕头转向了。

管理与需求相关的风险以及编写风险文档

确定与需求相关的风险并将它们编写成文档是项目风险管理活动的一部分。可组织自由讨论，找到方法来减轻或避免这些风险、实施减小风险的活动，以及跟踪它们的过程和效果。

跟踪需求工程的投入

记录下你的团队在需求开发和管理活动上投入的工作量。使用这些数据来评定计划的需求活动是否如期完成，利用这些数据还可以为将来的项目更好地计划所需的资源。另外，监视需求工程活动对项目的影响，这将有助于评估对需求工程的投资的回报。

从其他项目的需求工程中积累经验

组建一个学术研究组织专门管理项目回顾(也称为项目的审阅)以收集有价值的信息。研究这些过去项目的有价值的需求和方法，可以帮助项目管理层和需求分析人员在以后的工作中更加充满信心，得心应手。

3.8　开始新实践

表 3.2 将本章中描述的需求工程方法，按照它们对大多数项目的相对影响以及实现的相对难度进行分组。虽然所有的方法都是有益的，但你最好从那些对项目的成功有很大影响并且相对容易实现的方法开始。

表 3.2　实现需求工程的成功方法

影　响	难　度		
	高	中	低
高	● 定义需求开发过程 ● 以需求为基础制定计划 ● 重新讨论项目承诺	● 确定用例 ● 指定质量属性 ● 确定需求优先级 ● 采用 SRS 模板 ● 定义变更控制过程 ● 建立 CCB ● 审查需求文档 ● 给子系统分配需求 ● 记录业务规则	● 在应用领域培养开发者 ● 定义项目前景和范围 ● 用户群分类 ● 绘制关联图 ● 确定需用求来源 ● 建立需求基线和控制版本
	● 对用户群和管理者进行需求培训 ● 为需求建立模型 ● 管理需求风险 ● 使用需求管理工具 ● 创建需求跟踪能力矩阵 ● 召开需求获取讨论会	● 培训需求分析员 ● 选择用户代言人 ● 建立核心队伍 ● 创建原型 ● 定义合格标准 ● 进行变更影响分析 ● 选择适当的开发周期	● 分析可行性 ● 创建术语表 ● 编写数据字典 ● 观察用户执行工作的过程 ● 确定系统事件及响应 ● 为每项需求注上惟一的标号 ● 测试需求 ● 跟踪需求状态 ● 回顾过去的经验教训
低	● 重用需求 ● 应用质量功能调配 ● 衡量需求稳定性	● 维护需求变更的历史记录 ● 跟踪投入需求工程中的工作量	● 检查问题报告

　　不要试图在下一个项目中使用所有这些方法，而是考虑将这些推荐方法作为您的需求工具包中新的成员。例如无论项目处于开发周期中的哪个阶段，都可以利用诸如处理变更管理等成功方法。当开始下一个项目或迭代时，收集方法是非常有用的。其他实践仍然可能不适合你当前的项目、公司文化或资源可用性。第 22 章描述了评估你的当前需求工程方法的方法。它还将帮助你以本章描述的方法为基础设计流程图，以实现需求过程中某些需求改进。

3.9　需求开发过程

　　不要期望可以线性地、顺序地完成获取、分析、编写规格说明和验证这些需求开发活动。实际上，这些活动是交叉的、递增的和反复的，如图 3.1 所示。当分析员和客户交流时，分析员将请教问题，聆听客户所言，观察他们的行为(需求获取)。然后处理这些信息以便理解它，将其加以分类，并将客户的要求和可能的软件需求联系起来(需求分析)。然后分析员将客户的要求和得到的需求编制成书面的文档和图解(编写规格说明)。接着，向客户代表确认所编写的文档是否正确和完整，并纠正其中的错误(需求验证)。这个反复的过程贯穿于整个需求开发过程。

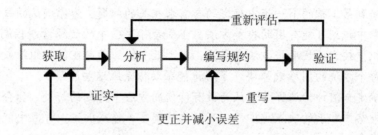

图 3.1　需求开发是一个迭代的过程

由于软件开发项目和公司文化的多样性，需求开发没有一种单一的、公式化的方法。图 3.2 给出了一个可用于(或经过适当调整后)很多项目的需求开发过程框架。图中显示了质量控制反馈循环，以及以用例为基础的增量实现。其中的步骤通常按数字顺序执行，但严格来说这个过程并不是完全按顺序执行的。前 7 个步骤主要在项目的前期执行一次(虽然团队需要定期地重访优先级)。其他步骤在每次版本增补或迭代时都要执行。

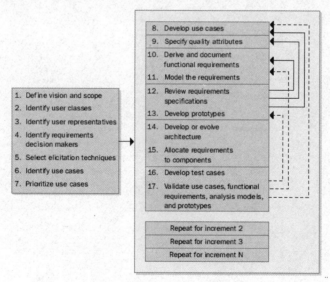

图 3.2　推荐的需求开发过程

根据你和用户代表的接近程度，选择适当的需求获取方法(小组讨论，调查，交谈等)，为获取需求可能需要的时间和资源作出计划。由于许多系统都采用增量开发模式，因此项目开发团队需要为用例或其他需求划分优先级(第 7 步)。设置用例优先级使你能够决定为每次增量安排实现哪些用例，这样就可以在适当的时候对所需的用例进行仔细研究。对于新系统或主要的改进，可以定义或改进体系结构(第 14 步)，将功能需求分配到特定的子系统(第 15 步)。第 12 步和第 17 步是质量控制活动，它引领你重新回到一些前面的步骤以改正错误、改进分析模型、发现以前忽略的需求。第 13 步中建立的原型常常会导致对以前定义的需求的润色和修改。对需求的任一部分完成第 17 步时，就可以开始构建这部分了。对下一组用例(它们可能出现在下一个版本中)重复第 8 到 17 步。

下一步

- 回到第 1 章的**下一步**中确定的与需求相关的问题。为你确认的每个问题在本章中找到可能有用的推荐方法。可参考附录 C 中的故障诊断指南。在你的组织中按影响程度将方法分成高、中、低三组。确定在你的组织或环境下实现每个方法的困难或障碍。了解谁能帮助你克服这些障碍？

- 确定如何评估从那些你认为最有价值的方法中得到的好处。你会发现以后的策略中需求的缺点更少了，不必要的重复工作减少了，并且更能适应项目进度表。

- 列出第一步中确定的所有需求推荐方法。对每一个方法，给出你的项目团队目前的能力水平：专家，熟练，新手或不熟悉。如果你的团队在任何方法中都没有到达精通级，则要求项目中的某些成员仔细地研究这个方法，并将他的学习心得和团队中的其他人分享。

第4章 需求分析员

即使没有明确指定，软件项目组中也会有某个人会担当**需求分析员**的角色。企业的IS 组织中，行使这一职责的专家被称为**业务分析员**。对需求分析员的不同称谓还包括**系统分析员**、**需求工程师**、**需求经理**，也有简称**分析员**的。软件开发组织中，这项工作往往落在产品经理或营销人员肩上。需求分析员把其他涉众的看法阐释并纳入需求规格说明，并将相关信息反馈给他们。需求分析员帮助涉众找出他们所说的需求与他们实际的需求之间的差异。需求分析员要进行讲解、提问、倾听、组织和学习，这决不是一项轻松的工作。

这一章将介绍需求分析员承担哪些重要职责，称职的需求分析员应具备哪些知识和技能，以及如何在组织中培养需求分析员 (wiegers 200)。读者可以从 *http://www.processimpact.com/goodies.shtml* 下载一份需求分析员工作说明书的样本。

4.1 需求分析员的职责

需求分析员是对项目涉众的需求进行收集、分析、记录和验证等职责的主要承担者。如图 4.1 所示，需求分析员是用户群体与软件开发团队间进行需求沟通的主要渠道。项目还有许多其他沟通渠道，因此，项目的信息交换并非仅由需求分析员独自承担。需求分析员是收集和传播产品信息的中心角色，而项目信息交流的主导者则是项目经理。

图 4.1　需求分析员是客户和开发人员沟通的桥梁

需求分析员是一种项目角色，而不是职务头衔。这个角色可由一个或多个专家专任，也可由同时担负其他职责的团队成员兼任，包括项目经理、开发经理、主题专家(SME)、开发人员甚至用户。他们在项目中兼任什么角色并不重要，关键是要具备一个合格的需求分析员所必需的能力、知识和良好个性。

 注意 不要指望优秀的开发人员或知识渊博的用户可以自动成为优秀的业务分析员，而不需要为他们提供培训、资料和指导。开发人员、用户和需求分析员这 3 种角色对技能、知识和性格特点的要求都不相同。

需求分析员称职与否可以影响项目的成败。我的一家咨询客户发现，他们检查有经验的分析员写的需求说明所花的时间只是检查新手写的需求说明所花时间的一半，因为前者缺陷更少。在广泛使用的 Cocomo II 项目估算模型中，需求分析员的经验和能力对项目所需的工作量和成本有很大影响(Boehm et al. 2000)。相比缺乏经验的需求分析员，使用经验丰富的需求分析员能使项目所需的工作量减少三分之一。需求分析员的能力对项目的影响比经验更大。如果使用最出色的分析员，则项目所需的工作量只是使用最差的分析员时的一半。

4.1.1　需求分析员的工作

需求分析员是客户与开发人员交流的中间人，负责将客户对产品的初步想法转化为明确的需求说明，用来指导开发工作。需求分析员必须先充分理解用户对新系统的目标，然后再定义功能和质量需求。有了功能和质量需求，项目经理才能对项目进行估算，开发人员才能进行设计和开发，测试人员才能对产品进行验证。这一节将描述需求分析员需要进行的一些典型的活动。

定义业务需求　需求分析员的第一项工作是帮助业务或投资管理人、产品经理或销售经理定义项目的业务需求。第一个问题可能是："我们为什么要进行这个项目？"业务需求应该说明组织的业务目标以及对系统最终版本、具备哪些功能的长远规划。需求分析员可以先提供一个前景与范围文档的模板(参见第 5 章)，然后跟负责前景规划的客户据此展开讨论，帮助他们表达业务需求。

确定项目涉众和用户类别　前景和范围文档可帮助需求分析员分辨出产品的重要用户群和其他涉众。接下来，需求分析员可以与业务负责人一起为每一类用户挑选出合适的代表，说服他们同意参与需求开发，并就他们的责任进行协商。如果用户代表不能确切知道你希望他们做些什么，它们就可能拒绝参加需求开发。需求分析员应该把希望用户代表提供哪些协助写下来，并与每位代表商定合适的参与程度。第 6 章列出了一些需求分析员可以要求用户代表执行的任务。

获取需求　需求分析员不应被动地等待软件产品的需求送上门来，而是应该主动帮助用户把他们需要的系统功能表达清楚。第 7 章和第 8 章将对此作进一步讨论。需求分析员可能要用到下列信息收集方法：

- 交谈
- 需求讨论会
- 文档分析
- 调查
- 现场访问客户
- 业务流程分析
- 工作流程分析和任务分析
- 事件列表

- 同类产品分析
- 根据现有系统推导出需求
- 回顾以往项目

用户通常很重视系统的功能需求，所以，需求分析员需要对讨论进行引导，把质量属性、性能指标、业务规则、外部接口和约束等内容包括进来。对用户的假设提出质疑是正当的，但要尽量避免将自己的想法强加给用户。有些用户需求可能看起来很荒谬，但如果用户证实了它的正确性，再去争论它就没有任何意义了。

分析需求　需求分析员还要对收集到的需求进行分析，找出那些客户没有明确说明的需求。这类需求包括客户已提出的需求的逻辑结论，以及客户认为没有必要明说的需求。分析员还应找出含义不清、表达不充分的词，这些词将引起歧义(参见第 10 章给出的例子)。指出需求中有哪些地方相互矛盾或需要更进一步明确。功能需求说明的详细程度应以适合开发人员实现这些需求为准，不同项目对于详细程度有不同的要求。由紧密合作的小型团队采用增量方法开发的网站项目只需要一个简单的需求文档；而外包给国外公司开发的复杂的嵌入式系统则需要准确、详细的需求规格说明。

编写需求规格说明　需求开发的作用是各方对用于解决客户问题的系统形成了一致的理解。需求分析员负责编写条理清晰的需求规格说明，从而清楚地表述出这种理解。标准的用例模板和 SRS 模板能够提醒需求分析员应该跟用户代表讨论哪些问题，从而加速需求开发的进程。第 8 章讨论了如何编写用例，第 10 章研究如何记录功能需求，而第 12 章则描述了如何记录软件的质量属性。

为需求建模　需求分析员应该适时地选用文字以外的方式来表达需求。可选的表达方式包括各种图形分析模型(参见第 11 章)、表格、数学方程式、串联图和原型(参见第 13 章)。相比详细的文字描述，这些分析模型能够对需求信息进行更高层次的归纳和描述。为了便于交流和理解，需求分析员应按照标准建模语言的约定来绘制分析模型。

主持对需求的验证　需求分析员必须保证每一项需求声明都具备第 1 章中讨论的所有特点，并确保按照这些需求实现的系统能够满足用户的需求。在各方人员对需求文档进行评审时，应该以需求分析员为中心。需求分析员还要对设计、代码和测试用例(源于需求说明)进行检查，以便保证对需求的解释是正确的。

引导对需求的优先级划分　需求分析员安排不同用户群与开发人员进行合作与协商，以保证他们进行合理的优先级划分。第 14 章中描述的电子制表工具可用于划分需求的优先程度。

管理需求　需求分析员参与了软件开发的整个生命周期，因此，他应该帮助制订、检查和执行项目的需求管理计划。建立需求基线之后，需求分析员的注意力应转向管理需求，以及检查产品是否满足需求。使用商业需求管理工具来存储需求可以方便管理。请参见第 21 章对需求管理工具的讨论。

需求管理包括跟踪每项功能需求的状态，从开始开发直到对集成产品的验证。需求分析员从同事那里收集跟踪信息，将各项需求与它对应的其他系统元素关联起来。在使用变更控制过程和工具来管理对基线需求的变更过程中，需求分析员起重要作用。

4.1.2 需求分析员必备的技能

希望不经过充分的培训、指导和实习就能成为需求分析员这种想法很不现实。这样的需求分析员必然因做不好工作而灰心丧气。需求分析员需要了解多种获取需求的方法，如何采用语言文字以外的方式来传达信息。优秀的需求分析员应同时具备出色的交流、引导和人际交往能力，具备技术和业务领域的丰富知识，以及适合这项工作的相应个性(Ferdinandi 2002)。耐心和真诚的合作愿望是关键的成功因素。下面列出的这些技能对需求分析员特别重要：

倾听的技巧 要善于双向交流，就必须知道如何有效地倾听。有效的倾听要求不能分神，保持专注的姿态和目光接触，以及重复要点以证实你的理解。要抓住对方说的每一句话，并且从字里行间找出他们因犹豫而没有说出来的内容。要熟悉合作者的表达习惯，避免用个人的理解方式来过滤客户所说的话。还要当心各种假设，这些假设可能隐含在你听到的话里，也可能在你对话语的理解中。

交谈和提问的技巧 大部分需求是通过讨论得到的，因此，需求分析员必须能够与不同的个人或小组就需求展开讨论。与高级经理或某些固执己见、盛气凌人的人打交道可能会让人产生畏惧情绪。需求分析员必须通过适当的问题，让重要的需求信息显现出来。例如，用户很自然地把注意力集中在系统正常和预期的行为上，然而，很多代码却是为了处理异常情况而写的。所以，需求分析员必须研究可能出错的情形，并决定系统应如何响应。不断积累经验，你就能熟练掌握提问的技巧，从而发现并澄清需求中不确定、不一致的地方，以及假设和未声明的期望(Gause 和 Weinberg 1989)。

分析能力 优秀的需求分析员能够以不同的方式思考问题：有时必须将高层的信息不断细化；另一些情况下可以需要将某个用户提出的一项特定需求推广为一组需求，以满足众多的同类用户。需求分析员需要严格评估各种来源的信息，以便消除需求中的矛盾，将用户的"需要"与真正的需求区分开，并区别解决方案与需求。

协调能力 需求获取过程中，对相关人员进行协调也是需求分析员必备的一项能力(Gottesdiener 2002)。一位具有良好的提问、观察、协调能力的中间协调人能够帮助团队建立信任，改善业务人员与 IT 人员之间不时变得紧张的关系。第 7 章给出了一些用于引导需求获取讨论的原则。

观察能力 观察力敏锐的需求分析员能够从不经意的闲谈中发现重要的信息。通过观看用户如何工作，如何使用现有的应用程序，优秀的观察者可以察觉用户不曾提及的细微之处。良好的观察能力有时能让分析员找到需求获取讨论的新方向，发现不曾有人提及的需求。

写作能力 需求开发提交的主要结果是书面的需求规格说明，用于在客户、营销人员、管理人员和技术人员之间传递信息。需求分析员应具备良好的语言驾驭能力，能够清晰地表达出复杂的概念。

我听说有个组织让几位英语是第二语言的开发人员担任需求分析员。用母语写出优质的需求已经够困难了,用另一种语言来写更是难上加难,因为还要费力气解决表达差异、单词歧义和习惯说法等问题。另一方面,需求分析员还应该是高效和有判断力的读者,他们必须阅读大量资料并能迅速掌握其要点。

组织能力 需求分析员需要处理获取和分析过程中收集到的大量杂乱的信息。分析员需要具备非凡的组织能力,以及从混乱和含糊信息中找出意义的耐心和韧性,才能妥善处理快速变化的信息并将其组织成一致的整体。

建模能力 每个需求分析员都应该掌握从传统的流程图到结构化的分析模型(数据流图、实体关系图之类),直至当今的统一建模语言(UML)等多种分析工具。这些工具中有些用于与客户交流,另一些则用于与开发人员交流。需求分析员需要告诉其他涉众使用这些技术的重要意义,以及如何解读这些模型。请参见第 11 章中对几类分析模型的概述。

人际交往能力 需求分析员应具备让彼此利益竞争的人们进行合作的能力。能够轻松地与组织中各级别、担任不同工作的人进行交流。也许还要与分布于各地的虚拟团队一起工作——虚拟团队的成员来自不同的地域,拥有不同的文化背景或母语。有经验的需求分析员常常会指点新同事,并为客户讲解需求工程和软件开发过程。

创造力 需求分析员不能像抄录员那样只记下客户说过的每句话。一流的分析员能够创造需求(Robertson 2002)。他们构思新颖的产品功能,推测新的市场和商业机会,并且思考让客户感到惊喜的方法。真正有价值的需求分析员能够帮助用户发现隐含的需求,并且找到新方法来满足这些需求。

4.1.3　需求分析员必备的知识

除了前面提到的专门技能以及性格特点,需求分析员还需具备从实践经验中积累的广博知识。其中最基本的是对当代需求管理技术的深刻理解,以及在各种不同的软件开发生命周期环境中应用这些技术的能力。称职的需求分析员应掌握多种技术,并能够根据具体情况选择运用。

需求分析员需要将需求开发与管理活动贯穿于整个产品生命期中。如果需求分析员能够充分理解项目管理、风险管理和质量工程,则有助于避免因需求问题导致项目失败。在进行商业软件开发时,掌握产品管理概念,了解如何定位和开发企业软件产品,对需求分析员很有帮助。

对优秀的需求分析员而言,掌握应用领域的知识也是一项重要的能力。熟悉业务的需求分析员可以最大限度地减少与客户间的误解。对应用领域有较深了解的需求分析员,常常可以发现未声明的假设和隐含的需求。他们能够为客户找出业务流程的改进方法。这样的需求分析员能够不时地提出用户想不到的有用的功能。另一方面,他们比不熟悉应用领域的同行更善于发现镀金问题。

4.2　如何培养需求分析员

优秀的需求分析员是培养出来的，而不是训练出来的。这项工作包括很多面向人而不是技术的"软性技能"。对于需求分析员的工作并没有标准的描述，因而也没有标准的培训课程。同一组织中的分析员可以具有不同的背景，他们掌握的知识和技能也可能不尽相同。每一位需求分析员都应该明确本章所描述的知识和技能中，哪些适用于自己的工作，并主动去查找有用的信息。Patricia Ferdinandi (2002) 描述了初级的、熟练的和顶尖的需求分析员应该展现的不同的能力水平：实践经验、工程技术、项目管理、技术和工具、质量以及个性。每一名分析员新手都能得益于更有经验的分析员对他的指导和训练，二者也许是一种师徒关系。现在让我们看看不同背景的人如何转而成为需求分析员。

4.2.1　从用户转为分析员

很多企业的 IT 部门中都有由用户转行而来的业务分析员。这些用户对业务和工作环境有着深刻的理解，很容易获得原来同行们的信任。他们讲的是用户的语言，了解现有的系统和业务流程。

然而，让用户来担任需求分析员也有不利的一面。他们对软件工程知之甚少，也不知道如何与技术人员进行交流。由于不熟悉分析建模技术，他们往往只会用文字来表述所有信息。要想成为需求分析员，用户需要多学习一些软件开发技术，这样才能以最恰当的方式，有针对性地把信息传达给不同受众。

有些转为分析员的用户认为自己比现在的用户更了解需求，因而不征求或不尊重这些系统实际使用者的意见。当前用户有时会局限于现有的工作模式，因而看不到利用新的信息系统来改进业务流程的机会。而转为分析员的用户在考虑需求时也很容易拘泥于用户界面。过早地专注于解决方案会为设计强加不必要的限制，往往不能解决实际的问题。

📖 从医疗专家到需求分析员

一家大公司医疗设备部门的高级经理遇到了难题。"两年前，我聘请了 3 位医疗专家专门提供用户需求，"他说，"他们干得不错，可没能跟上医疗技术的最新发展，所以不能准确说出现在的用户需要什么。现在他们该如何为自己选择合适的事业发展方向呢？"

我认为可以考虑让这 3 位前医疗专家成为部门的需求分析员。他们虽然不熟悉医院试验室里现在发生的事情，却擅长与其他医疗专家进行交流。而且在产品开发部门的两年经历又让他们了解了开发工作的机制。他们可能还要在需求编写能力方面进行一些训练，但多年来积累的多种宝贵经验使他们完全有可能成为称职的需求分析员。

4.2.2　从开发人员转为分析员

如果没有专职的需求分析员，项目经理往往会让开发人员来担任这一工作。但是，需求开发工作对人员技能和个性的要求与软件开发工作不同，正如马戏团的杂耍演员往往不是现实生活中最灵活的人。不少开发人员对用户缺乏耐心，认为只有赶紧把他们打发掉才能尽快开始编码这类真正的工作。当然，很多开发人员已经认识到了需求过程的重要性，也愿意在需要时担任需求分析员。有些开发人员喜欢与客户合作，借此了解需求以便指导软件开发。他们是最佳的专职需求分析员培养对象。

开发人员要想成为需求分析员，需要多掌握一些业务领域的知识。开发人员很容易陷入技术思考和讨论，把注意力集中在要开发的软件本身，而不是用户的需求。开发人员应该接受一些软性技能的培训和指导，例如怎样有效地倾听、协商和引导。这些都是优秀需求分析员必须掌握的技能。

4.2.3　主题专家

Ralph Young (2001)建议让需求分析员成为应用领域的专家或主题专家，而不是一般的用户。他认为："SME 能够决定……需求是否合理、应如何扩展现有系统、如何设计提议的结构、以及对用户有什么影响等一系列问题。"有些软件开发组织雇用某些用户担任需求分析员或用户代表，这些用户应精通公司的产品，并且在应用领域内有着丰富的经验。

由领域专家担任需求分析员可能产生这样的问题：他根据自己的偏好来定义系统的需求，而没有说明各类用户的合理需求。SME 往往希望实现高端、全能的系统，而实际上不需要那么复杂的解决方案就能满足大部分用户的需求。更合理的方式是让开发团队中的一位成员担任需求分析员，而 SME 作为主要的用户代表(即用户代言人)配合其工作(对用户代言人的介绍参见第 6 章)。

4.3　营造合作的氛围

很多时候，软件项目中需求分析员、开发人员、用户、管理人员、以及营销人员之间的关系会变得紧张。有时是因为不相信对方的动机，有时则因为不能理解对方的需要和所受的约束。其实，软件产品的生产者和消费者的目标是一致的。开发企业信息系统时，各方都是为同一家公司工作，项目成功后，他们的收入自然会随公司的效益水涨船高。对商业软件而言，客户满意就会给生产者带来收益，让开发人员得到满足。在建立与客户代表和其他涉众的合作关系问题上，需求分析员负有主要责任。称职的需求分析员应该及时意识到涉众遇到的难题，无论是业务问题还是技术问题。他还要自始至终表现出对合作者的尊重。需求分析员引导项目参与者就需求取得一致，进而达到三赢的目的：

- 客户对产品感到满意

- 开发组织因产品在商业上取得的成就而兴奋
- 开发团队成员为在具有挑战性和高回报的项目中取得的成果而骄傲

下一步

- 如果您是一名需求分析员，请与本章介绍的知识与技能进行比较。如果发现有差距，选择两个方面立刻开始改进，通过阅读、实践、请教导师或参加培训班等方式缩小差距，
- 选择一项书中介绍的软件工程实践进行仔细研究，从下周开始实施。另外选出两到三项安排在一个月内开始实施。其他的则可以作为长期的改进项目，在五到六个月内开始实施。明确你打算怎样应用每一项新实践，希望它能带来什么好处，还需要哪些帮助和额外的信息。考虑一下应用这些新技术需要得到谁的合作。找出所有可能妨碍你应用这些实践的障碍，想想谁能帮你克服它们。

第 II 部分

软件需求开发

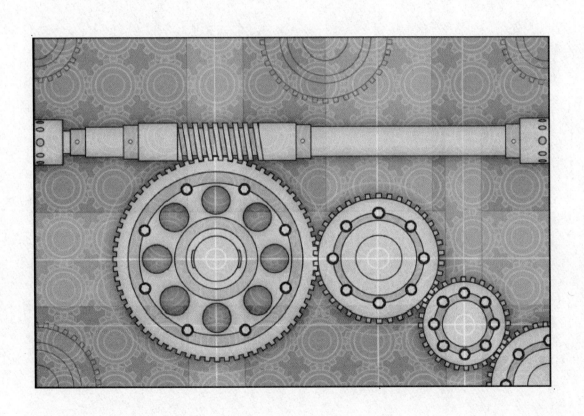

第5章 确定产品前景与项目范围

我的同行 Karen 在她的公司里引入了需求文档审查。她注意到审查人员提出的很多问题都与项目的范围有关。他们对项目预期的范围和目标有各自不同的理解，因而对 SRS 中应包含哪些功能需求无法取得一致意见。

第1章中讲过，业务需求位于需求链中的最顶层，这种需求定义了软件系统的前景与范围。用户需求和软件功能需求都必须符合业务需求设定的前景和目标。无助于系统达到业务目标的需求都不应包含在 SRS 中。

如果项目没有一个明确定义的方向，或者不能让每个人充分理解这个方向，就必然会走向失败。项目的参与者如果对项目的目标和优先级各持己见，就会在不经意间背道而驰。涉众如果对产品的业务目标缺乏共同的理解，便无法就需求取得一致。清晰的前景和范围对多地点合作开发的项目尤为重要， 因为地域上的分隔使开发人员无法每日进行交流，使协作变得困难。

业务需求定义不充分的一个迹象是：某些特性先是被添加，然后被删除，之后又被加入。关于前景和范围的问题都必须在详细定义功能需求之前得到解决。关于项目的范围和限制的声明对讨论提议的特性和目标版本很有帮助。在考虑是否接受提议的需求变更和系统增强时，前景和范围也为决策提供了参考。有些公司把前景和范围的重点印在招贴板上，每次召开项目会议都把它带进去，这样就能对提议的变更是否在范围内作出快速判断。

5.1 通过业务需求定义前景

产品前景(product vision)将所有涉众统一到一个方向上。前景描述了产品用来干什么，它最终会是什么样子。**项目范围**(project scope)则确定当前的项目要解决产品长远规划中哪一部分。范围声明为需求是否属于项目划定了界线。也就是说，范围同时定义了项目的限制。项目范围的细节体现于开发团队为项目定义的需求基线。

前景关系到整个产品。当产品的战略定位或信息系统的业务目标随时间发生改变时，前景也会随之变化，但这种变化相对缓慢。范围则只与一个特定的项目，或实现产品功能下一增量的某次迭代相关，如图 5.1 所示。与前景相比，范围更为动态，因为项目经理可以在项目进度、预算、资源和质量的约束内对每个版本的内容进行调整。计划制定者的目标是管理某个特定的开发或改进项目的范围，把它作为大的战略前景中一个已定义的子集。不管是项目的范围声明，还是渐变的开发项目中每次迭代或改进后的范围声明，都可以写在项目的需求规约中，而不必单独写一份前景和范围文档。重要的新项目除了提供需求规格说明外，还应提供一份完整的前景和需求文档。参见第10章中需求规格说明的模板。

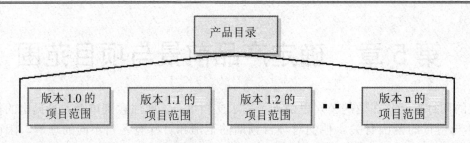

图 5.1 产品前景包括了每一个计划产品版本的范围

例如，某个联邦政府机构正在开发一个大型的信息系统，开发周期计划为五年。在最初阶段，他们定义好了系统的业务目标和前景，接下来的几年中将不会对此做大的改变。他们计划经过大约 15 个版本来完成最终系统。每个版本都作为一个独立的项目，有它自己的范围声明。每个版本的范围声明都必须与整个产品的整体前景相一致，并且与其他版本的范围声明相互交织，确保没有疏漏。

📖 不切实际的需求

某软件开发公司的一位经理在项目中经历了近乎灾难性的范围蔓延，她很沮丧地告诉我："我们的需求太不切实际了。"她说每个人提出的想法都被写到了需求里。公司为产品规划明确的前景，却没有通过划分一系列版本来控制范围，没有把用户提出的部分需求推迟到后续的版本中实现(有些需求也许根本就该拒绝接受)。开发小组历经四年才最终发布出一个极度膨胀的产品。如果范围控制得当，采取渐进的开发方式，开发团队本来是可以交付出一个实用产品的。

5.1.1 相互矛盾的业务需求

不同来源的业务需求可能会相互矛盾。以配备有嵌入式软件的售货机为例，使用对象是零售商店的顾客。这种售货机的开发者的业务目标包括：

- 向零售商出售或出租售货机，由此获得收益
- 通过售货机向顾客出售消费品
- 为品牌吸引客户
- 生产出多种类型的售货机

零售商的商业需求则包括：

- 将单位营业面积的收益最大化
- 吸引更多的顾客
- 用售货机取代手工操作而带来销量和利润空间的增长

开发者希望带为顾客提供一个激动人心的高科技新方向；而零售商需要的却只是一个简单的、可直接投入使用的系统；顾客则注重方便性和功能。不同的目标、约束和成本因素构成了这三方的制衡关系，导致了不一致的业务需求。项目主管必须在需求分析

员细化售货机的系统和软件需求之前解决这些矛盾。而且应将注意力集中于产品的根本目标，即创造最大商业价值("增加对新老客户群的销量")。一些华而不实的产品特性("能够吸引客户的新颖的用户界面")常常分散人们的注意力，却不能真正反映出业务目标。

项目主管还应该解决不同业务涉众之间的矛盾，而不能指望软件开发人员设法解决。当涉众和存在利益竞争的团体逐渐增加，范围蔓延的风险也随之升高。在范围增加失控的状态下，涉众试图满足所有能想到的利益，向系统中加入了太多功能，导致项目因无法承担而崩溃，创造不出任何价值。此类问题通常要通过政治和权力斗争来解决，不在本书的讨论范围之内。

5.1.2　业务需求与用例

业务需求决定了应用的广度与深度。**广度**(breadth)指应用能完成哪些业务工作(即用例)；而**深度**(depth)则说明将各项用例实现到何种程度。当依据业务需求确定某项用例不在项目范围之内时，便是在进行广度的决策。深度的变化范围则是从简单的用例实现到利用大量辅助功能的完全自动化。业务需求将指出哪些用例要求稳定和全面的功能实现，哪些只需要简单的实现，至少最初时是这样。

业务需求会影响用例及相关功能需求的实现优先级。例如，让售货机产生最大受益这个业务目标就意味着应优先实现能向顾客售出更多产品和服务这一特性。那些新奇、华而不实的特性只能吸引很少一部分过分追求技术的顾客，对于主要的业务目标则没有意义，因而不能将其设为高优先级。

业务需求对于需求的实现方式也有很大影响。例如，开发化学品跟踪管理系统的动机之一就是提高库房和各实验室中已有化学品的利用率，减少新的购买量。通过交谈和观察就能发现目前化学品不能重用的原因。这些信息又能够引出功能需求和设计，从而使对每个实验室中化学品的跟踪管理变得更容易，并帮助化学家从邻近的实验室找到所需的化学品。

5.2　前景与范围文档

前景与范围文档用于将业务需求收集整理到一个文档中，为后续的开发工作打好基础。有些组织使用项目合约或业务用例文档来实现类似目的。进行商业软件开发的组织则常常创建**市场需求文档**(Market Requirements Documentation，简称 MRD)。在目标市场划分和与商业成功相关的问题方面，**MRD** 比**前景和范围文档**说明得更为详细。

前景和范围文档的所有者是项目的执行主管、投资负责人或其他类似的角色。需求分析员与他们合作编写前景和范围文档。业务需求的来源应来自那些了解为何要开展这个项目的人。这些人可能是客户或开发组织中的高级管理人员、项目的规划者、产品经理、主题专家或营销部门的成员。

　　图 5.2 给出了前景和范围文档的一个模板。文档模板为组织中项目团队要编写的文档提供了标准结构。可以对该模板进行修改以适应项目的特定需求。

```
1. 业务需求
   1.1  背景
   1.2  业务机遇
   1.3  业务目标与成功标准
   1.4  客户与市场需求
   1.5  业务风险

2. 解决方案的前景
   2.1  前景声明
   2.2  主要特征
   2.3  假设与依赖

3. 范围与限制
   3.1  第一个版本的范围
   3.2  各后续版本的范围
   3.3  限制与排除

4. 业务背景
   4.1  涉及简介
   4.2  项目优先级
   4.3  操作环境
```

图 5.2　前景与范围文档的模板

　　前景和范围文档中有些部分看来重复，其实他们是以一种合理的方式相互关联。看看下面这个例子：

● **业务机会**　利用竞争产品安全方面的不良记录；
● **业务目标**　被商业杂志的评论和对客户的民意调查公认为市场上最安全的产品，夺取 80% 的市场份额。
● **客户需求**　更安全的产品。
● **特性**　全新的、稳定的安全引擎。

　　对图 5.2 中的各项说明如下：

业务需求

　　项目之所以被启动，是因为人们相信新产品能以某种方式为他们带来一些好处，让世界变得更美好。业务需求描述了新系统将带给投资人、购买者和用户的主要利益。对于不同类型的产品，如信息系统、商业软件包和实时控制系统，业务需求的着重点也不同。

　　(1)　背景

　　概述新产品的来由与背景。对历史和现状进行概括性的描述，说明为什么决定开发该产品。

　　(2)　业务机遇

如果开发的是商业产品，这部分描述的是存在的市场机遇以及产品要参与竞争的市场。如果是企业信息系统，则应描述要解决的业务问题或需要改进的业务流程，以及系统的应用环境。这部分内容还应对已有的产品和可能的解决方案进行比较评估，指出新产品的优点。说明有哪些问题因为没有该产品而在当前无法解决。还要说明该产品怎样符合市场潮流、技术发展趋势或企业的战略方向。另外，还应有一段简短的说明描述如果需要为客户提供一个完整的解决方案，还需要哪些其他的技术、过程或资源。

(3) 业务目标与成功标准

用量化和可衡量的方式概述产品提供了哪些重要的业务利益。表 5.1 给出了一些业务目标的例子，既有与财政相关的，也有与财政无关的(Wiegers 2002c)。如果其他文档(如业务用例文档)中已包含了这些信息，此处指明参考文档即可，不必重复其内容。这一部分还应明确涉众如何定义和判定项目的成功(Wiegers 2002c)。说明哪些因素对项目获得成功的影响最大，无论这些因素是否处于组织的控制范围内。还要定义可衡量的标准，用于评估各项业务目标是否已实现。

表 5.1 财政与非财政相关的业务目标举例

与财政相关	与财政无关
在X个月内取得X%的市场份额	产品发布Y个月后，顾客满意度至少达到X
在Z个月内将在X国的市场份额提高Y%	将交易处理能力提高X%，同时将数据差错率降至Y%以内
在Z个月内使销量达到X套或使销售收入达到Y美元	抓住时机占据市场优势
在Z个月内使该产品的现金流变成正向	为一系列相关产品开发稳定的平台
省下为现有专用系统付出的每年X美元的高额维护费用	某个特定日期前，在商业杂志上出现对产品的X篇正面评论
在Y个月内将维持成本降低X%	某个特定日期前被公开的产品评论评价为可靠性最高的产品
每套产品售出后Z个月内，服务电话少于X个，保修电话不超过Y个	符合联邦和州政府的相关法规
将现有业务的毛利从X%提高至Y%	将对Y%的客户支持电话的响应时间缩减为X小时

(4) 客户与市场需求

描述典型客户或特定市场的需求，包括当前已有的产品或信息系统不能满足的需求。指出新产品能解决哪些客户当前遇到的问题，并举例说明客户将如何使用该产品。对已知的关键接口或性能需求做出高层次的定义，但不要涉及设计和实现的细节。

(5) 业务风险

概述与产品开发相关(或无关)的主要风险。风险类别包括市场竞争、时间问题、用户认可、实现问题以及可能对业务造成的负面影响。要评估每一项风险可能造成的损失、发生的几率以及对它的控制能力。找出所有可能降低风险的措施。如果在业务用例分析或类似文档中已经给出了这些信息，此处只需指明出处而不必重复该信息。

解决方案的前景

这一部分建立系统的战略前景，该系统将实现业务目标。前景为产品生命周期中所有的决策提供了背景。详细的功能需求或项目计划信息不应包括在这一部分内。

(1) 前景声明

用一个简洁的前景声明概括新产品的长期目标和意图。前景声明应当反映能够满足不同涉众需求的平衡的观点。前景声明可以理想化，但应当以当前或预期的市场的现实条件、企业结构、团体的战略方向和资源限制为依据。使用下面这个关键字模板能够为产品写出很好的前景声明(Moore 1991)。

- 目标客户
- 需求或机会的声明
- 产品名称
- 产品类别
- 主要竞争产品、当前系统或当前业务过程
- 新产品的主要竞争优势

(2) 主要特性

为新产品的每一项主要特性或用户功能进行固定的、惟一的命名或编号，突出其超越原有产品或竞争产品的特性。给每项特性一个惟一的标号(不是着重号)，这样可以追溯其来源——用户需求、功能需求和其他系统元素关联起来。

(3) 假设与依赖

记录构思项目和编写前景和范围文档过程中涉众所提出的每一项假设。由于一方所做的假设往往不为其他各方所知，因此通过将所有的假设记录下来并进行检查，各方就能对项目潜在的基本假设达成一致。这样便能够避免可能的混乱以及这种混乱在将来的影响加剧。例如，化学品跟踪管理系统的执行主管假设该系统将取代现有的化学品库存管理系统，并与公司的采购系统对接。这一部分还应记录项目对不在自身控制范围内的外部因素的主要依赖关系。这类外部因素包括悬而未决的工业标准或政府法规、其他项目、第三方厂商及开发伙伴。

范围与限制

当一位化学家发明了一种化学反应，能够将某种化学物质转化为另一种化学物质时，她会在论文中用"范围与限制"来说明该化学反应能做什么，不能做什么。同样，软件项目也应该定义它的范围和限制，说明系统可以和不能提供哪些功能。

项目的范围定义了所提出的解决方案的概念和范围。限制则列出了产品**不会**提供的某些功能。"范围和限制"帮助涉众建立现实的期望，因为客户时常会要求过于昂贵或不在预定的产品范围内的特性。必须拒绝接受超出范围的需求，除非它非常有意义，以

至于要扩大范围来容纳它。那样的话，预算、进度和人员都要作相应的调整。应把被拒绝的需求的内容和拒绝的原因都记录下来，因为这类需求往往会再三被提出。

🖝 **注**　第 18 章介绍了如何使用需求属性来记录被拒绝或推迟的需求。

(1)　第一个版本的范围

概述计划在产品的第一个版本中实现的主要特性。描述产品的质量特性，产品依靠这些特性为不同类别的用户提供预期利益。如果你的目标是集中开发力量和维持合理的项目进度，就不要企图在 1.0 版中包含所有可能的客户在某天想到的需求。范围增大不知不觉地发生，导致的结果通常是过度膨胀的软件和进度延误。应该把注意力集中在那些能够在最短时间内，以最适宜的成本，为最大多数用户提供最大价值的特性上。

我的同事 Scott 的上一个项目是开发与包裹递送相关的软件系统。开发小组决定软件的第一个版本应该让用户能够开展包裹递送业务。这个版本不必快捷、灵巧和易于使用，但必须可靠。小组按这个思路开展工作，始终以可靠性为中心。第一个版本实现了系统的基本目标，后续的版本将提供更多的特性、选择和辅助性功能。

(2)　各后续版本的范围

如果要采用阶段性的开发方式，需要决定推迟实现哪些特性，并为后续的版本做出时间安排。后续版本能够实现更多的用例和特性，并可完善最初用例和特性的功能(Nejmeh 和 Thomas 2002)。随着产品的不断成熟，系统的性能、可靠性和其他质量特征也将得到改进。你看得越远，对将来版本的范围声明也就越模糊。可以将某些功能从某个版本的计划中移至另一个版本，也可以增加以前未曾预见到的功能。缩短版本周期的好处在于能够有更多的机会从客户的反馈中吸取经验。

(3)　限制与排除

管理范围蔓延和用户期望的方法之一是，定义项目包含的需求与不包含的需求之间的界线。此处应列出所有涉众可能希望得到，但不在产品或其某个特定版本计划之内的功能和特性。

业务背景

这一部分概述一些项目的业务问题，包括简要描述主要的涉众类别，以及说明项目的管理优先级。

(1)　涉众简介

涉众(stake holder)是积极参与项目、受项目结果影响，或者能够影响项目结果的个人、团体或组织(Project Management Institute 2000；Smith 2000)。涉众说明描述了不同类型的客户和其他重要的涉众。不需要描述每一个涉众团体，如负责检查产品是否符合相关法律的法律人员。应重点介绍不同类型的客户、目标市场以及目标市场中的不同用户类别。对每类涉众的说明都应提供如下信息：

- 从产品得到的主要价值或利益，产品如何才能产生较高的客户满意度。涉众得到的价值可能包括：
  - 提高生产力

◆　减少返工
◆　节约成本
◆　流水线式业务流程
◆　将以前的手工劳动自动化
◆　能够进行全新的工作
◆　符合相关的标准或法规
◆　比现有产品更实用

● 可能对产品采取的态度。
● 感兴趣的主要特性和功能。
● 必须遵循的已知约束。

(2)　项目优先级

要想更有效地进行决策，涉众必须就项目的优先级达成一致。取得这种一致的方法之一是考虑软件项目的 5 个方面：特性(或范围)、质量、成本、进度和人员(Wiegers 1996)。对任何一个特定的项目而言，上述每个方面都可归入下面列出的三类之一：

约束　　限制因素，项目必须在这些限制下展开工作。

激励　　重要的成功目标，灵活性有限，只可稍作调整。

自由度　项目经理可根据其他方面进行平衡及调整的因素。

项目经理的目标是：在约束施加的限制内，调整属于自由度的因素，从而获得项目的成功激励。并非所有的因素都能成为激励，也不是所有因素都是约束。当项目的需求或现实条件发生改变时，项目经理需要有一定的自由度才能对其做出适当的反应。假设营销部门突然要求你比计划进度提早一个月发布产品，你将如何应对？你会不会：

● 把某些需求推迟到下一版本中实现？
● 缩短计划的系统测试周期？
● 付给开发人员加班工资或多雇人手以加速开发？
● 从其他项目抽调资源进行援助？

出现此类突发事件时，项目优先级可以指导你采取什么行动。

(3)　操作环境

描述系统将用于什么环境，定义关键的可用性、可靠性、性能和完整性需求。这些信息对系统的结构定义有着重要的影响。定义系统结构是设计过程的第一步，通常也是最重要的步骤。用户地域分布广泛的系统的结构与用户集中于某一地域的系统就大不一样，因为后者的用户只在正常工作时间访问系统，而前者则需提供全天二十四小时的访问。非功能需求，例如容错性和对运行中的系统的维护能力，可能会消耗大量设计和实现的精力。应向涉众了解与操作环境相关的问题，例如：

● 用户的地域分布是分散还是集中？用户分布的地域范围包括几个时区？
● 不同地理位置的用户会在什么时间访问系统？

- 数据在何处生成，用于何处？其间的距离有多远？来自不同地点的数据是否需要组合？
- 访问异地数据时的最大响应时间是否已知？
- 用户能否容忍服务中断？能够不间断地访问系统对用户的业务操作是否很关键？
- 是否需要提供对访问的安全控制和对数据的保护？

5.3 关 联 图

对范围的描述确立了正在开发的系统与周围所有事物之间的界线和联系。**关联图**(context diagram)用图形方式说明了这一界线。图中标出了处于系统之外并与系统有某种接口的**端点**(terminator)，以及端点与系统间的数据、控制和**物质流**(material floue)。根据结构化分析原理关联图是数据流图中最顶层的抽象(Robertson 和 Robertson 1994)，该模型对采用其他开发方法的项目也很有效。可以把关联图放在前景与范围文档中，或者SRS 正文或附录中，也可以把它作为系统的数据流模型的一部分。

图 5.3 给出了化学品跟踪管理系统的关联图的一部分。整个系统在图中表示为一个圆，关联图有意隐藏了系统的内部对象、过程和数据。圆中的"系统"可以是任何软件、硬件和人的组合。矩形中的端点则分别表示了用户类别("化学家"和"采购人员")、机构("劳保部门")、其他系统("培训数据库")或硬件设备("条码阅读器")。图中的箭头代表系统与端点之间传递的数据流("对化学品的需求")或物品("化学容器")。

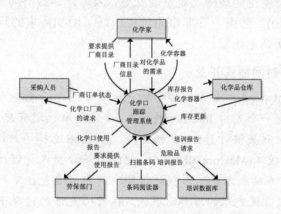

图 5.3　化学品跟踪管理系统的关联图

您也许希望看到化学品的厂商也作为一个端点在图中被表示出来。毕竟公司发出的订单最终要由厂商来履行，厂商将把化学品和发票送到 Contoso 制药公司，公司的采购部门则将支票交给厂商。然而，这些过程都发生在化学品跟踪管理系统的范围之外，它们是采购和进货部门职责的一部分。关联图明确了这一点：该系统并不直接参与向厂商发订单，接收货品和支付账单等操作。

关联图这类工具的目的是促进项目涉众之间交流的清晰和准确。这种交流比教条式地遵守所谓"正确"关联图的规则更重要。尽管如此，我还是强烈建议你采用图 5.3 中的格式作为绘制关联图的标准。如果你使用三角形而不是圆形来代表系统,用椭圆而不是矩形来代表端点,这种根据自己的偏好而不是开发小组的标准画出来的图会让同事感到很难读懂。

5.4　保持范围的适度

业务需求以及对客户如何使用产品的理解为处理需求蔓延提供了非常有用的工具。范围变更并不都是坏事,它有时能帮你调整项目以适应客户需求的变化。前景和范围文档让你能够对是否应该将某项被提议的特性或需求包括在项目中做出判断。记住,每当有人提出新的需求时,需求分析员都应该问"它在范围内吗?"。

一种回答是被提议的需求明显在范围之外。这项需求可能有用,但应该在将来的版本或其他的项目中解决。另一种可能的回答是需求显然是在定义好的项目范围之内。如果这些范围之内的新需求比起计划在项目中实现的需求具有更高的优先级,就可以把它们并入项目。引入新的需求往往导致推迟或取消已列入计划的其他需求。

第三种可能是被提议的新需求不再范围之内,但它很有价值,因而需要对项目范围做出调整以容纳这一新的需求。这说明用户需求与业务需求之间存在一个反馈回路。这种情况要求修改前景和范围文档,如果该文档已基线化,它应当处于变更控制的管理之下。项目范围扩大后,通常需要对预算、资源、进度和人员重新进行协商。最理想的情况是原有的资源和进度也能适应一定量的变更,因为计划做得周详,已经预留了一些应急空间(Wiegers 2000)。然而,除非事先已经做好了增加需求的预算,否则需求变更被批准后通常都要重新制定计划。

📖 范围管理与时间框式开发

Enrique 是 Lightspeed 财务系统公司的一位项目经理。他要为 Lightspeed 的主打产品证券管理软件开发一个支持 Internet 的版本。要完全取代现有应用程序需要数年时间,但 Lightspeed 必须立刻提供对 Internet 的支持。Enrique 选择了时间框式开发方法,承诺每 90 天发布一个新版本(McConnell 1996)。他的市场分析人员仔细地为产品需求划分了优先级。每个季度发布的版本的需求规格说明中的内容都包括实现部分新的且更完善的功能,还列出了一些低优先级的附加需求,只在时间允许的情况下才考虑后者。Enrique 的开发团队没有为每个版本实现所有附加需求,但是通过采用这种由进度驱动的范围管理方式,他们每隔 3 个月都交出了一个稳定的新版本。对采用时间框开发方法的项目而言,质量和进度通常是被约束的,而范围则享有一定的自由。

范围扩大的结果通常是必须返工以前的工作以适应变更。如果增加了新功能却没有为其提供更多的资源或时间,产品的质量常常会下降。写成文档的业务需求很有用,当市场或用户需求改变时,它能简化对合理的范围扩大的管理。当某位有影响力的人物企图向已有过多约束的项目中塞入更多功能时,它又能帮助项目经理理直气壮地说出"不",至少是"暂时不"。

下一步

- 在你的项目中找几位涉众，请他们每人用本章介绍的关键字模板写一个前景声明。看看他们所写的前景相似程度如何。消除所有分歧并提出一个所有涉众都赞成的统一的前景。

- 无论你是刚刚启动一个项目或是正处在项目开发期间，都请根据图 5.2 中的模板写一份前景和范围文档，然后让小组的其他成员检查这份文档。这样也许会发现项目组成员对项目前景和范围的理解并不一致。立刻解决这个问题，不要让它无限制地发展下去，等待只会让问题变得更难解决。这个练习还能告诉你如何对模板进行修改，让它最大限度地满足你们组织内的项目的需求。

第6章　获取客户的需求

如果您也和我一样确信客户的参与是生产出优质软件的关键因素，那么您从一开始就会邀请客户代表参与项目。能否让开发人员更准确地了解用户的需求，将决定软件需求工作能否取得成功，进而影响到软件开发的成功。要获得客户的需求，应采取以下步骤：

- 确定产品的不同用户类型。
- 确定用户需求的来源。
- 挑选出每一类用户和其他涉众的代表并与他们一起工作。
- 商定谁是项目需求的决策者。

开发人员开发的产品与客户期望获得的产品之间常常存在较大差距，即所谓的期望鸿沟。客户参与是避免期望鸿沟的惟一途径。开发人员不能只是简单地找几个客户了解他们想要什么，然后就开始编码，这样很可能会出现完全照客户最初要求开发出了产品但却必须返工的情形，因为客户往往不知道自己真正想要什么。

用户说他们"想要"的功能并不一定等同于他们使用产品进行工作时需要的功能。要想更准确地把握用户的需求，需求分析员必须收集用户的意见并进行分析和阐明，决定开发什么样的产品从而使用户能够完成他们的工作。需求分析员对于记录新系统必备的功能和特性，并将这些信息传达给其他涉众负有主要责任。这是一个反复迭代的过程，需要花很多时间。如果你不投入足够的时间对目标产品的共同前景取得一致的理解，结果肯定是返工、延误交付和用户不满意。

6.1　需求的来源

软件需求的来源取决于软件产品的性质和开发环境。从各种角度和来源收集需求的这种需要正验证了需求工程中沟通的重要性。下面列出了几种典型的软件需求来源：

- **与潜在用户进行交谈和讨论**　要想知道某个新软件的潜在用户的需求，最直接的方式莫过于向用户了解。本章讨论了如何找到合适的用户代表，而第 7 章则描述了从用户那里获取需求的技巧。
- **描述现有产品或竞争产品的文档**　这类文档可能也会描述产品必须遵循的企业或行业标准，以及法律和法规等。文档中对目前和今后业务流程的描述也很有帮助。媒体的评论文章可能会对其他产品进行比较说明，指出它们的不足，如果参考这些文章来解决相应的缺陷，就能让产品赢得竞争优势。
- **系统需求规格说明**　同时包含硬件和软件的产品具有一个高级的系统需求规格说明，用于描述整个产品。每个软件子系统对应系统需求的一部分(Nelson 1990)。需求分析员可以从这些部分需求中推导出软件的详细功能性需求。
- **现有系统的问题报告和改进要求**　客户服务和技术支持人员也是需求的重要

来源。他们知道用户使用现有系统时遇到了哪些问题，也从用户那里听到了不少改进系统下一版本的意见。

- **市场调查和用户问卷调查**　这类调查能够从广大的潜在用户那里收集到大量的数据。事先要向有关专家咨询如何进行设计和调查，这样才能保证向正确的对象提出正确的问题(Fowler 1995)。调查能够检验你对需求的理解，不管这些需求是之前收集来的还是你认为自己知道的。但调查不是刺激创造性思维的好办法。发布调查之前一定要对调查进行测试。如果在调查开始之后才发现问题表述有歧义或是遗漏了重要问题就太晚了，这会令人十分沮丧。

- **观察用户如何工作**　所谓"生命中的一天"的研究就是让需求分析员观察现有系统的用户或将要推出的系统的潜在用户如何进行工作。通过观察用户在实际工作环境下的工作流程，需求分析员能够验证先前交谈中收集到的需求、确定交谈的新主题、发现现有系统的缺陷，以及找到能让新系统更好地支持工作流程的方法(McGraw 和 Harbison 1997，Beyer 和 Holtzblatt 1998)。与简单地让用户写下他们的操作步骤这种方式比较，通过观察用户如何工作所获得的认识更准确和全面。需求分析员必须对观察对象的活动进行归纳和概括，保证得到的需求适用于整个用户群，而不是仅仅适合被观察的用户。经验丰富的分析员还常常能够提出改进用户现有业务过程的意见。

- **用户工作的情景分析**　在确定用户需要借助系统完成哪些工作之后，需求分析员就能推导出用户完成这些工作必需的功能性需求。这就是第 8 章中描述的用例方法的本质所在。一定要注明每项工作使用和生成了哪些信息，以及这些信息的来源。

- **事件和响应**　列出系统必须响应的外部事件和正确的响应。这对于实时系统特别有效，因为实时系统必须从外部的硬件设备读取数据流、错误代码、控制信号和中断并对它们进行处理。

6.2　用　户　类

产品的不同用户之间在很多方面存在差异，例如：

- 使用产品的频率。
- 用户在应用领域的经验和使用计算机系统的技能。
- 所用到的产品功能。
- 为支持业务过程所进行的工作。
- 访问权限和安全级别(如普通用户、来宾用户或系统管理员)。

可以根据这些差异将用户分为若干不同的**用户类**(user class)。同一用户可以属于多个用户类。例如：应用程序的管理员有时也会以普通用户的身份进行操作。关联图(参见第 5 章)中系统外的各端点就可能是用户类。用户类是产品用户的子集，产品用户则是产品客户的子集，而产品客户又是产品涉众的子集，如图 6.1 所示。

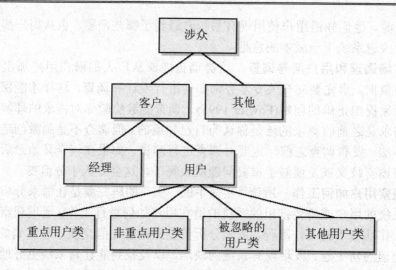

图 6.1   涉众、客户和用户的层次结构

人们常常喜欢根据用户的地理位置、所在公司的类型或所担任的工作来划分他们的类别，而不考虑他们与系统的交互方式。例如，有一家为银行业开发软件的公司最初依据工作单位来划分用户，看他是在大型商业银行、小型商业银行、储蓄与贷款机构还是在信用合作社工作。这种区分方式表示的其实是潜在的市场，而非不同的用户类。所有这些金融机构中接受贷款申请的人员对系统有相似的功能要求，因此，把该用户类称为"申请接收者"或许更为合理。这一角色可以由不同职务的人来担任，包括信贷员、副总裁、客户服务代表甚至出纳员，只要他们使用该系统帮助客户申请了贷款。

有些用户类比其他用户类更为重要。在确定不同用户类的需求的优先级或解决它们之间的冲突时，重点用户类会受到特别优待。重点用户类包括一些特殊的群体，他们对系统的认可和使用决定了系统是否符合业务需求。这并不意味着必须特别优待那些花钱购买系统(他们可能根本就不是用户)或政治影响最大的涉众。非重点用户类则是那些不打算将产品用于法律、保密或安全目的的群体(Gause 和 Lawrence 1999)。你还可以选择忽略一些用户类。他们只得到成品，你不必专门为了满足他们的需求而开发产品。其余的用户类在定义产品需求时的重要性大致相当。

每个用户类都会根据其成员要执行的工作提出一组自己的需求。不同用户类可能还有不同的非功能性需求，例如会影响用户界面设计的可用性。没有经验或只是偶尔使用系统的用户关心的是系统操作的易学性。他们喜欢具有菜单、图形界面、整齐有序的屏幕显示、详细的提示，以及使用向导的系统，并希望系统与他们使用过的其他应用程序风格一致。一旦熟悉了系统，他们就会更关心使用的方便性与效率，并开始看重快捷键、宏、自定义选项、工具栏、脚本功能，甚至希望用命令行界面替代图形界面。

💡 **注意**   不要忽视间接或次要用户类。他们也许不会直接使用你的产品，但是会通过其他应用程序或报告来访问你的产品提供的数据和服务。曾经使用您的产品的客户(现在不再使用)也是客户。

用户类并不都是人，你或许感到奇怪，但的确如此。与系统打交道的其他应用程序或硬件部件均可被视作额外的用户类。汽车的加油系统就可以是汽车引擎控制器中内置软件的用户类。加油系统不可能自己说话,因此,需求分析员必须从设计加油系统的工程师那里获得加油控制软件的需求。

必须在项目初期便确定产品有哪些不同的用户类,并描述它们的特点。这样你才能从每个重要用户类的代表那里获取需求。有一种称为"先广后精(Expand Then Contract)"的方法很有效(Gottesdiener 2002)。首先尽量想出尽可能多的用户类。即使这一阶段中有很多用户类也不必担心,因为接下来您将对他们进行精简和分类。关键是不能遗漏任何一个用户类,不然会在后期遇到麻烦。接着是寻找具有类似需求的用户类,将他们结合成一个主要的类或者作为一个大类的不同子类。要尽量将用户类的数目缩减到 15 个以下。

某公司为大约 65 家企业客户开发了一个专用软件。每家客户公司都被当作一个不同的用户,有自己特定的需求。他们把这 65 家客户分为 6 个用户类,从而大大简化了后续版本的需求工作。要记住还有一些重要的项目涉众实际上不需要使用产品,因此,用户类仅仅代表了需要为需求提供意见的人们的一个子集。

应该在需求规格说明中记录有哪些用户类以及他们的特点、职责和物理位置。表6.1 是前面几章中提到的化学品跟踪管理系统的项目经理对该系统中各用户类及其特点的分析结果。所有关于用户类的已知信息都应记录下来,包括各用户类的相对或绝对规模、哪些用户类需要重点考虑。这些信息能够帮助开发团队决定需求变更的优先级,并在以后评估这些变更的影响。对系统处理的事务类型和数量的估计有助于测试人员大致了解系统的使用状况,从而为验证工作制订出适当的计划。

表 6.1 化学品跟踪管理系统的用户类

用 户 类	说 明
化学家(需重点考虑)	六座大楼中共有约1000位化学家使用该系统向厂商或化学品仓库申请化学品。每位化学家每天要使用系统若干次,主要是申请化学品或跟踪记录化学品进出实验室的情况。他们还需要通过该系统查询厂商目录以得到某个化学品的化学结构,这些化学结构应该用他们目前使用的化学结构绘制工具来输入
采购员	采购部门约有5名采购员专门负责处理其他人提出的化学品申请。他们向厂商发出订单,并追踪订单的执行情况。他们不懂化学,只需要简单的查询工具来搜索厂商目录。采购员不需要使用系统的化学品跟踪功能。他们平均每人每天使用系统约20次
化学品仓库的管理人员	化学品仓库的管理人员包括6名技术员和一名主管。他们管理着库存量超过500000瓶化学品。他们要处理化学家提出的药品申请,从3个仓库中找出指定的药品或提出向厂商购买,还要记录每一瓶化学品进出仓库的情况。仓库管理人员是惟一负责报告化学品库存量的用户。由于他们每天处理的事务量很大,因此相应的功能必须可以自动实现而且高效

用 户 类	说 明
医疗和保险部门(需重点考虑)	医保部门人员使用系统只是为了生成(预先指定的)季度报告，这些报告须符合联邦和州政府关于化学品使用和处理的规定。医保部门的经理每年很可能会根据政府条例的变化对报告提出几次修改请求。这些请求具有高优先级，应及时实现。

可以为在多个应用程序中出现的用户类编制目录。在企业级定义好用户类后，就可以在今后的项目中重用对这些用户类的描述。下一个要开发的系统也许是为了满足某些新用户类的需求，但很可能会有一些早期系统的用户类也要使用该系统。

如果要使用户类的描述更生动具体，可以为每个用户类创造一个人物角色，即对用户类的代表成员的描述，下面就是一个例子(Cooper 1999)：

化学家 Fred 今年 41 岁，自从 14 年前获得博士学位后，便一直在 Contoso 制药公司工作。Fred 对计算机的耐心有限，他通常同时开展相关化学领域的两个项目。他的实验室中有大约 400 瓶化学品，还有化学气体容器。他平均每天要从仓库领 4 种新化学品，其中两种可从仓库中得到，一种要向厂商购买，另一种则是 Contoso 公司拥有专利的化学品样本。Fred 有时会用到一些危险的化学药品，之前需要接受专门培训以了解如何安全使用这些化学品。当他第 1 次使用某种化学品时，Fred 要求系统自动将它的具体安全数据通过电子邮件发给他。Fred 每年都会研制出大约 10 种新的专利药品送到仓库。Fred 希望系统能够自动生成他上月化学品使用情况的报告，并且通过电子邮件发送给他，这样他就能监控自己对化学品的使用情况，以了解化学品可能对他造成的伤害。

当您在研究化学家的需求时，不妨将 Fred 想象成这一用户类的原型，问问自己，"Fred 想怎么做呢？"。

6.3   寻找用户代表

每一种项目，包括企业信息系统、商业应用软件、数据包解决方案、集成系统、嵌入式系统、Internet 应用程序和精简版软件等，都需要有合适的用户来提供用户的需求。用户代表应当自始至终参与项目的整个开发过程，而不是仅参与最初的需求阶段。每一类用户都应该有自己的代表。

开发自己公司内部的应用软件时最容易接触到实际用户。如果开发的是商业软件，可能要在开发过程初期就从当前的测试版本或早期发布版本的用户那里获取需求(参见6.4.1 一节)。可以考虑在你或竞争对手产品的当前用户中组建中心小组。

某公司要求它的一个中心小组用不同的数码相机和电脑执行一组任务。结果显示在执行最常用的操作时，该公司的相机软件执行时间花得太长。造成这一问题的原因是软件被设计为支持其他不常见的实际情况。公司根据这个结果对下一款相机的需求进行了改进，以减少客户对速度太慢的抱怨。

中心小组必须代表这样一类用户——他们的需求能够左右产品的开发方向。它既要包括专家级的客户，也要包括经验较少的客户。如果中心小组只代表产品的早期使用者或不切实际的空想者，你得到的会是大量复杂的而且在技术上很难实现的需求，使得很多目标客户对这些需求根本不感兴趣。

图 6.2 描述了一些典型的沟通途径，用户的需求通过这些途径到达开发人员那里。一项研究显示，与不太成功的项目相比，在那些很成功的项目中，客户与开发人员的沟通途径种类更多、更直接(Keil 和 Carmel 1995)。最直接的沟通发生在开发人员亲自与合适的用户交谈时，这意味着开发人员兼任了需求分析员的角色。就像孩子们的"打电话"游戏，用户与开发人员间的中间层越多，产生误解的可能性就越大。例如，来自最终用户的经理的需求可能不能准确反映用户真正的需要。

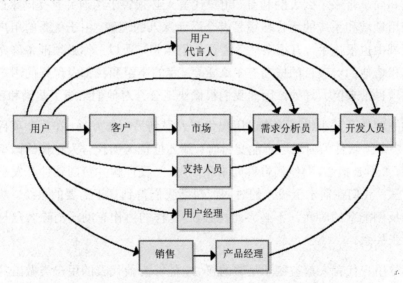

图 6.2　用户与开发人员间可能存在的沟通途径

然而，某些中间层却是有益的，例如熟练的需求分析员，他们与用户或其他参与者合作，收集他们的意见并进行评估、提炼和组织。当你让营销人员、产品经理、主题专家或其他人作为实际客户的代言人时，应该清楚这样所冒的风险。不管困难和代价有多大，都应尽量找到最合适的客户代表。如果你不去和能够提供最佳信息的人交流，你的产品和客户就会遇到麻烦。

6.4　用户代言人

多年之前，我曾在一个小型的软件开发小组工作，我们的任务是为某家大公司的科研活动提供支持，每个项目都有几位用户类的关键成员负责提供需求。我们称他们为**用户代言人(product champion)**(或**项目协调人**，这个词更常用于指项目管理层的主要负责人)(Wiegers 1996)。设置用户代言人为构造客户和开发人员之间的伙伴关系提供了有效途径。

> 💡 **注意** 当心出现这种情况：用户经理或软件开发人员不经过询问就自认为已经了解了实际的系统用户的需求。

每位用户代言人都是他所属用户类的成员与项目的需求分析员之间的主要联系人。在理想的情况下，用户代言人本身就是实际用户，而不是其他相关人员，如投资人、购买产品的客户、营销人员、用户经理或模拟用户的开发人员。用户代言人从所代表的用户类的其他成员处收集需求，消除其中的矛盾。因此，虽然需求文档由需求分析员编写，但需求开发的职责却是由需求分析员与选定的客户共同承担的。

优秀的用户代言人应具备对新系统的清晰认识，并对其充满热情，因为他们知道系统将为自己和同事带来多么大的利益。用户代言人必须善于沟通并且受同事的尊重。他们需要对应用领域和系统的运行环境具有全面而深入的理解。由于优秀的用户代言人在本职工作领域中也很抢手，有很多任务需要他们承担，所以，你必须准备好充分的理由来说服人们相信他们对项目的成功有多么重要。我的小组和我都发现好的用户代言人可以给我们的项目带来巨大好处，因此我们很愉快地公开对他们给予了奖励和表扬。

我所在的软件开发小组还曾通过用户代言人得到另一个好处：在几个项目的开发过程中，当用户奇怪软件为何迟迟不能交付时，那几位优秀的代言人在他的同事面前会帮我们说好话，"不必担心，"他们告诉同事和经理，"我理解并赞同软件开发小组采用的软件工程方法。我们在需求上投入的时间能帮助我们得到真正需要的系统。从长远观点来看，这样反倒能节约时间。不必为此担心。"这样的协作有助于消除客户与开发团队间常有的紧张关系。

如果每位用户代言人都被赋予足够的权力，能够为他代表的用户类做出具有约束力的决定，他们就能发挥最大效应。如果管理人员或软件开发小组总是否决代言人的决定，那么他们的时间和良好意愿就都白白浪费了。反过来，用户代言人也必须牢记他们并非惟一的客户。如果担任这样重要的联络职责的人不跟他的同伴充分沟通，而只是表述他自己的愿望和想法，就会出现问题。

6.4.1 外部的用户代言人

开发商业软件时，从公司外部找人担任用户代言人可能比较困难。如果您与一些重要的企业客户工作关系紧密，他们也许会很高兴参与需求的获取工作。你可能要用一些经济手段来激励这些外部用户代言人的参与热情，譬如按一定的折扣向他们提供产品，或者为他们花在需求上的时间支付酬劳。还要面对这样一个难题：如何避免只听到代言人的需求而忽略了其他客户的需求。如果你有众多不同的客户群,首先必须确定所有客户共有的核心需求,然后再针对不同的客户、消费者或用户类定义更多具体需求。

商业软件的开发公司有时会依靠公司内的主题专家或公司外的咨询专家作为实际用户的代言人,因为实际用户可能是未知的,或者很难让他们参与开发。还有一种办法就是聘用具有合适背景的用户代言人。例如,某公司在为一个特殊行业开发用于零售的自动售货和货品管理系统时,就聘用了 3 名百货店经理担任全职的用户代言人。还有一个例子,我的长期家庭医生 Art 离开了他的医务所,担任一家医疗软件公司的医生代言人。Art 的新雇主认为聘用一位医生帮助公司开发出能被其他医生接受的软件是很值得的。第三家公司则从他们的主要客户那里聘用了几名前雇员。这些人员可提供相应领域的专业知识,而且对客户公司的政策十分了解。

如果用户代言人以前是用户或模拟的用户,就要提防用户代言人对需求的理解与实际用户当前的实际需求之间不一致的情况。有些问题域变化相当快,有些则相对稳定。医药领域的发展很快,而很多企业的业务流程则在数年内大体保持不变。问题的关键是看用户代言人能否准确反映实际用户的需求,而不用管他的背景或现在的职业是什么。

6.4.2　对用户代言人的要求

为了帮助用户代言人取得成功,您应该把你对他们的工作要求写成文档。这些书面的要求能够作为依据帮助你确定哪些人可以担当这一重要职责。表 6.2 列出了用户代言人要进行的一些工作,不是每个代言人都需要做所有这些工作。可以该表为起点与每位代言人协商他的职责。

表 6.2　用户代言人可能的活动

类　别	工　作
计划	推敲产品的范围和限制
	定义与其他系统的接口
	评估新系统对业务操作的影响
	定义从现有系统到新系统的过渡方案
需求	收集其他用户的需求
	开发使用范例和用例
	解决用户提出的需求中的冲突
	确定实现的优先级
	确定质量和性能需求
	评估用户界面的原型

续表

类　别	工　作
确认和验证	评审需求文档 定义用户接受系统的标准 根据使用情况开发测试用例 提供测试数据集 执行beta测试
用户辅助	编写用户手册和帮助文档 准备培训资料 向同行演示产品
变更控制	评估缺陷修改请求，确定其优先级 评估改进请求，确定其优先级 评估需求变更对用户和业务流程的影响 参与变更决策

6.4.3　设置多位用户代言人

　　一个人很难描述出所有用户对应用程序的需求。化学品跟踪管理系统就有 4 个主要的用户类，因此需要从 Contoso 制药公司的内部用户中挑选出 4 名用户代言人。图 6.3 演示了项目经理如何组织需求分析员和用户代言人小组，从正确的来源收集正确的需求。这些代言人都不是全职的，但他们每周都会花上几个小时为项目工作。有 3 名分析员和这 4 名用户代言人一同工作，收集、分析并记录他们的需求。因为采购员和医保部门这两个用户类人数和需求都很少，所以由同一位需求分析员负责与这两类的用户代言人合作。最后由一名需求分析员将所有需求整理为一份需求规格说明。

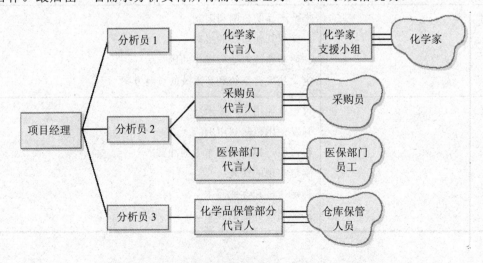

图 6.3　化学品跟踪管理系统的用户代言人模型

当某用户类成员很多时，例如 Contoso 公司的化学家用户类就有近千名成员，使得一个人很难充分说明所有不同的需求。因此，化学家用户类的用户代言人组织了一个支援小组来协助自己，组员包括 5 名来自公司其他部门的化学家，他们代表了"化学家"这个大用户类中的不同子类。这种分层组织方法既可以让更多的用户参与需求开发，又能避免讨论会人数太多，或几十人同时参加交谈的弊病。Don 就是代表化学家的用户代言人，他总是尽量争取让大家达成一致意见，但是如果无法取得一致，他也会及时做出必要的决定，避免出现僵局，让项目有序地进展。如果用户类足够小或者凝聚力足够强，一个人就能够充分代表该团体的需求，这时就不需要组织支援小组。

📖 沉默的用户

Humongous 保险公司的需求分析员很高兴，因为一位很有影响力的用户 Rebecca，答应担任新的索赔处理系统的用户代言人。Rebecca 对系统功能及用户界面设计都有很多想法。得到专家的指点让开发人员很振奋，他们高兴地按照 Rebecca 的需求完成了系统。然而结果却使他们大受打击：用户纷纷抱怨系统太难用。

Rebecca 是一位能力很强的用户，她提出的可用性需求很适合专家级的用户。但是90%的用户**不是**专家，他们觉得系统很不直观，很难掌握。需求分析员没有意识到索赔处理系统至少有两类用户。因此，在需求和用户界面设计的过程中，占绝大多数的普通用户却被剥夺了发言权。Humongous 公司为此付出了高昂的代价：对系统重新进行了设计。需求分析员本应安排另一个用户代言人来代表非专家级用户。

6.4.4　如何让人接受用户代言人的概念

当你在项目中提出用户代言人这一概念时，很可能会遇到阻力："用户太忙了"、"管理层希望由他们来做决定"、"他们会拖累我们"、"我们没钱雇他们"、"我不明白用户代言人要干啥？"。有些用户不愿为系统提供意见，因为害怕这个系统会让他们改变工作习惯，或者会导致裁员而威胁到他们的工作。同时管理人员也常常不愿把需求决定权交给普通用户。

将业务需求与用户需求分离可以减轻管理人员这种不安的感觉。用户代言人只能在项目业务需求划定的限制范围内，作为实际用户对用户需求做出决定。用户管理层的负责人依然掌握着影响产品前景、项目范围、进度和成本等问题的决策权。与代言人的候选者协商用户代言人的职责并将它写入文档，能够让他们了解并更心甘情愿地接收这项工作。

如果遇到阻力，你应该向反对者指出用户参与不足已被充分证明是软件项目失败最主要的原因之一(Standish 组，1995)。提醒他们回想在以前项目中遇到的源于用户参与不足的那些问题。每个组织都有这类糟糕的经历：新系统不能满足用户的需求，或者不符合未声明的可用性或性能指标。因为没有人理解需求而导致交付的系统达不到标准，而不得不重新开发或抛弃系统，这种结果是令人难以承受的。引入用户代言人能够降低这种风险。

6.4.5　用户代言人应避免的陷阱

用户代言人模型在很多情况下都获得了成功。其成功需要具备以下条件：用户代言人理解并履行他的职责，被赋予用户需求级别的决策权，有足够的工作时间。引入用户代言人时应小心下列可能出现的问题：

- 一个合格的用户代言人根据授权做出的决定却被经理推翻。或许是因为这位经理在最后一刻突发奇想，心血来潮要改变项目的方向，或许是因为他自认为了解用户的需求。这类行为导致的后果是：用户对产品不满意，开发人员因花时间理解管理层的新思路而耽误产品的交付，用户代言人因为得不到管理层的信任而灰心丧气。
- 用户代言人如果忘了自己应代表其他客户，而只表达出自己的需求，那么他的工作肯定做不好。开发出的产品也许能让他满意，但其他人则不一定满意。
- 用户代言人如果缺乏对新系统的充分了解，就可能在重要问题上听从需求分析员的决定。如果代言人只是一味附和需求分析员，他的存在也就失去了意义。
- 资深用户可能因为自己没有时间而推荐缺少经验的用户担任代言人。这可能导致"幕后操作"问题：资深用户还是想对项目方向施加强大的影响。
- 谨防用户试图代表他们不属于的用户类发表意见。以 Contoso 的化学品跟踪管理系统为例，化学品仓库管理人员的代言人执意要提供化学家用户类的需求。很难说服她这不是她分内之事，好在需求分析员没有受她的干扰。项目经理为化学家单独指定了一名用户代言人，他很好地完成了收集、分析和转达所属群体的需求的工作。

6.5　谁来做出决策

当不同用户类提出的需求发生矛盾时，必须有人来进行协调、解决这些矛盾，对因此产生的范围问题作出裁决。项目伊始就应确定由谁来担任问题的决策人。如果不清楚谁是决策人，或者被授予决策权的人放弃他们的职责时，就只能由开发人员来做决定。这种做法很不明智，因为开发人员通常不具备做出最佳决策所必需的知识、经验和眼光。

由谁来为软件项目的需求做出决策？关于这个问题并没有一个普遍适用的正确答案。需求分析员有时会服从于他们听到的"最大"的声音，或是服从于"食物链"中位置最高的人。这可以理解，但绝非最佳策略。应该尽可能在公司的层次结构的低层，由那些贴近和充分了解问题的人来做决定。每个小组都应该在做出第 1 个决定之前选出合适的**决策规则**(decision rule)——即一致认可的制定决策的方法(Gottesdiener 2001)。我更喜欢参与型或协商型的决策方式(收集各涉众的想法和意见),而不是一致性决策方式(最终的决策要取得每个相关涉众的认同)。达成一致当然是最理想的,但不能总是停下等待所有涉众对每个问题达成一致意见。

下面列出了项目中可能会发生的一些需求矛盾,并且推荐了一些处理办法。项目领导应该明确类似情况出现时,应由谁来决定该如何做;如果不能达成一致,应由谁做出裁决;对于重大问题,应该如何逐级向上提交,由谁来批准做出的决定。

- 如果是个别用户之间的分歧,则由用户代言人来裁决。引入用户代言人的本质就是赋予用户代言人权利,由他来解决所代表的用户之间的需求矛盾。
- 如果不同的用户类或客户群提出的需求发生冲突时,应支持最重要的用户类或对产品的商业前景影响最大的客户群提出的需求。
- 不同的企业客户都可能要求按他们自己的喜好设计产品。解决办法还是依据项目的业务目标来确定哪些客户对项目的成败影响最大。
- 用户经理表述的需求有时会和其部门中实际用户的需求相矛盾。尽管用户需求必须服从业务需求,但不属于用户类的经理应该服从于用户代言人,因为后者是用户的代表。
- 当开发人员对产品的想法与客户的要求不一致时,通常应由客户做出决定。

注意 不要因为"客户永远正确"而对客户言听计从。客户并不是永远正确的。但是客户总会提出自己的观点,开发小组必须理解和尊重这些观点。

- 类似地,营销和生产管理部门提出的需求与开发人员对产品的想法也会发生冲突。作为客户的代理,营销部门的意见应受到更多的重视。然而,我曾经遇到过这种情况,营销人员从不拒绝客户的需求,不管它们多么不可行,实现成本有多高。还有一种情况,营销部门极少提供意见,开发人员不得不自己定义产品,编写需求规格说明。

协商的结果并非总是如需求分析员所愿。客户也许会拒绝考虑合理的替代方案和其他观点。开发团队应该在遇到此类问题之前决定由谁来为项目的需求拍板,否则就可能出现遇到问题犹豫不决,重新争论已有决策的情况,导致项目陷入无休止的争执而停滞不前。

下一步

- 对照图 6.1 检查你是如何听取客户需求的。你目前的沟通渠道是否存在问题?找出最快捷且最合适的沟通途径用于今后的需求收集工作中。
- 确定你的项目中有哪些不同的用户类。其中哪些需要重点考虑?哪些可以不予考虑?那些人可以担任重要用户类的用户代言人?
- 基于表 6.2 的内容来定义你需要用户代言人完成哪些工作。与每位候选的用户代言人及其经理协商他应承担哪些任务。

- 决定你的项目中需求问题的决策者是谁。你目前使用的决策方法是否有效？
  为什么不行？现在的决策者是否合适？如果不合适，应当由谁来取代？提出
  一个能够让决策者就需求问题取得一致的流程。

第7章 聆听客户的需求

"Maria，早上好！我是 Phil，是你们的雇员信息新系统的需求分析员。感谢你同意担任这一项目的用户代言人。你给我们提出的信息帮了我们很多忙，能不能告诉我你想要的具体是什么？"

"嗯……我想要的是什么？"，Maria 想了一会儿说。"我都不知道该从何说起，新系统应该比旧系统快得多。要知道，如果雇员的名字很长，旧系统就会崩溃，我们只好找技术支持部门，要求他们替我们输入，你知道这是什么原因吗？所以呢，新的系统应该能接受较长的名字而不会崩溃。还有，根据一部新制定的法律，我们不能再将社保号码用作雇员的 ID 了，这样在启用新系统时，我们必须更改所有的雇员 ID。新的 ID 号是由 6 位数字组成的号码。对了，如果我能够得到一张统计报表，显示每个雇员在今年到目前为止接受了多少个小时的培训时间，那就太好了。另外，还要求即使某人的婚姻状况没有发生变化，我也能够修改他的名字。"

Phil 忠实地记录下了 Maria 所说的全部内容，但他的脑子却不停地在活动。他不能确信所有这些信息能用来做什么，也不清楚该告诉开发人员哪些信息。他想，"如果这就是 Maria 想要的，那么我想我们最好照着做"。

需求工程的核心任务是需求获取，即确定软件系统涉众的需要及限制条件的过程。需求获取着重于发现用户需求，这是软件需求 3 个层次中的中间一层——第 1 章已经介绍过，另外两个层次是业务需求和功能性需求。用户需求包括用户要求系统完成什么任务和用户对性能、易用性和其他质量属性的期望。这一章将介绍有效需求获取的一般原则。

分析人员需要一种结构来将需求获取阶段获得的大量信息组织起来。简单地问用户"你想要什么？"会生成大量的随意信息，使分析人员感到很混乱，而"你需要做什么？"这样的问题则好得多。第 8 章描述了诸如用例和事件响应表等方法如何提供相应的结构，帮助我们将用户需求组织起来。

需求开发工作的成果就是项目涉众之间就被处理的需要达成的共识。开发人员理解了这些需要之后，就可以针对它们来研究多种解决方案。需求获取的参与者在理解问题之前要抵制住诱惑，不要急于设计系统，否则，当以后需求定义变得更完善时，他们可能需要进行大量的设计返工。要强调用户任务，而不是用户界面，要强调根本需要，而不是用户表达出来的期望，这样有助于项目团队避免过早地制定设计的细节。

可以先从规划项目需求获取活动着手。即使只是一个简单的行动计划，也会提高成功的概率，并能为涉众制定切合实际的需求。只有对资源、进度和可交付成果得到了明确的承诺，才能使努力获取需求的人们避免修补 bug 或进行其他返工工作。计划应该针对下面这些内容来制定：

- 需求获取的目的(例如，验证市场数据、研究用例，或者为系统开发一组详细的功能性需求)。

- 需求获取的策略和过程(例如，对各方调研进行综合，召开专题讨论会，访问客户，单独面谈等，对不同的涉众组可能需要使用不同的方法)。
- 需求获取工作取得的成果(也许是一张用例列表、一份详细的软件需求规格说明、一份对调研结果的分析，或者是性能和质量属性的规格说明)。
- 进度和资源评估(确定各种需求获取活动中的开发人员和客户参与者，还要语句所需要的工作量和工作日)。
- 需求获取的风险(确定阻碍需求获取活动按计划完成的因素，评估每一种风险的严重程度，并确定怎样减轻和控制风险)。

7.1 需 求 获 取

在软件开发中，需求获取也许是最困难、最关键、最容易出错和最需要沟通的一个环节。只有通过客户和开发团队的共同协作，需求获取才可能取得成功，这已在第 2 章中进行了介绍。分析人员必须创造一个环境，能够引导大家透彻地研究将要开发的产品。为了便于更充分地进行沟通，要使用客户应用领域中的用语，而不要强迫他们理解计算机专业术语。将一些重要的应用领域术语整理成一个术语表，而不要想当然地以为所有的参与者对定义的理解都是一致的。客户应该意识到，对可能具有的功能进行讨论，并不代表承诺产品中会包含这些功能。对可能性进行自由讨论和想像，是独立于分析优先级、可行性和实际限制的。涉众各方必须注意那些没有多大价值的需求列表，并对它们划分优先级，这样可以避免定义庞大却无用的项目。

指导需求获取讨论的技能来自于经验，并建立于在面谈、小组讨论、解决冲突和其他类似活动等方面所受培训的基础上。作为一名分析员，对于客户所提出的需求，必须深究隐藏在其表面背后的真正意思，理解客户的真正需要。在讨论会上简单地问几次"为什么"，就可以不只是停留在解决方案的讨论上，而是能够对需要解决的问题达成一致的理解。问一些没有标准答案的问题，这样可以帮助我们理解用户当前的业务过程，并了解新系统如何能改进这些过程的性能。了解用户的任务可能会遇到哪些变化，其他用户可能以什么方式使用系统来工作。设身处地地设想一下自己在从事用户的工作，或者干脆在用户的指导下实际进行操作，具体感受一下需要完成哪些任务，会发生哪些问题？另一种方法是自己扮演学徒工的角色，用户则是师傅，自己在向师傅学习，那么你正在面谈的这位用户会对需求讨论进行引导，并描述他认为讨论的重要主题应该是什么。

同时也要研究一些例外的情况。什么情况有可能会阻止用户成功地完成任务？系统应该如何响应各种错误定义？开始可以先询问这样一些问题："可能还有其他的吗？""当……时会发生什么情况？""你是否曾经需要……？""你处在什么地方？""你为什么要这么做或者不这什么做？"以及"是否有其他人曾经……？"等等。对每一个需求的来源都要进行编档，这样在需要的时候就可以对需求做进一步的澄清，并从开发活动追溯到相应的客户源。

如果我们正在开发的项目是要取代一个现有系统，那么向用户询问"对现有系统最让你感到烦恼的 3 件事情是什么？"这个问题可以帮助我们了解系统要被取代的基本原因，用户对新系统的期望也会浮出水面。与任何改进活动一样，对当前系统有所不满，这是开发新系统或对旧系统进行改进的极好理由。

试着找出客户所做出的假设，并试着解决那些有冲突的假设。注意要读出客户的言外之意，找出客户虽然没有明确地表达出来但希望包括在产品中的那些特性或功能。Gause 和 Weinberg(1989)提议采用与具体环境没有关系的问题，即那些没有标准答案的问题，通过这些问题可以获得业务问题及其可能的解决方案的总体特性的有关信息。客户对诸如"产品要求什么样的精度？"或者"能告诉我为什么你不同意 Miguet 的回答吗？"等问题的回答，可以使我们了解用标准的"是/否"或"A/B/C"问题无法获得的信息。

除了简单地记录下客户所叙述的内容以外，有创造性的分析员在需求获取期间还能为用户提出一些建议和可供选择的方案。有时用户并没有意识到开发人员能够给他们提供的功能，如果所提议的功能使系统特别有用的话，用户会很激动。当用户确实不能表达他们需要什么时，也许我们可以观察他们如何工作，并提出一些方法使部分工作自动化。分析人员能够不受条条框框的限制来考虑问题，如果人们太接近问题域，他们的创造性就会受到限制。尽量重用其他系统中现有的一些功能。

无论是对商业产品还是对信息系统，获取需求信息的传统来源都是与潜在用户(个人或小组)进行面谈。用户参与需求获取过程是获得用户支持及购买合同的一种方法。试着理解用户提出需求的思维过程，理顺用户对他们的工作做出决策所遵循的流程，并从中提炼出基本逻辑。流程图和判定树是描绘这些逻辑判定路径的两种行之有效的方法。确保每个人都理解系统必须完成某些功能的原因。有时提议的需求反映的是过时的或无效的业务过程，那么就不应该将这些需求包含到新系统当中。

每一次面谈之后，都要将小组所讨论的需求条目编写成文档，并请参与面谈的人员对所有条目进行评审，以确保其正确性。要成功地开发需求，尽早评审是必不可少的，因为只有提供需求的那些人才能判断所获取的需求是否准确。对任何不一致的地方都要做进一步的讨论，并填写列表中所有空白的地方。

7.2　需求获取讨论会

需求分析员要经常主持和协调需求获取讨论会。协调性、合作性好的讨论会是将用户和开发人员联系起来的一种非常有效的技术(Keil 和 Carmel 1995)。在计划讨论会、选择参与者和指导参与者取得成功的讨论结果等方面，**协调人**(facilitator)起着很关键的作用。当某一团队开始采用新方法来完成需求的获取时，最好在外面请一名协调人来负责最初的一些讨论会，这样分析人员就能够将全部精力集中在讨论上。记录员要协助协调人将讨论期间所讨论的要点内容记录下来。

一位权威人士认为，"协调是引导人们通过一些过程使人们取得一致意见的一种方法，具体采用的方式是鼓励人们参与、树立主人翁态度和提高各环节的效率。"(Sibbet 1994)。有关协调需求获取讨论会的权威参考资料是 Ellen Gottesdiener 的 *Requirements by Collaboration*(2002)。Gottesdiener 描述了协调需求获取讨论会的各种方法和工具。下面这些提示可用来指导有效的需求获取会议。

建立基本规则   与会者应该对他们所参加的讨论会的基本运作规则达成一致 (Gottesdiener 2002)。例如包括下面这些规则：

- 按时开始和结束会议。
- 中途休息之后要尽快进入状态。
- 一次只进行一种谈话。
- 期望每个人都为讨论会做出自己的贡献。
- 要关注对问题而不是对人的评论和批评。

不超出范围   根据前景和范围文档来验证所提议的用户需求是否在当前的项目范围之内。每一次讨论会都要有合适的抽象级别，以达到会议的预定目标。在需求讨论期间，讨论组很容易偏离主题，而去讨论一些细节问题，这种讨论很费时间，所以讨论组最初应该对用户需求有一个总体的理解，而细节问题则留待以后再讨论。协调人将不得不定期地协调引导与会者，以继续某一主题的讨论。

💡 **注意**   要避免过早地讨论不必要的需求细节。要知道，记录下人们已经理解了的重要细节并不能减少需求中不确定性所带来的风险。

用户很容易一开始就在报告或对话框中列出详细的需求条目，甚至是在团队对有关的用户任务达成一致意见之前。将这些细节作为需求记录下来会给随后的设计过程带来不必要的限制。虽然初步设计出屏幕草图，在任何时候都有助于演示如何实现需求，但是详细的用户界面设计还是应该留待以后完成。尽早进行可行性研究需要一定的设计工作，但它是减小风险的一种很有价值的方法。

使用活动挂图(flipchart)来捕获以后再考虑的一些条目   在需求获取讨论会中将会随机出现一批重要信息：质量属性、业务规则、用户界面等方面的想法、受到的限制以及其他信息。将这些信息组织成活动挂图——停车场(parking lot)——这样就不会丢失这些信息，同时也体现了您对提出这些信息的参与人员的尊重。不要讨论已经跑题的一些细节，除非是必须中断主题来讨论这些细节，例如限制用例工作方式的至关重要的业务规则。

时间盒(timebox)讨论   在最初的用例研究期间，协调人可能需要为每一个讨论主题分配一个固定的时间段，比如说 30 分钟。有可能需要晚一点才能结束讨论，但是使用时间盒有助于我们避免在第一个主题上花费的时间比预计的时间多很多，而完全忽略了其他计划内的主题。

保持较小的团队规模并找到合适的参与者   较小的团队比较大的团队工作效率要高得多。如果需求获取讨论会的积极参与者多于五六个人，则讨论会可能会跑题，同时存在多个话题或者发生争执。应该考虑同时召开多个讨论会来研究不同用户类的需求。参与讨论的人应该包括用户代言人和其他用户代表,也许还应该包括一名行业专家、一名需求分析员和一名开发人员。讨论会参与人员应具备的条件是具有相关的知识、经验和作出决策的权力。

💡 **注意**　在需求讨论期间,要防止讨论跑题,例如研究设计开发上的一些问题。

确保每个人都积极地参与讨论　有时参与者会停止参与讨论,这是因为他们对系统随时都可能出现意外感到灰心丧气。也许他们所提出的意见没有受到重视,这可能是因为其他参与者觉得他们的意见没有意义,或者不想破坏到目前为止小组已经完成的任务。也许遇事好退缩的参与者性格温柔,不愿与更好斗的参与者或专横的分析员争执。协调人必须理解这些身体语言,了解某个人不愿再参与讨论的原因,并试着使他重新参与讨论。要知道这个人的观点可能很有见解,对讨论有重要的意义。

📖 **人多误事**

如果参与需求获取讨论会的人太多,则容易引起争执而使讨论进展缓慢。我的同事 Debbie 为一个 Web 开发项目第 1 次组织用例讨论会时,就因为进展缓慢而感到很沮丧。讨论会共有 12 名人员参加,讨论时涉及了一些不必要的细节问题,因而无法就每一个用例应该如何工作而达成共识。当 Debbie 将参加讨论会的人数减少到 6 个时,项目团队的进展速度明显地加快了,这 6 个人分别代表分析员、客户、系统架构师、开发人员和可视界面设计人员等角色。虽然讨论会缺少了一些信息来源,但在另一方面却得到补偿,即由于团队成员人数较少而加快了讨论进度。讨论会的参与者应该在会后与不出席讨论会的同事之间交流信息,然后将他们的意见集中起来,在讨论会上提出这些意见供大家讨论。

7.3　将客户的意见归类

不要指望客户会给你一份简洁、全面、条理清晰的需求清单。需求分析员必须将所听到的大量需求信息分门别类,以方便编档和使用。图 7.1 列出了 9 种需求类别。

不能归入上述类别的信息可能属于下列情形之一:

- 与软件开发无关的需求,如要求对新系统的用户进行培训。
- 项目所受的限制条件,如成本或进度限制(相对本章中设计和实现的限制条件而言)。
- 假设。
- 对数据的需求。这类需求往往与某一系统功能相关(如将数据存储在计算机中,以后可以使用)。
- 关于历史、背景或用于描述的附加信息。

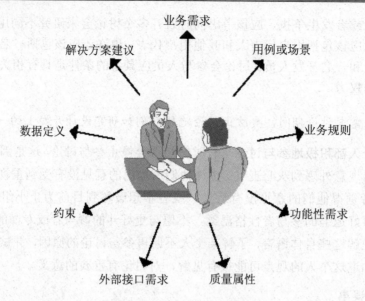

图 7.1　将客户的意见归类

业务需求　业务需求描述客户和开发组织希望从产品中获得的商业利益,如财务收入,市场份额等。需求分析员应该留意软件的购买者或用户可获得哪些好处的相关条目,例如:

- "将市场份额提高 X%。"
- "替换目前使用的低效部件,从而每年节省电费 Y 元。"
- "省下旧系统 W 每年 Z 元的维护费用。"

用例或场景　用例是对用户目标或用户需要执行的业务工作的一般性描述;**使用场景**(usage scenario)则是某个用例的一条特定路径。需求分析员需要与客户一起将特定的场景归纳为抽象的用例。通常可以通过请用户描述他们的业务工作流程来收集用例。发现用例的另一途径是请用户谈谈当他们坐下来使用系统时,心里有什么目标。当用户说"我需要(做某件事)"时,他很可能是在描述一项用例,例如:

- "我需要为包裹打印一个邮件标签。"
- "我需要管理一批排队等候分析的化学样品。"
- "我需要校准这个水泵的控制器。"

业务规则　当客户说只有特定用户在特定条件下才能执行某一动作时,他也许是在描述一条业务规则。就化学品跟踪管理系统而言,这样的业务规则可以是"只有接受过危险化学品使用方法培训的化学家才能使用一级危险品目录上的化学品。"你可以推导出软件的一些功能性需求来强制实施这类规则,例如允许化学品跟踪管理系统访问培训情况记录的数据库,但要记住前面曾讲过,业务规则不是功能性需求。下面列出的这些语句暗示了用户是在描述业务规则:

- "必须遵守(某项法律或公司政策)。"
- "必须符合(某项标准)。"

- "如果(满足某一条件)，则(进行某事)。"
- "必须根据(某个公式)计算。"

注　关于业务规则的更多示例请参见第 9 章。

功能性需求　功能性需求描述了系统在特定条件下表现的可观察的行为，以及系统允许用户执行的操作。功能性需求源自系统需求、用户需求、业务规则等，占据了软件需求规格说明的大部分篇幅。下面是几个功能性需求的例子，你可能会从用户那里听到这些需求：

- "如果压强超过 40.0 psi，高压报警灯应该亮起来。"
- "用户必须能按字母顺序对项目列表进行正向或反向排序。"
- "每当有人提交新的建议时，系统向建议管理员发送一份电子邮件。"

这些陈述说明了用户通常如何表述功能性需求，但却不适用于软件需求规格说明中功能性需求的表述。在软件需求规格说明中记录功能性需求时，应该用"必须"替换第 1 个例子中的"应该"，以明确点亮报警灯的必要性。第 2 条则是对用户的要求，而不是对系统的要求。对系统的需求应该是系统允许用户进行排序。

注　第 10 章中包含更多指导如何写好功能性需求的内容。

质量属性　质量属性是对系统实施某种行为时，或者让用户执行某种操作时，系统表现如何的陈述。需求分析员应该留意那些描述理想的系统特性的词汇：快速、简单、直观、用户友好、稳定、可靠、安全和高效。需求分析员必须与用户密切合作，准确理解他们通过这些模糊和主观的词汇所表达的含义，并确定明确、可验证的质量目标，第 12 章将就此展开讨论。

外部接口需求　这类需求描述了系统与外部世界的联系。软件需求规格说明中应该包括关于系统与用户、硬件、其他软件系统之间接口的说明部分。表明客户描述的是外部接口需求的语句包括：

- "必须从(某个设备)读取信号。"
- "必须向(另一个系统)发送消息。"
- "必须能够读(写)(某种格式的)文件。"
- "必须控制(某个硬件)。"
- "用户界面组件必须符合(某种用户界面风格标准)。"

约束　对设计和实现的约束(constraint)合理地限制了开发人员可用的选择。安装嵌入式软件的设备经常必须遵守一些物理限制，例如大小、重量和接口连接方式等。需求分析员应该记录下每个约束背后的理由，让项目的所有参与者都知道这个约束来自何处，并且考虑其合理性：它是一个实际的约束(如设备必须适应已有的空间)，还是一个理想的目标(如重量尽可能轻的便携式电脑)？

不必要的约束会妨碍最佳解决方案的形成。约束还会削弱开发者使用商业组件构成部分解决方案的能力。如果约束中规定必须使用某种技术，因为可选用的技术可能发生了变化,所以会带来需求过时或不可实现的风险。有些约束则有助于实现质量属性目标。例如,规定只能使用编程语言的标准命令,而不允许使用厂家独有的扩展命令,这条约束可以提高产品的可移植性。下面的例子就是客户可能提出的约束:

- "通过电子邮件传送的文件大小不能超过 10 MB。"
- "进行安全交易时,浏览器必须使用 128 位的加密算法。"
- "数据库必须使用 Framelam 10.2 的运行时引擎。"

还有一些语句也能说明客户正在描述对设计和实现的约束,包括:

- "必须用(某种特定的编程语言)编码。"
- "不能要求超过(某一数量的内存)。"
- "操作方式必须与(另外某个系统)类似(或一致)。"
- "必须使用(某个指定的用户界面控件)。"

与对功能性需求的处理一样,需求分析员不能只是简单地将用户对约束的陈述抄录到软件需求规格说明中。他应该对"类似"、"一致"这类空泛的词进行详细说明,准确表述出真正的约束,让开发人员能够根据这些信息进行开发。他还应该问一下客户为什么会有这条约束,核实它的正确性,并且记录把该约束作为需求的理由。

数据定义　当客户描述某个数据项的格式、数据类型、允许值和缺省值,或者描述某个复杂业务数据结构的构成时,这种描述就是数据定义。"邮政编码是一个五位数,后面跟一个可选的连字符和可选的四位数,这个四位数的缺省值是 0000"——这就是一段数据定义。需求分析员应该把数据定义集中到**数据字典**(data dictionary)中。在产品的开发和维护过程中,数据字典始终是开发团队的主要参考。

注　关于数据字典的更多内容请参见第 10 章。

数据定义有时会引出用户未直接提出的功能性需求。例如,如果 6 位的序号排到 999 999,下一个序号该怎么设?开发人员需要清楚系统应如何处理这类数据问题。把与数据相关的问题推到将来处理只会让它变得更难解决(还记得 Y2K 问题么?)。

解决思路　很多被用户作为需求提出来的意见都属于解决思路,而非真正的需求。当用户描述他用怎样的方式与系统交互以执行某种动作时,他其实是在建议一种解决思路。需求分析员应该透过解决思路的表面去探寻用户真正的需求。譬如,处理密码的功能性需求实际上只是安全需求的解决方案之一。

假设用户说:"接下来,我从下拉列表中选择把邮包发往哪个省。"其中"从下拉列表"这几个字就暗示了一个解决思路。细心的需求分析员就会问他:"为什么要从下拉列表中选择呢?"如果用户回答:"这种方式似乎比较好。"那么,真正的需求大概就是"系统必须允许用户指定把邮包发往哪个省。"但是用户的回答也可能是:"我建议使用下拉列表。因为我们还会在其他很多地方执行同样的操作,我要求操作方式一致。另外,这种方式能够避免用户输入无效的数据。而且我认为这样我们也许可以重用一些代码。"这些都是为什么要指定解决方案的适当理由。但要记住,在需求中嵌入解决思路会给需求加上设计约束，限制只能用某种方法来实现需求。这不一定是坏事或错误；你只要确保该约束有充分的存在理由即可。

7.4　需求获取中的注意事项

如果没有一个有条理的组织方案(例如用例)，要将来自众多用户的需求意见合并起来相当困难。只向很少的用户代表收集意见，或者只听取声音最大、最固执己见的客户的意见，也是需求获取过程中存在的问题。这将导致遗漏对某些用户类很重要的需求，或者引入一些大多数用户并不需要的需求。解决这一问题的最佳平衡方式是让用户代言人参与需求获取，这些代言人必须具备为所属的用户类代言的权力，同时每个代言人都有数名来自同一用户类的用户代表作为后援。

在需求获取的过程中，你也许会发现项目范围定义不正确，或者太大，或者太小(Christel 和 Kang 1992)。如果范围定义过大，你要收集的需求将多于为实现足够的商业或客户价值所需要收集的需求，而需求获取过程也因此被拖延。如果项目范围定义得过小，就会出现这样的情形：客户提出的一些需求明明很重要，却显然是在目前为项目确立的有限的范围之外，现在的范围可能太小，无法生产出令人满意的产品。因此，获取用户需求的工作可能导致对产品前景或项目范围的修改。

常常有这样一种看法，认为需求是关于系统必须**做什么**，而**如何**实现解决方案则属于设计的范畴。这种提法很简明，确实很有吸引力，但却过于简单化。需求获取的重点的确应该集中于系统需要**做什么**，然而，在分析与设计之间却存在一个灰色过渡区，而不是一条鲜明的界线。做一些关于**如何**做的假设有助于澄清和改进对用户需求的理解。在需求获取过程中，使用分析模型、界面草图和原型可以将需求表达得更具体，有利于发现错误和遗漏之处。需求开发过程中产生的模型和界面草图应该被视为可以促进有效沟通的设计建议，而不应成为对设计者的约束。必须让用户明白这些界面和原型只是用于说明，不一定是最终的解决方案。

进行探索性研究的需要有时会给工作加入破坏性因素。对用户提出的每一个新的想法或建议都需要大量的研究来进行评估，确定是否可将其应用到产品中。这些对可行性或价值的研究应该作为单独的项目任务来开展，它们有自己的对象、目标和需求。原型法(prototyping)是研究这类问题的方法之一。如果你的项目需要进行大量的研究，你应该使用增量开发方法，把需求分解成低风险的更小的部分进行研究。

7.5　寻找遗漏的需求

遗漏需求是最常见的需求缺陷类型(Jones 1997)。这类缺陷很难在检查中被发现，因为它们是不可见的。下面介绍的方法能帮助你找出以前未曾发现的需求。

 注意　要当心可怕的**分析麻痹症**，即花太多时间进行需求获取，企图避免遗漏任何需求。事实上，你根本不可能预先发现所有的需求。

- 将高层的需求分解得足够细，让用户的真正需求显露出来。模糊的高层需求省略了很多细节内容，而让读者自己去理解，这将导致开发者开发出来的产品与请求者的设想之间存在相当大的差距。应该避免使用不精确和模糊的词语，包括：**支持、使能够、允许、处理和管理**。

- 务必让所有的用户类都提出他们的意见。确保每个用例都至少有一个确定的执行者(actor)。

- 跟踪系统需求、用例、事件－响应表以及业务规则，直至其详细的功能性需求，确保需求分析员推导出了所有必需的功能。

- 检查边界值，查找被遗漏的需求。假设有一条需求规定"如果订单的金额低于100 美元，则运费为 5.95 美元"，而另一条说"如果订单的金额超出 100 美元，则运费为订单价格的 5%"，那么，当订单的金额正好是 100 美元时，该收多少运费呢？显然，有一条需求被遗漏了。

- 用多种方法表达需求信息。从大段文字中找出遗漏的内容是很困难的。用分析模型可以直观地描述较高抽象层次的需求——描绘森林而非树木。当你研究某个模型时，可能发现本应该有一个箭头从某个方框指向另一个；这个被遗漏的箭头就代表了遗漏的需求。与混在一起的一长串文字需求相比，在图表中发现这类错误要容易得多。第 11 章将对分析模型进行介绍。

- 包括复杂的布尔逻辑(与、或、非)的需求集常常是不完整的。如果某个逻辑条件组合没有对应的功能性需求，开发者只能自己去推断系统该做什么或者自己找出答案。用判定表或判定树来表达复杂逻辑就能保证覆盖所有可能的情况，第 11 章将对此进行介绍。

一种查找被遗漏的需求的精确方法是 CRUD 矩阵。CRUD 代表创建(Create)、读取(Read)、修改(Update)和删除(Delete)。CRUD 矩阵将系统行为与数据实体(单个数据项或数据项的集合)联系起来，确保你清楚每个数据项在何处及如何被创建、读取、修改和删除。有人给 CRUD 矩阵增加了一个 L，用于说明数据项应显示为一个列表(List)选项(Ferdinandi 2002)。你可以根据自己使用的需求分析方法来检查不同类型的相互关联，包括：

- 数据实体与系统事件(Robertson 和 Robertson 1999)
- 数据实体与用户任务或用例(Lauesen 2002)
- 对象类与系统事件(Ferdinandi 2002)
- 对象类与用例(Armour 和 Miller 2001)

图 7.2 给出了一个实体/用例 CRUDL 矩阵，该矩阵用于化学品跟踪管理系统的一部分。每个单元格说明最左列中的用例如何使用其他列所代表的数据实体。用例可以创建(Create)、读取(Read)、修改(Update)、删除(Delete)和列出(List)数据实体。生成 CRUDL 矩阵后，可以检查这 5 个字母中是否有哪一个在同一列的所有单元格中都没有出现。如果某个业务对象被修改却从未被创建，它从何而来？注意标为申领人(下订单购买某种

化学品的人)的列中所有单元格都不含字母 D。也就是说，图 7.2 中的任何用例都不能将某个申领人从化学品订购者的名单中删除。对此有 3 种可能的解释：

- 删除申领人并不是化学品跟踪管理系统应提供的功能。
- 我们遗漏了删除申领人的用例。
- "编辑申领人"用例不正确。该用例应该允许用户删除申领人，但现在却漏掉了这一功能。

尽管我们不知道哪种解释是正确的，但可以由此看出 CRUDL 矩阵确实是检测需求遗漏的有效途径。

实体　　用例	订单	化学品	申领人	厂商目录
设置订单	C	R	R	R, L
改变订单	U, D		R	R, L
管理化学品目录		C, U, D		
订单报告	R	R, L	R, L	
编辑申领人			C, U, L	

图 7.2　用于化学品跟踪管理系统的 CRUDL 矩阵示例

7.6　如何判断需求获取是否已完成

没有什么简单的信号可以指示你已完成需求获取工作。每天早上淋浴时的沉思和与同事的交谈都可能让人们产生新的想法，提出更多的需求。你不可能彻底完成需求获取，但是下面给出的情况暗示了你已经接近这样一个完成点，此时获取的需求不断减少：

- 如果用户想不出更多的用例，你的工作就差不多完成了。用户往往是按重要性递减的顺序来确定用例。
- 如果用户提出新的用例，而你已经从其他用例中推导出了这一用例的相关功能性需求，你的工作也许就已经完成了。这些"新"用例实际上也许只是你早已得到的其他用例的另一种形式而已。
- 如果用户只是重复他们在以前的讨论中已经提过的问题，你的工作也许完成了。
- 如果被提出的新特性、用户需求或功能性需求都在范围之外，也许你的工作就完成了。
- 如果被提出的新需求优先级都很低，也许你的工作已经完成了。
- 如果用户提出的新功能都是可以"在产品生命周期的某个时刻"加入，而不"属于我们当前正在讨论的特定产品"，你的工作也许已经完成了，至少对下一版本的需求来说是这样。

判断需求获取工作是否已完成还有一个方法，即为项目开列一个清单，列出需要考虑的标准功能需求，例如：记录错误日志、备份与恢复、访问安全、报告、打印、预览功能以及设置用户偏好等。然后定期对照这张清单比较你已经定义的功能。如果没有发现差异，你的工作也许已经完成了。

无论多么努力，你都不可能发现所有的需求，所以要准备在系统开发过程中对需求做出修改。记住，你的目标是使需求的质量足够好，让系统开发在可接受的风险程度上进行。

 下一步

- 回想你在上一个项目的后期发现了哪些被遗漏的需求。在需求获取阶段为什么没有注意到这些需求？你怎样才能更早地发现它们？

- 在你的项目中找一份客户意见记录，从中选出部分内容，或者在软件需求规格说明摘出一节。将这部分需求中的每一项都归入图 7-1 中列出的类别：业务需求、用例或场景、业务规则、功能性需求、质量属性、外部接口需求、约束、数据定义以及方案建议。如果发现有归类不正确的项目，把它们移到需求文档中的正确位置。

- 列出你在当前项目中用到的需求获取方法。其中哪些比较有效？为什么？哪些不怎么管用？为什么不管用？找出你认为可能更有效的获取方法，决定下次如何应用它们。确定运用这些方法时可能会遇到哪些障碍，并通过讨论找出克服这些障碍的办法。

第8章 理解用户需求

化学品跟踪管理系统项目正在召开第 1 次需求获取讨论会，了解化学家需要使用系统来做什么。与会者包括：需求分析员 Lori，她也担任协调人；代表化学家的代言人 Tim；化学家用户类的另外两位代表 Sandy 和 Peter；以及开发负责人 Helen。Lori 在开场白中感谢了大家的参与，然后便直奔主题。

"Tim、Sandy 和 Peter 提出了 15 个用例，化学家们使用我们的系统时会执行这些用例。"她告诉讨论组。"我们将在最近几次讨论会上研究这些用例，明确要在系统中实现哪些功能。既然你们把"申领化学品"定为最优先的用例，Tim 也已经为它写了一个简短的说明，那么我们就从它开始吧。Tim，请你谈谈你如何想通过系统申领化学品。"

"首先，"Tim 说，"你应该知道只有得到实验室经理授权的人才能申领化学品。"

"不错，这听起来像是一条业务规则，"Lori 答道，"这有一幅挂图专门用来记录业务规则，因为我们没准儿还会发现其他业务规则。看来我们必须验证用户是否在被授权的名单上。"Lori 早已为"申领化学品"这个用例准备了一幅活动挂图，她一边说一边在"前置条件"一栏中写下："用户通过身份鉴别"和"用户被授权可以申领化学品"。她接着问："用户发出请求前还要满足其他的前置条件么？"

"在我向厂家订购某种化学品之前，我需要了解库房中是否有这种化学品，"Sandy 说，"所以，当我准备发出请求时，当前库存的数据库必须在线，这样我才不会浪费时间。"

Lori 在先决条件中添上了这一项。在接下来的 30 分钟内，她引导讨论组完成了关于如何申领一种新化学品的讨论。她用了好几幅挂图，分别记录关于先决条件、后置条件、用户与化学品跟踪管理系统间交互步骤等信息。Lori 提出问题：如果用户不是向库房申领化学品，而是向厂家订购，用例会有什么不同？她还问大家什么地方可能出错，系统应如何处理每个错误情况。半小时后，讨论组就用户如何申领化学品达成了一致的理解。于是，他们转向下一个用例。

人们使用软件系统来达到某些实用的目标，而软件业也正呈现出重视实用性这样一种令人鼓舞的趋势(Constantine 和 Lockwood 1999；Nielsen 2000)。设计实用软件的一个必要前提就是清楚用户打算用它来做什么。

多年来，需求分析员们一直利用**使用场景**(usage scenario)来获取需求(McGraw 和 Harbison 1997)。**场景**(scenario)是对系统的单个使用实例的描述。Ivar Jacobson 及其同事(1992)、Larry Constantine 和 Lucy Lockwood (1999)、Alistair Cockburn (2001)等人将这种以使用场景为中心的方法正式归纳为**用例**(use case)法，用于需求获取和建模。用例对于某些项目的需求开发很有效，例如商业应用程序、网站、一个系统提供给其他系统的服务，以及允许用户控制某个硬件的系统等。而批处理、主要用于计算的系统和数据仓库程序等应用可能只有一些很简单的用例。这类应用的复杂性在于它们执行的运算或生成的报表，而不是用户与系统的交互。实时系统经常使用的一种需求获取方法是列出系统必须响应的外部事件以及相应的系统响应。本章介绍如何使用用例和事件-响应表这两种方法来获取用户需求。

💡 **注意** 不要强行把所有需求都归入用例。用例可以揭示大部分功能性需求，但通常不是全部。

8.1 用 例 法

用例描述了系统与外部角色之间的一系列交互。**角色**(actor)指与系统交互以实现某种目的的人、软件系统或硬件设备(Cockburn 2001)。角色的另外一个名称是**用户角色** (user role)，因为他们都是系统的一或多个用户类的成员能够扮演的角色(Constantine 和 Lockwood 1999)。例如，化学品跟踪管理系统有一项用例叫做"申领化学品"，这项用例涉及一个称为申领人(requester)的角色。化学品跟踪管理系统中并没有一个所谓申领人的用户类。化学家和化学品仓库管理人员都有可能申领化学品，因此这两个用户类的成员都有可能扮演申领人的角色。

用例源于面向对象的开发方法，然而，采用其他开发方法的项目也可以使用用例，因为用户不在乎你如何开发软件。用例是目前广泛应用的统一软件开发过程的核心(Jacobson、Booch 和 Rumbaugh 1999)。

用例转变了需求开发的角度，传统的需求获取方式是询问用户他们需要用**系统**做什么，而现在则是讨论**用户**需要实现什么？用例法的目标是描述用户需要通过系统执行的所有工作。在将用例纳入需求基线之前，涉众应保证每个用例都在已定义的项目范围内。理论上，最终得到的用例集应涵盖用户希望获得的所有系统功能，实际上这是不可能的，但用例比我所用过的其他获取需求的方法都更接近这一目标。

用例图(user-case diagram)提供了对用户需求的高级可视化表示。图 8.1 是化学品跟踪管理系统用例图的一部分，该图使用 UML 符号(Booch、Rumbaugh 和 Jacobson 1999；Armour 和 Miller 2001)。方框代表系统边界。每个角色(小人儿图形)通过线条和与之交互的用例(椭圆)相连。注意比较此用例图与图 5.3 中关联图的相似性。用例图中，方框隔离了系统顶层内部结构(即用例)与外部角色；而关联图中虽然也描述了系统外的对象，却屏蔽了系统的内部结构。

8.1.1 用例与使用场景

用例是角色为达到某种重要目标而执行的一种离散、独立的活动。单个用例可包括众多具有相同目标的类似任务，所以，用例是一组相关的使用场景，场景则是用例的一个特定实例。讨论用户需求时，可以从抽象的用例推导出具体的使用场景，也可以从特定的使用场景归纳出更通用的用例。稍后将介绍用于编写用例的详细模板。用例描述(description)中的基本内容包括：

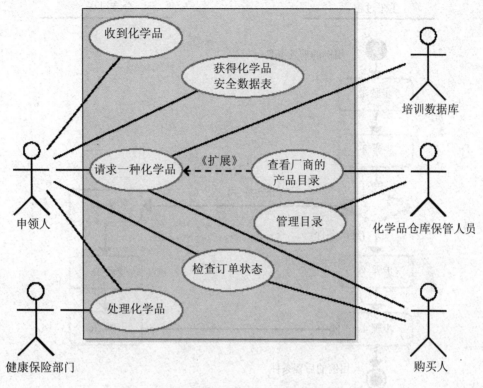

图 8.1 化学品跟踪管理系统的用例图（局部）

- 惟一的标识。
- 一个用例名，简要地说明用户的任务，采用"动词+对象"的形式，如"下订单"。
- 用自然语言书写的简短的文字描述。
- 一组前置条件，只有满足这些条件才能使用用例。
- 后置条件，描述用例成功完成后的系统状态。
- 一组带编号的步骤，描述从前置条件到后置条件过程中，系统与角色间的一系列会话步骤与交互。

每项用例都有一个场景被确定为事件的**主干过程**(normal course)，也称为主过程、基本过程、普通流、主场景、主要的成功场景和快乐之路(happy path)。用例"申领化学品"的主干过程是申领一种化学品仓库中已有的药品。

用例中的其他有效场景则被描述为**分支过程**(alternative course)或**次要场景**(secondary scenario)(Schneider 和 Winters 1998)。分支过程的结果也是任务的顺利完成和用例后置条件的满足，但它们反映了任务细节或用于完成任务的会话序列的多样性。在会话序列的某个判断点上，主干过程可分支出分支过程，分支过程也能重新汇合到主干过程中。虽然大部分用例都可用简短的文字来描述，但流程图和 UML 的活动图是更有效的方法，它们能直观地表达出复杂用例的逻辑流程，如图 8.2 所示。流程图和活动图能够显示使主干过程分支为分支过程的判断点和判断条件。

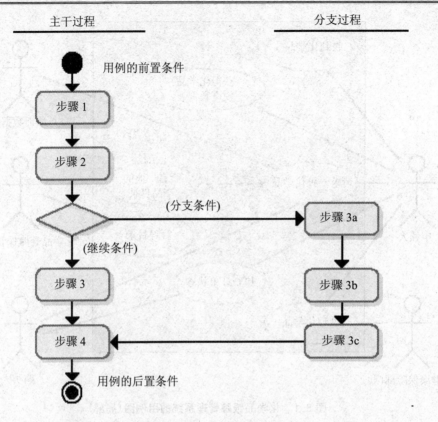

图 8.2　描述用例主要和分支过程会话流的 UML 活动图

"向厂商购买化学品"就是用例"申领化学品"的一个分支过程。这两种情形下,角色的最终目标是相同的,即申领化学品,因此这两个场景属于同一用例。分支过程中的部分步骤和主干过程中的相同,但完成该过程还需要一些特有的动作。在向厂商购买化学品的分支过程中,用户可以在厂家的产品目录中查找所需的化学品。如果某个分支过程本身就是一个独立的用例,则可通过将该用例插入主工作流来**扩充**主干过程(Armour 和 Miller 2001)。图 8.1 中的用例图描述了这种扩充关系。用例"查看厂商的产品目录"扩充了"申领化学品"这一用例。此外,化学品仓库保管人员则是将"查看厂商的产品目录"本身作为一个单独的用例来使用。

有时多个用例都包含一组相同的步骤。为了避免在每个用例中都重复这些步骤,可以定义一个单独的用例来包括这些相同的功能,然后由其他用例来包含这个子用例,类似于计算机程序中对公共子程序的调用。

以一个财会软件包为例,其中两个用例"支付账单"和"充值信用卡"中都包括用户开支票付账这一动作。因此你可以生成一个称作"开支票"的用例,其中包括开支票涉及的所有通用步骤。如图 8.3 所示,两个交易用例都包含了用例"开支票"。

💡 **注意**　不要为何时、如何或是否使用扩充和包含关系争论不休。将通用步骤合并到一个可包含其他用例的用例中是最典型的方法。

图 8.3　财会软件中用例包含关系的例子

妨碍任务成功的条件被称为**异常**(exception)。"买不到指定的化学品"就是用例"申领化学品"的一个异常。如果在需求获取过程中未能描述如何处理异常，就可能有两种结果：

1. 开发者尽量准确地推测出如何处理这些异常。
2. 当用户遇到出错条件时，系统会发生故障，因为不曾有人想到过这种可能。

系统崩溃通常不在用户的需求列表中。

异常有时被视为一种分支过程(Cockburn 2001)，但最好还是将它们区别开来。你不必实现为用例定义的所有分支过程，也可把某些分支过程留到以后的版本中实现。但是如果异常会妨碍要实现的场景的成功，你就**必须**实现对这些异常的处理。凡是写过计算机程序的人都知道异常处理常常占去了他们大部分的编码精力，最终产品中的很多缺陷都归结于异常处理程序(或缺少异常处理程序)。开发健壮的软件产品的方法之一就是在需求获取过程中定义异常条件。

在很多系统中，用户可以将一系列用例串联成一个**宏用例**(macro use case)来描述大型的任务。例如一个商业网站可能包括这样几个用例："查询商品目录"，"将商品加入购物车"，"为购物车中的商品付账"等。如果您能够单独执行这些动作，它们就是独立的用例。你也可以连续执行这些动作，将其合并为"购买商品"这样一个大用例，如图8.4 所示。要做到这一点，每个用例结束时都必须让系统处于可以让用户立即启动下一用例的状态。也就是说，前一用例的后置条件必须满足序列中下一用例的前置条件。类似地，像 ATM 柜员机这种交易处理应用程序中，每个用例结束后必须让系统处于能让下一交易开始的状态。每个交易的前置条件和后置条件必须相同。

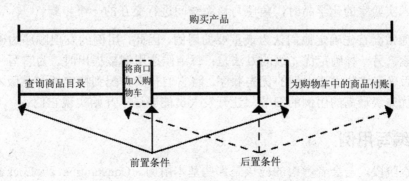

图 8.4　用例可被串起来执行更大的任务

8.1.2   确定用例

可采用以下几种方法确定用例(Ham 1998；Larman 1998)：

- 首先明确有哪些角色，然后确定他们各自参与了哪些业务过程。
- 确定哪些外部事件是系统必须响应的，将它们与参与的角色和特定用例关联起来。
- 用特定场景来描述业务过程，将这些场景归纳为用例，并确定每项用例涉及哪些角色。
- 从已有的功能性需求推导出可能的用例。如果不能从某些功能性需求推导出任何用例，则要考虑是否真正需要它们。

化学品跟踪管理系统就采用了第 1 种方法。需求分析员召开了一系列用例获取讨论会，基本上每周两次，每次两到三个小时。不同用户类的成员参加各自相关的讨论会。这种方法很有效，因为只有少量用例会涉及到多个用户类。每个讨论会的成员都包括用户类的用户代言人、选出的其他用户代表以及一位开发人员。参加需求获取讨论会可让开发人员尽早了解他们需要开发的产品。当用户提出不可实现的需求时，开发人员还能以现实说服他们放弃这种要求。

在开始讨论之前，每位需求分析员都应该请用户思考他们需要使用新系统执行什么任务，这些任务中的每一项都是可能的用例。用户提出的用例中一部分被判断为在范围之外，不再继续对其进行讨论。讨论组在研究用例时发现，部分用例其实是相关联的场景，可以将它们合并为一个抽象用例。讨论组还发现了更多不属于最初用例集的用例。

某些用户提出的用例没有被表述为任务，例如"材料的安全数据报表"。用例的名称应该表明用户需要达到的目标，因此您需要在名称中使用动词。用户究竟想如何处理材料的安全数据报表，是阅读、打印、预定、通过电子邮件发送，还是修改、删除或创建？有时用户提出的用例其实只是执行用例时的一个步骤，例如"扫描条码"。需求分析员需要了解用户为什么需要扫描条码。他可以问问用户，"你们扫描化学容器上的条码的目的是什么？"假设用户回答，"我需要登记哪些化学品进入了我的实验室。"那么，真正的用例大致可以表达为"登记进入实验室的化学品"，扫描条码标签只是在利用系统登记进入实验室的化学品时，角色与该系统间进行交互的一个步骤。

用户通常会首先确定他们认为最重要的用例，因此，用例的发现顺序为确定优先级提供了线索。另一种确定优先级的办法是：每个候选用例被提出时，为它写一个简短的说明。然后确定这些候选用例的优先顺序，将它们初步分配到特定的产品版本中。应该首先说明优先级最高的用例的细节，让开发人员能够尽早开始实现它们。

8.1.3   编写用例

在调查阶段，与会者考虑的应该是那些基本用例。Constantine 和 Lockwood(1999)将**基本用例**(essential use case)定义为"……对某项任务或某种交互所作的简化、概括、抽象的描述，与技术和实现无关，……体现了进行这种交互的真正目的或意图。"也就是说，重点应集中于用户试图达到的目标和系统为实现这一目标而承担的责任上。基本用例是比**具体用例**(concrete use case)更高一层的抽象，后者讨论用户与系统交互时采取的具体动作。为了说明两者间的区别，请比较下面两种描述用户如何启动申领化学品用例的方法：

- **具体**　输入化学品的标识号。
- **基本**　指定所需的化学品。

基本用例的描述允许通过多种方式来实现用户指明需要申领哪种化学品这一目的，包括：输入药品的标识号，从文件导入药品的化学结构，用鼠标在屏幕上画出药品的化学结构，从列表中选择药品，等等。在用例讨论会上，过早开始研究具体的交互细节会限制参与者的思路。与实现的无关性也使得基本用例比具体用例有更好的可重用性。

在化学品跟踪管理系统的讨论会上，每一个用例的讨论都是从确定该用例的受益角色、编写用例的简短描述开始；然后定义用例的前置条件和后置条件，它们是用例的边界，用例的所有步骤都发生在这两道边界之间。对使用频率的估算提供了并发使用和容量需求的初步指标。接下来，需求分析员询问与会者，他们认为执行这项任务时应如何与系统交互，这样就可得出角色动作和系统响应序列，作为用例的主干过程。给步骤编号可使序列变得清晰，尽管与会者头脑中对将来的用户界面和具体交互机制的想法各不相同，但整个小组依然能够就角色-系统交互中的基本步骤达成一致看法。

明确用例边界

在检查一个包含 8 个步骤的用例时，我发现执行完第 5 步后就满足了后置条件。步骤 6、7、8 在用例的边界之外，所以是不必要的。同样，用例的前置条件必须在启动第 1 个步骤前就已经满足。检查用例的描述时，必须确认前置条件和后置条件准确界定了用例的范围。

需求分析员将角色的每个动作和系统的每个响应记在便笺上，将便笺贴到活页挂图上，用这种方式引导讨论会的进行。另一种方式是将用例模板从电脑投影到大屏幕上，在讨论过程中填完这份模板，这样虽然可能会减慢讨论的进程，但却很有效。

需求获取小组也为他们定义的分支过程和异常设计了相似的会话过程。当用户说"默认的情况应该是……"时，他是在描述用例的主干过程。而"用户还应该能够……"之类的语句则暗示着还有分支过程。很多异常则是通过需求分析员的提问被发现的，问题包括"如果此时无法访问数据库会发生什么情况？"或"如果买不到所需的药品怎么办？"需求讨论会也很适合于讨论用户的质量要求，如响应时间、系统的可用性和可靠性、对用户界面的设计约束以及安全需求等。

描述完某个用例后，如果没有人对其提出额外的改进、异常或特殊需求，与会者就转入另一个用例的讨论。他们并不指望通过一次马拉松式的讨论来完成所有的用例，或是准确说明每个用例的每一细节，而是计划用增量方式来研究用例，然后反复对其进行检查和推敲。

图 8.5 给出了用例开发过程中的事件序列。根据讨论会的结果，需求分析员为每个

用例写出一份如图 8.6 所示的详细描述。用例的核心是角色-系统会话步骤，有两种表述方式。图 8.6 把会话表示为一系列带编号的步骤，并指明了每个步骤的执行者(系统或特定角色)。分支过程和异常也用同样的方法进行描述，并标明了分支过程是在主干过程的哪个步骤处分支出来的，以及异常可能发生于主干过程的哪个步骤。另一种方法是用一个两列的表格来表示会话，如表 8.1 所示(Wirfs-Brock 1993)：左边一列是角色的动作，右边则是系统的响应。标号代表步骤在会话中的顺序。在只有一个角色与系统交互时，这种方法很有效。为了提高表格的可读性，可以像表 8.2 那样，让每个角色动作和系统响应都独占一行，使交替次序变得更清楚。

用例中往往还包含一些其他的信息或需求，将它们归入模板中的任何一部分都不合适。因此可在模板中添加"特殊需求"部分用来记录相关的质量属性、性能需求等类似信息。还要在模板中注明所有对用户也许是不可见的信息，譬如为完成用例，系统需要与另一个系统进行后台通信的信息。

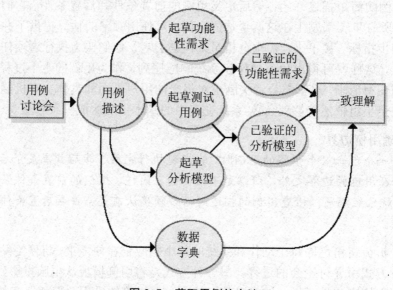

图 8.5 获取用例的方法

用例编号	UC-1	用例名称	申领化学品
创建人	Tim	最后修改人	Janice
创建日期	12/4/02	最后修改日期	12/27/02
角色	申领人		
描述	申领认说明需要哪种化学品，方法是输入化学品的名称或化学品的ID号，或者从化学绘图工具中导入化学品的结构。系统满足这种请求，从化学品仓库中拨给他一瓶新的或已经用过的药品，或者让他提交一个从外部厂家订购的请求。		
前置条件	用户的身份已通过认证。		

用户被授权允许申领化学品。

化学品库存情况数据库在线。

后置条件　请求被保存在化学品跟踪管理系统中。

请求通过电子邮件被发到化学品仓库或采购人员处。

主干过程　**1.0 从化学品仓库申领药品**

申领人指定所需的化学品。

系统验证该化学品存在。

系统列出化学品仓库中每一瓶指定的化学品。

申领人可以对列出的任一瓶化学品"查看药品使用情况"。

申领人选择某一瓶化学品，或者请求向厂商发出订单(分支过程1.1)。

申领人输入其他信息，结束此次申领。

系统保存请求并通过电子邮件将其发给化学品仓库。

分支过程　**1.1 向厂商订购化学品(从主干过程的步骤5分出)**

申领人在厂商的产品目录中搜索该化学品。

系统列出厂商名单，包括每瓶化学品的容量、质量等级及价格。

申领人选定一家厂商，选择所需规格的化学品。

申领人输入其他信息，结束此次申领。

系统保存请求并通过电子邮件将其发给采购人员。

异常　　　**1.0. E.1 化学品不存在(发生于主干过程步骤2)**

系统显示信息："不存在这种化学品。"

系统询问申领人打算继续申领另一种化学品还是退出。

3a. 申领人要求申领另一种化学品。

4a. 系统从新开始主干过程。

3b. 申领人要求退出。

4b. 系统结束用例。

1.0. E.2 买不到该化学品(发生于主干过程步骤5)

系统显示信息："没有厂商销售这种化学品。"

系统询问申领人打算继续申领另一种化学品还是退出。

       3a. 申领人要求申领另一种化学品。

       4a. 系统从新开始主干过程。

       3b. 申领人要求退出。

       4b. 系统结束用例。

包括用例	**UG-22**查看药品过去的使用情况。
优先级	高
使用频率	每位化学家一周使用大约5次；化学品仓库的管理员每人一周使用100次。
业务规则	**BR-28**只有得到实验室经理授权的人员才能申领化学品。
特殊需求	系统必须能够从任何被支持的化学绘图工具包导入标准编码格式的化学结构。
假设	假定导入的化学结构都是正确的。
备注与问题	由Tim确定申领一级危险品名单上的化学品是否需要取得管理层的批准。最后期限是2003年1月4日。

图 8.6 用例"申领化学品"的描述(部分)

表 8.1 用两列格式描述的用例会话

角色动作	系统响应
1. 指定所需的化学品	2. 验证被请求的化学品存在
4. 如果需要，请求查询任何化学品的历史使用情况	3. 显示当前化学品仓库中存在的所需的化学品列表
5. 选择一瓶特定的化学品，或者请求向厂家订购(分支过程1.1)	

表 8.2 表 8.1的另一种布局方式

角色动作	系统响应
1. 指定所需的化学品	
	2. 验证被请求的化学品存在
	3. 显示当前化学品仓库中存在的所需的化学品列表
4. 如果需要，请求查询任何化学品的历史使用情况	
5. 选择一瓶特定的化学品，或者请求向厂家订购(分支过程1.1)	

不是任何时候都需要详尽的用例描述。Alistair Cockburn(2001)介绍了**简略用例**和**详尽用例**两种模板。表 8.1 的例子就属于详尽用例。简略用例只是一段文字，叙述用户的目标及用户与系统的交互，可能就是图 8.6 中"描述"这一行的内容。极限编程(Extreme Programming)方法中作为需求的用户叙述实质上就是简略用例，通常写在索引卡片上(Jeffries、Anderson 和 Hendrickson 2001)。详尽用例在以下情况中很有用：

- 在整个项目开发过程中，用户代表不能始终与开发人员密切合作。
- 应用程序很复杂，具有较高的系统故障风险。
- 用例描述是开发人员收到的最底层的需求细节。
- 您试图根据用户需求开发全面的测试用例。
- 地域分隔较远的多个小组，合作时需要一份详细、共享的小组记录。

注意　作为需求分析员，不应该拘泥于用例中应包括多少细节，而要记住你的目标：将用户对系统的目标了解得足够清楚，让开发人员能在低返工风险下进行开发。

根据图 8.5 中的步骤，每次讨论会后，化学品跟踪管理系统的需求分析员都会根据用例描述推导出软件的功能性需求(参见下一小节)。他们还会为某些复杂用例画出分析模型，例如用状态转换图描述化学品申请的所有可能状态和允许的状态变化。

注　第 11 章介绍了化学品跟踪管理系统用到的几种分析模型。

每次讨论后一两天内，需求分析员应把用例描述和功能性需求交给了讨论的参与者，让他们在下次讨论之前对其进行检查。这些非正式的检查揭示了很多错误，包括：未曾发现的分支过程、新的异常、不正确的功能性需求以及被遗漏的会话步骤等。在连续的讨论会之间应留出至少一天的时间。在很费脑力的活动过程中休息一两天，能够放松精神，让用户从一个新的角度来检查他们之前的工作。有位需求分析员曾经连续每天召开讨论会，他发现与会者很难从文档中检查出错误，因为这些信息在他们头脑中还是新的，他们只是在脑子里重复之前讨论会上进行的讨论，因而找不到任何错误。

注意　不要等到需求获取工作完全结束后才去征求用户、开发人员及其他涉众的反馈意见。

在化学品跟踪管理系统的需求开发过程初期，测试负责人根据用例设计出了一组概念性的测试用例，这些测试用例与实现的细节无关(Collard 1999)。借助这些测试用例，需求获取小组对特定使用场景下系统的运行方式达成了一致、明确的理解。需求分析员也可以通过测试用例核实是否已推导出所有的功能性需求，让用户能够执行所有用例。在最后一次需求讨论会上，与会者一起把测试用例检查了一遍，以确认他们对最终的用例达成了一致。与其他的质量控制活动结果一样，他们在需求和测试用例中都发现了错误。

注　第 15 章将更详细地讨论如何根据需求生成测试用例。

8.1.4 用例与功能性需求

软件开发人员实现的不是业务需求或用例，而是功能性需求。功能性需求是让用户得以执行用例并达成目标的系统行为。用例是从角色的角度来描述系统行为，省略了很多细节。开发人员需要根据其他更多意见才能正确地设计和实现系统。

有些软件专业人士认为用例就是功能性需求。然而，我见过有些公司直接把用例交给开发人员去实现，结果都遇到了麻烦。用例描述的是用户的观点，他们只看到系统对外部可见的行为，因此用例中不能包括开发人员编写软件所需的全部信息。例如，ATM机的用户不会关心它在后台怎样执行操作，如怎样与银行的计算机进行通讯，这些细节对用户是不可见的，开发人员却必须清楚。当然，用例描述中也可以包含这类后台处理的细节，但在与最终用户的讨论中通常不会提到它们。即使拿到详尽用例，开发者还是会有许多疑问。为了减少这种不确定性，我建议：对实现用例时需要的详细的功能性需求，需求分析员应给出明确的描述(Arlow 1998)。

还有很多功能性需求未能包含在角色与系统的会话步骤中。有些功能性需求是显而易见的，例如"系统必须为每个申领请求指定惟一的序列号"。这类细节在您阅读用例时就能理解得很清楚，因此在软件需求规格说明中重复它们没有任何意义。另一部分功能性需求则没有在用例描述中出现，需求分析员应根据对用例和系统的操作环境的理解来推导出这类功能性需求。将用户对需求的意见阐释为开发人员的相应任务，是需求分析员对项目的众多贡献之一。

在化学品跟踪管理系统项目中，用例主要用于发现必要的功能性需求。对于不太复杂的用例，需求分析员只写出一个简略的描述，然后，推导出允许角色执行该用例(包括分支过程和异常处理)需要的所有功能性需求。需求分析员把这些功能性需求记录在软件需求规格说明中——软件需求规格说明是根据产品特性组织的。

记录与用例相关的功能性需求有好几种方式，选择哪种方式取决于你希望小组根据什么来进行设计、构建和测试：用例文档？软件需求规格说明？还是这两者的组合？没有一种方法是完美的，所以你要根据自己记录和管理项目软件需求的方式来选择最合适的方法。

1. 只使用用例

一种可能的办法是把功能性需求包含在每个用例描述中，不过你还是需要一个单独的补充说明来记录非功能性需求，以及所有不与特定用例相关的功能性需求。有些用例可能会需要相同的功能性需求。如果 5 个用例都要求验证用户的身份，你当然不必为此写出 5 段不同的代码。对于出现在多个用例中的需求，应该使用交叉引用而不是重复需求。在某些情况下，本章前面讨论的用例**包含**关系能够解决这一问题。

2. 用例与软件需求规格说明

还有一种方法是写一个相当简单的用例描述，同时把从用例中推导出的功能性需求记录在软件需求规格说明中。如果采用这种方法，你需要在用例与相关的功能性需求之间建立起可追溯关系。维护可追溯关系的最佳方法是使用需求管理工具保存所有的用例和功能性需求。

☞ 注　第 21 章中介绍了需求管理工具的更多内容。

3. 只使用软件需求规格说明

第三种方法是根据用例或特性来组织软件需求规格说明，并把用例和功能性需求都记录在软件需求规格说明中。化学品跟踪管理系统的需求开发小组就采用了这种方法。这种方式不需要单独的用例文档。但是你需要标出重复的功能性需求，或者对每项功能性需求只声明一次，当该需求再次出现于其他用例中时，都引用最初的需求声明。

8.1.5　用例的好处

用例之所以有用，在于它以任务和用户为中心。与以功能为中心的方式相比较，使用用例能够让用户更清楚地了解新系统可以提供的功能。几个 Internet 开发项目的客户代表发现用例向他们清楚地表明了访问其网站的用户能够做些什么。用例能够帮助需求分析员和开发人员理解用户业务和应用领域。仔细考虑角色—系统会话序列，您就能够在开发过程的早期阶段发现歧义，正如根据用例生成测试用例试一样。

如果开发人员写出来的代码永远用不上，这是一种浪费，也很令人沮丧。如果事先定义过多的需求，企图包括所有能想象到的功能，就会导致实现一些不必要的需求。根据用例法可推导出让用户能够执行某些已知任务的功能性需求，这有助于避免出现"孤立功能"，这类在需求获取过程中看似很好的功能其实并没人使用，因为它们与用户的任务没有直接关联。

用例法还有助于为需求划分优先级。优先级最高的功能性需求源自优先级最高的用例。优先级高的用例具有以下特征：

- 描述了系统实现的核心业务过程之一。
- 很多用户经常使用。
- 由重点用户类提出。
- 提供了为符合规定所需的功能。
- 其他系统功能依赖于该用例的存在。

💡 注意　如果用例在数月甚至数年内都不会被实现，就不要花那么多时间去细化它，因为这些用例很可能在项目开始构建之前发生变化。

用例法还有技术方面的好处，能够揭示重要的域对象，以及相互间的职责。使用面向对象设计方法的用户能够将用例转换为对象模型，如类和序列图(但要记住，用例决不仅限于在面向对象开发的项目中使用)。当业务流程随时间而变化时，某些用例中包含的任务也会随之改变。如果你已经将功能性需求、设计、代码和测试追溯到它们的父用例(代表了客户需求)，那么在整个系统中分级处理这些业务流程的变化就容易多了。

8.1.6　使用用例时应避免的问题

与所有的软件工程方法一样，用例法的应用也经常会误入歧途(Kulak 和 Guiney 2000，Lilly 2000)。要避免下面这些问题：

* **用例过多**　如果陷入用例爆炸性增多的困境，原因可能是你编写用例时抽象程度不够。不要为每个可能的场景都创建单独的用例，正确的做法是把主干过程、分支过程和异常作为场景都包括在同一个用例中。通常，用例的数量远远多于业务需求和特性，而功能性需求的数量又比用例多得多。

* **用例过于复杂**　我曾经检查过一个很复杂的用例，光会话步骤就写了满满四页，包含大量的深层逻辑和分支条件。这种用例让人无法理解。你当然无法控制业务工作的复杂度，但可以控制如何用用例来表述它们。正确的方法是：选出一条能够完成用例的成功路径，其中包括用于逻辑判断的多个真假值的组合，把这条路径称作主干过程。用分支过程来描述其他通向成功的逻辑分支，通向失败的分支则用异常来处理。这样可能会出现很多分支过程，但每一个分支都很短而且易于理解。为了保持用例的简洁，编写用例时应描述角色和系统行为的本质，而不是详细地描述每个动作。

* **在用例中包含用户界面设计**　用例应该专注于用户需要借助于系统完成什么任务，而不应专注于用户界面。讨论用例时应着重考虑角色与系统间概念上的交互，至于用户界面的细节则可等到设计阶段再行考虑。例如，用例中应该写"系统提供选项"而不是"系统显示下拉列表"。不能让用户界面设计来主导需求的研究。屏幕草图和对话图(用户界面结构图，见第 11 章)只是用于更直观地描述角色和系统的交互，不能把它们作为详细的用户界面的设计描述。

* **在用例中包含数据定义**　我曾经遇到过这种用例，它包含要在该用例中处理的数据项和数据结构的定义。这种方式使项目参与者很难找到所需的数据定义，因为他们不清楚数据定义究竟包含在哪个用例中。这种做法还会造成重复定义，如果某一处定义改变了而其他相应的定义没有改变，数据定义就无法保持同步。所以，应该将数据定义集中于整个项目都可用的数据字典中，而不要把它们分散在各个用例中(参见第 10 章的讨论)。

* **用户无法理解用例**　如果用户无法把用例描述与他们的业务流程或系统任务联系起来，就表明用例中存在问题。应该站在用户而不是系统的角度来编写用例，还要请用户对用例进行审阅。不过，详尽用例对你而言可能又过于复杂了。

* **新的业务流程**　如果所开发的软件用来支持尚不存在的新业务流程，用户很难为其提出用例。这种情况下，需求获取就不再是为业务流程建模的问题，而是创造一个新流程的过程。希望由新的信息系统来推动一个高效业务流程的产生，这样做的风险很大，应该在改造业务流程完成之后再对新的信息系统进行全面定义。

* **滥用包含和扩充关系**　初次使用用例的需求分析员、用户和开发人员需要改变自己对需求的看法。这时，用例的包含和扩充关系中的微妙之处可能会使您感到迷惑，因此，在您觉得对用例很有把握之前，最好不要使用这两种关系。

8.2　事件—响应表

另一种组织和记录用户需求的方法是确定系统必须响应哪些外部事件。**事件**(event)是在用户环境中发生的某种变化或活动，它能激发软件系统做出响应(McMenamin 和 Palmer 1984，Wiley 2000)。**事件—响应表**(也称为**事件表**或**事件列表**)列出了所有这类事件和系统应对每个事件做出的反应。如图 8.7 所示，有几种不同类型的系统事件，说明如下：

- 用户(人)执行的动作，该动作将激发用户与软件的会话，例如用户启动用例(有时称为**业务事件**)。事件—响应序列对应于用例中的会话步骤。与用例不同的是，事件—响应表没有描述用户使用该系统的目标，也没有说明这个事件—响应序列提供给用户什么用途。
- 控制信号、数据读取、或从外部硬件设备收到的中断，例如某个开关关闭、电压变化或用户移动鼠标等。
- 由时间触发的事件，例如当计算机时钟到达指定时刻触发事件(如在午夜启动数据自动输出操作)或者上次事件发生后经过一个预置时段触发事件(如系统每隔 10 秒记录一次传感器读到的温度)。

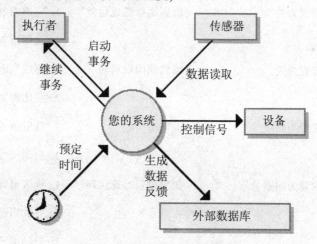

图 8.7　系统事件—响应示例

事件—响应表特别适用于实时控制系统。表 8.3 给出了事件—响应表的一个例子，部分地描述了汽车上雨雪刷的行为。请记住预计的响应不仅取决于事件，还取决于事件发生时的系统状态。例如，表 8.3 中，同样是用户将雨雪刷控制器设置为间歇停启状态，事件 4 和事件 5.1 引起的行为却略有不同，这取决于雨雪刷当时是否开启。响应可能只是改变系统的内部信息(如表中事件 4 和 7.1)，也可能产生对外部可见的结果(其他大部分事件)。

事件—响应表记录的是用户—需求层的信息。如果表中定义并标明了事件、状态和响应(包括异常条件)的所有可能组合，它还可以作为这部分系统的功能性需求的一部分。

但是，需求分析员必须在软件需求规格说明中提供更多的功能性或非功能性需求。例如，设置为快速和慢速时，雨雪刷每分钟各执行多少周期？间隔停启的速度是快还是慢？间隔设置是连续变化的还是离散的？间歇性擦拭之间最大和最小的延时是多少？如果将需求规格说明停留在用户—需求的层次上，开发人员就必须自己去寻找这类信息。记住，我们的目标是将需求定义得足够精确，以便让开发人员知道究竟要开发什么。

表 8.3　汽车风挡雨雪刷系统的事件响应表

ID	事　件	系统状态	系统响应
1.1	将雨雪刷工作速度设置为低速	关闭雨雪刷	将雨雪刷发动器设置为低速
1.2	将雨雪刷工作速度设置为低速	雨雪刷以高速运转	将雨雪刷发动器设置为低速
1.3	将雨雪刷工作速度设置为低速	雨雪刷间歇运转	将雨雪刷发动器设置为低速
2.1	将雨雪刷工作速度设置为高速	关闭雨雪刷	将雨雪刷发动器设置为高速
2.2	将雨雪刷工作速度设置为高速	雨雪刷以低速运转	将雨雪刷发动器设置为高速
3.1	将雨雪刷工作速度设置为高速	雨雪刷以高速运转	1. 完成当前的运转周期 2. 关闭雨雪刷发动器
3.2	将雨雪刷设置为关	雨雪刷以低速运转	1. 完成当前的运转周期 2. 关闭雨雪刷发动器
3.3	将雨雪刷设置为关	雨雪刷间歇运转	1. 完成当前的运转周期 2. 关闭雨雪刷发动器
4	将雨雪刷设置为间歇	关闭雨雪刷	1. 读取雨雪刷运转时间间隔 2. 启动雨雪刷定时器
5.1	将雨雪刷设置为间歇	雨雪刷以高速运转	1. 读取雨雪刷间隔时间 2. 完成当前运转周期 3. 启动雨雪刷定时器
5.2	将雨雪刷设置为间歇	雨雪刷以低速运转	1. 读取雨雪刷间隔时间 2. 完成当前运转周期 3. 启动雨雪刷定时器
6	自从完成上一个周期之后，间隔时间已过	雨雪刷间歇运转	执行一个低速运转周期
7.1	改变雨雪刷间隔	雨雪刷间歇运转	1. 读取雨雪刷间隔时间 2. 启动雨雪刷定时器

续表

ID	事　件	系统状态	系统响应
7.2	改变雨雪刷间隔	关闭雨雪刷	无响应
7.3	改变雨雪刷间隔	雨雪刷以高速运转	无响应
7.4	改变雨雪刷间隔	雨雪刷以低速运转	无响应
8	收到立刻刷信号	关闭雨雪刷	执行一个低速运转周期

　　注意表 8.3 对所列出的事件的描述属于**要素级**(描述事件的要素)，而非**实现级**(描述实现的细节)。表 8.3 没有提到风挡雨雪刷的控制器该是什么样子，或用户如何操纵控制器。要实现这些需求，设计者可采用的方案有多种，从传统的安装在柄上的控制器(目前汽车上常用的就是这一种)，到能识别语音命令(如"开雨刷"、"关雨刷"、"擦一次"等)的系统。采用要素级的需求记录方式能够避免增加不必要的设计约束。但是，应记录下所有已知的设计约束以引导设计者的思路。

 下一步

- 用表 8.1 中的模板为你当前的项目写几个用例，用例中应该包括所有的分支过程和异常。确定能够让用户成功完成每个用例的功能性需求。检查你现在的软件需求规格说明是否已包含所有这些功能性需求。
- 列出能够激励系统以某种方式运行的外部事件。生成一个事件-响应表，说明每个事件发生时系统的状态，以及系统应如何响应该事件。

第9章 遵守规则

"嗨，Tim，我是 Jackie。我在使用化学品跟踪管理系统申领药品时遇到了问题。我们经理建议我来请教你，他说你是这个系统的用户代言人，为系统提供了很多需求。"

"是这样，"Tim 答道，"有什么问题？"

"我需要更多碳酰氯来配制我的研究项目所需的染料，"Jackie 说，"但是化学品跟踪管理系统不接受我的请求，它说我已经有一年多没有参加危险化学品的使用培训了。这是怎么回事？这几年我一直在用碳酰氯甚至更危险的药品，从来没出过问题。为什么不能再申请一些？"

"你也许知道 Contoso 制药公司要求化学家每年参加一次培训班，学习如何安全使用危险化学品。"Tim 指出，"这是一项公司规定，化学品跟踪管理系统只是执行它。我知道以前不管你想要什么仓库管理人员都会给你，但基于责任保险方面的理由，我们再也不会这样做了。很遗憾给你造成不便，但我们必须遵守规则。只有在你参加培训以后，系统才会允许你申请更多碳酰氯。"

每个商业公司的运转都要按照一整套的公司政策、行业法规和标准进行。银行、航空和医疗设备制造等行业都必须遵守大量的政府法规。这类管理原则统称为**业务规则**(business rule)，通常是由应用软件来强制执行这些业务规则。另外一些情况下，业务规则不是在软件中实施，而是通过人们对政策和程序的执行来控制。

大多数业务规则源自任何特定应用软件的背景外部。即便所有化学品的购买和分发都是手工进行的，公司有关每年必须接受一次危险化学品使用培训的规定也要执行。标准会计惯例早在蓝色眼罩和自来水笔的年代就已经在实行。然而，业务规则确实是软件功能性需求的一个主要来源，因为它们指定了系统为符合这种规则必须具备的功能。即便高级的业务需求也可能受到业务规则的控制，例如化学品跟踪管理系统需要生成报告，以表明遵守了联邦政府和州政府关于化学品储存和处理的法规。

基本业务规则是公司的重要资产，但并非所有公司都能认识到它们的价值。这类信息如果没有被适当地记录和管理，就只会存在于各人的大脑里，而不同的人对规则的理解可能是相互矛盾的，这将导致不同的应用软件对同一规则的执行互不相同。如果能够知道每个应用程序在什么位置、如何实现与其相关的业务规则，那么当规则发生变化时，修改程序会容易得多。

💡 **注意** 　如果没有用文档记录规则而只有个别专家清楚这些规则，一旦他们退休或换工作，就会出现这方面的知识空白。

在大型企业中，任何一个应用软件都只与全部业务规则的一个子集相关。在与用户进行讨论时有些需求不会被提出来，构造规则集能够帮助每个需求分析员找到这类需求的可能来源。建立主业务规则库可以使所有受规则影响的应用程序以一致的方式实现规则。

9.1　业务的规则

根据业务规则小组(Business Rules Group，1993)中的定义，"业务规则是对业务的某个方面进行定义或约束的语句。业务规则用于声明业务结构，或者控制、影响业务的行为。"在发现和记录业务规则，并在自动系统中实现这些规则的基础上，人们开发了一整套处理业务规则的方法(Ross 1997，von Halle 2002)。但是，除非你开发的系统主要由业务规则驱动，否则不需要这么复杂的方法来处理规则。你只需确定并记录与你的系统有关的规则，并将其与特定的功能性需求相关联即可。

人们提出了很多不同的**分类法**(分类方案)用于组织业务规则(Ross 2001，Morgan 2002，von Halle 2002)。图 9.1 给出了一个包括 5 类业务规则的简单方案，它适用于大多数情况。第 6 类规则是**术语**(terms)，即专门定义的、对业务很重要的词、短语或缩略词汇，通常在术语表中定义术语。为了更好地发挥业务规则在软件开发中的作用，对业务规则的记录方式应保持一致，这比激烈争论如何将规则分类重要得多。接下来就让我们看看你可能遇到的各种类型的业务规则。

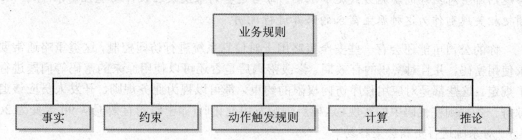

图 9.1　业务规则的简单分类法

9.1.1　事实

事实(fact)就是对业务的真实陈述，常常描述重要业务术语间的关联。事实也称为**不变量**(invariant)——关于数据实体及其属性的不可改变的真实情况。其他业务规则可能会引用事实，但事实本身通常不会直接引出软件的功能性需求。如果某个数据实体对系统很重要，关于它的事实可能会出现在需求分析员或数据库设计者创建的数据模型中(有关数据模型的更多信息请参见第 11 章)。事实的例子包括：

- 每瓶化学品都有一个惟一的条码标识符。
- 每份订单都包含运费。
- 订单中每一行都代表一个特定的化学品名称、质量等级、容量和数量的组合。
- 如果购买的是不可退的票，旅游者如果改变了旅程，就要另外付费。
- 不对运费征收营业税。

9.1.2 约束

约束(constraint)限制了系统或它的用户可以执行哪些操作。有些词和短语可暗示说话人正在描述一项约束，包括：**必须、不可以、可以不**和**只有**。约束的例子包括：

- 未满 18 周岁的借款人**必须**由父母或其他合法监护人作为贷款的联合签署人。
- 图书馆的借阅者**最多可以**同时借 10 本书。
- **只有**最近 12 个月内接受过危险化学品使用方法培训的用户，才能申领属于一级危险品的化学品。
- 所有应用软件都**必须**符合政府法规中有关方便视力较弱人士使用的规定。
- 信件中**可以不必**写出投保人 4 位以上的社会保险号。
- 每 24 小时内，商业航空公司的机组人员**必须**至少得到连续 8 小时的休息。

📖 如此众多的约束

软件项目的约束有很多种。项目经理必须在进度、人员和预算的界限内工作。这些项目级的约束应该归入软件项目的管理计划中。对于产品级设计和实现的约束限制了开发人员的选择范围，所以这类约束应该归入软件需求规格说明或设计说明书中。很多业务规则都会对业务的实施方式施加限制。每当这些约束反映在软件功能性需求中时，必须把相关规则作为这种派生需求的来源进行说明。

你的公司可能还会有一些安全策略用于对信息系统进行访问控制，这类策略通常要求使用密码，并且对密码的有效期、修改密码后是否还可以使用原来的密码等问题进行了规定。这些都是对应用程序访问权限的约束，都可以视为业务规则。开发人员应该追踪每一条规则在代码中的实现，这样当规则发生变化时(如密码的有效期从 90 天变为 30 天)，对系统进行更新会更容易。

📖 遭拒

不久前，我想把在 Fly-By-Night 航空公司的优惠券兑换成一张机票,给我太太 Chris。当我进行交易时，FlyByNight.com 提示我系统遇到错误，不能出票。它让我立刻拨打 800-FLY-NITE。接电话的订票代理员告诉我，因为 Chris 的姓和我的不同，航空公司不能通过邮件或电子邮件售出这张优惠票。我必须到航空公司的售票柜台出示身份证明，才能拿到这张票。

这件事的根源是一条约束性的业务规则："如果乘客的姓与兑换人的不同，则必须由兑换人亲自领取机票。"设置这条规则的目的大概是为了防止欺骗。Fly-By-Night 公司网站的软件执行了这条规则，但它采取的方式却造成了客户的不便和系统实用性的缺陷。系统当时显示了一条错误报警信息，而不是简单地告诉我这条规则是什么和我应该怎么做，结果导致了不必要的电话费和时间的浪费。实现业务规则时如果考虑不周，就会对客户造成负面影响，进而影响到业务。

9.1.3 动作触发规则

在特定条件下触发某个动作的规则被称为**动作触发规则**(action enabler)。这个动作可能会由人手工执行。另一种可能是，这条规则引出对某项功能性需求的定义，使软件在指定条件为真时表现出正确的行为。导致该动作的条件可能是多个条件的真假值的复杂组合。判定表为包含复杂逻辑的动作触发业务规则提供了一种简洁的记录方法(有关判定表的内容请参见第 11 章)。形如"如果(某个条件为真或发生某事件)，则(发生某事)"的语句暗示说话人正在描述一个动作触发规则。下面是一些动作触发类业务规则的例子：

- 如果化学品仓库中有所需化学品，则将现有的化学品交给申领人。
- 如果某瓶化学品到了失效日期，则通知其当前持有人。
- 每季度的最后一天，按规定生成该季度化学品使用和处理情况的 OSHA 和 EPA 报告。
- 如果客户订购的书的作者有多部作品，则在接受订单前向客户推荐作者的其他作品。

9.1.4　推论

推论(inference)是根据某个条件的真实性得出某些新事实的规则，有时也称为**推导出的知识**。推论可根据其他事实或从计算中推导出新的事实。推论常常用"如果/则"的句式来表达，这种句式也可以在动作触发类业务规则中见到，但是，推论的"则"子句表达的是一个事实或一条信息，而不是要采取的动作。下面是一些推论的例子：

- 如果到期 30 天后还没有偿还应付款，则该账户是在拖欠债务。
- 如果接到订单 5 天后，卖方还不能发送客户订购的商品，则表明该商品延迟交货。
- 可能形成爆炸性分解物的化学品被认为在出厂一年后过期。
- 如果低于 5mg/kg 的剂量就能在老鼠体内形成 LD_{50} 的毒性，则该化学品被认为是危险的。

9.1.5　计算

计算机就是用来计算的，所以有一类业务规则定义使用特定数学公式或算法进行的**计算(computation)**。很多种计算都要遵循企业的外部规则，如所得税缴纳公式。动作触发类的业务规则可以导出特殊的功能性需求来实施这些规则，而计算类的规则则不同，它们自己通常还可以作为软件需求。下面给出一些文本形式的计算类业务规则示例，你也可以用某种符号形式来表式它们。与用自然语言写的一长串复杂的规则陈述相比，采取类似于表 9.1 的表格形式能够把计算类规则表达得更清晰。

- 订单的数量为 6 件～10 件，则单价降低 10%；数量为 11 件～20 件，单价降低 20%；数量超过 20 件，单价降低 35%。
- 当订单的货品重量超过 2 磅时，其国内陆路运费为每盎司 4.75 美元 12 美分。
- 有价证券交易的手续费计算方法为：低于 5000 股的交易，如果在网上进行，每笔交易的手续费为 12 美元；如果通过操盘手，则每笔 45 美元。高于 5000

股的交易，手续费相应减半。

- 订单总价的计算方法为：订单上所有商品价格之和，减去批量折扣，加上交货地点所在州和县的营业税，再加上运费，可能还要加上保险费。

表 9.1 用表格表达计算类业务规则

编 号	所购商品数量	折扣比例(%)
DISC-1	1～5	0
DISC-2	6～10	10
DISC-3	11～20	20
DISC-4	> 20	35

一项计算可能包括多个计算元素。上面最后的那个例子中，总价的计算就包括批量折扣、营业税、运费以及保险费的计算。这条规则很复杂，也很难理解。为了弥补这一缺陷，你应该在原子级(atomic level)记录业务规则，而不是把多个细节合并到单个规则中。复杂的规则可以指向它所依赖的各个独立规则，这样可以使规则保持简单明了；还能促进规则的重用和以多种方式组合规则。如果要用原子方式记录推论和动作触发类业务规则，那么，"如果/则"结构的左边不能使用"或"逻辑，右边则应避免使用"与"逻辑(von Halle 2002)。可能对最后一个例子中的总价计算产生影响的原子级业务规则包括表 9.1 的折扣规则和下面这 5 条：

- 如果交货地点所在省征收营业税，则根据打折后的商品总价计算营业税。
- 如果交货地点所在县征收营业税，则根据打折后的商品总价计算营业税。
- 保险费为打折后商品总价的 1%。
- 不对运费征收营业税。
- 不对保险费征收营业税。

以上这些业务规则被称为**原子级**的规则，因为它们不能被进一步分解。最后你可能会得出很多原子级的业务规则，它们的不同组合决定了你的计算和功能性需求。

9.2 在文档中记录业务规则

业务规则会影响多个应用程序，所以公司应该将其作为**企业级**而不是项目级的资源进行管理。在开始阶段，简单的业务规则目录就能够满足需要。大型公司或者业务处理和信息系统受业务规则影响严重的公司则需要建立业务规则数据库。当规则目录逐渐增大，超过了字处理器或电子表格的处理能力，或者需要将应用程序中规则的实现自动化时，商业的规则管理软件就变得很有价值了。业务规则小组(BRG)维护了一个业务规则管理工具的产品目录，网址是 *http://www.businessrulesgroup.org/brglink.htm*。如果您在应用程序的开发过程中发现了新的业务规则，应该将它加入组织的规则目录中，而不能仅仅写入该应用软件的文档、甚至只是写入代码中。对于那些与安全、保密、财务或遵守法规有关的规则，如果管理或实施不当，就会造成极大的风险。

 注意 不要把规则目录弄得过于复杂，应该在保证开发团队可以有效使用的前提下，选用最简单的方式来记录业务规则。

当你逐渐熟悉如何确定和记录业务规则之后，就可以使用不同的结构化模板来定义不同类型的规则(Ross 1997，von Halle 2002)。这些模板描述了关键字和条款的模式，用于构造风格一致的规则。使用模板还能够方便规则的存储，无论存储的位置是数据库、商业的业务规则管理工具或规则引擎。如果要使用模板，不妨从表 9.2 给出的简单格式开始(Kulak 和 Guiney 2000)。

如表 9.2 所示，每条业务规则都有一个惟一的标识符，这样你就能够从功能性需求追溯到对应的规则。"规则类型"这一列指出该规则是事实、约束、动作触发规则、推论还是计算。"静态或动态"这一列则说明该规则随时间变化的可能性有多大。业务规则的来源包括公司政策和管理政策、主题专家和其他人士、政府法规之类的文件以及现有的软件代码或数据库定义等。

表 9.2　业务规则目录的示例

标识符	定 义	规则类型	静态或动态	来 源
ORDER-15	只有最近12个月内接受过危险化学品使用培训的用户，才能申领属于一级危险品的药品	约束	静态	公司政策
DISC-13	根据订单的数额计算折扣，参见表9.1	计算	动态	公司政策

9.3　业务规则和需求

如果只是简单询问用户"你们的业务规则有哪些？"，你很难得到足够的信息，就像获取用户需求时间"你需要什么"的效果一样。由于应用程序的性质不同，有时你需要在开发过程中创建规则，有时则要在需求讨论过程中发现规则。项目涉众通常已经知道哪些业务规则将会影响应用程序，而开发小组必须在这些规则定义的界限内工作。Barbara von Halle(2002)对发现业务规则的过程作了详尽的描述。

在获取用户需求的讨论会上，需求分析员可以通过提问来探究用户提出需求和约束背后的理由，这些讨论常常会把业务规则当成需求和约束的根源。需求分析员可以从需求获取讨论会上收集到业务规则，当然还可定义其他需求结果和模型(Gottesdiener 2002)。图 9.2 显示了规则的几个可能来源(某些情况下，也是用例和功能性需求的来源)。图 9.2 还建议了几类问题，在讨论会的参与者讨论各种问题与对象时需求分析员可以提出这些问题。需求分析员应该把在需求获取讨论中提出的业务规则记录成文档，然后找到合适的人证实它们的正确性并补充遗漏的信息。

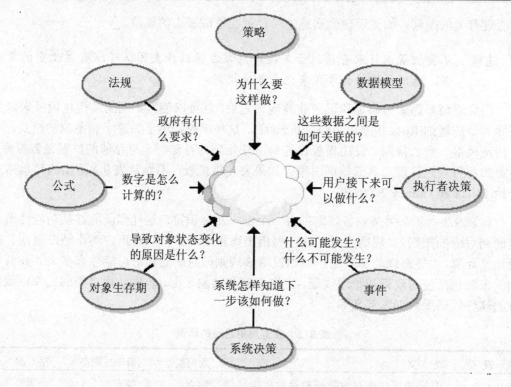

图 9.2   通过从不同角度提问发现业务规则

在确定了业务规则并且记录下来之后，还要确定必须在软件中实现哪些规则。有些规则会引出用例，进而引出实施规则所需的功能性需求。考虑下面这 3 条规则：

- 规则一(动作触发器) "如果某瓶化学品的失效日期到了,应该通知其持有者。"
- 规则二(推论) "能够形成爆炸性分解物的化学品的有效期定为一年。"
- 规则三(事实) "醚可以自然转化成爆炸性的过氧化氢。"

这些规则被当作用例"通知化学品持有者药品过期"的来源。该用例有一项功能性需求是"系统必须在药品有效期终止日发送电子邮件通知其持有者。"

以下两种方法可用于定义功能性需求与它的父业务规则间的关联：

- 使用称为"来源"的需求属性，将规则指示为功能性需求的来源(见第 18 章)。
- 在需求的追溯关系矩阵中，定义功能性需求与相关的业务规则之间的追溯关系(见第 20 章)。

数据引用完整性规则通常以数据库触发器或存储过程的形式被实现,这类规则描述了系统因数据实体间的关系而必须执行的数据更新、插入和删除(von Halle 2002)。例如,如果客户取消了订单,系统必须删除订单中所有未交付的货品。

有时候，业务规则与它们对应的功能性需求看起来很相似，但是，规则是对软件中必须实施的政策的外部声明，所以规则能够驱动系统功能。每位需求分析员都必须判断哪些现有的规则与他的应用程序有关，哪些要在软件中实施，如何实施。

回想一下化学品跟踪管理系统的那条约束规则：培训记录在有效期内的用户才能申领危险的化学品。根据是否可以在线查询培训记录数据库，需求分析员能够推导出不同的功能性需求来满足这条规则。如果可以在线查询培训记录，系统只要查询该用户的培训记录就能决定是否接受申领请求。否则，系统暂时保存这一请求，然后向培训管理员发送电子邮件，由他来批准或驳回请求。两种情况的规则都一样，但软件的功能性需求——软件执行过程中遇到业务规则时采取的动作——则根据系统的环境发生了变化。

为了避免冗余，不要从业务规则目录向软件需求规格说明中复制规则。正确的做法应该是让软件需求规格说明引用特定的规则，将其作为所得税扣缴算法等功能性需求的来源。这种方法有以下几种好处：

● 避免在规则变化时，既要修改业务规则，又修要改对应的功能性需求。
● 保持软件需求规格说明与规则变化的同步，因为软件需求规格说明只是对规则原文进行引用。
● 便于在软件需求规格说明的不同位置和多个项目中重用规则，而且不会相互矛盾，因为规则不是隐藏在单个应用程序的文档中。

如果采用这种方式，开发人员在阅读 SRS 时需要通过交叉引用的链接来查找规则的细节，这是在选择不复制信息时而必须做出的让步。规则与功能性需求分离还会带来另一种风险：有些规则孤立地看很有道理，但一旦与其他需求一起置于实际运行环境中，就不那么合理了。与需求工程的很多方面一样，也没有简单而完美的业务规则管理方案能够适用于所用情况。

那些在管理业务规则方面比较专业的组织往往不愿意公开它们的经验，他们认为自己的竞争优势在于使用业务规则来指导软件证券管理，而其他组织对规则的处理更为随意。一旦你开始积极地寻找、记录和运用业务规则，你在应用程序开发过程中所作的选择就更容易被所有涉众理解和接受。

下一步

● 列出你能想到的所有与当前项目相关的业务规则。开始构造业务规则目录，按照图 9.1 中的方案对规则分类，并标明每条规则的出处。
● 找出每项功能性需求背后的来源，从而发现其他的业务规则。
● 建立跟踪关系矩阵，指明分别是哪项功能性需求或数据库元素实现了你确定的各项业务规则。

第 10 章　编写需求文档

需求开发的最终成果是，在客户和开发人员对所要开发的产品达成共识后，所编写的具体的文档。在前面的章节中我们已经了解到，业务需求应该包含在前景和范围文档中；用户需求经常是以用例的形式获得的；产品的详细功能性需求和非功能性需求则记录在软件需求规格说明中。只有把这些需求组织起来，编写成易于阅读的文档，并由项目的主要涉众对这些需求进行评审后，人们才能确定这些需求。

我们可以采用以下几种方式来表示软件需求：

- **文档**　用结构合理的自然语言来精心编写需求文档。
- **图形化模型**　这些模型可以描绘转换过程、系统状态和它们之间的变化、数据关系、逻辑流或者对象类及其关系。
- **形式化规格说明**　使用数学上精确的形式逻辑语言来定义需求。

虽然形式化规格说明具有最高的严密性和精确度，但是只有极少数软件开发人员才熟悉它们，更不用说客户了，因此，他们并不能评审规格说明的正确性。虽然结构化自然语言有许多缺点，但是由于它配以图形化模型进行补充说明，所以在大多数软件项目中，它仍然是编写需求文档最实用的方法。

即使是最详细的需求规格说明也决不能取代贯穿整个项目的项目人员之间的讨论。要预先发现反馈到软件开发的每一部分信息是不太可能的，应该保持开发团队、客户代表、测试人员和其他涉众之间的交流渠道的畅通，以便他们能够快速解决可能发生的大量问题。

本章将介绍软件需求规格说明的目的、结构和内容，还将讲解编写功能性需求规格说明的指导原则，同时讲述几个不完善的需求范例，并提出具体的改进建议。作为传统的字处理文档的一种代替方法，需求可以被存储在数据库中，例如商业需求管理工具。这些工具使需求的管理、使用和交流容易得多，但是只有在确保需求信息的质量时，这些工具才能发挥出它们的优势。我们将在第 21 章讨论需求管理工具。

10.1　软件需求规格说明

软件需求规格说明，有时也称为功能规格说明(function specification)、产品规格说明(product specification)、需求文档(requirements document)或系统规格说明(system specification)，但各组织并不以相同的方式使用这些术语。软件需求规格说明精确地阐述了一个软件系统必须提供的功能和性能以及它必须遵守的约束。软件需求规格说明是所有后续的项目规划、设计和编码的基础，也是系统测试和用户文档的基础。它应该尽可能完整地描述各种条件下的系统行为。除了已知的设计和实现上的约束，软件需求规格说明不应该包括设计、构造、测试或项目管理的细节。

必须使用软件需求规格说明的受众有以下几类:

- 客户、市场部和销售人员需要了解他们期望得到什么样的产品。
- 项目经理根据产品描述来估计项目的进度、工作量和所需资源。
- 开发团队根据软件需求规格说明了解需要开发什么样的产品。
- 测试小组使用软件需求规格说明来开发测试计划、测试用例和测试过程。
- 软件维护和支持人员根据软件需求规格说明了解产品的每一部分的功能是什么。
- 文档编写人员根据软件需求规格说明和用户界面设计来编写用户手册和帮助屏幕。
- 培训人员根据软件需求规格说明和用户文档来编写培训材料。
- 公司律师要确保该需求遵守相应的法律法规。
- 分包商根据软件需求规格说明来进行工作,当然这要在合法的基础上。

软件需求规格说明作为产品需求的最终成果必须是综合全面的。开发人员和客户不能作任何假设。如果所期望的功能或质量没有写入达成共识的需求中,那么就不应该指望产品中会具有这些功能或满足这些质量要求。

我们不必在开发工作开始之前就编写整个产品的软件需求规格说明,但却必须在每次增量开发之前获得这次增量的需求。如果涉众不能在一开始就确定所有的需求,而又必须尽快将某些功能交付给用户使用,那么采用增量开发就很合适。但是,每个项目都应该在团队实现每个需求集之前将其纳入基线。**基线**(baselining)是将正在开发的软件需求规格说明过渡到已通过评审的软件需求规格说明的一个过程。根据相同的需求集来工作可以最大程度地减少误解和不必要的返工。

组织并编写软件需求规格说明时应使涉众各方都能够理解它。第 1 章中提出了高质量需求声明和规格说明所具备的几个特征。请记住下面几点有关需求可读性的建议:

- 对节、小节和单个需求的标记格式必须一致。
- 在右边部分留下文本注释区,而不要在两边全部写满。
- 允许不受限制地使用空白。
- 灵活明智地使用各种可视强调标志(例如,黑体、下划线、斜体和不同字体)。
- 创建目录表,也许还需要创建索引,这有助于读者找到他们所需的信息。
- 对所有图和表进行编号,并且给出标题,根据编号来引用这些图和表。
- 使用字处理程序的交叉引用功能来引用文档中的其他位置,而不是通过页码或节号进行引用。
- 使用超链接使读者可以跳到软件需求规格说明或其他文档的相关部分。
- 使用合适的模板来组织所有的必要信息。

10.1.1 需求的标识

为了满足可跟踪性和可修改性的质量标准,必须对每个功能性需求进行惟一而永久的标识，这样可以使我们在变更请求、修改的历史记录、交叉引用或需求的跟踪矩阵中引用特定的需求。这也为在多个项目中重用需求提供了方便。要达到这些目的，只用项目符号列表是不够的。下面介绍几种不同的需求标识方法的优缺点，我们应该选择最适合于具体情况的方法。

1. 序列号

最简单的方法是赋予每个需求一个惟一的序列号，例如 UR-9 或 SRS-43。当用户将一个新的需求添加到商业需求管理工具的数据库中之后，这些管理工具就会为其分配一个这样的序列号(这些工具也支持层次型编号)。序列号的前缀表示需求类型，例如 UR 代表"用户需求(user requirement)"。如果删除某个需求，则其序列号就不能再使用。这种简单的编号方法并不能提供任何相关需求在逻辑上或层次上的信息，而且其标识也不能提供有关每个需求内容的信息。

2. 层次型编号

最常采用的做法是，如果功能性需求出现在软件需求规格说明中的第 3.2 节，那么所有功能性需求的标号均以 3.2 开头，例如 3.2.4.3。标号中的数字越多则表示该需求越详细，其层次也越低，这种标识方法简单明了。字处理程序可以自动分配这种序号，然而，即使在一个中等规模的软件需求规格说明中，这些标号也会扩展到许多位数字，并且这种标号也不能提供有关每个需求目的的任何信息。更严重的是，这种方案并不能产生永久性标识。如果我们插入一个新的需求，那么该需求所在部分之后的所有需求的序号都要增加。删除或移动一个需求时，该需求所在部分之后的所有需求的序号将要减少。这些变化将破坏对系统中其他需求的引用。

💡 **注意**　分析人员曾经告诉我"我们不允许让人插入需求，因为这会打乱编号。"不要让这种做法妨碍我们明智有效地工作。

对层次型编号的一种改进方法是对需求中主要的部分进行层次式编号，然后用一个简短文本代码加上一个序列号来标识每个部分中的单个功能性需求。例如，软件需求规格说明可能包含"3.5 节——编辑功能(Edit Functions)"，那么这一节中需求的编号可以是 ED-1、ED-2、等等。这种方法具有层次性和组织性，标号简短，而且具有一定的含义且与位置无关。

3. 层次型文本标签

Tom Gilb 顾问提出了基于文本的层次型标签方案来标识单个需求(Gilb 1988)。请考虑这样一个需求："当用户请求的打印份数大于 10 时，系统必须让用户进行确认"。这一需求可能被标识为 Print.ConfirmCopies，这意味着这个需求是打印功能的一部分，并且与要打印的份数有关。层次型文本标签是结构化的，它具有一定的含义，并且不受添加、删除或移动其他需求的影响。其主要缺点是文本标签比层次型数字标号更复杂，但这是获得稳定的标识必须付出的一点代价。

10.1.2　处理不完整性

有时，我们清楚自己缺少特定需求的某些信息。在解决这个不确定性之前，我们可能必须与客户商议、检查外部接口描述或者构建一个原型。使用"待确定"(to be determined，TBD)符号来标记这些尚未确定的需求。

在实现一个需求集之前，必须解决所有的 TBD 问题，因为任何遗留的不确定问题都会提高开发人员或测试人员出错及不得不进行返工的风险。当开发人员遇到一个 TBD 时，他可能并不会让这一需求的最初编写者来解决问题，而是对它尽量进行猜测，但这种猜测并不总是正确的。如果有 TBD 问题尚未解决，而又必须继续进行开发工作，那么我们可以推迟实现这些需求，或者也可以根据这样的原则来设计产品，即当这些尚未确定的问题得到解决后，我们能够很容易地修改产品的相应部分。

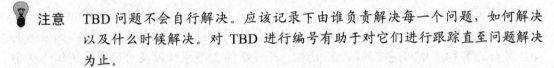

注意　TBD 问题不会自行解决。应该记录下由谁负责解决每一个问题，如何解决以及什么时候解决。对 TBD 进行编号有助于对它们进行跟踪直至问题解决为止。

10.1.3　用户界面和软件需求规格说明

把用户界面的设计纳入软件需求规格说明中既有好处也有坏处。坏的方面是，屏幕图像和用户界面构架描述的是解决方案(设计)，而不是需求。如果在完成了用户界面的设计之后才能确定软件需求规格说明的基线，那么将会使那些已花费了很多时间处理需求的人员失去耐心。将用户界面设计写入需求中可能会引起由可视化设计来驱动需求的情况，这将导致功能问题。

屏幕布局并不能替代用户需求和功能性需求。不要指望开发人员从屏幕外观推断出潜在的功能和数据关系。有一家 Internet 开发公司多次陷入困境，原因是与客户签署了合同后，团队便全身心投入到可视化设计工作中，而在此之前，他们根本没有充分理解用户能够在 Web 站点做什么，因此，产品交付之后，他们花费了相当多的时间来修正产品。

把用户界面的设计编入软件需求规格说明中，好的方面是，对可能的用户界面(例如，工作原型)进行研究会使需求无论对用户还是对开发人员都是实实在在的。直观的用户界面有助于项目的规划和评估。计算出图形用户界面(GUI)的元素数目或者与每个屏幕相关的功能点[1]数目，可以进行项目规模的评估，据此可以估计出项目实现所需的工作量。

注释 1　功能点(function point)是对应用程序中用户可见功能的数量的一种衡量手段，而与如何构造功能无关。我们可以根据内部逻辑文件、外部接口文件以及外部输入、输出和查询的数量，从对用户需求的理解中估计功能点(IFPUG 2002)。

一个合理的折中方法是，将所选择的用户界面概念草图写入到软件需求规格说明中，而在实现时并不要求精确地遵循这些草图模型。这可以促进开发人员之间的相互沟通，使他们不会受到不必要的约束的妨碍。例如，一个复杂对话框的最初草案将演示隐藏在部分需求后面的意图，但是一个可视化设计高手可能把它转化为一个带标签的对话框，这样可以提高其可用性。

10.2 软件需求规格说明模板

每个软件开发组织都应该在它们的项目中采用一种或多种标准的软件需求规格说明模板。现在有多种软件需求规格说明模板可供使用(Davis 1993；Robertson 和 Robertson 1999；Leffingwell 和 Widrig 2000)。Dorfman 和 Thayer(1990)从美国国家标准局、美国国防部、美国宇航局以及许多英国和加拿大的有关部门收集了 20 多个需求标准和许多实例。许多人使用的模板均来自 IEEE 830-1998 标准的"IEEE 推荐的软件需求规格说明的方法(IEEE Recommended Practice for Software Requirements Specifications)"(IEEE 1998b)。这一模板适用于多种项目，但它也有一些局限性和容易混淆的元素。如果您的组织要处理各种类型和规模的项目，例如，开发新的大型系统以及对已有系统作一些小的改进，可以为每个主要项目类型采用一个软件需求规格说明模板。

图 10.1 所示的软件需求规格说明模板改写自 IEEE 830 标准，该标准还包含了许多附加的特定需求的范例。本书附录 D 中包含的一个范例软件需求规格说明，就主要遵循这一模板。我们可以对模板进行修改，以满足项目的需要和本质特性。如果模板中某一部分并不适合我们的特定项目，那么就在原处保留标题，并注明该项不适用，这样做可以防止读者认为是不小心遗漏了某些重要的部分。如果项目总是遗漏相同的部分，就该对模板进行调整了。模板中应包括一个目录表和一个修订历史记录，该记录列出了对软件需求规格说明所作的变更，包括变更的日期、谁做的变更和变更原因等。有时，某些信息可以在逻辑上被记录在模板的几个不同部分中。更重要的是要充分地收集信息，而且信息要保持一致，而不应争论每条信息应该记录在什么位置。

这一软件需求规格说明的模板和图 5.2 的前景和范围文档模板发生了部分重叠(例如，项目范围、产品特性和运行环境部分)。这是因为对于某些项目，我们选择只创建一个需求文档。如果您同时使用这两种模板，那么就需要对它们进行调整，删除二者之间的重复部分，并将各部分综合起来。一种合适的做法是，使用软件需求规格说明的相应部分，详细叙述前景和范围文档中出现的某些初步的和高级信息。如果我们发现自己从一个项目文档到另一个项目文档使用"剪切－粘贴"功能，那么这些文档中就包含了不必要的重复信息。

本节的其余部分将描述软件需求规格说明的每一部分所包含的信息。我们可以通过引用其他已编写好的项目文档(例如，前景和范围文档或接口规格说明)来引入需求信息，而不是复制软件需求规格说明中的信息。

对图 10.1 中各部分的详解如下。

```
1.  引言
    1.1  目标
    1.2  文档约定
    1.3  读者对象和阅读建议
    1.4  项目范围
    1.5  参考资料
2.  总体描述
    2.1  产品前景
    2.2  产品特性
    2.3  用户类及其特征
    2.4  运行环境
    2.5  设计和实现上的约束
    2.6  用户文档
3.  系统特性
    3.1  系统特性 X
        3.x.1  描述和优先级
        3.x.2  激励/响应序列
        3.x.3  功能性需求
4.  外部接口需求
    4.1  用户界面
    4.2  硬件接口
    4.3  软件接口
    4.4  通信接口
5.  其他非功能性需求
    5.1  性能需求
    5.2  防护性需求
    5.3  安全性需求
    5.4  软件质量属性
6.  其他需求
    附录 A：术语表
    附录 B：分析模型
    附录 C：待确定问题的清单
```

图 10.1　软件需求规格说明模板

1. 引言

引言提供了一个概述，帮助于读者理解软件需求规格说明的组织方式和使用方式。

(1)　目标

确定其需求在文档中进行了定义的那些产品或应用程序，包括修订版本或发布版本号。如果该软件需求规格说明只与整个系统的一部分有关系，那么就只需确定这一部分或子系统。

(2)　文档约定

描述编写文档时所采用的所有标准或印刷上的约定，包括文本样式、强调形式或具有特殊意义的表示符号。例如，声明高层需求的优先级是否可以被其所有细化的需求所继承，或者每个功能性需求声明是否都有其自身的优先级。

(3) 读者对象和阅读建议

列举软件需求规格说明面向的不同读者对象。描述软件需求规格说明中其余部分的内容及其组织结构。就每一类读者最合适以什么顺序来阅读该文档提出建议。

(4) 项目范围

提供对指定的软件及其作用的简短描述。把软件与用户或公司目标相关联，把软件与业务目标和策略相关联。如果可以得到单独的前景和范围文档，那么应该引用它，而不要直接将其内容复制到这里。如果是说明改进产品的增量发布的软件需求规格说明，那么应该包括它自己的范围声明，作为长期战略的产品前景的一个子集。

(5) 参考资料

列举编写软件需求规格说明时所参考的所有文档或其他资源，如果可能的话，使用括超文本链接。具体说来可能包括用户界面样式指南、合同、标准、系统需求规格说明、用例文档、接口规格说明、操作概念文档或相关产品的软件需求规格说明。在这里应该给出足够详细的信息，包括参考资料的标题、作者、版本号、日期以及来源或位置(例如网络文件夹和 URL)，以方便读者查阅这些资料。

2. 总体描述

这一部分用于从总体上概述产品及其运行环境，以及产品用户对象和已知的约束、假设和依赖关系。

(1) 产品前景

描述产品的背景和起源。说明该产品是否是产品系列中的下一个成员，是否是成熟系统的下一版本，是现有应用程序的升级产品还是是一个全新的产品。如果该软件需求规格说明定义了大型系统的一个组件，那么就要说明这部分软件是怎样与整个系统相关联的，并且要确定二者之间的主要接口。

(2) 产品特性

列出产品所具有的主要特性或者产品可实现的重要功能。其详细内容将在该软件需求规格说明的第 3 部分中描述，所以在此只需要提供一个总体概括即可。用图形来表示主要的需求组以及它们之间的联系，例如顶层数据流图、用例图或类图，可能是很有帮助的。

(3) 用户类及其特征

确定我们能预料到的有可能使用该产品的各种用户类，并描述他们的相关特征(请参见第 6 章)。有些需求可能只与某些用户类相关，应确定哪些是优先考虑的用户类。用户类是前景和范围文档中描述的涉众的一个子集。

(4) 运行环境

描述软件的运行环境，包括硬件平台、操作系统和版本，以及用户、服务器和数据库的地理位置。列出系统必须和平共存的其他软件组件或应用程序，前景和范围文档中可能包含这样的高层信息。

(5) 设计和实现上的约束

描述限制开发人员进行有效选择的所有因素，以及每一种约束的基本原理。约束可能包括如下内容：

- 必须使用或避免使用的特定技术、工具、编程语言和数据库。
- 由产品的运行环境所引起的一些限制，例如，将要使用的 Web 浏览器的类型和版本。
- 所要求的开发约定或标准(例如，如果由客户的组织负责软件维护，那么该组织就可能指定分包商必须遵循的设计符号和编码标准)。
- 与早期产品向后兼容。
- 业务规则强加的限制(参见第 9 章)。
- 硬件限制，例如定时需求、内存或处理器限制、大小、重量、材料或成本。
- 对现有产品进行改进时，要遵循的现存用户界面的一些约定。
- 标准数据交换格式，例如 XML。

(6) 用户文档

列出将要交付的用户文档组件以及可执行软件，可以包括用户手册、联机帮助和教程。确定所有要求的文档交付格式、标准或工具。

(7) 假设和依赖

假设是这样一种声明，在缺少证据或不确定的情况下先相信它是真的。如果假设不正确、不一致或被更改，那么就可能会产生问题，因此，有些假设将会转化为项目风险。一个软件需求规格说明的读者可能假设产品将符合某个特定的界面约定，但是另一个读者却可能不这样认为。开发人员可能假设某一组功能是为应用程序专门编写的，但是分析人员也许假设可以从以前的项目中重用这些功能，而项目经理则期望获得一个商业功能库。

此外，确定项目对其控制范围之外的外部因素的所有依赖关系，例如，操作系统下一个版本的发布日期或行业标准的发布。如果您打算把其他项目正在开发的某些组件集成到系统中，就要依赖那个项目能按时提供正常工作的组件。如果这些依赖关系已经在其他地方进行了编档(例如在项目计划中)，那么在此就可以引用那些文档。

3. 系统特性

图 10.1 所示的模板是根据系统特性来组织的，它只是安排功能性需求的一种可能的方式。其他可以选择的方式还包括按照用例、操作模式、刺激、响应、对象类或功能层次结构等(IEEE 1998b)。另外，还可以使用这些元素的组合，例如，用户类中的用例。正确的选择并不是惟一的，但我们应该选择一种使读者易于理解产品预期功能的组织方法。我们将举例来描述特性方案。

系统特性 X

仅用简短的词语说明特性的名称，例如"3.1　拼写检查"。对每一个系统特性都要重复 3.x.1～3.x.3 这几个部分。

- 3.x.1　描述和优先级

  提供对该特性的简短描述，并指出该特性的优先级是高、中或低(请参见第 14 章)。优先级是动态的，它随着项目的进程而发生变化，如果您正使用需求管理工具，那么应定义某个优先级的需求属性。需求属性的讨论请参见第 18 章，需求管理工具的讨论请参见第 21 章。

- 3.x.2　激励/响应序列

  列出输入激励序列(用户操作、来自外部设备的信号或其他触发器)和系统响应序列，系统响应序列定义这一特性的行为。这些激励与用例最初的对话步骤或者与外部系统事件相对应。

- 3.x.3　功能性需求

  逐项列出与该特性相关的详细功能性需求。这些是必须提交给用户的软件功能，使用户可以执行该特性的服务或者完成一个用例。描述产品如何响应可预知的出错条件以及如何响应非法输入或操作。惟一地标识每个功能性需求。

4. 外部接口需求

根据 Richard Thayer(2002)的观点，"外部接口需求指定了系统或组件必须与其进行接口的硬件、软件或数据库元素"。这一部分用于提供可确保系统正确地与外部组件进行通信的信息。如果产品的不同部分有不同的外部接口，那么应该把这一部分的实例并入到每一个部分的详细需求中。

对外部和内部系统接口达成一致意见已经被确认为软件业最好的实践(Brown 1996)。应该把接口的数据和控制组件的详细描述写入到数据字典中。具有多个子组件的复杂系统应该使用一个单独的接口规格说明或系统体系结构规格说明(Hooks 和 Farry 2001)。通过引用，接口文档中可以包含其他文档中的内容。例如，可以指向一个单独的应用程序接口(API)规格说明，或指向一个硬件设备手册——手册中列出了设备能够向软件发送的错误代码。

📖 接口大战

两个软件开发团队需要协同工作，共同完成 A.Datum 公司的旗舰产品。知识库团队用 C++语言生成复杂的接口引擎，而应用程序团队用 Visual Basic 语言来实现用户界面。这两个子系统通过一个 API 进行通信。遗憾的是，知识库团队定期修改此 API，其结果是系统不能正确地生成和执行。应用程序团队需要花几个小时来诊断他们发现的每一个问题，并确定造成这种情况的根本原因是 API 的变更。而双方对这些变更并没有达成一致，没有将它们传达给所有涉众，也没有在用 Visual Basic 语言编写的代码中作相应的修改。这些接口把系统组件(包括用户)连接起来，因此，必须对接口细节编写文档，并在整个项目的变更控制过程中，同步进行必要的修改。

(1) 用户界面

描述系统所需的每个用户界面的逻辑特征。可能包括下面这些条目：

- 对图形用户界面(GUI)标准的引用或者将要采用的产品系列的样式指南。
- 有关字体、图标、按钮标签、图像、颜色选择方案、域的 Tab 顺序、常用控件等的标准。
- 屏幕布局或解决方案的约束。
- 每个屏幕中将出现的标准按钮、功能或导航链接，例如，帮助按钮。
- 快捷键。
- 消息显示约定。
- 便于软件定位的布局标准。
- 满足视力有问题的用户的要求。

应该将用户界面的设计细节，例如特定对话框的布局，写入单独的用户界面规格说明中，而不能写入软件需求规格说明中。应该将屏幕模型写入软件需求规格说明中，以便与需求的另一个视图进行交流，这样做是有益的，但要指明模型并不是所要提交的屏幕设计。如果软件需求规格说明描述的是对一个已有系统的改进，那么将实际将要实现的屏幕画面写入软件需求规格说明中，有时也是有意义的。开发人员已经被现有系统的当前现实所限制，因此，预先了解要修改的屏幕(也可能是新的屏幕)的精确外观也是应该的。

(2) 硬件接口

描述系统中软件和硬件组件之间每一接口的特征。这种描述可能包括支持的设备类型、软件和硬件之间的数据和控制交互以及所用的通信协议等。

(3) 软件接口

描述该产品与其他软件组件(由名称和版本来识别)之间的连接，这些组件包括数据库、操作系统、工具、库和集成的商业组件等。声明在软件组件之间交换消息、数据和控制项的目的。描述外部软件组件所需的服务，以及组件间通信的本质。确定将在软件组件之间共享的数据。如果必须用一种特殊的方式来实现数据共享机制，例如一个全局数据区，那么就必须把它定义为一种实现上的约束。

(4) 通信接口

描述产品将使用的所有通信功能的需求，包括电子邮件、Web 浏览器、网络通信协议和电子表格等。定义所有相关的消息格式。规定通信安全或加密问题、数据传输速率和同步通信机制等。

5. 其他非功能性需求

这部分用于定义所有非功能性需求，而不是外部接口需求，外部接口需求应该包括在第 4 部分中，也不是约束，约束应该记录在第 2.5 部分(见图 10.1)。

(1) 性能需求

声明各种系统操作特定的性能需求，并解释其原理以指导开发人员做出合理的设计选择。例如，如果对数据库响应时间要求很严格，那么设计人员就会在多个地理位置放置多个镜像数据库，或者是设计非规范化关系数据库表，以便更快速地响应查询请求。指定每秒钟支持处理的交易量、响应时间、运算精度和实时系统的定时关系。还应该指定内存和磁盘空间需求，并发的用户负载，或者数据库表中所能存储的最大行数。如果不同的功能性需求或特征具有不同的性能需求，那么比较合适的做法是使用其相应的功能性需求指定性能目标，而不要将它们都集中在这一部分中。

尽可能具体地量化性能需求，例如，"在一台单用户使用的运行 Windows XP 操作系统的主频为 1.1GHz 的 Intel Pentium4 PC 机上，当系统至少有 60% 的空闲资源时，要求 95% 的目录数据库查询必须在 3 秒内完成"。精确地指定性能需求的一种很好的方法是 Tom Gilb 的 Planguage，具体介绍请参见第 12 章。

(2)　防护性需求

防护性(safety)和安全性(security)是质量属性的两个范例，在图 10.1 中的 5.4 节中更全面地描述了质量属性。这里之所以将这两个质量属性作为软件需求规格说明模板中的两个部分而单独列出来，是因为如果它们是某一软件项目的两个重要属性，那么它们通常就一定也是两个很关键的属性。这一部分声明与产品使用过程中可能发生的损失、破坏或危害相关的需求(Leveson 1995)；定义必须采取的安全保护措施或动作，还有那些必须避免的可能危险的动作；明确产品必须遵循的安全标准、策略或规则。防护性需求的范例如下：

- SA-1　如果油箱的压力超过了规定最大压力的 95%，那么 1 秒钟之内系统必须终止所有操作。
- SA-2　辐射束屏蔽罩只有在计算机持续得到控制时才能保持打开状态，不管计算机由于什么原因而失去控制，屏蔽罩应该自动就绪。

(3)　安全性需求

指定与安全性、完整性或保密性问题相关的所有需求，这些问题影响对产品的访问、使用以及产品所创建或使用的数据的保护。安全性需求一般来源于业务规则，因此要确定产品必须遵守的所有安全或保密策略或规则。另一种方法是，也可以在完整性质量属性中声明这些需求。下面是安全性需求的两个范例：

- SE-1　每个用户在第 1 次成功登录后，必须立即更改他最初的登录密码。最初的登录密码不能重用。
- SE-2　如果门锁系统成功地读到安全性标记，那么门锁将保持打开状态 8.0 秒。

(4)　软件质量属性

声明对客户或开发人员至关重要的其他产品质量特征(请参见第 12 章)。这些特征必须是明确的、定量的和可验证的。应该指明各种属性的相对优先级，例如，容易使用与容易学习相比，要优先考虑容易使用；可移植性与有效性相比，要优先考虑可移植性。如 Planguage 这样一种详细的规格说明表示法阐明了每种质量所需要的级别，比简单的描述性声明好得多。

6. 其他需求

定义在此软件需求规格说明中其他部分未出现的所有其他需求，例如国际化需求(货币、日期格式、语言、国际规则以及文化和政治上的问题)及法律上的需求。还可以添加操作、管理和维护等几部分来描述产品的安装、配置、启动和关闭、修复和容错，以及登录和监控操作等方面的需求。应在模板中加入与项目相关的任何新的需求部分。如果不需要添加任何其他需求，就省略这一部分。

7. 附录 A：术语表

定义读者需要了解的所有专门术语(包括缩略词)，以便他们能够正确地理解软件需求规格说明。拼写出每一个缩略词的全称并给出其定义，还要考虑生成一个跨越多个项目的企业级术语表，然后在每个软件需求规格说明中只定义单个项目专用的术语。

8. 附录 B：分析模型

这一部分是可选的，它包括或指向相关的分析模型，例如：数据流图、类图、状态转换图实体—关系图(请参见第 11 章)。

9. 附录 C：待确定问题的清单

这一部分列出了有待于解决的需求问题。这些问题包括标记为"待确定"(to be determined，TBD)的需求、悬而未决的决策、所需要的信息以及有待解决的冲突等。这一部分并不是软件需求规格说明所必需的，但有些组织总是在软件需求规格说明中附上一张"待确定"问题的列表。我们要主动地管理这些问题直到解决，否则这些问题会成为我们及时将高质量的软件需求规格说明纳入基线的绊脚石。

10.3　编写需求文档的原则

编写优秀的需求文档没有现成固定的方法，最好的老师就是经验，过去遇到的问题可以使我们受益匪浅。优秀的需求文档遵循有效的技术编写样式准则，并采用用户术语，而不是晦涩的计算机专业术语。Kovitz(1999)列出了很多编写优秀需求文档的建议和范例。编写软件需求文档时，应牢记以下几点建议：

- 使用语法、拼写和标点正确的完整句子，使语句和段落简短明了。
- 采用主动语态的表达方式，例如，要写成"该系统将做某些事"，而不要写成"某些事将发生"。
- 使用的术语应该与术语表中定义的术语保持一致，要特别注意同义词和近义词。不需要在软件需求规格说明中创造性地改变语言来试图吸引读者的兴趣。
- 将含糊不明确的顶层需求分解成足够详细的几个需求，以便充分阐明这一需求，并消除歧义。
- 需求声明应该具有一致的风格，例如"系统将……"或者"用户将……"，后面紧跟一个表示动作的动词，后面再紧跟可观察的结果。指定触发器条件或致使系统执行指定行为的动作。例如，"如果在化学品仓库中找到请求的化学品，那么系统将显示一张当前仓库中有存货的化学品容器清单"。我们可以使用"必须"作为"将"的同义词，但要避免使用"应该"、"可以"、"可能"及与此相似的词，因为这些词并不能阐明这一功能是否为必须的功能。

- 当以"用户将……"的形式来声明需求时，无论什么时候，只要可能，就要确定特定的参与者(例如，"购买者将……")。
- 使用列表、数字、图和表来表示信息，使其易于阅读，因为遇到大量密集的文字时，用户读起来会比较费劲。
- 强调最重要的信息。强调的方法包括图形、序号(要强调的信息放在第 1 项)、重复，使用空白和使用诸如阴影等可视对比方法(Kovitz 1999)。
- 有歧义的语言会导致需求无法验证，因此，要避免使用语义不清的主观术语。表 10.1 列出了一些这样的术语，同时就如何消除歧义性提出了一些建议。

表 10.1　需求规格说明中应避免使用的有歧义的术语

有歧义的术语	改进方法
可接受的、足够的	具体定义可接受的内容和系统如何对此进行判断
差不多可行的	不要将此留给开发人员来确定什么是可行的。将它作为"待确定(TBD)"问题并标明解决日期
至少、最小、不多于、不超过	指定能够接受的最小值和最大值
在……之间	定义终点是否在此范围内
依赖	描述依赖性的本质。另一个系统为此系统提供了输入吗？在系统运行之前必须安装其他软件吗？系统是否必须依赖另一个系统才能完成某些计算或服务
有效的	定义系统如何有效地使用资源，系统执行特定的操作的速度如何，或者用户使用系统的容易程度如何
快的、迅速的	指定系统以此速度完成某些动作的可以接受的最小速度
灵活的	描述一种方式，系统必须以此方式进行变更，以响应变更条件或业务需要
改进的、更好的、更快的、优越的	定量说明在一个专门的功能领域，充分改进的程度有多好和多快
包括、包括但不限于、等等、诸如	项目列表应该包括所有的可能性，否则，就不能用于设计和测试
最大化、最小化、最优	陈述对某些参数所能接受的最大值和最小值
一般情况下、理想情况下	还要描述系统在异常和非理想条件下的行为
可选择地	具体阐明是系统选择、用户选择或开发人员选择

续表

有岐义的术语	改进方法
合理的、在必要的时候、在适当的地方	解释清楚如何进行这一判断
健壮的	定义系统如何处理异常和如何响应预料之外的操作条件
无缝的、透明的、优雅的	将用户的期望转化成能够观察到的专门的产品特性
若干	声明具体是多少，或提供某一范围的最小边界值和最大边界值
不应该	试着以肯定的方式陈述需求，描述系统应该做什么
最新技术水平的	定义其具体含义
充分的	指定充分性具体包括哪些内容
支持、允许	精确地定义系统将执行哪些功能，这些功能组合起来支持某些能力
用户友好的、简单的、容易的	描述系统特性，这些特性将达到客户的使用需要和对易使用性的期望

 注意　需求质量是否合格要以旁观者的判定为准。分析人员可能认为自己编写的需求十分清楚明了，不存在含糊不清和其他问题，但是，如果读者有疑问，就必须对需求进行加工。

　　编写的需求文档要足够详细，这样如果需求得到满足，那么客户的需要也就满足了，但是也要避免需求过于详细，以免影响到项目的总体设计。应该根据开发团队的知识和经验，来提供足够详细的需求，以便将造成误解的风险减小到一个可以接受的水平。如果开发人员能够用几种不同的方法来满足需求，而且这些方法都是可接受的，那么需求的详细程度就足够了。精确声明的需求可以提高人们对他们所期望的产品的接受程度，不够详细的需求会使开发人员有更大的解释空间。然而，如果评审软件需求规格说明的设计人员对客户的意图还不甚了解，那么就需要添加额外的说明，以减小日后不得不修正产品的风险。

　　需求文档的编写人员总是力求找到一个合适的需求详细程度，一个有用的原则就是编写可单独测试的需求。如果能想出少数相关测试用例来验证这个需求可以正确实现，那么这很可能就是一个合适的详细度。如果预想的测试很多并且各不相同，那么可能是因为需要分离的需求被集合在一起了。可测试的需求已经被提议作为衡量软件产品规模大小的一种尺度(Wilson 1995)。

　　文档的编写人员必须以相同的详细程度编写每个需求。我曾见过在同一份软件需求规格说明中，对需求的说明五花八门。例如，"组合键 Ctrl+S 代表保存文件"和"组合键 Ctrl+P 代表打印文件"被分成两个独立的需求。然而，"产品必须响应以语音方式输入的编辑指令"则应作为一个子系统(或一个产品)需求，而不能作为一个单一的功能性需求。

文档的编写人员不应该把多个需求集中在一个冗长的叙述段落中。在需求中诸如"和"，"或"和"也"之类的连词就表明该部分集中了多个需求。这并不意味着不能在需求文档中使用"和"这样的词，只是需要检查这一连词是连接了单一需求的两个部分，还是连接了两个独立的需求。务必记住，不要在需求说明中使用"和/或"这个词，因为不同的读者对它可能有不同的解释。诸如"除非"和"除外"等词也表明了多个需求，例如："购买者的合法信用卡可用于支付费用，除非信用卡已到期"。应将此分为两个需求，因为信用卡有两个条件：到期和未到期。

文档的编写人员在编写软件需求规格说明时该避免冗余的需求。虽然在不同的地方出现相同的需求可能会使文档更易于阅读，但这会造成维护上的困难。如果要进行修改，则需要同时更新某个需求的多个实例，以免造成各实例之间的不一致。如果在软件需求规格说明中交叉引用相关的各项，那么在进行更改时将有助于保持它们之间的同步。在需求管理工具或数据库中，单独的需求只出现一次，这样就可以解决冗余问题，也可以方便地跨越多个项目来对公共需求进行重用。

文档的编写人员应该考虑用最有效的方法来表达每个需求。我曾经评审过这样一个软件需求规格说明，它包括符合如下模式的一组需求："文本编辑器应该能解析那些定义了<管辖区>法律的具有<格式>的文档"。其中<格式>的可能取值有 3 种，<管辖区>的可能值有 4 种，所以总共的需求共有 12 种。该软件需求规格说明确实有 12 种需求，但是遗漏了一个需求，又重复了另一个需求。要发现这种错误，惟一的方法是生成一张表，列出所有可能的组合并查找它们。如果软件需求规格说明所表达的需求遵循表 10.2中的模式，那么就可以避免这一错误。更高层的需求可以这样描述："ED-13. 文本编辑器应该能解析定义了不同管区法律的具有多种格式的文档，如表 10-2 所示。"如果任何一种组合没有对应的功能性需求，那么就在表格单元中填上 N/A(not applicable，不可用)。

表 10.2 适合某种模式的需求编号列表的表格格式范例

管辖区	带标记格式	无标记格式	ASCII 码格式
国家	ED-13.1	ED-13.2	ED-13.3
省	ED-13.4	ED-13.5	ED-13.6
地区	ED-13.7	ED-13.8	ED-13.9
国际	ED-13.10	ED-13.11	ED-13.12

10.4 改进前后的需求示例

第 1 章曾经提出了高质量需求陈述的几个特征：完整性、正确性、可行性、必要性、具有优先级、无歧义和可验证性。由于不具有这些特征的需求会导致混淆，浪费精力并导致将来的返工，因此，必须尽早努力纠正这些问题。下面这些功能性需求是从真实的项目中改编的，它们并不是理想的。根据这些质量特征来检查每一个需求声明，看看能否发现问题所在。可验证性是一个很好的起点。如果我们不能设计出测试来说明需求是否能正确地实现，那么这一需求很可能就是含糊不清的，或者缺少一些必要的信息。

针对每个需求，我都提出了其中所存在的问题，同时还提供了改进建议。额外的评审将进一步改进这些需求，但有时需要编写软件。Hooks 和 Farry(2001)、Folrence(2002)以及 Alexander 和 Stevens(2002)提供了改进糟糕需求的更多范例。

注意 提防分析瘫痪。我们不能无休止地花时间来不断完善需求文档。我们的目标是编写的需求文档可以确保团队能在一个可接受的风险程度上进行设计和构造。

例1 "后台任务管理器(Background Task Manager，BTM)必须在固定的时间间隔内提供状态消息，并且每次时间间隔不得小于 60 秒。"

什么是状态消息？在什么条件下和以什么方式向用户提供这些消息？显示时间是多长？计时间隔不够明确，"每一次"这个词会混淆问题。有一种评估需求的方法是，看看对需求的滑稽可笑但又合法的解释是否是用户的真实需要，如果不是，那么就需要对需求进行修改。在这一范例中，假定显示状态消息的时间间隔是至少 60 秒，那么是否可以每年显示一次状态消息？如果要求消息之间的时间间隔小于 60 秒，那么 1 毫秒会不会太短？这些极端的情况与原始需求保持一致，但它们肯定不是用户所期望的。由于这些问题的存在，导致了这个需求是不可验证的。

在从客户那里得到更多的消息之后，为解决上述缺点，我们提出一种方法来重写这一需求：

1. 后台任务管理器(BTM)应该在用户界面的指定区域显示状态消息。

1.1 在后台任务进程启动之后，消息必须每隔 60±10 秒更新一次。

1.2 消息应该保持持续的可见性。

1.3 后台任务管理器在每次可以与后台任务进程进行通信时，都应该显示后台任务已完成的百分比。

1.4 当完成后台任务时，后台任务管理器应该显示一个"已完成(Done)"的消息。

1.5 如果后台任务中止执行，那么后台任务管理器应该显示一个出错消息。

我把这一需求分割成多个子需求，因为每个需求都需要独立的测试用例，并且可以单独地跟踪每个需求。如果把多个需求都集中在一个段落中，那么在构造软件和测试时就很容易忽略其中的某个需求。修订后的需求并没有精确地指定如何显示这些状态消息，这是一个设计问题，如果在这个地方指定，那么就会给开发人员带来设计上的一些约束。过早地约束设计上的可选方案将会使编程人员感到沮丧，并可导致产品设计的失败。

例 2 "XML 编辑器必须在显示和隐藏非打印字符之间进行瞬间切换。"

计算机不能在"瞬间"完成任何工作，因此，这个需求是不可行的。此外，该需求也是不完整的，因为它没有声明状态切换的原因。这种切换应该是软件产品根据某些条件自动进行，还是由用户激发？在文档中发生变化的范围是什么？是所选的文本、整个文档、当前页还是其他内容？"非打印"字符是指什么？是隐藏的文本、控制字符、标记标签或者其他字符？只有在这些问题都得到解答后，该需求才能被验证。用如下语句描述这个需求可能会更好：

"用户在编辑文档时，通过激活特定的触发机制，可以在显示和隐藏所有 XML 标签之间进行切换。改变显示方式所需的时间为 0.1 秒或更短"。

现在，非打印字符指的是 XML 标记标签，这一点已很清楚了。我们知道是由用户触发显示状态的转换，但是它并没有用精确的机制来约束设计。我们也可以添加一种性能需求，来定义显示状态改变的快速程度。"瞬间"实际上是指"对人眼来说是瞬间"，速度足够快的计算机是可以达到这一要求的。

例 3 "XML 解析器应该生成标记出错的报告，这样就可以使 XML 初学者使用它来迅速除错。"

"迅速"这个词有歧义，它指的是人而不是解析器完成的活动。缺乏对出错报告内容的定义表明该需求是不完整的，我们并不清楚什么时候生成报告。那么应该如何验证这个需求呢？找一些 XML 的初学者，看他们利用这个报告是否可以迅速除错？

此需求中包括一个特定用户类的重要概念，在此例中就是 XML 初学者，他们需要在软件的帮助下才能发现 XML 语法错误。分析人员应该找这一用户类的一个合适代表，来确定解析器标记错误报告应该包含的内容。下面我们使用另一种方式来表述这个需求：

1. 在 XML 解析器完全解析完一个文件后，该解析器将生成一个出错报告，其内容包括解析文件过程中所发现的所有 XML 错误的行号及其文本内容，还包含了对每个错误的描述。
2. 如果在解析过程中未发现任何错误，就不必生成出错报告。

现在我们清楚了什么时候生成出错报告及其所包含的内容，但是报告的格式我们留给设计人员决定。我们还规定了原需求中没有给出的一种例外情况：如果没有任何错误，就不必生成出错报告。

例 4 "如果可能的话，应该根据主要法人账户号码列表在线确认所输入的账户号码的有效性。"

"如果可能的话"这句话意味着什么？是否指技术上可行？是否可以在运行时访问主要法人账户号码的列表？如果您不能确认是否可以递交一个请求的功能，那么就使用"待确定(TBD)"来表示未解决的问题。经过调研之后，要么 TBD 问题得到了解决，要么是取消了这一需求。这个需求并没有指定如果验证通过或失败，将会发生什么情况。

应该尽量避免使用不够精确的词汇，例如"应该"。有些需求文档编写人员试图用诸如"将要"、"应该"这样的词来表达微小的差别，用"可能"这样的词来指明重要性。我更喜欢使用"将"或"必须"来明确说明需求的目的并且明确指定其优先级。该需求修订之后的版本如下：

"当请求者输入账户号码时，系统将根据在线的主要法人账户号码的列表来验证所输入的账户号。如果在此列表中查不到该账户号，则系统将显示一个出错消息并且拒绝订货。"

另一种相关的需求是当验证账户号码时，如果无法得到主要法人账户号码列表时该怎么办。

例 5 "编辑器不应该提供有可能带来灾难性后果的查询和替换选项。"

对"灾难性后果"这一概念的解释是没有定论的。在编辑文档时，如果发生了错误的全局替换，而用户又不能检测出这一错误或没有任何办法来更正它，就可能带来灾难性的后果。使用反向需求也是一种明智的方法，这类需求描述了系统**不能做**的事情。在这一范例中，重要的关注点是当发生意外损坏或丢失时，能够保护文件的内容。真正的需求应该是：

1. 编辑器将要求用户确认会引起数据丢失的全局性文本改动、删除和插入。
2. 应用程序将提供多级"撤销键入"的功能，这一功能只受可用的系统资源的限制。

例 6 "设备测试人员将允许用户轻松地连接额外的组件，包括脉冲生成器、电压表、电容表和客户探针板。"

该需求适用于包含嵌入式软件的产品，此软件用于测试几种测量设备。"轻松地"一词暗指一个易用性需求，但是它既不能测量又无法验证。"包括"一词并没有清楚地阐明列出的这些组件是否是测试人员必须连接的全部外部设备，或者是否还有许多其他我们并不知道的设备。可以将这些需求改写为下面的内容，其中包括一些详尽的设计约束：

1. 测试人员将安装一个 USB 端口，以便用户能够连接任何具有 USB 端口的测量设备。
2. USB 端口将被安装在前面板上，允许受过培训的操作员在 15 秒或更短的时间内连接一个测量设备。

10.5 数 据 字 典

在很久以前，我曾经负责了一个项目，在此期间，3 位编程人员有时对同一数据项使用不同的变量名称、长度和验证标准。这样会引起对变量的实际定义的混淆和数据损坏，并且造成维护上的麻烦。造成这样的问题是因为我们缺少一个**数据字典**(Data

Dictionary)，数据字典是一个共享存储库，用于定义应用程序中使用的所有数据元素或属性的含义、数据类型、长度、格式、需要的精度以及数据允许的取值范围或数据值的列表。

数据字典中的信息把各种需求表式绑定在一起。如果所有的开发人员都采用数据字典中的定义，就可以减少统一问题。应该在需求获取阶段就开始收集所遇到的数据定义。数据字典可以作为项目术语表的补充内容，项目术语表定义了单个术语。虽然我更愿意将术语条目和数据字典分开，但也可以将术语放到数据字典中。数据字典可以作为软件需求规格说明的附录，也可以作为一个单独的文档或文件。

与将数据定义分散在多个功能性需求中相比，创建一个独立的数据字典不仅使您可以很轻松地找到所需信息，而且还可避免冗余和不一致性。有些商业分析和设计工具包括一个数据字典组件。如果是手工编制数据字典，那么可以考虑使用超文本方法。如果我们单击属于数据结构定义中的一个数据项链接，那么屏幕就会转到这一单独数据项的定义部分，使得我们很容易遍历定义的层次树。

可以使用简单的符号法来表示数据字典中的数据项(DeMarco 1979；Robertson 和 Robertson 1994)。要定义的数据项显示在等号的左边，而其定义显示在等号的右边。这种符号表示法可定义基本数据元素、由多个数据元素组成的结构、可选的数据项、迭代(重复)的数据项以及某个数据项值的列表。下面范例来自"化学品跟踪系统"(这是理所当然的了)。

基本数据元素   基本数据元素是不可能或没有必要进一步分解的元素。基本数据元素的定义可确定其数据类型、大小、允许取值的范围和其他相关的属性。一般情况下，基本数据元素是由注释文本定义的，以星号为界定符：

请求标识号=*系统生成的 6 位顺序整数，以 1 开头，并能惟一标识每个请求*

组合结构   一个数据结构或记录包含多个数据项。如果数据结构中的某个元素是可选的，就把它用一对圆括号括起来：

请求的化学品=化学品标识号+容器编号+等级+数量+数量单位+(供应商名称)

这个结构确定了与请求一种特定化学品相关的所有信息。其中供应商名称是可选的，因为提出请求的人可能并不关心化学品是从哪个供应商处购买的。结构中的所有数据项都必须在数据字典中进行了定义。结构中还可以包含其他结构。

重复项   如果一个数据项的多个实例可以出现在一个数据结构中，应把该项用大括号括起来。将可能允许的重复次数用"*最小值：最大值*"这种形式写在括号之前：

请求=请求标识号+请求日期+账户号+1：10 {请求的化学品}

这个例子表明，一个化学品的请求至少应包含一种化学品，但不能多于 10 种。每个请求还包括其他一些属性，即一个请求标识号、创建请求的日期和一个用于支付费用的账户等。

可选项 如果一个数据元素具有有限个离散值，我们就将其称为"枚举的基本元素"。将这些值列出来，并用方括号括起来，用垂直竖线分隔这些值：

数量单位＝["克"|"千克"|"毫克"|"个"] *用含有 9 个字符的文本串表示与请求的化学品的数量相关的单位*

这表明数量单位的文本串只允许 4 种取值。星号之间的注释提供了数据元素定义的文本信息。

与由于项目的参与者对一些关键信息的理解不一致所带来的时间浪费相比，花一些时间创建数据字典是值得的。如果保持数据字典最新，那么在系统的整个维护期间和开发相关的系统时，它仍将是很有价值的工具。

下一步

- 从项目的软件需求规格说明中取出一页功能性需求，检查每个声明是否具有优秀需求的特征，重写那些不符合标准的需求。

- 如果组织还没有标准的软件需求规格说明模板，应召集一个小型工作组讨论制定一个模板。从图 10.1 的模板着手，并改编这个模板，使它最好地满足组织的项目和产品的需要。在标记单个需求方面也要达成共识。

- 召集 3~6 个项目涉众人员来审查项目的软件需求规格说明(Wiegers 2002)。确保每个需求都具有了第 1 章中讨论的那些需要的特征。找出规格说明中不同需求之间的冲突、遗漏的需求以及软件需求规格说明中遗漏的部分。确保更正了在软件需求规格说明中及其基于这些需求的后续产品中发现的缺陷。

- 从所选的应用程序中选择一个复杂的数据对象，并用本章提出的数据字典符号表示法来对它进行定义。

第 11 章 一图胜千言

"化学品跟踪系统"项目开发团队正第一次在对软件需求规格说明进行评审。参加的人员有 Dave(项目经理)、Lori(需求分析员)、Helen(开发负责人)、Ramesh(测试负责人)、Tim(化学品的用户代言人)和 Roxanne(化学品仓库保管人员的用户代言人)。Tim 第一个发言："我阅读了整个软件需求规格说明，大部分需求都似乎符合我的要求，但是有些部分我很难认同。我不能确信在化学品请求过程中，我们是否确定了所有步骤。"

Ramesh 补充说："要找到覆盖某个请求的状态变化所需要的所有测试用例，对我来说并非一件容易的事。我发现许多有关状态变化的需求分散在整个软件需求规格说明中，但我无法确定是否有遗漏的需求。另外，有几个需求似乎有冲突。"

Roxanne 也有一个与此相似的问题："当我阅读到如何实际请求一种化学品时，却感到迷惑不解"，她说，"虽然单独的功能性需求是合理的，但是我无法直观地从整体上了解请求化学品的一系列步骤。"

在评审组成员提出了其他一些相关问题之后，Lori 总结道："看来我们并不能通过这一软件需求规格说明来了解系统的方方面面。我将绘制一些图来帮助我们更直观地理解将这些需求，看这样能否解决大家所说的问题。谢谢你们的反馈意见。"

需求领域的权威人士 Alan Davis 认为，没有一种单一的需求视图能够提供对需求的全面理解(Davis 1995)，必须在需求中综合使用文本和图形表示法来完整地描述所需的系统。需求视图包括功能性需求清单和表格、图形分析模型、用户界面原型、测试用例、判定树和判定表等。理想情况下，不同的人会创建出各种不同的需求表示法。分析人员可能编写功能性需求并绘制出一些模型，而用户界面设计人员可能构建原型，测试负责人可能编写测试用例。不同的人具有不同的思维过程，因此他们会创建出不同的表示法，将这些表示法进行比较，就可以揭示出不一致性、歧义性、假设和遗漏问题，而这些问题单独从任何一种视图都是很难发现的。

与文本相比，要交流某些类型的信息，使用示意图的效率可能更好。示意图还有助于扫清不同的团队成员之间在语言和词汇上的障碍。分析人员需要向其他涉众解释所用的模型和符号的用途。本章将介绍几种需求建模技术，并配有图解说明，同时还指出了更详细介绍这方面内容的参考资源。

11.1 需 求 建 模

多年以前当我开始绘制分析模型时，我希望有一种技术可以把所有内容都包括到一个完整的系统需求描述中。但是，最终我得出一个结论：不存在这样一个包罗万象的模型图。结构化系统分析的最初目标是用比叙述文本更正式的图解和符号表示法，从整体上替换传统的功能规格说明(DeMarco 1979)。然而，经验表明，分析模型应该补充完善用自然语言编写的需求规格说明，而不是替换它(Davis 1995)。

直观的需求模型包括数据流图(DFD)、实体—关系图(ERD)、状态转换图(STD)或状态图、对话图、用例图(参见第 8 章)、类图和活动图(参见第 8 章)等。此处列出的这几种图解表示法为项目参与者提供了可用的业界通用的标准语言。当然，要提高对项目进行口头交流和书面交流的能力，我们也可以使用一些特别的图，但图的读者对图的理解可能会互不相同。有些非常规的建模方法有时也很有价值。有一个项目团队在利用项目进度工具为嵌入式软件产品的进度需求建模时，其工作是在毫秒级，而不是天或星期。

在详述和探索需求以及设计软件解决方案方面，这些模型很有用。是将这些模型用于分析还是用于设计，取决于建模的时间和目的。如果是用于需求分析，我们可以使用这些图对问题域进行建模，或者也可以创建新系统的概念表示。这些图形描绘了问题域中数据组件、事务和转换、现实世界对象和系统状态的变化等方面的逻辑特点。我们可以根据文本需求来建立模型，这样可以从不同的角度来表示这些需求，或者也可以根据基于用户输入的高层模型衍生出更详细的功能性需求。在设计阶段，模型用来具体表示我们打算如何实现系统：计划创建的真实数据库、将要实例化的对象类和要开发的代码模块。

注意 不要以为开发人员无需经过设计过程就能将分析模型转换成代码。由于这两种图使用同样的表示法，所以要对它们进行明确的标识，是作为分析模型(概念)，还是作为设计模型(计划生成的系统)。

很多商业计算机辅助软件工程(computer-aided software engineering，CASE)工具都支持本章描述的分析建模技术。与普通的绘图工具相比，CASE 工具具有一些优势。首先，使用 CASE 工具可以轻松地通过重复来对这些图进行改进。我们不可能一次就绘制出正确的模型，因此，重复是系统建模成功的关键所在(Wiegers 1996)。第二，CASE 工具还了解它们支持的每一种建模方法的规则。这些 CASE 工具能够识别出人们在评审这些图形时可能没有发现的语法错误或前后不一致的地方。许多工具还可以把多个图连接起来，并链接到数据字典中以共享数据定义。CASE 工具可以帮助我们保持模型之间的一致性，以及模型与软件需求规格说明中的功能性需求的一致性。

项目团队很少需要创建整个系统的完整的分析模型集。建模时只需关注系统最复杂和风险最大的部分，以及最容易产生歧义和不确定性的部分。防护性、安全性和任务关键的系统元素也是建模时应该考虑的，因为这些领域的缺陷对项目产生的影响很大，其后果相当严重。

11.2 从客户需求到分析模型

认真听取客户陈述他们的需求之后，分析人员就可以挑选出关键字，将这些关键字转换成特定的模型元素。表 11.1 列出了一些可能的映射，把客户提供的重要名词和动词映射为模型组件，我们会在本章的后面部分对此进行介绍。当把客户提供的需求转换为书面需求和模型时，我们还应该能够把每一个模型组件与某个用户需求联系起来。

表 11.1 把客户需求关联到分析模型的组件

单词类型	示 例	分析模型组件
名词	人、组织、软件系统、数据项或存在的对象	端点或数据存储(DFD)
		参与者(用例图)
		实体或实体属性(ERD)
		类或类属性(类图)
动词	动作、用户可做的事情或可能发生的事件	过程(DFD)
		用例(用例图)
		关系(ERD)
		转换(STD)
		活动(活动图)

在整本书中，我们使用了"化学品跟踪系统"作为研究案例。基于此示例，请考虑下面这一段用户需求，这些需求是由代表 Chemist(化学品)用户类的用户代言人提供的。为了强调，重要的名词用黑体表示，动词用斜体表示，请从本章后面部分所给出的分析模型中找出这些关键字。为便于演示，有些模型显示的信息可能并不在下面的段落中，而另一些模型却可能只描述了其中的部分信息。

"一位**化学家**或**化学品仓库保管人员**可以*提出*获得一种或多种**化学品**的**请求**。可以有两种途径*执行*该请求：一种是*提供*一个存在于**化学品仓库**的**清单**上的化学品**容器**，另一种是向**外界供应商**提交一份*订购*新化学品的**订单**。提出请求的人在准备其请求时，必须能够通过在线*查找***厂商目录表**来*查找*特定的化学品。从准备请求直到执行请求或取消请求期间，系统都必须*跟踪*每一个化学品请求的**状态**。系统还必须*跟踪*每个化学品的**历史记录**，从**公司**收到化学品直到它完全被用尽或丢弃为止。"

11.3 数 据 流 图

数据流图(Data Flow Diagram，DFD)是结构化分析的基本工具(DeMarco 1979；Robertson 和 Robertson 1994)。一个数据流图可以标识系统的转换过程、系统所操纵的数据或物质集合(存储)，以及过程、存储和外部世界之间的数据流或物质流。数据流模型把功能分解方法运用到系统分析上，把复杂的问题进一步分解到更详细的层次。这种方法很适用于事务处理系统和其他功能密集型应用程序。加入控制流元素后，DFD 还可以允许对实时系统进行建模(Hatley，Hruschka 和 Pirbhai 2000)。

数据流图提供了一种表示业务流程中的步骤或者提议的软件系统的操作步骤的方

式。在和用户沟通时，我经常使用数据流图工具。在一起讨论用户的业务如何运作时，我常在白板上粗略地绘制数据流图。数据流图可以在一个广泛的抽象范围内表示系统。在一个多步骤的活动中，高层数据流图对数据和处理的组件提供了一幅整体视图，它可以补充说明软件需求规格说明中包含的精确而详细的视图。数据流图展示了怎样将软件需求规格说明中的功能性需求综合在一起，使用户可以执行特定的任务，例如请求一种化学品。

💡 **注意** 不要以为客户已经了解了如何阅读分析模型，但也不能就此得出结论，认为客户不能理解分析模型。向用户代言人解释每个模型的用途和表示符号，并请他们对模型图进行评审。

图 5.3 所示的关联图是数据流图最高层的抽象。该关联图把整个系统表示成一个单一的暗箱(black box)过程，并用一个圆圈来表示。关联图还表示出与系统连接的端点(terminator)，或称外部实体，以及在系统与端点之间的数据流和物质流。关联图中的这些流经常表示复杂的数据结构，这些数据结构在数据字典中进行定义。

我们可以把关联图详述成第 0 层数据流图，它将系统划分为若干主要过程。图 11.1 展示了"化学品跟踪系统"的第 0 层数据流图(略作简化)。在该关联图中代表整个"化学品跟踪系统"的单个圆圈被细分成 7 个主要过程(用圆圈表示)。与关联图一样，端点用矩形框表示。关联图中的所有数据流(用箭头表示)也出现在第 0 层数据流图上。此外，第 0 层数据流图包含一些数据存储区，用一对平行的水平线来表示，由于数据存储区在系统内部，因此它们并不出现在关联图中。箭头从圆圈指向数据存储区表明是写数据操作，即把数据写入数据存储区，箭头从数据存储区指向圆圈则表明是读数据操作，而数据存储区和圆圈之间的双向箭头则表明是一个更新操作。

在第 0 层图中，每个独立的圆圈所代表的过程可以进一步扩展成一个独立的数据流图，以便更详细地展示其功能。分析人员可以继续对此进行逐步细化，直到最低层的图仅包含基本的过程操作为止，这些基本操作可以用叙述文本、伪代码、流程图或活动图清楚地表示。软件需求规格说明中的功能性需求将精确地定义每个基本过程中所发生的事情。每一层数据流图必须与它上一层的数据流图保持平衡和一致，只有这样，子图的所有输入和输出流才能与其父图的流相匹配。高层图中的复杂数据流在低层数据流图中可以分解为组成元素，这些组成元素在数据字典中进行定义。

乍一看，图 11.1 可能有点复杂。然而，如果我们仔细观察每一个过程的邻近环境，就会看到该过程使用和产生的数据项及其源和目的地。要精确地了解清楚一个过程如何使用数据项，还必须绘制出更详细的数据流子图或者参考系统相关部分的功能性需求。

以下是绘制数据流图的一些约定规则。并不是每个人都要遵循这些规则(例如，有些分析人员只在关联图中才展示端点)，但是我发现这些规则很有用。利用模型来增进项目参与者之间的交流比生搬硬套地应用这些规则更为重要。

● 只将数据存储区放在第 0 层数据流图和更低层的子图上，而不要放在关联图中。

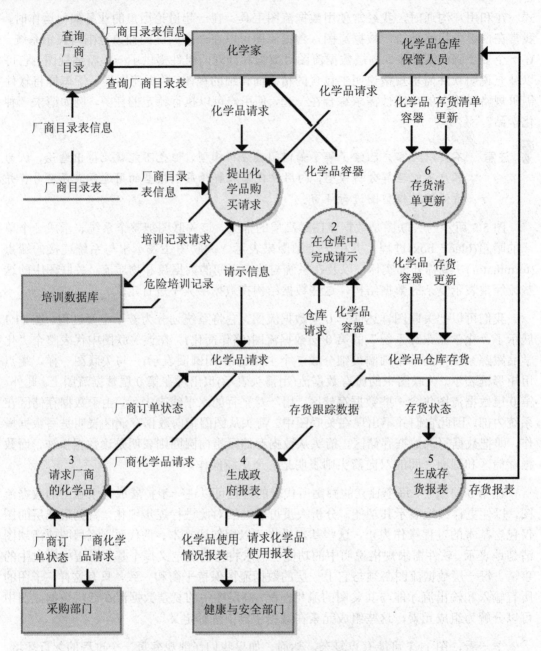

图 11.1 "化学品跟踪系统"的第 0 层数据流图

- 过程通过数据存储区进行通信,而不是从一个过程直接流到另一个过程。同样, 数据也不能从一个数据存储区直接流到另一个数据存储区,而必须通过一个过 程圆圈。

- 使用数据流图时,不要试图让数据流图反映处理顺序。

- 用简明的动词短语命名每一个过程:动词加对象(例如生成存货报表)。数据流 图中所用的名称应对客户有意义,并且与业务域或问题域有关。

- 过程的编号要惟一且具有层次性。在第 0 层数据流图中,每个过程的编号用整数表示。如果我们为过程 3 创建了一个子图,则子图中的过程编号应表示为 3.1、3.2 等。

- 在单个图中绘制的过程不要超过 8~10 个,否则就很难绘制、更改和理解它。如果有更多的过程,那么可以再引入一个抽象层,方法是把相关的过程分为一组,将其作为一个更高层的过程。
- 与圆圈相连的数据流不允许只有输入或只有输出。数据流图中圆圈所代表的处理过程通常既要求有输入数据流也要求有输出数据流。

客户代表评审数据流图时,他们应该确认所有已知的过程是否都已经在图中表示出来了,还要确认图中既没有遗漏过程也没有不必要的输入和输出。通过对数据流图进行评审,常常可以发现前面的环节中没有发现的用户类、业务逻辑和与其他系统的连接。

11.4 实体—关系图

如同数据流图描绘了系统中发生的过程一样,数据模型则描绘了数据关系。最常使用的数据模型是实体—关系图(Entity-Relationship Diagram,ERD)(Wieringa 1996)。如果实体—关系图表示了问题域信息的逻辑分组及其相互连接,就表明实体—关系图正用作需求分析工具。分析型实体—关系图可以帮助我们理解业务或系统的数据组件,将就这些方面进行沟通,并不意味着产品必须包含一个数据库。而相比之下,如果是在系统设计阶段创建实体—关系图,则定义的是系统数据库的逻辑结构或物理结构。

实体是物理项(包括人)或者是数据项的聚合,这些数据项对所分析的业务或所要构造的系统来说很重要(Robertson 和 Robertson 1994)。实体用单名词来命名,在实体-关系图中用矩形框来表示。图 11.2 选用了几种常见的实体—关系图建模表示法中的一种,描绘了"化学品跟踪系统"的部分实体—关系图。值得注意的是,"化学品请求"、"供应商目录表"和"化学品仓库存货清单"这 3 个实体在图 11.1 中的数据流图中表示为数据存储区。其他实体代表与系统交互的操作者("请求者")、业务运作中的物理项("化学品")和一些数据块("化学品容器的历史记录"和"化学品")等,这些数据块在第 0 层数据流图中并没有表示出来,但在一个较低层的数据流图中会表示出来。

每个实体要用几个属性来描述;每一个实体的单个实例具有不同的属性值。例如,每一种化学品的属性包括一个惟一的化学品标识号、正式化学品名称和它的化学结构的图形表示。数据字典中包含对这些属性的详细定义,保证了实体—关系图中的实体和在数据流图中相应的数据存储区二者的定义一致。

实体—关系图中的菱形框代表关系,它确定了一对实体之间在逻辑上和数量上的连接。关系的命名要能描述关系的本质。例如,"请求者"和"化学品请求"之间的关系是"提出"关系。我们可以将这种关系写为"请求者提出化学品请求",也可以写为"化学品请求被请求者提出"。有些做法是将菱形表示的关系标为"被提出",但这只有在从左往右读图时才有意义。请客户评审实体—关系图时,要让他们检查图中所显示的关系是否全部正确和合适,同时也要请他们确认与模型中没有显示的实体之间可能存在的所有关系。

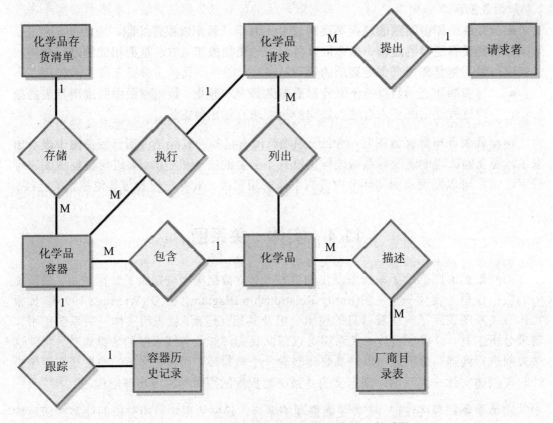

图11.2 "化学品跟踪系统"的部分实体—关系图

在实体和关系的连线上用一个数字或字母表示每个关系的基数性(或称多重性)。不同的实体—关系图表示法表示基数时所遵循的约定有所不同，图 11.2 的例子演示了一种常用的方法。因为每一个请求者可以提出多个请求，所以在"请求者"和"化学品请求"之间存在一对多关系。在"请求者"和"提出"关系的连线上基数表示为"1"，而在"提出"和"化学品请求"关系的连线上基数表示为"M"(代表多个)。此外，其他可能的基数包括：

● 一对一(每一个"容器历史记录"跟踪一个"化学品容器")。

● 多对多(每一个"厂商目录表"可以包含许多种"化学品"，而有些"化学品"也可以出现在多个"厂商目录表"中)。

如果知道存在更精确的关系基数，而不只是简单的"很多"关系，那么就可以用特定的数字或数字范围来表示，而不是用一般的"M"来表示。

📖 **建模问题，而不是软件问题**

我曾在一个业务过程再工程(reengineering)团队中担任过 IT 代表，我们的目标是使在产品中可以使用新的化学品所需的时间缩短到原来的十分之一。再工程团队包括下列代表，他们在化学品商业化中起着不同的作用：

● 合成化学品的化学家，最先制造出新的化学品。

- 扩大生产的化学家，负责开发一个可以大批量生产这一化学品的过程。
- 分析化学家，负责设计分析化学品纯度的技术。
- 专利律师，负责申请专利保护。
- 健康和安全代表，负责获得政府部门的批准，以在消费产品中可以使用这一化学品。

我们设计了一个新过程，大家确信这一过程可以大大加速化学品的商业化进程，之后，我与再工程团队中负责每一个过程步骤的人进行了沟通。对每一个负责人，我向他提了两个问题，即"执行这一步骤需要什么信息？"和"这一步骤产生了哪些需要存储的信息？"。将所有过程步骤的答案联系起来之后，我发现有些步骤需要使用数据，但任何人都没有提供这些数据，而有些步骤产生的数据又没有人使用。我们对所有这些问题都作了更正。

接下来，我绘制了一幅数据流图来演示这种新的化学品的商业化过程，又绘制了一幅实体-关系图对数据关系进行建模。用一个数据字典对所有的数据项进行了定义。这些分析模型作为一种很有用的交流工具，可以帮助团队成员对这一新过程达成共识。以这些模型为起点来指定支持部分过程的软件应用程序的需求并确定其范围，也很有价值。

11.5　状态转换图

所有软件系统都包括功能行为、数据操作和状态改变。实时系统和过程控制应用程序可以在任何给定的时间内以有限状态中的某一种状态存在。只有满足定义良好的标准时，状态才会发生改变，例如在特定条件下，系统接收到一个特定的输入刺激。一个例子是高速公路的交叉点，它将车辆传感器、受保护的弯道以及人行道按钮和信号合并起来。许多信息系统处理的业务对象(如销售订单、发票、存货清单项等)都具有生命周期，包括一系列可能的状态。系统元素包括一个状态集和状态之间的变化，它们可以被视作有限状态机(finite-state machine)(Booch，Rumbaugh，Jacobson 1999)。

用自然语言描述一个复杂的有限状态机很可能会遗漏一个允许的状态改变或者是包括一个不允许的改变。与状态机的行为有关的需求可能会多次分布在软件需求规格说明中的各个部分中，这取决于软件需求规格说明的组织方式。这样会给理解系统的总体行为造成困难。

用**状态转换图**(State Transition Diagram，STD)可以简洁、完整、无歧义地表示有限状态机。一种相关的技术是**统一建模语言**(Unified Modeling Language，UML)中的状态流程图。状态流程图有一个比较丰富的表示符号集，它将这些状态建模为一个贯穿整个生命周期的对象(Booch，Rumbaugh 和 Jacobson 1999)。状态转换图包括如下 3 种元素：

- 可能的系统状态，用矩形框来表示。
- 允许的状态改变或迁移，用箭头连接一对矩形框表示。
- 引起每个状态转换的事件或条件，在每个迁移箭头上用文本标签来表示。标签可能既标识事件也标识相应的系统响应。

图 11.3 展示了一个住宅安全系统的部分状态转换图。实时系统的状态转换图包括一个特殊的状态，通常称为"空闲"状态(该图中为"非监测状态")。无论何时，当系统不再执行其他处理时都会返回此空闲状态。与此相反，对于一个贯穿整个定义的生命周期的对象，例如一个化学品请求，其状态转换图会有一个或多个终止状态，表示对象可以具有的最终状态值。

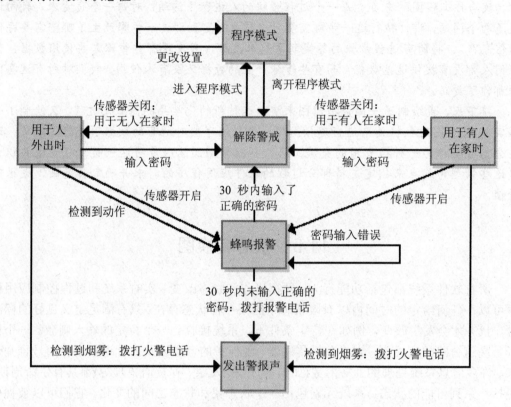

图 11.3　住宅安全系统的部分状态转换图

状态转换图并没有表示出系统所执行的处理细节，只表示了处理结果可能引起的状态的变化。状态转换图有助于开发人员理解系统的预期行为，在检查所要求的全部状态和转换是否已正确完整地纳入功能性需求方面，也不失为一种好方法。测试人员可以通过状态转换图推导出测试用例，这些测试用例可以涵盖允许的所有转换路径。客户只要稍微懂得一点表示符号(只有方框和箭头)就可以读懂状态转换图。

我们来回想一下第 8 章，在化学品跟踪系统中有一个主要功能是允许称为"请求者"的参与者提出对化学品的请求，这一请求既可以由化学品仓库中的存货清单来满足，也可以通过向外部厂商发出订单来满足。每一个请求从创建到完成或取消(两个终止状态)这一时间段内将经历一系列状态。于是，我们就可以把化学品请求的生存周期看成一个有限状态机，其模型如图 11.4 所示。

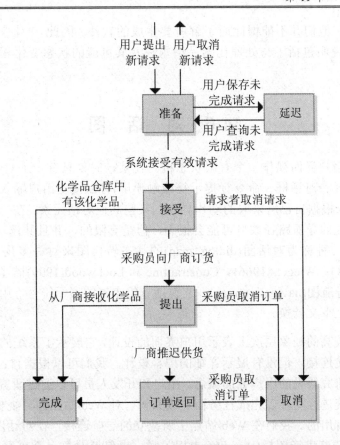

图 11.4 "化学品跟踪系统"中化学品请求的状态转换图

这个状态转换图说明了一个单独的请求可能是如下 7 种可能状态中的一种：

- **准备** "请求者"正在创建一个新的请求，已经通过系统的其他部分启动了这一功能。
- **延迟** "请求者"既不向系统提交请求，也不取消请求，只是将自己的部分请求保存起来，以后再完成。
- **接受** 用户提交了一个完整的化学品请求，系统接受该请求以进行处理。
- **订货** 必须由外部厂商满足此请求，并且采购员已经向该厂商订了货。
- **执行完成** 请求已得到满足，这可能是化学品仓库向请求者交付了一个化学品容器，也可能是收到了厂商提供的化学品。
- **欠交订单** 厂商手头没有该化学品，已通知采购员先保留订单，以后再交货。
- **取消** 在请求执行完毕之前，"请求者"取消一个已被接受的请求，也可能是采购员在订单执行完成之前或者厂商缺货时，取消了给厂商的订单。

当"化学品跟踪系统"的用户代表评审最初的化学品请求的状态转换图时，他们发现有一个不必要的状态，还发现有一个必不可少的状态被遗漏了，另外，还指出有两个不正确的转换。在他们评审相应的功能性需求时，谁都没有发现这些错误，这就更显示了在多个抽象层次上表示需求信息的重要价值。当我们从较详细的层次，回过头来研究分析模型提供的总体图时，会更容易发现问题。但是状态转换图并没有为开发人员提供足够的细节，他们并不能据此而了解所要生成的软件。因此，"化学品跟踪系统"的软件需求规格说明包括了与处理化学品请求，及其可能的状态变化相关的一些功能性需求。

11.6　对　话　图

也可以将用户界面视作一个有限状态机。在某一时刻只有一个对话元素(例如，一个菜单、工作区、对话框、命令行提示符或触摸屏)可以接受用户输入。在激活的输入区中，用户可以根据自己所采取的动作导航到某些其他对话元素。在一个复杂的图形用户界面中，可能的导航路径数目可能会很大，但是有限的，并且其选项通常是可知的。因此，可以用一种称为**对话图**(dialog map)的状态转换图来对许多用户界面进行建模(Wasserman 1985；Wiegers 1966)。Constrantine 和 Lockwood(1999)描述了一种与此相似的技术，称为**导航图**(navigation map)，它包括一组丰富的表示符号，用来表示不同类型的交互元素和上下文转换。

对话图在较高的抽象层次上表示用户界面的设计，它展示了系统的对话元素及这些元素之间的导航连接，但没有展示详细的屏幕设计。我们可以根据自己对需求的理解，通过对话图来研究假设的用户界面概念。用户和开发人员可以通过研究对话图，就用户可能如何与系统进行交互以完成任务而达成共识。对 Web 站点的可视构架进行建模时，对话图也是很有用的。我们在 Web 站点中所建立的导航连接，在对话图中表示为转换。对话图与系统情节串连图板(storyboard)相关联，也包括对每一个屏幕意图的简短说明(Leffingwell 和 Widrig 2000)。

对话图展示的是用户-系统交互和任务流的本质，不会使团队陷入屏幕布局细节中。通过跟踪对话图，用户可以发现遗漏的、错误的或不必要的转换，进而可以发现遗漏的、错误的或多余的需求。需求分析过程中形成的对话图是抽象的、概念性的对话图，这种对话图可以指导我们设计详细的用户界面。

与普通的状态转换图一样，在对话图中将每一个对话元素展示为一个状态(用矩形框表示)，将每一个允许的导航选项展示为一个转换(用箭头表示)。触发用户界面导航的条件展示为转换箭头上的文本标签。下面列出几种类型的触发条件：

- 用户动作，例如按下一个功能键，或者是单击一个超链接或对话框中的按钮。
- 数据值，例如触发显示一个错误消息的无效的用户输入。
- 系统条件，例如检测到打印机无纸。
- 这些情况的某些组合，例如输入一个菜单项数字并按下回车键。

对话图看起来与流程图有一点儿相似，但它们有不同的用途。流程图明确地展示处理步骤和判定点，但却不会显示用户界面。相反，对话图并不显示沿转换线所发生的处理过程，这些转换线将一个对话元素连接到另一个对话元素。分支判定(通常是用户的选择)隐藏在显示屏后，显示屏在对话图中用矩形框来表示，条件导致从一个屏幕转到另一个屏幕，它用转换线上的标签来表示。我们可以把对话图看作是对流程图的一种补充。

为了简化对话图，可以省略全局功能，例如从每一个对话元素按下 F1 键显示帮助信息。有关用户界面的软件需求规格说明部分必须指定这个功能是可用的，但是，只要添加很少的值，那么在对话图中显示的许多帮助屏就会使模型很混乱。类似地，在为 Web 站点建模时，我们不必包括站点中每一页都出现的标准导航链接。我们也可以省略那些反向移动 Web 页导航顺序的转换流，因为 Web 浏览器的后退按钮可以处理这个导航。

要表示用例中所描述的参与者与系统之间的交互，对话图是一种极好的方法。对话图可以把可选过程描述成普通过程流的分支。我发现在讨论用例生成期间，在白板上简单地绘制对话图片段是很有益的一种做法，在讨论会阶段，团队成员研究参与者动作的顺序和系统响应的顺序，任务是通过这些动作和响应完成的。

第 8 章提出了"化学品跟踪系统"中称为"请求一种化学品"的一个用例。这个用例的正常过程包括请求从化学品仓库存货清单中得到一个化学容器，另一个可选的过程是向外部厂商请求这种化学品。提出请求的用户在进行选择之前，需要浏览仓库中可用容器的历史信息。图 11.5 显示了这一相当复杂的用例的对话图。

初看起来，这一对话图可能比较复杂，但是，如果我们一次只跟踪一条线和一个矩形框，那么理解起来并不困难。用户从"化学品跟踪系统"菜单中选择"请求一种化学品"就可以启动这个用例。在此对话图中，该动作的结果是，沿着此对话图左上角的箭头，使用户处于"当前请求列表"框的位置。该框表示这一用例的主工作区，即用户的当前请求中的一个化学品列表。从该矩形框出来的箭头显示了在上下文中用户可以选择的所有导航(不同的导航选择就意味着不同的功能选择)：

- 取消整个请求。
- 如果请求包含了至少一种化学品，则提交请求。
- 在请求列表中添加一个新的化学品。
- 从列表中删除一种化学品。

最后一个操作即删除一种化学品并不涉及其他对话元素，而仅仅是在用户做出更改之后，刷新当前请求列表。

当我们遍历这幅对话图时，将会看到反映"请求一种化学品"用例其余部分的元素：

- 向供应商请求化学品的一条流程路径。
- 来自化学品仓库的执行请求的另一条路径。
- 查看化学品仓库中容器的历史记录的一条可选路径。
- 一条错误消息提示，以便处理输入的无效化学品标识号或可能引起的其他错误条件。

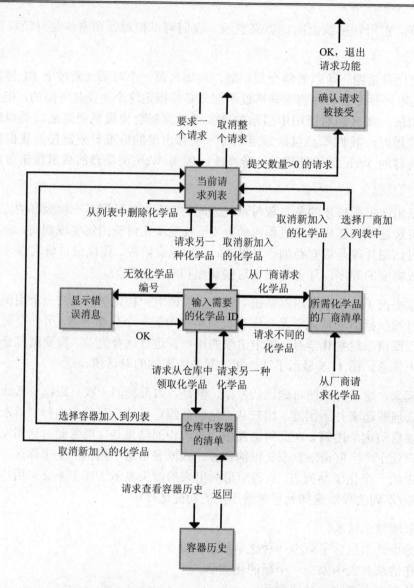

图 11.5   "化学品跟踪系统"中"请求一种化学品"用例的对话图

对话图中的一些转换允许用户退出操作。如果用户中途改变主意想要退出操作，而他也必须被迫完成任务后才能执行退出操作，那么用户就会变得很恼怒。对话图可以增强易用性，方法是在关键点设计后退和取消选项。

当用户评审这个对话图时，可能会发现遗漏了一个需求。例如，一个谨慎的用户可能想要确认能够取消整个请求的操作，以避免不小心丢失数据。在分析阶段，添加这一新功能只需要付出极少的代价，但是在已发布的产品中添加这一功能，则代价甚大。由于对话图只表示了在用户和系统交互中可能包含的元素的概念性视图，所以不要试图在需求阶段去攻克所有用户界面的设计细节，而是利用这些模型使项目涉众在系统的预期功能上达成共识。

11.7 类 图

在许多项目中，面向对象的软件开发已经取代了结构化分析和设计，于是产生了面向对象的分析和设计。"对象"通常与业务域或问题域中真实世界里的元素相对应。对象代表从"类"派生的单个实例，类是一种通用模板。类描述包括属性(数据)和可以对属性执行的操作。类图是描述面向对象分析期间所确定的类及它们之间的关系的一种图解方式。

利用面向对象方法开发的产品并不需要特殊的需求开发方法。这是因为需求开发主要强调用户想要系统做什么和系统必须包含哪些功能，而并不强调如何构造系统。用户并不关心对象和类。然而，如果我们清楚自己正在用面向对象技术来构建系统，这将有助于我们在需求分析阶段确定问题域的类和它们的属性及行为。当设计人员将问题域对象映射到系统对象，并进一步细化每个类的属性和操作时，面向对象技术可以使我们方便地从分析阶段进入设计阶段。

标准的面向对象建模语言是**统一建模语言**(Unified Modeling Language，UML)(Booth，Rumbaugh 和 Jacobson 1999)。在适于进行需求分析的抽象层上，可以用 UML 表示法来绘制类图，如图 11.6 所示，这是"化学品跟踪系统"的一部分(假设的)。设计人员可以把这些不包含实现细节的概念性类图，阐述成更详细的类图，以便用于面向对象设计和实现。使用顺序图和协作图可以表示类之间的交互及它们所交换的信息，本书不对此作深入的研究。

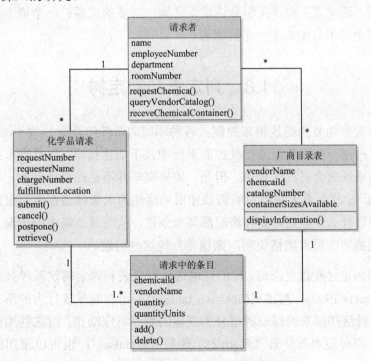

图 11.6 "化学品跟踪系统"的部分类图

图 11.6 中包括 4 个类：请求者、厂商目录表、化学品请求和请求中的条目，每个类都用一个大的矩形框来表示。这个类图中的信息和本章介绍的其他分析模型中展示的信息有相似之处(这并不奇怪，因为所有这些图都表示同一个问题)。这里的"请求者"在实体-关系图 11.2 中也出现了，在那里它表示一个参与者角色，这一角色可以由"化学家"或"化学品仓库工作人员"用户类中的一个成员来扮演。数据流图 11.1 也展示这两个用户类可以提出对化学品的请求。请不要混淆"用户类"和"对象类"这两个概念，虽然它们名称相似，但它们并没有必然的联系。

与"请求者"类相关联的属性显示在方框的中间部分：姓名(name)、雇员号(employeeNumber)、部门(department)和房间号(roomNumber)(在 UML 中一般约定使用大写)。他们是与"请求者"类的每一个成员对象相关联的属性和数据项。在数据流图的存储定义和数据字典中，也有类似的属性。

操作是"请求者"类的对象可以执行的服务，列在该类方框的下半部分。一般来说，后面都跟着一个空括号。在表示设计的类图中，这些操作将和类的函数或方法相对应，函数的参数一般是在括号中。通过这个类模型我们只能看出："请求者"可以请求化学品，查询供应商目录和接收化学品容器。类图中展示的操作大体上与低层数据流图中圆圈所表示的过程相对应。

图 11.6 中连接类方框的连线代表了类之间的关联。连线上所示的数字表示了关联的多重性，就像实体-关系图中连线上的数字表示实体之间的多重性关系一样。在图 11.6 中，星号表示"请求者"和"化学品请求"之间一对多的关系：一个请求者可以提出多个请求，但每个请求只能属于一个请求者。

11.8　判定表和判定树

软件系统经常由复杂的逻辑来控制，各种不同的条件组合会导致不同的系统行为。例如，如果司机在一个汽车慢速行驶控制系统中按下加速按钮，而且汽车当前也正在慢速行驶，那么系统就会对汽车加速，但是，如果汽车并不是在慢速行驶，那么系统就不会理会这一输入。软件需求规格说明需要使用功能性需求来描述在所有可能的条件组合下，系统应该做什么。但是，很容易遗漏某个条件，从而导致需求的遗漏。如果人工审查用文本方式描述的需求规格说明，则很难发现这些问题。

当逻辑和判定过程很复杂时，我们可以选用判定表和判定树这两种技术来表示系统应该做什么(Davis 1993)。**判定表**(decision table)可列出影响系统行为的所有因素的各种取值，并表明对这些因素的每一种组合所期望的系统响应动作。对这些因素既可以采用叙述的形式，即可能的条件是"真(true)"还是"假(false)"；也可以采用问题的形式，即可能的回答是"是(yes)"还是"否(no)"。当然，也可以使用其因素有两个以上可能值的判定表。

 注意 不要同时用判定表和判定树来表示相同的信息，只使用其中的一种就足够了。

表 11.2 展示了一个判定表，其逻辑由"化学品跟踪系统"是应该接受还是拒绝一个对新化学品的请求来决定。影响这一判定的 4 个因素是：

- 提出这一请求的用户是否有权这么做。
- 这一化学品是从化学品仓库还是从厂商那里得到。
- 这一化学品是否在危险化学品列表中，如果属于危险品，则要求进行专门的安全处理培训。
- 创建这一请求的用户是否已接受过如何处理这种危险化学品的培训。

这 4 种因素中的每一种因素都可能有两个条件，即"真(T)"和"假(F)"。理论上，这会产生 $2^4=16$ 种可能的组合，可能会有 16 种不同的功能性需求。但实际上，许多组合会导致相同的系统响应。如果用户未被授权请求化学品，那么系统就不会接受这一请求，因此其他条件就无关紧要了(在判定表单元格中用"—"来表示)。该表只显示了各种逻辑组合中的 5 种不同的功能性需求。

表11.2 "化学品跟踪系统"判定表示例

条件	需求编号				
	1	2	3	4	5
用户是否被授权	F	T	T	T	T
化学品是否可以得到	—	F	T	T	T
是否属于危险的化学品	—	—	F	T	T
请求者是否接受了培训	—	—	—	F	T
动作					
接受请求			X		X
拒绝请求	X	X		X	

图 11.7 表示此逻辑的判定树。图中的 5 个矩形方框表示 5 个可能的结果，结果可能是接受化学品请求，也可能是拒绝化学品请求。判定表和判定树是编写需求文档(或业务规则)的两种很有用的方法，采用这两种方法可以避免遗漏任何条件组合。与大量采用文本叙述的重复性需求相比，即使是复杂的判定表或判定树也很容易阅读。

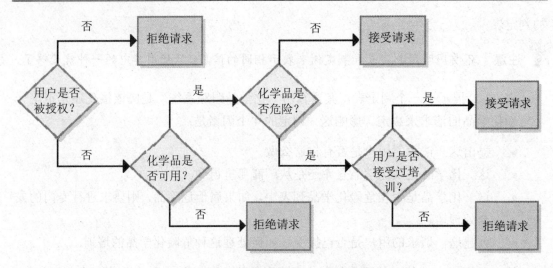

图 11.7　"化学品跟踪系统"判定树示例

11.9　最后的提醒

本章所述的每一种建模技术都有其优点和局限性。它们提供的视图有相互重叠的部分，因此，我们不需要为项目创建每一种图。例如，如果创建了一个实体-关系图和一个数据字典，那么就可能不需要再创建类图了，反之亦然。请牢记，我们绘制分析模型是为了提供一个层次来理解需求并交流需求，而这是用文本描述的软件需求规格说明和任何其他单一的视图所不能提供的。应该避免陷入在软件开发方法和模型中发生的教条的思维模式和派系斗争，相反，我们应该使用那些能最好地阐明系统需求的方法。

下一步

- 通过编写一个现有系统的设计文档，来实践本章介绍的建模技术。例如，绘制一幅自动柜员机系统或者我们所用的 Web 站点的对话图。
- 找出软件需求规格说明中读者难于理解的部分或者发现存在缺陷的部分。选择一个本章描述的适于表示这部分需求的分析模型。绘制模型并评估如果我们早点创建这一模型是否会有所帮助。
- 接着，我们需要编写一些需求文档，选择一种可以补充文本模型的建模技术。在纸面上或在白板上粗略地绘制一两次模型，以确信我们是正确的，然后再使用商业 CASE 工具，CASE 工具支持我们所使用的建模表示法。

第 12 章　软件质量属性

"嗨！Phil，还是我 Maria。我对你的新的雇员系统还有一些疑问。你知道，这个系统运行于我们的大型机上，每个部门每个月都必须为磁盘存储器和 CPU 使用而支付费用。甚至更糟糕的是，一次会话所支付的 CPU 费用几乎是原来的 3 倍。麻烦你能告诉我这是怎么回事吗？"

"确实是这样，Maria"，Phil 说，"还记得你要求系统存储的有关每个雇员的数据比原来的系统要多得多吗？当然数据库就会大得多。因此，每个月就必须支付更多的磁盘空间使用费。还有，你和其他用户代言人都要求新系统比原来的系统更容易使用，因此，我们设计了这个不错的图形用户界面。但是，比起原来的系统所用的简单的字符显示模式来，图形用户界面会消耗多得多的计算机资源。这就是为什么你们的每一次会话处理费用如此之高的原因。新系统比原来的系统容易使用多了，对吧？"

"对，是这样"，Maria 回答，"但我并没有意识到运行这个系统会如此昂贵。我可能为此而惹上麻烦了，我们经理现在很着急。以这样的开销算来，到 8 月份恐怕就得花光全年的计算机预算。你能不能修正一下系统，使其运行费用少一些？"

Phil 为难了。"确实没法修正。新的雇员系统确实是按照你们所提的要求来设计的。我以为你们已经意识到存储更多的数据或用计算机完成更多的工作需要支付更多的费用。也许我们应该早点谈这个问题，但现在我们确实无能为力了，很抱歉。"

用户会很自然地强调他们的功能性需求或行为性需求，这些功能或行为是软件所要完成的，但是，成功的软件还需要满足更多的要求，而不仅仅是提交正确的功能。用户对产品的工作性能也有一些期望，用于衡量这种性能的特性包括：产品的易用性、运行速度、出错频率，以及处理异常情况的能力。这些特性合起来被称为软件**质量属性(quality attribute)**或**质量因素(quality factor)**，是系统非功能(也叫非行为)性需求的一部分。

质量属性很难定义，但它们经常可以区分产品是只完成了其应该完成的任务呢，还是使客户感到很满意？正如 Robert Charette(1990)所指出的："真正的现实系统中，在决定系统的成功或失败的因素中，满足非功能性需求往往比满足功能性需求更为重要。"优秀的软件产品反映了这些竞争性质量特性的优化平衡。如果在需求获取阶段不去研究客户对质量的期望，那么如果产品满足了他们的要求，只能说是我们的运气好。但更可能的结果是使用户失望，使开发人员感到沮丧。

从技术的角度来看，质量属性可以影响重要的构架和设计决策，例如，将系统功能分配到各种计算机上以达到性能或完整性目标。比起在开始设计时就考虑质量属性来，重新构架一个完整的系统以达到必需的质量目标，则要困难得多，代价也昂贵得多。

虽然，在需求获取阶段客户所提供的信息也表达了一些他们的想法，但一般来说，客户并不能明确地提出他们对产品质量的期望。当用户说软件必须是用户友好的、快速的、可靠的或健壮的时候，我们要弄清楚用户真正想的是什么。质量必须由客户和那些构建、测试和维护软件的人员从多个角度来进行定义。通过研究客户没有明说的期望，可以推导出对质量目标的描述和设计标准，从而帮助开发人员创建非常令人满意的产品。

12.1 质量属性

虽然有许多产品特性可以称为质量属性(Charette 1990)，但是在大多数项目中需要认真考虑的仅是其中的一小部分。如果开发人员清楚哪些特性对项目的成功至关重要，那么他们就能选择体系结构、设计方案和编程方法来达到指定的质量目标(Glass 1992，DeGrace 和 Stahl 1993)。质量属性可以根据不同的标准来分类(Boehm，Brown 和 Lipow 1976，Cavano 和 McCall 1978，IEEE 1992，DeGrace 和 Stahl 1993)。一种分类方法是根据属性能否在运行时进行识别(Bass、Clements 和 Kazman 1998)。另一种方法是将属性分为主要对用户很重要的可见的属性与主要对技术人员有意义的质量属性，后者通过使产品易于更改、纠正和验证，并易于移植到新的平台上，间接地促进客户需要的满足。

在表 12.1 中，分两类描述了每个项目都要考虑的一些质量属性。有些属性对于嵌入式系统是很重要的(有效性和可靠性)，而其他属性对于 Internet 和大型机应用程序很重要(可用性、完整性和可维护性)，或与桌面系统有关(互操作性和易用性)。嵌入式系统经常还有其他一些重要的质量属性，包括防护性(具体讨论请参见第 10 章)、可安装性和可服务性。可缩放性对 Internet 应用程序来说是又一个很重要的属性。

表 12.1   软件质量属性

主要对用户重要的属性	主要对开发人员重要的属性
可用性(Availability)	可维护性(Maintainability)
有效性(Efficiency)	可移植性(Portability)
灵活性(Flexibility)	可重用性(Reusability)
完整性(Integrity)	可测试性(Testability)
互操作性(Interoperability)	
可靠性(Reliability)	
健壮性(Robustness)	
易用性(Usability)	

理想情况下，每一个系统总是展示所有这些属性的可能的最大值。系统总是可用的，决不会崩溃，可以立即得出始终正确的运行结果，系统也总是直观且易于使用。因为理想环境是不存在的，因此，我们必须了解表 12.1 中哪些属性对项目的成功至关重要。然后，根据这些基本属性来定义用户和开发人员的目标，从而使产品的设计人员能够做出合适的选择。

产品的不同部分需要不同的质量属性组合。对有些部分来说，有效性可能是很关键的，但对于另一些部分来说，易用性可能才是最重要的。要把应用于整个产品的质量属性与应用于某些专门的组件、某些用户类或特殊使用环境的质量属性区分开。对所有的全局性质量目标都要归档在第 10 章介绍的软件需求规格说明模板上的"5.4"节中，并把特定的目标与单独的特性、用例或功能性需求关联起来。

12.2　定义质量属性

很多用户并不知道如何回答这样的问题："你的互操作性需求是什么？"或者"软件应该具有什么样的可靠性？"在"化学品跟踪系统"中，分析人员想出了若干启发性问题，这些问题是根据他们认为重要的每一个属性而提出来的。例如，为了了解完整性，他们提出"防止用户看到自己没有提出的订单，其重要程度如何？"或"每个人是否都应该能够搜索仓库存货清单？"等问题。分析人员要求用户代表为每一个属性设一个等级，其范围是从 1 级(表示不必多加考虑的属性)到 5 级(表示极其重要的属性)。对这些问题的回答有助于分析人员确定哪些质量属性是最重要的。有时，不同的用户类所强调的质量属性可能会有所不同，因此，发生冲突时，要先满足需要优先考虑的用户类的需求。

然后，分析人员与用户一起为每一项属性生成特定的、可测量的和可验证的需求(Robertson 和 Robertson 1997)。如果质量目标是不可验证的，那么就无法确定是否达到了这些目标。在适当的地方为每一个属性或目标指定级别或测量单位，以及最大值和最小值。这种符号表示法称为 Planguage，具体用法将在本章后面部分加以介绍，可以用该方法来帮助编写规格说明。如果不能定量地确定所有重要的质量属性，那么至少应该确定其优先级和客户重视的程度。"IEEE 关于软件质量度量方法的标准(The IEEE Standard for a Software Quality Metrics Methodology)"提出了一种方法，可以在整个质量度量框架的上下文中定义软件质量需求(IEEE 1992)。

💡 **注意**　研究质量属性时，不要忽略程序维护人员这一类涉众。

考虑询问用户哪些是他们所不能接受的性能、易用性、完整性或可靠性。也就是说，指定与用户的质量期望相冲突的系统特性，例如，允许未授权的用户删除文件(Voas 1999)。通过定义不能接受的特性——这是一种逆向需求——我们可以设计测试方案，强制系统表现出这些特性。如果不能强制系统表现这些特性，那么系统就很可能已经达到了希望的属性目标。这种方法最适用于安全性能要求很高的应用程序，在这类应用程序中，如果系统不满足可靠性或性能的要求可能会导致生命危险。

这一节的剩余部分将简要地介绍表 12.1 中的每一个质量属性，并从各种项目中选择了一些范例质量属性(稍加简化)。Soren Lauesen(2002)提供了许多质量需求的优秀范例。

12.2.1　对用户重要的属性

下面将介绍主要对用户来说比较重要的质量属性。

可用性(Availability)　可用性用于衡量预定的可用时间(up time)，在这期间系统是真正可用并且是完全可操作的。更正式地说，可用性等于系统的平均无故障时间(MTTF)除以平均无故障时间与故障发生后所用的故障修复时间(MTTR)之和，即可用性=MTTF/(MTTF+MTTR)。预定的维护时间也会影响可用性。有些作者认为可用性包括可靠性、可维护性和完整性(Gilb 1998)。

有些任务可能比其他任务具有更严格的时间要求，当用户需要执行必需的任务而系统却不可用时，用户会感到很沮丧，甚至会很愤怒。应询问用户真正需要多高百分比的可用时间，以及是否有时需要使可用性必须满足某个业务目标或安全防护目标。对 Web 站点或用户遍及全球的应用程序来说，可用性需求会更复杂和更重要。一个可用性需求可以这样来说明：

AV-1. 工作日期间，当地时间早上 6 点到午夜，系统的可用性至少达到 99.5%；下午 4 点到 6 点，系统的可用性至少达到 99.95%。

与这里所列出的许多范例一样，这一需求也被稍加简化了，它并没有定义组成可用性的性能级别。如果只有一个人可以通过网络使用系统，那么是否认为系统是可用的？我们应编写质量需求以确保它们是可以测量的，并且需要需求分析人员、开发团队和客户之间的期望完全达成共识。

📖 质量代价

将可靠性或可用性等质量属性指定为 100% 时，一定要谨慎，因为这是不可能实现的，而且要努力达到这一目标的成本也是很高的。有一家公司对它的商店地板制造系统提出了 100% 的可用性需求，要求一年 365 天，一天 24 小时，系统都可用。为了设法达到这一严格的可用性，公司安装了两套独立的计算机系统，这样就可以在不处于运行状态的备用计算机上安装升级软件。对可用性需求，这是一个花费很高的解决方案，但是比起公司停止制造其可以获得高额利润的产品来说，其费用还算是相对便宜的。

有效性(Efficiency)　有效性用来衡量系统在利用处理器的处理能力、磁盘空间、内存或通信带宽等方面的表现如何(Davis 1993)。有效性与性能相关，性能是另一类非功能性需求，我们将在本章后面部分介绍性能。如果系统消耗了太多可用的资源，那么用户遇到的将是性能的下降，这是缺乏有效性的一个表现。拙劣的系统性能可能会激怒正在等待数据库查询结果的用户。但是，性能问题也会导致严重的安全风险，例如当一个实时处理控制系统超负荷时。定义有效性、能力和性能目标时，要考虑最低的硬件配置。为了允许处理不可预料条件下的边缘问题，以及促进将来的增长，我们可以这样定义：

EF-1. 在预计的峰值负载条件下，至少 25% 的处理器能力和应用程序可用内存必须留出备用。

典型的用户并不以这种技术术语来陈述有效性需求，而主要根据响应时间或消耗的磁盘空间来陈述。分析人员必须向用户询问一些问题，例如可以接受的性能降低程度、要求的峰值和预计的增长，以便了解用户的期望。

一无所获

一家大公司曾为其电子商务组件设计了一个详尽的图形商店。顾客可以进入 Web 站点的商店，浏览各种服务并购买各种产品。图形很漂亮，但性能却很糟糕。对开发人员来说，其用户界面的工作情况很好，因为开发人员是通过高速 Internet 与本地服务器相连的。遗憾的是，顾客使用的是标准的 14.4 KBps 或 28.8 KBps 的调制解调器与服务器相连的，这就导致了下载很大的图像文件时速度慢得令人难以忍受。β 测试人员总是在主页完全显示出来之前就失去耐心。开发团队对图形隐喻充满了热情，但却没有考虑到运行环境的限制、有效性或性能等需求。整个方案完成之后却又全部丢弃了，这为在项目早期讨论软件质量属性的重要性上了昂贵的一堂课。

灵活性(Flexibility)　灵活性也称为可扩充性(extensibility)、可扩张性(augmentability)、可延伸性(extendability)和可扩展性(expandability)。灵活性用来测量向产品中添加新功能的容易程度。如果开发人员预料到要对系统进行扩展，那么他们可以选择使软件灵活性最高的设计方案。灵活性对以增量或迭代方式开发的产品来说是必不可少的，这些产品是通过一系列连续的发布版本或演化式原型而开发的。在我曾经参与的一个项目中，灵活性目标是这样设定的：

FL-1. 一个至少具有 6 个月产品支持经验的程序维护人员，可以在大于一个小时的时间内为系统添加一个新的可支持硬拷贝的输出设备，包括代码修改和测试。

如果程序员安装一台新打印机要花 75 分钟，项目并不算失败，因此需求应具有一定的范围。如果我们没有指定上述这条需求，开发人员设计的系统可能需要非常长的时间向系统安装新设备。编写质量需求时要使这些质量是可以衡量的。

完整性(Integrity)　完整性是防护性的组成部分，防护性的讨论请参见第 10 章。完整性主要处理防止非法访问系统功能、防止数据丢失、保护软件免受病毒入侵以及保护输入到系统的数据的保密性和安全性等问题。对 Internet 来说，完整性是一个重要问题；电子商务系统的用户要求自己的信用卡信息是安全的；Web 站点的浏览者不愿意私人信息或他们所访问过的站点记录被非法使用；而服务提供商要保护系统免受服务拒绝(denial-of-service)攻击或黑客攻击。完整性需求不能容忍任何错误。陈述完整性需求时应使用含义明确的术语，如用户身份验证、用户特权级别、访问限制或者需要保护的精确数据。完整性需求的一个范例如下：

IN-1　只有拥有 Auditor(审记员)访问特权的用户才可以查看客户交易历史记录。

与许多完整性需求一样，该需求也受业务规则的限制。了解质量属性需求的原理并追溯到最初点(例如管理策略)，是一个不错的主意。要避免采用设计约束的形式来陈述完整性需求。访问控制的密码需求就是一个很好的范例。实际的需求是限定授权的用户对系统的访问，密码只是达到这一目标的一种方法(尽管这是最常用的一种方法)。根据所选用的用户身份验证技术，这一基本的完整性需求将导致专门的功能性需求，这些需求用于实现系统的验证功能。

互操作性(Interoperability) 互操作性表明了系统与其他系统交换数据和服务的难易程度。为了评估互操作性,我们必须了解清楚用户使用其他哪些应用程序与本产品协同工作,还要了解清楚用户期望交换什么数据。"化学品跟踪系统"的用户习惯于使用一些商业工具绘制化学品的结构图,所以他们提出如下的互操作性需求:

IO-1 化学品跟踪系统应该能够从 ChemiDraw(版本 2.3 或更早)和 Chem-Struct(版本 5 或更早)工具中导入任何有效的化学品结构图。

我们也可以把此需求陈述为一个外部接口需求,并定义"化学品跟踪系统"能够导入的标准文件格式。另外还有一种方法是,定义几种处理这种导入操作的功能性需求。有时,从质量属性的角度来考虑系统,能够揭示出以前没有陈述的、隐含的需求。讨论外部接口或系统功能时,客户还没有陈述这一需求。当分析人员询问"化学品跟踪系统"必须与其他哪些系统相连时,用户代言人立即提到了两种化学品结构绘制包。

可靠性(Reliability) 可靠性是软件无故障执行指定时间的概率(Musa,Iannino and Okumoto 1987)。健壮性有时可看成是可靠性的一部分。衡量软件可靠性的方法包括正确执行操作所占的百分比和系统发生故障之前正常运行的平均时间长度。根据如果系统发生故障其影响有多大和使可靠性最高的费用是否合理,来定量地确定可靠性需求。具有高可靠性要求的系统也应该设计得具有很高的可测试性,这样就可以轻松地发现损害系统可靠性的缺陷。

我所在的开发团队曾经开发过一个用于控制实验室设备的软件,这些设备全天工作并且使用稀有的、昂贵的化学品。用户要求真正与实验相关的软件组件具有高可靠性,而其他系统功能,例如周期性地记录温度数据,则对可靠性要求不高。该系统的一个可靠性需求说明如下:

RE-1 由于软件故障引起实验失败的概率应不超过 5‰。

健壮性(Robustness) 一位客户曾告诉一家生产可测量设备的公司说,它的下一种产品应该"制造得像坦克一样",因此这家开发公司有点不太认真地采纳了"坦克式(tankness)"这一新的质量属性。坦克式是健壮性的一种口语化说法,有时也称为故障容忍度(fault tolerance)。健壮性指的是当系统遇到非法的输入数据、相连接的软件组件或硬件组件的缺陷,以及预料不到的操作情况时,能继续正确运行功能的可能性。健壮的软件可以从发生问题的环境中自然地恢复过来,并且可以容忍用户所犯的错误。当获取健壮性需求时,应向用户询问系统可能遇到的错误条件并且要了解用户期望系统如何响应。下面是健壮性需求的一个范例:

RO-1 如果在用户保存文件之前编辑器发生故障,那么下次同一用户启动程序时,编辑器能恢复在故障发生 1 分钟之前对所编辑文件所做的全部修改。

几年前,我曾负责过一个项目,开发一个叫做图形引擎(Graphics Engine)的可重用软件组件,该图形引擎用于解释定义了图形并将这些图形传送到指定的输出设备上的数据文件(Wiegers 1996b)。某些需要生成图形的应用程序就要请求调用该图形引擎。由于开发人员没有能控制应用程序反馈到图形引擎中的数据,所以此时健壮性就成为必不可少的质量属性。其中的一个健壮性需求是这样说明的:

RO-2　所有的图形描述参数都要指定一个特定的默认值,如果参数的输入数据丢失或无效时,图形引擎就使用该默认值。

例如,如果所用的绘图机不能生成应用程序请求使用的颜色,那么,由于编写了上面这条需求,所以程序也不会发生崩溃。图形引擎会使用默认的黑色来继续执行操作。虽然这依然是发生了产品故障,因为最终用户并没有得到他想要的颜色,但考虑到健壮性而这样设计,就将故障发生的严重性从程序崩溃减低为产生不正确的颜色,这就是故障容忍的一个范例。

易用性(Usability)　易用性也称为"易用性(ease of use)"和"人类工程(human engineering)",它陈述了许多因素,用户经常将这些因素描述为"用户友好性(user-friendliness)"。分析人员和开发人员不应该讨论友好的软件,而应该讨论将软件的使用设计得有效而不让人感到唐突。最近已经出版了几本讲述如何设计易使用软件系统方面的书(Constantine and Lockwood 1999,Nielsen 2000)。易用性衡量准备输入、操作和理解产品输出所需要的工作量。

"化学品跟踪系统"需求分析人员向用户代表询问了这样两个问题:"快速简单地请求化学品的重要程度如何?"和"完成一种化学品请求应该花多长时间?"对于定义使软件易于使用的许多特性而言,这只是一个简单的起点。对易用性的讨论可以得出可测量的目标(Lauesen 2002),例如:

US-1　一个培训过的用户应该可以在平均 4 分钟或最多 6 分钟的时间内,提交完整的从供应商目录表中请求一种化学品的操作。

询问新系统是否必须遵循所有的用户界面标准或约定,用户界面是否需要与其他常用系统的用户界面相一致。我们可能会以下面的方式来陈述这样一个易用性需求:

US-2　在文件菜单中的所有功能都必须定义快捷键,该快捷键定义了按下 Control 键的同时再按下一个其他键。Word XP 中的文件菜单应该使用与此 Word 相同的快捷键。

易用性还包括对于新用户或不常使用产品的用户在学习使用产品时的简易程度。易学这一目标能够定量并可测量:

US-3　以前从没有使用过"化学品跟踪系统"的化学家,在经过最多不超过 30 分钟的适应之后,应该能正确地对一个化学品提出请求。

12.2.2　对开发人员重要的属性

下面描述对软件开发人员和维护人员重要的质量属性。

可维护性(Maintainability)　可维护性表明了纠正缺陷或修改软件的简单程度,它取决于理解软件、更改软件和测试软件的简单程度。可维护性与灵活性和可测试性密切相关。对那些将要频繁修订的产品和要快速生成的产品来说(也许质量会打些折扣),可维护性的要求很高,因为它们对产品来说很关键。我们可以根据修复一个问题所花的平均时间和修复正确的百分比来衡量可维护性。"化学品跟踪系统"包括如下的可维护性需求:

MA-1 程序维护人员应该在 20 小时或更短时间内,对现有报告进行更改,以遵照政府修订的化学品报告规则。

在上述图形引擎项目中,我们知道要频繁地修改软件以满足用户日益发展的需要。为了提高程序的可维护性,我们制定了如下的设计标准,以指导开发人员编写代码:

MA-2 函数调用的嵌套层次不能超过两层。

MA-3 每个软件模块中,注释与源代码语句的比例至少为 1:2。

要谨慎地陈述这样的设计目标,劝阻开发人员不要采取愚蠢的行为来严格遵守目标的字面意思,而不领会其真正的意图。要与程序维护人员协同工作,以理解什么样的代码特性会使维护人员轻而易举地修改代码或纠正缺陷。

具有内置软件的硬件常常会有可维护性需求。其中有些需求影响对软件的设计,而有些需求影响对硬件的设计。下面是影响硬件设计的一个需求范例:

MA-4 打印机的设计应满足这样的要求:一名合格的维修技师能在 10 分钟之内更换打印头电缆,在 5 分钟之内更换色带感应器,在 5 分钟之内更换色带马达。

可移植性(Portability) 可移植性用来度量把一个软件从一种运行环境移植到另一种运行环境所需的工作量。有些从业人员将产品的国际化性能和本地化性能放到可移植性标题之下。软件可移植的设计方法与软件可重用的设计方法相似(Glass 1992)。可移植性对项目的成功来说,要么是无关紧要,要么是至关重要。可移植性目标应该确定产品中必须移植到其他环境的那一部分,并描述这些目标环境。然后开发人员就能选择设计和编码方法以适当提高产品的可移植性。

例如,有些编译器将 integer 类型的长度定义为 16 比特,而有些编译器则定义为 32 比特。为了满足可移植性需求,程序员可能会定义一种叫做 WORD 的数据类型,把它作为无符号整数,并使用 WORD 数据类型来代替编译器默认的整数数据类型。这就能确保所有的编译器以相同的方式来对待 WORD 类型的数据项,有助于系统在不同的运行环境中按我们预料的方式工作。

可重用性(Reusability) 可重用性是软件开发的一个长远目标,它表明把一个软件组件用于其他应用程序所涉及的相关工作量。比起创建一个打算只在一个应用程序中使用的组件,开发可重用软件的费用会大得多。可重用软件必须模块化,文档齐全,不依赖于特定的应用程序和运行环境,并且具有通用性。可重用性目标难以进行定量描述。确定新系统中哪些元素需要用方便于代码重用的方法设计,或者规定应该创建作为项目副产品的可重用组件库。

RU-1 化学品结构输入函数的设计应该满足:在目标代码这一层次上,在其他使用国际标准的化学品结构表示法的应用程序中是可重用的。

可测试性(Testability)　可测试性也称为可验证性(verifiability)，它指的是测试软件组件或集成产品以查找缺陷的简单程度。如果产品中包含复杂的算法和逻辑，或包含复杂的功能性相互关系，那么对于可测试性的设计就很重要。如果经常更改产品，那么可测试性也是很重要的，因为需要经常对产品进行回归测试，来判断更改是否破坏了任何原有的功能性。

因为团队成员和我都清楚随着图形引擎功能的不断增强，我们需要对它进行多次测试，所以我们在软件需求规格说明中包括如下的设计原则，以提高可测试性：

TE-1　一个模块的最大循环复杂度不能超过20。

"循环复杂度"用来度量一个源代码模块中的逻辑分支数目(McCabe 1982)。在一个模块中加入过多的分支和循环将使该模块难于测试、理解和维护。如果某些模块的循环复杂度是 24，那么项目也不一定就会发生故障，但指定这样的设计标准有助于开发人员达到一个令人满意的质量目标。假如我们没有陈述这一设计原则(这里是以质量需求的形式而提出的)，那么开发人员编写程序时就不可能考虑循环复杂度。这很可能会导致复杂的程序代码，对这些代码几乎不可能进行充分测试，也很难进行扩充，同时也使排除故障成为一件可怕的事情。

12.3　性 能 需 求

性能需求定义了系统必须多好和多快地完成专门的功能。性能需求包括速度(例如，数据库响应时间)、吞吐量(每秒钟处理的事务)、处理能力(并发使用负载)和定时(严格的实时要求)。苛刻的性能需求会对设计软件策略和选择硬件造成严重的影响，因此，定义的性能目标要适合于运行环境。所有用户都期望自己的应用程序能立即运行，但其真实的性能需求不同于字处理程序的拼写检查功能，也不同于导弹的雷达制导系统。性能需求还应该陈述在负荷超载(例如，美国 911 在紧急情况下，电话系统被求助电话所淹没)的情况下系统性能的减低程度。下面给出几个简单的性能需求范例：

PE-1　温度控制循环必须在 80 毫秒内完全执行。

PE-2　解释器每分钟应该至少解析 5 000 条没有错误的语句。

PE-3　在通过 50KBps 的调制解调器与 Internet 相连的情况下，下载一个 Web 页面需要 15 秒或更短。

PE-4　ATM 自动柜员机系统对提款请求的身份认证不能超过 10 秒。

💡 **注意**　别忘了考虑怎样评估产品，以弄清楚产品是否满足了其质量属性。不能验证的质量需求与不能验证的功能性需求几乎没有什么不同。

12.4　用 Planguage 定义非功能性需求

本章所列出的这些质量属性范例，有些是不完整的或不具体的，这主要限于我们企图要用一两句简单明了的话来对它们进行陈述。我们不能评估产品来判断它是否满足不确切的质量需求。另外，过分简单的质量和性能目标可能是不切实际的。为数据库查询指定最大响应时间为 2 秒，对本地数据库的简单查询来说这可能是合适的，但对驻留于多个地理位置的服务器中的关系数据表的 6 路联合来说这却是不可能的。

针对非功能性需求不明确和不完整的问题，顾问 Tom Gilb(1988；1997)已经开发出了 Planguage 规划语言，它包括一组丰富的关键字集，可以精确地表述质量属性和其他项目目标(Simmons 2001)。下面这一范例演示了如何从众多的 Planguage 关键字中只选用几个关键字来表达性能需求。第 10 章有一条性能需求"在一台单用户使用的运行微软 Windows XP 操作系统的主频为 1.1 GHz 的 Intel Pentium 4 PC 机上，当系统至少有60%的空闲资源时，要求 95% 的目录数据库查询必须在 3 秒内完成"，这一范例就是该性能需求的 Planguage 版本。

TAG(标签)　Performance.QueryResponseTime

AMBITION(目标)　在基础用户平台上对数据库查询的快速响应时间。

SCALE(度量单位)　从按下 Enter 键或单击 OK 按钮来提交查询到查询结果开始显示之间所花费的时间。

METER(计量)　用秒表完成 250 个测试提问，这些提问描绘了使用操作的大致轮廓。

MUST(最低标准)　98%的查询不能超过 10 秒。<--字段支持管理器(Field Support Manager)

PLAN(一般标准)　某一类查询不超过 3 秒，所有查询不超过 8 秒。

WISH(理想标准)　所有查询不超过 2 秒。

base user platform DEFINED(定义的基础用户平台)　1.1 GHz 的 Intel Pentium4 处理器，128 MB 内存，Windows XP 操作系统，运行 QueryGen 3.3，单用户，至少 60%的系统资源空闲，没有运行其他应用程序。

每个需求都有一个惟一的 TAG。AMBITION 陈述了导致这一需求的系统目的或目标。SCALE 定义了度量单位，METER 精确描述如何进行这一测量。所有涉众对如何测量这一性能必须达成共识。假定某用户对此测量的解释是从他按下 Enter 键一直到查询结果全部显示出来这一段时间，而不是此范例中所陈述的从按下 Enter 键到查询结果开始显示时这一段时间，开发人员可能声称已满足了这一需求，而用户则坚持认为这一需求并没有得到满足。明确的质量需求和测量可以避免发生这种争论。

我们可以对所测的量指定若干目标值。MUST 标准是必须达到的最低标准。除非所有的 MUST 条件都完全满意,该需求才是满意的,因此,MUST 条件应该用业务术语进行调整。另一种陈述 MUST 需求的方法是定义 FAIL(也是一个 Planguage 关键字)条件:"多于 10 秒的查询在全部查询中不能超过 2%"。PLAN 值是一个指定的一般目标,WISH 值表示理想结果。另外,还要展示性能目标的来源,例如,前文中的 MUST 标准显示性能目标来自字段支持管理器。Planguage 陈述中所使用的全部专门术语都得到定义,以便读者完全清楚地理解这些术语的含义。

Planguage 还包括许多其他的关键字,以便为需求规格说明提供相当大的灵活性和精确性。有关仍在不断演化的 Planguage 词汇和语法的最新信息请参见 *http://www.gilb.com*。Planguage 为指定明确的质量属性和性能需求提供了强大的功能。与黑白分明和是非分明的简单结构相比,指定多个级别的目标,对质量需求的陈述要丰富得多。

12.5 属性的折中方案

有时,不可避免地要对某些属性组合进行折中考虑。用户和开发人员必须确定,与其他属性相比哪些属性更为重要,当他们制定决策时,必须始终遵照这些优先级。图 12.1 描述了表 12.1 中所列出的质量属性之间一些典型的相互关系,当然我们也可能会遇到一些与此不一致的例外(Charete 1990; IEEE 1992; Glass 1992)。单元格中的加号表明单元格所在行的属性对其所在列的属性具有正面的影响。例如,增强软件组件可移植性的设计方法也可以使软件变得更加灵活,更易于与其他软件组件相连接,更易于重用并且更易于测试。

	可用性	有效性	灵活性	完整性	互操作性	可维护性	可移植性	可靠性	可重用性	健壮性	可测试性	易用性
可用性								+		+		
有效性			−		−	−	−	−	−		−	−
灵活性		−		−	+	+	+				+	
完整性		−			−				−			
互操作性		+	−			+						
可维护性	+	−									+	+
可移植性		−	+		+	−		+	+		+	−
可靠性	+	−								+	+	+
可重用性		−	+	−	+	+	+		−		+	
健壮性	+	−						+				+
可测试性	+	−						+				+
易用性		−								+	+	

图 12.1 选择的质量属性之间的积极关系和消极关系

单元格中的减号表明单元格所在行的属性对其所在列的属性具有负面的影响。单元格为空则表明单元格所在行的属性对其所在列的属性几乎没有什么影响。有效性对其他许多属性具有消极影响。如果我们使用编码技巧并依赖于执行环境,尽可能编写出最简练且执行效率最高的代码,这样的代码可能就难以维护和改进,另外,这样的代码也不容易移植到其他平台。类似地,一些对易用性进行优化的系统,或具有灵活性、可重用性以及与其他软件组件或硬件组件进行互操作的系统,则要付出性能的代价。在本章前文中所描述的图形引擎系统中,与包括自定义图形代码的旧应用程序相比,使用多种用途的图形引擎组件来生成图形会导致性能下降。我们必须在所提议解决方案的预期收益和性能下降之间来权衡得失,以确保制定出切合实际的折中方案。

图 12.1 中的矩阵并不是对称的,因为增加属性 A 对属性 B 所产生的影响与增加属性 B 对属性 A 所产生的影响并不一定是相同的。例如,图 12.1 表明设计系统时增加有效性并不一定对完整性产生任何影响。但是,增加完整性却可能会损害有效性,因为系统必须通过更多层次的用户身份验证、加密、病毒扫描和数据检查技术。

为了达到产品特性的最佳平衡,我们必须在需求获取阶段识别、指定相关的质量属性,并且为之确定优先级。当我们为项目定义重要的质量属性时,利用图 12-1 可以防止发生与目标冲突的行为。下面是一些范例:

- 如果软件必须在多个平台上运行(可移植性),那么就不要期望系统最大程度地满足易用性。
- 对于高度安全的系统,很难完全测试其完整性需求。可重用的类组件或与其他应用程序的互操作可能会破坏其安全机制。
- 高度健壮的代码将缺乏有效性,因为它要进行数据确认和错误检查。

照例,过分限制系统期望或定义有冲突的需求,就不可能使开发人员对需求完全满意。

12.6　实现非功能性需求

设计人员和编程人员必须确定最好的方法来满足每一个质量属性和性能需求。虽然质量属性是非功能性需求,但它们能够导致衍生的功能性需求、设计原则或其他类型的技术信息,这些信息将产生期望的质量特性。表 12.2 表明不同类型的质量属性将产生的技术信息的可能类别。例如,具有严格可用性需求的医疗设备可能包括一个备份的电源(构架)和一个功能性需求,该需求以可视方式或可听方式表明产品正在电池供电下运行。这种将以用户为中心或以开发人员为中心的质量需求转换为相应的技术信息是需求和高层设计过程的一部分。

表 12.2　将质量属性转换为技术规格说明

质量属性类型	可能的技术信息类别
完整性、互操作性、健壮性、易用性、安全防护性	功能性需求

续表

质量属性类型	可能的技术信息类别
可用性、有效性、灵活性、操作性、可靠性	系统构架
互操作性、易用性	设计限制
灵活性、可维护性、可移植性、可靠性、可重用性、可测试性、易用性	设计原则
可移植性	实现限制

 下一步

- 从表 12.1 中确定若干可能对当前项目的用户至关重要的质量属性。为每个属性构想几个问题，这将有助于用户清楚地表达他们的期望。根据用户的回答，为每一个重要属性写出一两个具体的目标。
- 用 Planguage 重新编写本章的几个质量属性范例，为了说明问题，必要的时候，可以做些假设。是否能用 Planguage 更精确和更明确地陈述这些质量需求呢？
- 用 Planguage 自己编写一条质量属性需求。请客户、开发人员和测试人员的代表来判定用 Planguage 编写的需求是否比原来的需求具有更加丰富的信息。
- 检查用户对系统的质量期望，找出可能有冲突的属性并设法解决这些问题。需要优先考虑的用户类对制定必要的折中方案应该具有最大的影响。
- 将质量属性需求追溯到实现它们的功能性需求、设计和实现上的约束、或者是构架和设计上的选择。

第 13 章 通过制作原型减少项目风险

"Sharon，今天我想和你谈谈，采购部的采购员对新的'化学品跟踪系统'有什么样的需求"，需求分析人员 Lori 说道，"你是否能告诉我你们要求系统完成些什么功能？"

"嗯，我不能确定"，Lori 一脸迷惑地回答道，"我不知道该如何描述我们所需要的东西，不过等见到它的时候我就会明白了"。

"等见到它的时候我就会明白了"这是一句令需求分析人员倒吸凉气的话。我们想像一下这样一种情景，开发团队尽最大的努力去猜测所要开发的软件，不料用户却告诉他们，"不对，不是这样，再试一次"。诚然，预想一个未来的软件系统并表达出系统需求是比较困难的。如果面前没有一个可以看得见的实实在在的东西，许多人都很难描述他们的需求，提出批评比自己创建要容易得多。

通过制作软件原型，可以使需求更加真实，使用例更加生动，并且可以减小在需求理解上的差异。原型可以把新系统的一个模型或一个部分摆在用户的面前，可以激活他们的思维，并促进需求对话。对原型的早期反馈有助于涉众对理解系统需求达成共识，从而减小客户不满意的风险。

即使我们采用前几章所描述的需求开发实践，需求中仍然还会有对客户、对开发人员或对这二者都不明确或不清晰的部分。如果不解决这些问题，那么用户对产品的想像与开发人员对所构建的产品的理解会存在期望差距。只通过阅读文本需求或研究分析模型，很难精确地想像软件产品是如何运作的。比起阅读一份冗长无味的软件需求规格说明，用户更愿意尝试有趣的原型。当我们听到用户说"等见到它的时候我就会明白了"这句话的时候，请仔细考虑一下我们能给用户提供什么信息来帮助他们清楚地表达出他们的需求(Boehm 2000)。但是，如果没有任何涉众真正了解开发人员应该生成什么样的系统，那么项目就注定要失败。

原型(prototype)有多种含义，并且参与原型制作活动的人可以有完全不同的期望。一个飞机原型实际上可以飞翔——它是真实飞机的雏形。相反，一个软件原型仅仅是真实系统的一部分或一个模型，它可能根本不能完成任何有用的功能。软件原型可能是工作模型或静态设计；很详细的屏幕草图或简单草图；真实功能的可视化显示或一部分；仿真或模拟(Constantine 和 Lockwood 1999，Stevens et.al 1998)。本章将介绍各种类型的软件原型、在需求开发阶段如何使用这些原型，以及如何使原型制作成为软件工程过程的有效部分(Wood 和 Kang 1992)。

13.1 什么是原型和为什么要建立原型

软件原型是所提议的新产品的部分实现或可能的实现。使用原型有 3 个主要目的：

- **明确并完善需求**　原型作为一种需求工具，它是对部分系统的初步实现，因为我们尚没有很好地了解该系统。用户对原型的评估可以指出需求中存在的问题，这样我们就可以在开发真正的产品之前，以低成本来解决这些问题
- **研究设计选择方案**　原型作为一种设计工具，涉众可以用它研究不同的用户交互技术，优化系统的易用性，并评估可能的技术方案。原型能够通过有效的设计来演示需求的可行性。
- **发展为最终产品**　原型作为一种构造工具，是产品一个最初子集的完整功能实现，通过一系列小规模的开发周期，我们可以完成整个产品的开发。

　　建立原型的主要原因是为了解决在产品开发的早期阶段不能确定的一些问题。利用这些不确定性可以判断系统中哪些部分需要建立原型，以及我们希望从用户对原型的评估中获得什么信息。对于发现并解决需求中的二义性和不完整性，原型也是一种很好的方法。用户、管理人员和其他非技术涉众人员发现，当产品处于编写规格说明和设计阶段时，原型可以使他们更具体地思考问题。原型，尤其是直观的原型，比开发人员有时所使用的技术术语更易于理解。

13.2　水　平　原　型

　　当人们谈到"软件原型"时，他们所想到的通常是一个可能的用户界面的**水平原型**(horizontal prototype)。水平原型也叫做**行为原型**(behavioral prototype)或**演示性模型**(mock-up)。之所以称其为"水平"原型，是因为它并不能深入到体系结构的所有层次，或者深入到系统的细节，而主要只是描绘了用户界面的一部分。通过这种原型，我们可以研究预期系统的一些特定行为，并达到完善需求的目的。这种原型有助于用户判断基于该原型的系统是否能完成任务。

　　水平原型就像是一个电影集，虽然它隐含某一功能，但却并没有真正实现该功能。它显示用户界面的屏幕外观，并允许这些屏幕之间进行某些导航，但只包含很少或根本就不包含真正的功能实现。让我们来想象一下典型的美国西部电影：牛仔走进酒店，然后从马房中走出来，然而，他并没有喝酒，也没见到一匹马，因为在虚假的建筑物后面什么东西也没有。

　　水平原型能够演示用户以后可用的功能选项、用户界面的外观和感觉(颜色、布局、图形和控件)，以及信息体系结构(导航结构)。这些导航结构可能起作用，但有时用户可能只是看到一条消息，描述了真正应该显示的内容。响应数据库查询时所显示的信息可能是假的，或者是固定不变的，而且报告的内容是通过硬编码得到的。试着在示例报告、图形和表中使用实际的数据，这样可以提高原型作为真实系统的一种模型的有效性。

　　虽然原型看起来似乎可以执行一些有意义的工作，但其实不然。这种模拟常常只是足以使用户判断是否有遗漏、错误或不必要的功能。有些原型代表了开发人员对可能如何实现一个特定用例的一种观念。用户对原型的评估可以指出用例的其他实现方式、遗漏的交互步骤，或者其他异常情况。

当处理水平原型时,用户应该把注意力集中在概括性需求和工作流问题上,而不要被屏幕元素的精确外观所分心(Constantine 1998)。在此阶段,不要担心屏幕元素的精确位置、字体、颜色、图形或控件,等到弄清了需求并确定了界面的总体框架之后,再来研究用户界面的设计细节。

13.3 垂直原型

垂直原型(vertical prototype)也称为"结构化原型"(structural prototype)或"概念的证明"(proof of concept),它在整个技术服务层上实现应用程序用户界面的一部分功能。垂直原型的运作与所期望的真实系统的运作类似,因为它触及到了系统实现的所有层次。如果我们不能确定所提议的架构方法是否可行和合理,或者如果我们想要优化算法、评估所提议的数据库架构或测试关键的定时需求,就可以开发一个垂直模型。为使其结果有意义,通常在与产品类似的运行环境中用生产工具来创建垂直原型。垂直原型常用于研究关键界面和定时需求,也常用在设计阶段以减小风险。

我曾工作于一个团队,该团队的任务是实现一个不同寻常的客户端/服务器体系结构,将此作为整个迁移策略的一部分,这个迁移策略是从以大型机为中心的环境迁移到基于网络的 UNIX 服务器和工作站的应用环境(Thompson 和 Wiegers 1995)。我们开发了一个垂直原型,它只实现了少量的用户界面客户程序(在大型机上)和相应的服务器功能(在 UNIX 工作站上)。通过这个垂直原型,我们得以评估所提议的体系结构的通信组件、性能和可靠性。该实验获得了成功,基于这一结构的实现也获得了成功。

13.4 废弃型原型

在构造一个原型之前,需要做出一个明确的和经过充分交流的决策——是在评估原型之后就废弃原型呢,还是将原型作为最终交付的产品的一部分。可以构建一个**废弃型原型**(throwaway prototype)或**研究型原型**(exploratory prototype)来回答这个问题、解决不确定性以及提高需求质量(Davis 1993)。如果打算在原型达到预期目的以后将它废弃[1],那么就应该尽量花最小的代价并尽快地创建该原型。在此原型上付出的努力越多,项目的参与者就越不愿意将它废弃。

> **注意**   如果我们认为该原型有其优点,应该留着以备将来重用,那么也不一定非要将它废弃。但是,不能将它整合到最终交付的产品中。为此,我们可能更愿意将它称为"非发布型原型"(nonreleasable prototype)。

当开发人员构建废弃型原型时,会忽略很多他们已掌握的成熟的软件构造技术。废弃型原型重点强调在健壮性、可靠性、性能和长期维护性等方面的快速实现和修改。基于这一原因,不允许将废弃型原型中质量低的代码移植到生产系统中,否则,用户和维护人员将在产品生命周期中遭遇种种麻烦。

当团队面临需求中的不确定性、二义性、不完整性或含糊性时，最恰当的方法是建立废弃型原型。解决这些问题可以减少在继续开发时存在的风险。原型可帮助用户和开发人员直观地了解需求可能如何实现，并发现需求中存在的漏洞。它还可以使用户判断出这些需求是否可以使必要的业务过程运作起来。

💡 **注意** 不要过于详细地构建废弃型原型，只要能够满足原型制作的目标就够了。要抵制住诱惑，或顶住用户的压力，不要向原型添加更多的功能。

图 13.1 描述了借助于废弃型原型，从用例到详细的用户界面设计的一系列开发活动。每一个用例描述包括了一系列执行者(actor)的动作和系统响应，这些可以用对话图来建立模型以描述一种可能的用户界面体系结构。废弃型原型把对话元素细化为特定的屏幕、菜单和对话框。当用户评估原型时，他们的反馈可能会引起用例描述(例如发现一个新的可选路线时)或对话图的改变。对需求进行细化并勾画出屏幕的大体布局之后，我们就可以对用例界面元素进行优化，以提高其易用性。与直接从用例描述跳跃到完整的用户界面的实现，然后在需求中发现重大问题从而导致大量的返工相比，这种逐步求精的方法更为划算。

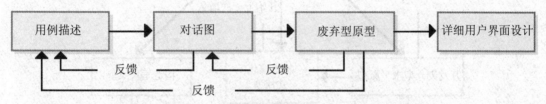

图 13.1 利用废弃型原型从用例到界面设计的活动序列

13.5 演化型原型

演化型原型(evolutionary prototype)与废弃型原型相对。当随着时间的推移，需求越来越明确时，演化型原型为增量地构建产品奠定了坚实的结构基础。演化型原型是螺旋式软件开发生命周期模型(Boehm 1998)和某些面向对象软件开发过程(Kruchten 1996)的一个组成部分。与废弃型原型快速、粗略的特点相比，演化型原型必须具有健壮性，代码质量从一开始就要达到产品的要求。因此，要完成相同的功能，构建演化型原型比构建废弃型原型所花的时间更多。演化型原型必须设计得易于进行扩展和频繁改进，因此，开发人员必须重视软件体系结构和成熟的设计原则。要得到高质量的演化型原型并没有捷径可走。

我们应该将演化型原型的第 1 次增量作为一个试验性版本，用来实现需求中已经正确理解和稳定的部分。根据用户验收测试和初次使用时发现的问题，在下一次迭代中对其进行修改。最终完整的产品就是由一系列演化型原型发展而来的。这些原型可以很快地将能够使用的功能交付给用户。如果我们已经预料到应用程序日后还要进行扩展，例如对那些逐渐集成各种信息系统的项目，那么选择演化型原型就很合适。

演化型原型很适用于 Internet 开发项目。我曾经负责过一个项目，根据通过用例分析开发出来的需求, 我们团队创建了 4 个原型。对于每个原型都有若干用户对其进行评估, 根据他们对我们所提出的问题做出的回答, 我们对每个原型进行了修正。在根据第 4 个原型的评估进行修正之后就生成了最终的 Web 站点。

图 13.2 演示了综合使用各种原型的几种方法。例如, 我们可以利用从一系列废弃型原型中获得的知识来细化需求, 然后可能通过一个演化型原型系列来增量地实现需求。图 13.2 中的另一条可选路径是, 在完成用户界面设计之前, 先使用废弃型水平原型澄清需求, 与此同时, 用垂直原型来验证体系结构、应用程序组件和核心算法。我们**无法**成功实现的是, 把废弃型原型固有的质量低特性转化为产品系统所要求的健壮性。此外, 如果不对体系结构进行大的改动, 不可能将只同时用于少量用户完成任务的工作原型, 扩大为用于处理数以千计用户任务的产品。表 13.1 概括地总结了废弃型、演化型、水平和垂直原型的一些典型应用。

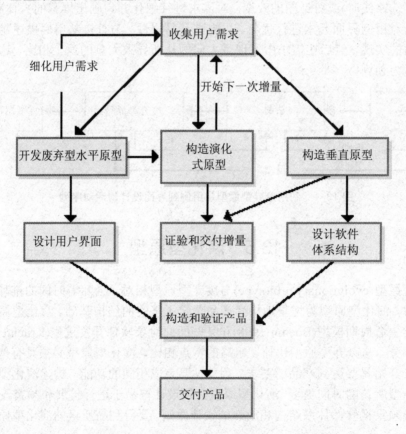

图 13.2　在软件开发过程中综合使用原型法的若干可能的方法

表 13.1　软件原型的典型应用

	废弃型原型	演化型原型
水平原型	阐明并细化用例和功能性需求	实现核心用例 根据优先级实现其他用例

续表

	废弃型原型	演化型原型
	识别遗漏功能	实现并精化Web站点
	研究用户界面方法	使系统适应快速变化的业务需要
垂直原型	演示系统可行性	实现并扩充核心客户端/服务器功能和通信层
		实现并优化核心算法
		测试并调整性能

13.6　书面原型和电子原型

我们并不需要总是创建可执行原型来解决需求的不确定性。**书面原型**(paper prototype)有时也称为"低保真原型(lo-fi prototype)",是一种成本低、速度快且不涉及高深技术的方法,可以把一个系统的某部分是如何实现的呈现在用户面前(Rettig 1994,Hohmann 1997)。通过书面原型可以判断用户和开发人员对需求的理解是否一致。书面原型还可以使我们在开发生产代码之前,对可能的解决方案空间进行试验性和低风险的尝试。一种相似的技术称为"情节串连图板(storyboard)"(Leffingwell 和 Widrig 2000)。情节串连图板常常演示所提议的用户界面,但并没有展示用户与它的具体交互。

书面原型所涉及的工具仅仅是纸张、索引卡、粘贴便签和干净的塑料板。设计人员对屏幕布局进行构思,而不必关心布局中控件的精确位置和它们的外观。用户愿意提供反馈信息,我们可以据此在一页纸上对原型进行充分的修改。有时,他们并不急于批评一个基于计算机的可爱的原型,因为这样的原型凝结了开发人员的许多辛勤劳动,而开发人员也不愿意对精心制作的电子原型(electronic prototype)做重大更改。

有了"低保真"原型,当用户遍历一个评估场景时,一个人就可以充当计算机的角色。用户通过大声说出他想在特定的屏幕上做什么来启动动作,例如,当用户说"我需要在文件(File)菜单中选择打印预览(Print Preview)一项"时,模仿计算机的人就会把相应的纸张和索引卡拿给用户看,这些纸张和索引卡表示了用户采取这一动作时的外观显示。用户就可以判断这是否确实是所期望的响应,并且还可以判断所显示的条目内容是否正确。如果有错误,只需要用一张新纸或索引卡,重画一张就可以了。

📖 停下工作,观看魔术

一个设计图片复印机的开发团队曾向我抱怨说,他们设计的最新的复印机未能满足可用性方面的要求。一个普通的复印活动就需要 5 个独立的步骤,用户发现这样太麻烦。"我希望设计复印机之前我们能够对此活动创建原型",一位开发人员渴望地说。

如何为像图片复印机这样复杂的产品创建原型呢?首先,买一台大屏幕电视。在装电视用的箱子的侧面写上"复印机"。箱子里面坐一个人,再请一名用户站在箱子外面并模拟复印活动。箱子里的人以他期望复印机响应问题的方式来回答问题,用户代表观察这些回答是否与自己所想的相吻合。像这样一个简单而有趣的原型——有时也称为"古怪原型(Wizard of Oz prototype)"——经常可以尽早地得到用户的反馈信息，这样可以有效地指导开发团队做出设计决策。您顺便还可以得到一台大屏幕电视。

不管原型制作工具的效率有多高，在纸张上绘制原型仍然是最快速的方法。书面原型可以方便地实现快速迭代，而迭代对需求开发的成功与否起着至关重要的作用。在设计详细的用户界面、构造演化型原型，或者从事传统的设计和构造活动之前，书面原型对于细化需求是一种优秀的技术。书面原型也有助于开发团队管理客户的需求。

如果决定构建一个废弃型电子原型，那么可以使用以下几种工具(Andriole 1996)：

- 编程语言，例如 Visual Basic、IBM VisualAge Smalltalk 和 Delphi。
- 脚本语言，例如 Perl、Python 和 Rexx。
- 商业原型制作工具箱、屏幕绘图器和图形用户界面生成器。
- 绘图工具，例如 Visio 和 PowerPoint。

使用 HTML(超文本标记语言，Hypertext Markup Language)页面(能够快速修改)的基于 Web 的方案适用于创建旨在澄清需求的原型，而对于快速地研究详细的界面设计来说，这种方案就不是很适用。运用合适的工具，我们可以轻松地实现并修改用户界面组件，而不管隐藏在界面背后的代码效率有多低。当然，如果我们正在创建一个演化型原型，那么就必须从一开始就使用产品开发工具。

13.7　原型评估

为了提高对水平原型的评估，可以创建脚本来指导用户通过一系列步骤并且回答一些特定的问题，以便获取所需要的信息。这些活动是对一般的询问"告诉我，你对这个原型的看法如何？"的补充。我们可以从原型所针对的用例或功能中推导出评估脚本。这一脚本可以让评估人员执行特定的任务，并且指引他们执行自己觉得最不确定的原型部分。在每个任务执行之后，也可能是在任务执行中间，脚本会提供特定的与任务有关的问题。此外，您还可以询问以下几个一般性的问题：

- 这个原型是以你所期望的方式来实现功能的吗？
- 有遗漏的功能吗？
- 你认为是否还有该原型所没有处理的出错情况？
- 有多余的功能吗？
- 你认为这些导航的逻辑性和完整性如何？
- 是否有过于复杂的任务？

务必要通过合适的人从恰当的角度来评估原型。要同时包括有经验的和经验不足的用户类代表。在把原型呈递给评估人员时，要强调原型只处理部分功能，其余功能要等到开发真正的系统时才能实现。

 注意　要提防用户由于他们所评估的原型似乎可以真正地运作而将产品数据用到

原型中。当原型废弃之后，如果用户的这些数据也随之而消失，那么他们会感到很沮丧。

比起只是简单地听取用户对原型的想法来，亲自观察用户如何使用原型可以获得更多的信息。虽然正式的可用性测试功能很强大，但是通过简单的观察也可以获得很多信息。要注意观察用户的手指本能地所指的那些地方，找出那些这一原型与评估人员所使用的其他应用程序的行为发生冲突的地方，也要找出那些与用户的下一个动作没有关系的地方。注意观察用户在哪些地方紧锁眉头，这表明用户感到迷惑不解，他们不清楚下一步该怎么做、如何导航到所希望的目标地方、或者如何选择一条旁侧路线到达应用程序的另一个地方以查看某些东西。

当用户在评估原型时，让用户尽量把自己的想法大胆地说出来，这样我们才能理解他们想什么，并且能够发现原型处理得很糟糕的需求部分。努力创造一个无偏见的环境，这样评估人员可以畅所欲言，表达他们的想法、观点和所关心的事物。在用户评估原型时，要避免诱导用户用"正确的"方法来执行某些功能。

把从原型评估中获得的信息编写成文档。对于一个水平原型，用这些信息细化软件需求规格说明中的需求。如果通过原型评估，做出某些用户界面设计的决策或者特定交互技术的选择，那么把这些结论以及如何实现都记录下来。没有用户参与的决策常常需要不断地反复进行修订，从而造成不必要的时间浪费。对于一个垂直原型，对所做的评估及评估结果进行编档，同时对所研究的技术方法制定决策。找出软件规格说明与原型之间的冲突。

13.8 创建原型所带来的风险

虽然通过创建原型可以减少软件项目失败的风险，但它自身又引入了风险。最大的风险就是涉众看到一个正在运行的原型，从而得出产品几乎已经完成的结论。"哦，这看起来好像差不多了！"满腔热情的原型评估人员说："这看起来真的很好，你能在差不多完成之后把它交给我吗？"

一句话：不行！决不要将废弃型原型用于生产，无论它与真正的产品是如何相似。它只是一个模型、一次模拟或一次实验。除非出于迫不得已的业务动机需要产品立即上市(而且管理层接受由此带来的高额的维护费用)，否则一定要顶住压力，不要交付废弃型原型。交付这种原型实际上将导致项目的延期完成，因为此原型的设计和编码并没有考虑到软件的质量和耐用年限。

> **注意** 提防涉众产生这样的误解：原型只是产品软件的早期版本。期望管理 (expectation management)是成功创建原型的一个至关重要的因素。看到原型的每一个人都必须理解原型的用途和局限性。

不要因为惧怕提交不成熟产品的压力而阻碍我们创建原型。向见到原型的人讲清楚原型将不会作为产品发布。控制这种风险的一种方法是利用书面原型而不要用电子原型。评估书面原型的人不会认为产品几乎已经完成了。另一种方法是使用原型创建工具，这些工具不同于真正开发时所用的工具，这将有助于我们顶住"差不多完成"原型并交付的压力。使原型看起来粗糙一点，这也可以减轻这种风险。

创建原型的另一个风险是，用户重点关注的是系统"how(如何)"的那些方面，他们关注用户界面的外观如何，以及如何操作这些界面。如果使用看起来很真实的原型，用户就容易忘却在需求阶段他们主要应该关注那些"what(什么)"方面的问题。我们应该将原型局限于显示画面、功能和导航选项，这可以消除需求中的不确定性。

创建原型的第 3 个风险是，用户将根据原型的性能来推断最终产品的期望性能。不能在预期的生产环境中评估水平原型。我们可能采用了与产品开发工具有不同效率的工具来创建原型，例如采用了对脚本进行解释，而不是对代码进行编译。垂直原型可能并没有使用合适的算法，或者可能缺乏安全层，这会损害最终性能。如果评估人员看到原型可以立即响应一个模拟的数据库查询，因为这些查询结果是通过使用硬代码而得到的，那么他们就可能期望在最终的软件产品中也具有同样惊人的性能，而不管最终产品所用的数据库是庞大的分布式数据库。创建原型时还要考虑到时间延迟，这样才能更真实地模拟最终产品的预期行为，也不至于临近产品交付期限时甚至连原型还没有准备好。

最后，还应该避免对原型创建活动投入太多的工作，使开发团队用尽了所有的时间，最终被迫交付原型，或者匆匆忙忙实现一个产品。应该将原型当作一次实验。通过原型测试需求中充分定义的假设和所解决的关键的人-机界面和体系结构问题，以便继续进行后续的设计和构造工作。通过原型来测试这些假设、回答这些问题并精化对需求的理解，这已足够了。

13.9   原型法成功的因素

创建软件原型是一种功能强大的技术，它可以加快开发进度，提高客户的满意程度，生产出高质量的软件产品。为了在需求开发过程中建立有效的原型，请遵循如下原则：

- 应该在项目计划中包括创建原型的任务。安排好开发、评估和更改原型的时间进度和所需的资源。
- 创建原型之前，先要陈述每个原型的用途。
- 要计划开发多个原型，因为很少能一次便成功(这正是创建原型的全部意义)。
- 创建废弃型原型要尽量快速而经济。用最少的投资开发那些用于回答问题和解决需求不确定性的原型。不要努力去完善废弃型原型。
- 废弃型原型中不应包括输入数据有效性检查、防御式编码技术、用于错误处理的代码或代码注释文档。
- 对于已经理解的需求不要建立原型，除非是要研究设计选择方案。
- 在原型屏幕显示和报告中使用看似真实的数据，因为原型评估人员会受不现实数据的影响，而不能把原型看作一个演示实际产品外观和行为的模型。

● 不要期望用原型完全代替软件需求规格说明。原型只是暗示了隐藏在屏幕后面的许多功能，因此必须在软件规格说明中对这些功能进行描述，使之完善、详细并且便于跟踪。一个应用程序的可视部分只是冰山上的一角，屏幕画面并不能说明数据字段定义和数据有效性检查标准的详细信息、数据字段之间的关系(例如：只有在用户对用户界面中的某个控件做某种选择时才会出现另一个控件)、异常处理、业务规则和其他一些必要信息。

下一步

● 确认项目中引起需求混乱的部分(例如某个用例)。用书面原型拟定一部分可能的用户界面，它表示了你对需求的理解和如何实现这些需求。让某些用户走查原型来模拟执行一个可用场景。确定初始需求不够完整或不够正确的部分。相应地修改原型并再次走查它，以确认其缺陷已得到纠正。
● 向原型评估人员概括说明本章内容，这有助于他们理解隐藏在原型活动背后的原理，并且使他们避免对结果存在不现实的期望。

第 14 章　设定需求优先级

在将"化学品跟踪系统"的大部分用户需求编写成文档之后，项目经理 Dave 和需求分析员 Lori 约见了两个用户代言人 Tim 和 Roxanne。Tim 代表化学家，而 Roxanne 则代表化学品仓库工作人员。

"你们已经知道"，Dave 开始说："用户代言人已经为化学品跟踪系统提供了许多需求，但遗憾的是，我们无法在产品的第 1 个版本中包含所要求的全部功能。由于大部分需求来自化学家和化学品仓库工作人员，所以我想与你们二位谈一谈关于设定需求优先级方面的问题。"

Tim 感到迷惑不解。"为什么要设定需求优先级呢？这些需求都很重要，否则我们也就不会向你们提出这些需求了。"

Dave 解释说："我知道这些需求都很重要，但我们无法按时交付一个满足所有需求同时又能够保证质量的产品。我们要保证下一季度末交付的第 1 版产品首先满足最重要的需求。希望能得到你们的帮助，把第 1 个版本中必须包括的需求与可以等到以后版本再满足的需求区分开。"

"就我所知，卫生和安全部门向政府提交的报告必须在本季度末完成，否则公司会遇到麻烦"，Roxanne 指出，"如果迫不得已，我们可以再使用几个月化学品仓库现行的存货清单系统。但是条形码标签和扫描功能则必不可少，这比化学家所需的可查找的供应商目录更为重要。"

Tim 提出抗议："我已向化学家保证，为他们提供目录查询功能，以节省他们的时间。所以系统从一开始就必须包括目录查询功能"，他坚持道。

分析员 Lori 说："当我与化学家共同探讨用例时，有些用例似乎经常执行，而有些用例则只是偶尔执行或者只是由很少的人执行。我们是否可以分析一下全部的用例集，并确定那些你们不会立即使用的用例呢？如果可以的话，我们也很乐意推迟实现某些顶级优先级中华而不实的功能。"

对于某些系统功能必须等到以后的版本中才能交付使用，虽然 Tim 和 Roxanne 对此感到不悦，但他们也意识到这样做是合理的。如果产品无法在 1.0 版本中满足全部需求，那么最好是每个人就首先实现哪些功能达成共识。

每一个受资源限制的软件项目都必须对要求的产品功能定义相对优先级。设定优先级有助于项目经理解决冲突、安排阶段性交付，并且做出必要的取舍。本章将讨论设定需求优先级的重要性，提出一个简单的优先级划分方案，并介绍更严格的基于价值、成本和风险的优先级分析方案。

14.1　为什么要设定需求优先级

当客户的期望很高而开发时间又很紧迫时，我们就必须确保在产品的尽早版本中提供最重要的功能。设定优先级是一种行之有效的方法，可以处理在资源有限的情况下，应该优先满足哪些需求。为每一种功能建立相对优先级后，就可以规划软件的开发，以最低的成本提供最佳的产品。如果正在从事时间盒式(timeboxed)开发或增量开发，那么设定优先级就特别重要，因为在这些开发中，交付进度安排得很紧迫并且不可改变。在极限编程(Extreme Programming)方法中，每隔 2～3 个星期就要增量发布一次产品，由客户选择每次发布时所期望实现的"用户场景(user stories)"，而由开发人员评估这些实现的可能性。

项目经理必须根据时间进度、项目预算、人力资源以及质量目标等约束条件，权衡考虑，制定出合理的项目范围。达到此目的的一种方法是：当接受一个更重要的新需求或者项目的其他条件发生变化时，删除优先级低的需求，或者把它们推迟到下一版本中实现。如果客户并没有将他们的需求按重要性和紧迫性区分开，那么项目经理就必须自己做出决策。很可能客户并不赞成项目经理所设定的优先级，这不足为奇，所以客户必须指明哪些需求必须在最初版本中得到实现，哪些需求可以延期实现。当有多个可用方案都可以实现一个成功的产品时，应该尽早在项目中设定优先级，并且要定期重访它们。

让每一位客户都来决定他们的需求中哪些最重要，是很难做到的；而要让众多具有不同期望的客户达成一致意见就难上加难了。人们心中本能地都存在个人利益，不愿意为了别人的利益而损害自己的需要。然而，我们在第 2 章中已讨论过，在客户-开发人员这种合作伙伴关系中，促成需求优先级的设定是客户的责任之一。并不仅仅是简单地定义需求的实现顺序，对优先级加以讨论有助于澄清客户的期望。

客户和开发人员都必须为设定需求优先级提供信息。客户总是赋予那些能给他们带来最大的业务利益或易用性利益的需求最高的优先级。然而，一旦开发人员指出与某一特定的相关需求相关的成本、难度、技术风险，或取舍需要时，客户可能也会认为他们最初所坚持的需求似乎也并不是那么必不可少。开发人员也可能决定在早期阶段必须先实现的某些优先级较低的功能，因为它们会影响系统的体系结构。

14.2　优先级规则

客户对设定优先级的第 1 个反应是，"所有这些功能我都需要，无论采用什么方式，只要实现它就行"。如果客户知道优先级低的需求可能不会实现，那么就很难说服客户讨论需求优先级。一名开发人员曾经告诉我，若在他们公司说某条需求具有低优先级，这就不符合行政上的要求，他们所采用的优先级分类是高、很高和特高。还有一位开发人员声称，根本没有必要设定优先级，因为如果他把需求写入软件需求规格说明中，那么他就会不遗余力地去实现这些需求。然而，这并没有考虑到每个功能何时实现的问题。有些开发人员更喜欢避开设定优先级，因为他们觉得这与他们所要表达的"我们可以全部完成产品功能"的态度相冲突。

注意　　要避免"分贝式优先级"的设定方式，在这种方式中，说话的声音越大，得到的优先级越高；也要避免"威胁式优先级"的设定方式，在这种方式中，拥有最大行政权力的涉众的要求总是能最先得到满足。

事实上，总有一些系统功能比其他系统功能更为必要。在项目接近尾声时，在极其普遍的"快速缩小范围阶段(rapid descoping phase)"，当开发人员抛弃掉一些不必要的功能以保证按期交付一些重要功能的时候，这一特性体现得尤为明显。如果在项目的早期阶段设定优先级，并随着用户偏好、市场状况和业务事件的变更而重新评估它们，那么项目团队就可以"好钢用在刀刃上"，合理地将时间花在价值最高的功能中。如果某一功能已经实现得差不多了，才得出该功能并不需要的结论，则会造成时间上的巨大浪费，同时也会让人感到很沮丧。

如果让客户自己设定优先级，那么他们将把85%的需求设定为高优先级，10%的需求设定为中等优先级，5%的需求设定为低优先级，这并没有给项目经理很多灵活性。如果确实是几乎所有的需求都具有最高的优先级，那么项目就面临着不能完全获得成功的风险，因此应该制定出相应的计划。我们可以通过废除不必要的需求并且简化那些过于复杂的需求，来对需求做出调整(McConnell 1996)。为了帮助客户代表确认哪些需求属于低优先级的需求，分析人员可以向他们询问如下几个问题：

- 是否有其他方法可以满足这一需求？
- 如果忽略或推迟实现这一需求，其后果是什么？
- 如果不立即实现这一需求，那么对项目业务目标会有什么影响？
- 如果将这一需求推迟到下一版本中实现，用户为什么会不满意？

在一个大型的商业项目中，团队的管理层对分析人员设定需求优先级的意见表现得很不耐烦。管理人员指出，他们可以接受取消某一特定的功能的提议，但作为补偿，可能需要加强另外一个功能。如果有太多的需求被延期实现，那么产品将不能获得预期收益。当评估需求优先级时，应该看到不同需求之间的联系和相互关系，以及它们与项目业务目标的一致性。

14.3　优先级的等级

设定优先级的一种常见方法是把需求分成3类。在这种方法中，总可以将优先级归结为高、中、低3个优先级。这种设定优先等级的方法是一种主观上的方法，而且也不够精确。涉众必须对他们所采用的每一个优先等级的含义达成一致意见。

一种评估优先级的方法是从重要性和紧迫性两个方面进行考虑(Covey 1989)。每一个需求都可以分为重要的还是不重要的，紧迫的还是不紧迫的，因此可以产生4种可能的组合，如表14.1所示，据此我们可以定义出需求的优先级。

表14.1　根据重要性和紧迫性来设定需求优先级

	重　要	不　重　要
紧迫	高优先级	置之不理

	重 要	不 重 要
不紧迫	中优先级	低优先级

- **高优先级**需求既重要(用户需要这一能力)又紧迫(用户在即将发布的版本中需要这一功能)。出于合同上或法律上的责任,这一需求必须得到满足;或者也可能是由于迫不得已的业务上的原因,必须立即满足这一需求。
- **中优先级**需求虽然重要(用户需要这一功能),但并不紧迫(用户可以等到以后的版本)。
- **低优先级**需求既不重要(如果有必要的话,即使不实现这一功能,用户也会欣然接受),也不紧迫(用户可以等到以后的版本,甚至可以一直等下去)。
- **置之不理**的需求虽然紧迫,但实际上并不重要,那么就不要在这一需求上浪费时间了。满足这些需求对产品而言没有多少价值。

每一个需求的优先级都必须写入用例描述、软件需求规格说明或需求数据库中。要为设定的优先级建立一个约定说明,这样读者就可以了解到分配给一个高级需求的优先级是否被其所有从属需求所继承,或者每个单独的功能性需求是否应该有它自己的优先级属性。

即使是一个中等规模的项目也会有上百个功能性需求,我们无法通过分析对这么多的需求进行大家都认同的分类。为了使需求易于管理,我们必须选择一个合适的抽象层次——特性、用例或功能性需求,在这一层次上来设定优先级。在用例中,某些可选路线可能比其他路线具有更高的优先级。我们可能决定先在特性层上设定优先级,然后分别在这些特性层次上再根据功能性需求设定优先级。这有助于我们从可以延期实现的细化需求中识别出核心功能。即使是对低优先级的需求也要进行编档,因为它们的优先级以后可能还要发生改变,所以现在了解有关这些需求的信息也有助于开发人员规划将来软件的改进版本。

14.4 根据价值、成本和风险来设定优先级

在一个小型项目中,涉众可以不正式地就需求的优先级达成共识。但对于大型项目或有争议的项目则需要采用一种更加结构化的方法,这样在处理过程中,可以消除一些感情因素、政策因素以及推测。人们提出许多分析上的和数学上的技术用于辅助需求优先级的确定,这些方法包括建立每个需求的相对价值和相对成本。优先级最高的需求是那些以最低的成本生产出最高的产品价值的需求(Karlsson 和 Ryan 1997,Jung 1998)。然而当需求过多时,通过成对比较所有的需求来主观地估计成本和价值就变得不切实际了。

另一种方法是质量功能部署(Quality Function Deployment,QFD),它是能够将客户价值和所提议的产品功能相联系的一种综合方法(Zultner 1993,Cohen 1995)。第 3 种方法来自全面质量管理(Total Quality Management,TQM),它以多个重大项目成功的标准

来评价每个需求，并且计算出一个分值，用于排定需求的优先级。但是，似乎并没有软件组织愿意采用严格的 QFD 或 TQM。

表 14.2 演示了一个电子数据表模型，该数据表有助于估计一组用例、特性或功能性需求的相对优先级。可以从 *http://www.processimpact.com/goodies.shtml* 下载这个 Excel 电子表格。这个例子描述了"化学品跟踪系统"的若干特性(还有哪些其他特性？)。这个方案来自于 QDF 关于客户价值的概念，客户价值取决于两个方面：一方面，如果实现了特定的产品特性，那么将为客户提供利益；另一方面，如果不能实现产品特性，客户利益就要受到损害(Pardee 1996)。特性的诱人之处是与它所提供的价值成正比，而与实现该特性的成本和技术风险成反比。其他一切都是平等的，只有那些具有最高的价值/成本比的特性才应当具有最高的优先级，这些特性的风险是可以调整的。这个方法在连续的区间上分配一组估计的优先级，而不只是把它们分成几个不同的独立优先级等级。

表 14.2 "化学品跟踪系统"优先级设定的矩阵范例

相对权值 特性	2 相对 收益	1 相对 损失	总价 值	价值%	1 相对 费用	费用%	0.5 相对风 险	风险%	优先级
1.打印化学品安全数据表	2	4	8	5.2	1	2.7	1	3.0	1.22
2.查询供应商订单的状态	5	3	13	8.4	2	5.4	1	3.0	1.21
3.生成化学品仓库存货清单报表	9	7	25	16.1	5	13.5	3	9.1	0.89
4.查看某个特定化学品容器的历史记录	5	5	15	9.7	3	8.1	2	6.1	0.87
5.从供应商目录中查询一种特定的化学品	9	8	26	16.8	3	8.1	8	24.2	0.83

续表

6. 维护化学品列表	3	9	15	9.7	3	8.1	4	12.1	0.68
7. 更改未定的化学品请求	4	3	11	7.1	3	8.1	2	6.1	0.64
8. 生成个人实验室存货清单报表	6	2	14	9.0	4	10.8	3	9.1	0.59
9. 在培训数据库中查询危险化学品培训记录	3	4	10	6.5	4	10.8	2	6.1	0.47
10. 从结构化绘图工具导入化学品结构	7	4	18	11.6	9	24.3	7	21.2	0.33
总计	53	49	155	100.0	37	100.0	33	100.0	

这个设定优先级的方案可适用于除了最高优先级之外的所有需求。不能把实现产品核心业务功能的特性、被视为产品的独特之处的特性、或者那些为符合政府规定所要求的特性作为该优先级方案的分析条目。除非是如果条件发生变化时这些特性的优先级有可能变得较低，否则就必须在产品中立即实现这些特性。一旦分清对于产品交付必不可少的特性，就可以对其他特性采用表 14.2 所示的模型来确定其相对优先级。在设定优先级的过程中典型的参与者有：

● 项目经理，负责整个过程，解决冲突，并且在必要的时候协调其他参与者的意见。

● 客户代表，例如用户代言人或市场人员，他们可以提供受益和损失的程度。

● 开发人员代表，例如开发团队的技术负责人，他们提供成本和风险度。

要使用这一优先级设定模型，必须遵循如下步骤：

1. 在电子表格中列出要设定优先级的所有特性、用例或需求，在这个例子中，我们使用的是特性。所有条目都必须在同一抽象级别上，不要把功能性需求与产品特性混合在一起。如果某些特性有逻辑上的联系(例如，只有在包括特性 A 的情况下才能实现特性 B)，那么在分析中只要列出驱动特性就可以了。这种模型在其有效范围内可以容纳几十种特性，如果条目数量超出了这一范围，那么就把相关的特性归成一类，并创建一个可管理的初始化列表。如果有必要的话，可以在更详细的级别上进行第 2 轮分析。

2. 让客户代表来估计每一个特性提供给客户或业务的相关利益，并用 1～9 划分等级，1 代表对任何人都没用的特性，9 代表具有最大价值的特性。这些利益等级表明这些特性与产品业务需求的一致性。

3. 估计出如果没有把某一特性包括到产品中，将会给客户或业务上带来的损失。仍然使用 1～9 划分等级，这里 1 代表即使不包括这一特性也无人会介意，9 代表严重损失。对于具有低收益低损失的需求只会增加费用，而不会增加价值；它们可能只是起修饰作用的实例，也可能是看起来很吸引人但却不值得投资的功能。当分配损失等级时，可以考虑如果某一特定的能力没有包括到产品中，客户的不悦程度如何。问自己如下几个问题：

   - 与包含这一特性的其他产品相比，自己的产品是否会遭受损失？
   - 是否要承担任何法律上或合同上的后果？
   - 是否违反了某些政府标准或业界标准？
   - 用户是否不能够执行某些必要的或期望的功能？
   - 以后对产品升级时再添加这一特性是否会很困难？
   - 市场已经许诺了实现某个特性以满足某些潜在的客户的需要，但项目团队又决定忽略它，这会产生什么问题？

4. 该电子数据表中"总价值"一栏是"相对收益"和"相对损失"的总和。在默认情况下，收益和损失的权值是相等的。作为一种改进，可以更改这两个因素的相对权值，这些权值在该电子数据表的第 1 行。在表 14.2 这一范例中，所有收益估价的权值都是相应的损失估价权值的两倍。该电子数据表算出了特性价值的总和，并计算出每个特性价值占总价值的百分比("价值%"一栏)。

5. 让开发人员估计实现每个特性的相对成本，仍然使用 1～9 来划分等级，1 代表快速而容易，9 代表费时又昂贵。该电子数据表将计算出每一个提议特性的成本占总成本的百分比。根据特性的复杂度、所需要的用户界面的实际情况、重用当前代码的潜在能力、所需的测试量和文档等等，开发人员可以估算出成本。

6. 类似地，让开发人员估计出与每个特性相关的技术风险或其他风险的相对程度，并利用 1～9 来划分等级。技术风险是指第 1 次尝试实现某特性时不能成功的概率。1 表示可以轻松地实现编程，而 9 表示需要重点关注其可行性、缺乏具有专门知识的人员，或者使用不成熟或不熟悉的工具和技术。可能需要返工的那些不清晰的需求应具有一个高风险级别值。该电子数据表将计算出每个特性所产生的风险百分比。

   在标准模型中，收益、损失、成本和风险这几个术语的权值都是相等的，但是我们可以调整这些权值。在表 14.2 的电子数据表中，风险权值是成本权值的一半，而费用权值与损失权值相等。如果根本无需在模型中考虑风险，就把风险的权值设为 0。

7. 把所有的估算都填入电子数据表之后，就可以利用如下公式计算出每一特性的优先级：

$$优先级 = \frac{价值\%}{(成本\%*成本价值)+(风险\%*风险价值)}$$

8. 按计算出的优先级的降序排列表中的特性。处于列表最顶端的特性是价值、成本和风险之间的最佳平衡(所有其他因素都是相同的)，因此必须具有最高的优先级。

📖 **平定争议**

某家公司采用了根据本章所介绍的电子数据表来设定需求优先级的过程，结果发现这有助于项目团队打破僵局。在一个大型项目中究竟哪些特性最重要，若干涉众对此持不同的意见，于是团队陷入了困境。这种电子数据表的分析使优先级评估更加客观，更不受感情因素的影响，因此团队得出了某些合理的结论，项目继续进行。

顾问 Johanna Rothman(2000)汇报道：“我已经将此电子数据表推荐给我的客户，作为一种决策制定工具。虽然他们从来也没有完整地填写过这张电子数据表，但他们发现由此而激起的讨论，对设定不同需求的相对优先级起了极大的帮助作用。”也就是说，根据收益、损失、成本和风险这种框架，对优先级加以讨论，比起全部填写完电子数据表并计算出优先级顺序的形式主义来，前者似乎更有价值。

这一技术的准确性会受到团队对每个条目的收益、损失、成本和风险的估算能力的限制，因此，只能把计算出来的优先级顺序作为一种指导策略。客户和开发人员代表应该评审整个电子数据表，从而在评价和优先级排序结果上达成共识。利用先前项目中一系列完整的需求，根据自己的使用情况来校正这个模型。可以适当调整每一因素的权值，直到所计算出的优先级顺序，与后来对实际的校准集中需求的重要性评估相吻合为止。这可以提高我们的信心，将这一工具作为一个模型，制定出项目的优先级决策。

💡 **注意** 不要过分追究计算出的优先级数值之间的细小差别。这种半定量方法从数学上来讲并不严密。查看具有相似优先级数值的需求分组。

有关某一特定需求的相对重要性或忽略它所带来的损失，不同涉众的观点经常会发生冲突。这种用于设定优先级的电子数据表有一种变体，可以用来协调若干用户类或其他涉众给出的信息。在所下载的电子数据表中选择 Multiple Stakeholders(多涉众)电子表选项卡，复制“相对收益”和“相对损失”两列，这样就可以针对所要分析的每一类涉众都进行设定。然后为每一类涉众分配一个权值，需要优先考虑的用户类比对项目决策影响不大的用户群要设置较高的权值。让每一类涉众代表提供他自己对每种特性的收益和损失的评价。这一电子数据表在计算总价值时会考虑到这一涉众权值。

当评估所提出的需求时，这个模型也有助于我们做出合理的折中决策。结合现存的需求基线来评估这些需求的优先级，这样，就可以选择一个合理的实现序列。

设定优先级的过程应该尽量简化，但是不要过于简单。努力使需求远离政治竞技场，而成为一种自由讨论会，在会上涉众可以畅所欲言地进行评估，这样我们才更有可能交付出具有最大业务价值的产品。

下一步

- 将本章所描述的设定优先级模型应用于当前项目中 10 个或 15 个特性或用例上。把计算出来的优先级与用其他方法所设定的优先级进行比较，其结果如何？把它们与凭直觉判断出的优先级相比，其结果又如何？

- 如果模型所描述的优先级与所设想的优先级有不一致之处，分析模型中哪一部分的结果不合理。尝试对收益、损失、成本和风险应用不同的权值，调整模型，直到它所提供的结果与所期望的一致为止。

- 校准并调整好设定需求优先级的模型后，把它应用于新的项目。把计算出的优先级结合到决策过程之中，并使用其他设定需求优先级的方法相比较，看得到的结果是否使涉众更满意。

第15章 需求确认

测试负责人 Barry 是审查会的仲裁人，与会者正在仔细检查软件需求规格说明中存在哪些问题。与会者中还包括来自两个主要用户类的代表：开发人员 Jeremy 和分析人员 Trish，Trish 是该软件需求规格说明的编写人员。第 83 条需求这样陈述："系统对无人值守的访问 DMV 系统的工作站终端提供超时安全保护措施"。Jeremy 向小组其他成员提出了他对这条需求的解释："第 83 条需求提到，如果在某一段时间内没有任何操作，那么系统应自动注销登录到 DMV 系统的所有工作站的当前用户"。

"对于第 83 条需求，各位还有什么问题吗？"，Barry 问道。

用户代言人 Hui-Lee 首先说道："系统如何断定终端是无人值守的呢？这是否类似于屏幕保护？比如说，如果超过 5 分钟没有发生任何鼠标或键盘操作，那么是否要注销此用户呢？如果用户只是与别人聊了几分钟，这种作法可能会令人不悦"。

Trish 补充道："实际上，需求根本没有提到注销用户。我不能确定超时安全性的准确含义，只是假定是注销，但也可能是要求用户再次输入密码"。

Jeremy 也被弄糊涂了，"这是指能够连接到 DMV 系统的所有工作站呢，还只是指那些当时正在注册到 DMV 系统的工作站呢？我们所谈论的超时具体是指多长时间呢？也许应该为这些问题提供一个关于安全性的规定"。

Barry 确信会议记录人员已经准确地记录下了所有这些令人关注的问题。"好吧，看起来第 83 条需求有些地方还不够明确，也缺少一些具体信息，例如超时时间是多长。Trish，请你与负责安全性的部门人员协商一下，以便澄清这些问题，好吗？"。

大多数软件开发人员都经历过这样的烦恼，即要求实现的需求不明确或不完整。如果开发人员不能得到他们所需的信息，就只好自己来推测，但这种推测未必总是正确的。以这种需求为基础的工作完成以后，若要再修正需求错误就需要做大量的工作。有研究表明：修正客户发现的需求缺陷所需的工作量，大约是更正需求开发期间发现的错误所需的工作量的 100 倍(Boehm 1981；Grady 1999)。另一个研究表明，更正需求阶段发现的错误平均仅需要花 30 分钟，相反，纠正系统测试期间发现的缺陷则需要花 5～17 个小时(Kelly、Sherif 和 Hops 1992)。显然，检测到需求规格说明中的错误所采取的任何措施，都可以节省相当可观的时间和费用。

在许多项目中，测试都是一项后期(late-stage)活动。与需求相关的问题会一直存留在产品中，直到通过耗时的系统测试或者由客户才能最终发现它们。如果在开发过程的早期阶段就制定测试计划并开发测试用例，那么许多错误一经出现就会被检测到，这样就可以阻止危害进一步扩大，并且可以减少测试费用和维护费用。

图 15.1 描绘了软件开发的 V 字模型，它表明测试活动应该与相应的开发活动同时开始(Davis 1993)。这个模型表明，验收测试以用户需求为基础；系统测试以功能性需求为基础；集成测试以系统的体系结构为基础。

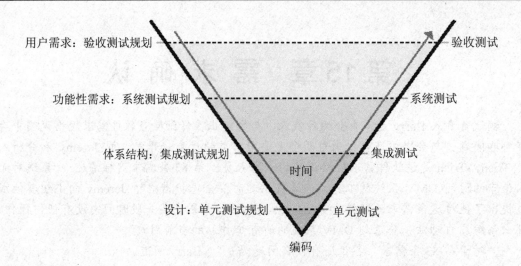

图 15.1   软件开发的 V 字模型将早期测试计划和测试设计结合起来

在相应的开发阶段，必须规划测试活动并着手开发初步的测试用例。虽然我们不可能在需求开发阶段就真正进行任何测试，因为还没有可以执行的软件，然而，我们可以早在开发团队编写代码之前，以需求为基础建立概念性测试用例(也就是独立于实现的测试用例)，以便发现软件需求规格说明和分析模型中的错误、二义性和遗漏之处。

需求确认是需求开发过程的第 4 个阶段，前 3 个阶段分别为需求获取、需求分析和编写需求规格说明(Abran 和 Moore 2001)。[1] 需求确认活动应力图确保以下几点：

- 软件需求规格说明正确描述了预期的满足各方涉众需要的系统能力和特征。
- 从系统需求、业务规则或其他来源中正确地推导出软件需求。
- 需求是完整的和高质量的。
- 需求的表示在所有地方都是一致的。
- 需求为继续进行产品设计和构造提供充分的基础。

注释 1   有些作者将这一步骤称为 "验证(verification)" (Thayer 和 Dorfman 1997)。"验证"决定了开发的产品是否能满足为产品所建立的需求(做了该做的事)。"确认(validation)"可评估产品是否真正地满足客户的需要(做了正确的事)。本书采用 "Software Engineering Body of Knowledge" (Abran 和 Moore 2001)中的术语，将需求开发的第 4 个阶段称为确认。

需求确认活动可以确保需求符合优秀需求陈述的特征(完整，正确，可行，必要，具有优先级，无二义性和可验证)，并且符合好的需求规格说明的特征(完整，一致，易修改和可跟踪)。当然，我们只能对那些已归档的需求进行确认，并不能确认那些存在于人们头脑中而没有表达出来的需求。

在收集需求并编写需求文档之后所进行的需求确认阶段并不是一个独立的阶段。有些确认活动，例如对增量式软件需求规格说明所做的增量评审，将会贯穿迭代式需求获取、需求分析和编写规格说明的整个过程。而其他确认活动，例如对软件需求规格说明的正式审查，是在将软件需求规格说明纳入基线之前确保需求质量的最后一道关卡。

制定项目计划时应该将各需求确认活动作为离散任务，而不是一次就可以连续完成的任务。

有时，项目参与者并不愿意在评审和测试软件需求规格说明上花费时间。从理论上讲，在进度中多安排一段时间来提高需求质量似乎会导致推迟原定的交付日期，但这只在假设需求确认的投资回报为零的情况下才成立。实际上，这种投资可以缩短产品交付周期，因为这样做不仅可以减少返工工作，还可以加快系统集成和测试(Blackburn，Scudder 和 Van Wassenhove 1996)。Capers Jones(1994)指出：预防缺陷所花费的 1 美元可以为修正缺陷节约 3～10 美元的费用。更好的需求将会带来更好的产品质量和更高的客户满意度，从而可以降低产品生命周期中的维护、升级和客户支持的费用。在需求质量方面的投资肯定会节省更多的其他费用。

可以采用多种不同的方式来评估需求的正确性和质量(Wallace 和 Ippolito 1997)。其中一种方式就是对每条需求进行量化，这样就可以找出一种方法来衡量所提议的解决方案满足这种方式的程度如何。Suzanne 和 James Robertson 采用"修正标准(fix criteria)"这一术语来描述这种量化(Suzanne 和 Robertson 1999)。本章介绍了正式和非正式需求评审所采用的确认技术，如何根据需求开发测试用例，以及如何让客户自己定义产品的验收标准。

15.1 需求评审

无论何时，只要不是由软件产品作者本身，而是由其他人来检查产品中存在的问题，这就是在进行**同级评审**(peer review)。需求文档的评审是一项功能很强的技术，通过它可以发现具有二义性的或无法验证的需求、那些定义不够明确而无法开始设计的需求以及其他问题。

不同类型的同级评审有各种不同的称谓(Wiegers 2002a)。如果只是为了让别人了解产品和收集随机的反馈信息，那么非正式评审就是一种行之有效的方法。但是，非正式评审是不系统、不全面或者执行方式是不一致的。非正式评审方法包括：

- **同级桌面检查**(peer deskcheck)　这种方法是请某一位同事检查工作产品。
- **轮查**(passaround)　这种方法是同时请若干同事分别检查可交付产品。
- **走查**(walkthrough)　这种方法是可交付产品的作者向评审人员描述该产品并请求做出评论。

与非正式评审的临时性质形成对照的是，正式评审则遵循一个固定合理的过程。正式评审会生成一份报告，报告中指明具体材料、评审人员以及评审团队认为产品是否可以接受，主要提交对发现的错误和提出的问题的总结。虽然由产品作者最终对他们所创建的产品的质量负责，但正式评审团队的成员对评审的质量也都有不可推卸的责任(Freedman 和 Weinberg 1990)。

已得到认可的最好的正式同级评审类型是**审查**(inspection)(Gilb 和 Graham 1993；

Radice 2002)。已有论证表明，对需求文档的审查是现有技术中最有效的软件质量技术。有些公司已经认识到，在审查需求文档和其他软件产品上花费一小时，可节省多达 10 小时的工作时间(Grady 和 Van Slack 1994)。十倍的投资回报是不容小视的。

如果我们认真对待软件质量，想要尽最大努力保证软件质量，那么就应该审查编写的所有需求文档。虽然对大型的需求文档进行详细审查会让人感到枯燥乏味，而且也很费时间，但就我所知，进行需求审查的人都一致认为他们所花的每一分钟都是值得的。如果没有时间详细审查所有内容，可以通过风险分析来区分需求文档的哪些部分是需要详细审查的，而哪些部分则不太重要，对这些部分只要采用非正式评审就足够了。在需求可能只完成了 10% 时就应该着手开始进行软件需求规格说明的审查工作。尽早检测到重要缺陷，并发现编写需求文档过程中所遇到的系统性问题，这是预防——不仅仅是发现——缺陷的一种非常有效的方法。

离得越近，看得越多

在"化学品跟踪系统"中，在每次召开获取需求的专题讨论会之后，用户代表都对增量式软件需求规格说明进行非正式评审，这些快速评审揭露了许多错误。在需求获取完成以后，由一位分析人员将所有用户类所提供的信息汇总起来，组成一份大约 500 页的软件需求规格说明，同时还附有若干附录。然后由 2 名分析人员、1 名开发人员、3 名用户代言人、项目经理以及 1 名测试人员对整个软件需求规格说明进行审查，他们在一星期之内召开了 3 次审查会，每次会议都持续 2 小时。这些审查人员又找出了 223 个错误，其中包括几十个重大缺陷。所有的审查人员都一致认为，在软件需求规格说明上所花费的时间(一次一个需求)，从长远利益来看，节省了项目团队无数时间。

15.1.1   审查过程

20 世纪 70 年代中叶，Michael Fagan 在 IBM 公司开发了审查过程(Fagan 1976)，后来其他人对他所提出的方法做了扩充和修改(Gilb 和 Graham 1993)。审查已被公认为是软件业最好的实践(Brown 1996)。人们可以审查任何一种软件工作产品，包括需求和设计文档、源代码、测试文档以及项目计划等。

审查是一个定义明确的分多个阶段完成的过程，由一小组受过培训的参与者完成，他们仔细检查工作产品的缺陷和是否可能对其进行改进。文档必须通过审查这一质量关卡后，才能被纳入基线。虽然对 Fagan 所提出的方法是否为最好的审查形式还存在一些争议(Glass 1999)，但审查确实是一种强大的质量保障技术，这是毋庸置疑的。可以从站点 *http://www.processimpact.com/goodies.shtml* 中获取许多有助于软件同级评审和审查的信息，包括同级评审过程描述、缺陷检查清单和审查表格的一个范例。

1. 参与者

审查参与者应该代表 4 种人的观点(Wiegers 2002a)：

- **工作产品的作者，也可能是作者的同级伙伴**   包括编写需求文档的分析人员。
- **先前所有的其中有条目正在接受审查的工作产品或规格说明的作者**   这可能

是系统工程师或系统构架师，他们可以确保软件需求规格说明以合适的详细程度描述系统规格说明。如果缺乏高层规格说明，那么审查工作必须有客户代表参与，以确保软件需求规格说明能正确完整地描述他们的需求。

- **需要根据正在接受审查的条目来开展工作的人**　对软件需求规格说明来说，这类人可能包括开发人员、测试人员、项目经理和用户文档编写人员。这些审查人员可以发现不同类型的问题：测试人员很可能会发现一条无法验证的需求，而开发人员则可能会发现一条技术上无法实现的需求。

- **负责工作产品与正在接受审查的条目的接口工作的人**　这些审查人员将查找外部接口需求中存在的问题。他们也能发现一些连锁反应：如果正在审查的软件需求规格说明发生变更，会对其他系统造成什么影响。

审查组中的审查人员不应该超过 6 个人，这就意味着每次审查并不能包括持所有观点的人。如果审查人员太多则很容易引出一些题外话、讨论如何解决问题或争论某些错误是否确实是错误，从而在审查过程中降低分析问题的速度并且会增加发现每个缺陷所需要的费用。

2. 审查中每个成员所扮演的角色

审查过程中的所有参与者，包括作者，他们的任务都是查找缺陷和对其进行改进的机会。审查组中的成员在审查期间可能扮演下面这些角色：

- **作者(author)**　作者创建或维护正在接受审查的工作产品。软件需求规格说明的作者通常是收集客户需求并编写规格说明的分析人员。在诸如走查等非正式评审期间，作者经常主持讨论。然而，作者在审查期间较为被动，不应该充当下列任一角色：仲裁者、读者或记录员。由于作者在审查当中不允担任主动角色，并作为旁观者，因此，他可以听取其他审查员的评论；回答——但不参与讨论——他们提出的问题；以及思考问题。作者经常可以发现其他审查员没有觉察到的错误。

- **仲裁者(moderator)**　仲裁者，或者说审查组长(inspection leader)，负责与作者一起制定审查计划，协调审查活动，并且促成审查会议的召开。仲裁者在审查会开始前几天就应把待审查的材料分发到与会人员手中。仲裁者的责任包括按时召开会议，鼓励所有参与者提出意见，并且使会议的中心议题是发现缺陷而不是解决问题。向管理人员或者那些收集多个审查的数据的工作人员汇报审查结果，也是仲裁者的责任。另外，仲裁者还要继续督促作者完成所提议的更改，以确保审查时所发现的缺陷和问题得到了适当的解决。

- **读者(reader)**　要由一名审查员来担当读者的角色。在审查会进行期间，这位读者每次解释软件需求规格说明中的一条需求，然后由其他与会者指出潜在的缺陷和问题。这名读者用他自己的话来陈述需求，他的解释与其他审查员的解释可能会有所不同。这是发现二义性、可能的缺陷或假设的一种行之有效的方法。同时也突出了让作者之外的人充当读者的价值。

- **记录员(recorder)**　记录员，或者叫抄写员(scribe)，负责用标准化的形式对审查会中提出的问题和发现的缺陷进行记录编档。记录员应该大声地复述他所记录的内容，以确保记录的内容准确无误。其他审查员应该帮助记录员抓住每个问题的本质，以便清楚地向作者传达问题出在什么地方和问题的本质是什么。

3. 审查的开始标准

当软件需求文档满足特定的前提条件时，就可以开始对其进行审查了。这些审查的开始标准为作者清楚地设定了在审查准备期间应该遵循的标准。这些标准还可以使审查小组避免把时间浪费在审查之前就应该解决的问题上。仲裁者在决定进行审查之前，可以把这些审查的开始标准作为一种检查清单。下面列出了一些对需求文档开始审查的建议标准：

- 文档遵循标准模板。
- 文档已经进行过拼写检查。
- 作者已经检查了文档在版面布局上所存在的错误。
- 已经获得了审查员检查文档所需要的先前文档或参考文档。
- 在文档中标上了行序号，这样可以便于在审查会上对特定位置的内容进行查阅。
- 所有未解决的问题都要标记为 TBD(待确定)。
- 仲裁者对具有代表性的需求范例检查 10 分钟后，找不出 3 个以上的重大缺陷。

4. 审查阶段

审查过程需要分多个步骤来完成，如图 15.2 所示。本节其余部分简要概述了审查过程每一个阶段要达到的目的。

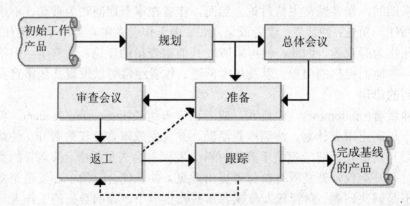

图 15.2 审查过程需要分多个步骤来完成(虚线表明部分审查过程可能需要重复进行)

规划(planning) 作者和仲裁者共同制定审查计划，决定那些人员应该参加审查，审查员在召开审查会之前应该收到哪些材料，要审查这些材料需要召开几次审查会。审查速度对发现的缺陷数量影响甚大(Gilb and Graham 1993)，如图 15.3 所示，审查软件需求规格说明的速度越慢，发现的缺陷就越多(对这一现象的另一种解释是，如果发现的缺陷太多，审查速度就应该减慢)。由于任何一个审查小组用于需求审查的时间都是有限的，所以应根据如果忽略重大缺陷会对项目有多大的风险来选择一种合理的审查速度。虽然使缺陷检测效率最高应该采用的最佳审查速度是每小时审查 1～2 页，但实践表明每小时审查 2~4 页是一个合理的选择。我们可以根据下面几个因素来调整审查速度：

- 审查小组以前的审查数据。
- 每一页的文字量。
- 规格说明的复杂性。
- 仍有错误未被检测出来对项目会有多大的风险。
- 待审查的材料对项目成功的重要程度。
- 软件需求规格说明编写人员的经验水平。

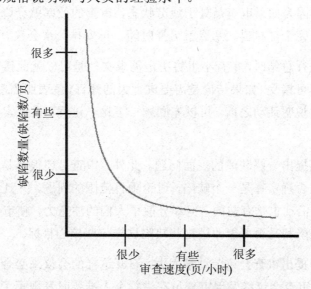

图 15.3　审查速度与发现的缺陷数量之间的关系

总体会议(overview meeting)　总体会议期间，作者描述审查小组要审查的材料的背景、他所作的假设和特定的审查目标。如果所有的审查员对要审查的条目都很熟悉，那么也可以跳过这一阶段。

准备(preparation)　在审查会议召开之前，每位审查员都应该使用典型缺陷检查清单(在本章的后面部分介绍)或其他分析技术，对产品进行检查，以便确定可能存在的缺陷和要提出的问题(Wiegers 2002a)。审查过程所发现的缺陷中，有高达 75%的缺陷是在准备这一阶段发现的(Humphrey 1989)，因此这一步骤不能省略。

注　找出遗漏的需求所需要采用的技术(在第 7 章中介绍)也可以用在审查准备阶段。

注意　如果审查参与者自己还没有对工作产品进行检查，那么就先不要召开审查会议。无效的会议可能得出审查纯粹是浪费时间这样错误的结论。

虽然编写了需求文档绝不能替代项目参与者之间的讨论，但是规格说明中的严重缺点却必须还是要纠正。可以考虑要求评审软件需求规格说明的开发人员对每条需求进行评价，根据他们的理解程度，用 1~5 对每条需求设置一个等级(Pfleeger 2001)。评价为 1 表示开发人员认为需求不知所云，评价为 5 表示开发人员认为需求非常清晰、完整和明确。

审查会议(inspection meeting) 在审查会议期间，读者引导其他审查员来审查软件需求规格说明，读者每次用他自己的话来描述一条需求。当审查员提出可能存在的缺陷或其他问题时，记录员就将这些内容记录在一个表中，它可以成为需求作者的活动条目清单。审查会议的目的是尽可能多地发现需求文档中的重大缺陷。审查会议的时间不应该超过两个小时，因为如果审查员处于疲劳状态，审查的效率就会降低。如果还需要更多的时间才能审查完全部材料，那么就另择时间，再安排一次会议。

在会议结束进行总结时，审查小组将决定需求文档是可以就此接受还是经过较小或较大的修订之后方可接受。如果结论是需要进行大的修订，就表明需求开发过程有问题。在进行下一次规格说明活动之前，可以先回顾一下这一过程，以探索如何改进这一过程(Kerth 2001)。

有些审查员只提出一些肤浅的表面问题。此外，审查员还很容易偏离会议主题，而去讨论某个问题是否确实算是一个缺陷，讨论项目范围的问题，并且集体研讨问题的解决方案。虽然这些活动也是有益的，但却分散了人们的注意力，使审查人员不能集中精力完成发现重要缺陷和是否可能改进这些缺陷这样一些核心目标。

有些研究人员提出审查会议劳动量太大，召开这样的会议未必合算(Votta 1993)。但我发现，通过这种审查会议能发现审查员在进行个人准备时发现不了的缺陷。与所有的质量活动一样，在继续进行设计和构造软件之前，应该根据风险情况，就计划投入多少精力来提高需求质量做出正确的决策。

返工(rework) 几乎所有的质量控制活动都能揭示一些缺陷，因此，作者应该在审查会结束之后，安排一段时间修改需求。如果把不正确的需求缺陷拖延到后续阶段才修正，则费用会很昂贵，所以现在正是解决二义性、消除模糊性和为成功开发项目打下坚实基础的最佳时机。如果不打算更正发现的缺陷，那么进行需求审查也就没有什么意义了。

跟踪(follow-up) 这是审查工作的最后一步，仲裁者或指派人与作者协同工作，以确保提出的所有问题都得到了解决，错误也得到了正确的纠正。跟踪是整个审查过程的最后一步，并且可以使仲裁者判断出是否已满足审查的结束标准。

5. 审查的结束标准

在仲裁者宣布审查结束之前，审查过程应该定义结束审查必须满足的标准。下面列出一些对需求文档结束审查的标准：

● 审查期间审查员提出的所有问题都已解决。

- 文档中和相关的工作产品中的所有更改都已正确完成。
- 修订过的文档已经进行了拼写检查。
- 所有标识为 TBD(待确定)的问题已经全部解决，或者已经对每个待确定问题的解决过程、计划解决的目标日期和由谁来解决等编制了文档。
- 文档已经在项目的配置管理系统中作了登记。

6. 缺陷检查清单

为了帮助审查员查找出待审查产品中存在的典型的错误类型，应该为公司创建的每一类需求文档开发一个缺陷检查清单。这些检查清单提醒审查员应该关注过去频繁出现的需求问题。图 15.4 阐述了审查用例所用的检查清单，图 15.5 展示了审查软件需求规格说明所用的检查清单。

没有人能够记住冗长的检查清单中的所有条目。我们可以根据公司的需要对检查清单进行删减，也可以修改这些检查清单使其能反映出人们在需求中最常遇到的问题。在审查准备期间，我们可能会请求某些审查员使用整个检查清单的不同子集。一个人可以检查出所有文档内部的交叉引用都是正确的，而另一个人可以判断这些需求是否可以作为设计的基础，第 3 个人可以专门评估可验证性。一些研究结果表明：赋予审查员特定的查错责任，向他们提供结构化思维过程或场景以帮助他们寻找特定类型的错误，这比向所有审查员只发放一份同样的检查清单所产生的效果要好得多(Porter，Votta 和 Basili 1995)。

- 用例是否是独立的分散任务？
- 用例的目标或价值度量是否明确？
- 是否明确说明了用例给哪些参与者带来益处？
- 编写用例所采用的详细程度是否合理？是否有不必要的设计和实现细节？
- 所有预期的分支过程是否都编写了文档？
- 所有能想到的异常条件是否都编写文档？
- 是否存在一些普通的动作序列可以分解成独立的用例？
- 每个路径的步骤是否都清晰明了、无岐义而且完整？
- 用例中的每个参与者和步骤是否都与所执行的任务有关？
- 用例中定义的每个可选路径是否都可行和可验证？
- 用例的前置条件和后置条件是否合理？

图 15.4　用例文档所用的缺陷检查清单

组织和完整性

- 所有对其他需求的内部交叉引用是否正确？
- 编写的所有需求其详细程度是否一致和合适？
- 需求是否能为设计提供足够的基础？
- 是否包括了每个需求的实现优先级？
- 是否定义了所有的外部硬件、软件和通信接口？
- 是否定义了功能需求的内在的算法？
- 软件需求规格说明中是否包括了所有已知的客户需求或系统需求？
- 需求中是否遗漏了必要的信息？如果有遗漏的话，就把它们标记为待确定的问题(TBD)。
- 是否对所有预期的错误条件所产生的系统行为都编制了文档？

正确性

- 是否有需求与其他需求相冲突或与其他需求重复？
- 是否清晰、简洁、无二义性地表达了每个需求？
- 是否每个需求都能通过测试、演示、评审或分析来得到验证？
- 是否每个需求都在项目的范围内？
- 是否每个需求都没有内容上和语法上的错误？
- 在现有的资源限制内，是否能实现所有的需求？
- 每一条特定的错误信息是否都是惟一的和具有含义的？

质量属性

- 是否合理地确定了所有的性能目标？
- 是否合理地确定了防护性和安全性方面要考虑的问题？
- 在对质量属性进行了合理的折衷之后，是否对其他相关的质量属性目标已定量地进行了编档？

可跟踪性

- 是否每个需求都具有惟一性并且可以正确地识别它？
- 是否每个软件功能需求都可以被跟踪到高层需求(例如，系统需求或用例)？

特殊问题

- 是否所有的需求都是名副其实的需求，而不是设计或实现方案？
- 是否确定了对时间要求很高的功能，并且定义了它们的定时标准？
  是否已经明确地阐述了国际化问题？

图 15.5 软件需求规格说明所用的缺陷检查清单

15.1.2 需求评审面临的困难

同级评审不仅仅是技术行为，也是一种社会行为。请某些同事指出自己工作中的错误，并不是一种本能的行为，而是一种学术性的行为。软件组织将同级评审观念慢慢地灌输到自己的企业文化中需要一定的时间。下面列出软件组织评审其需求文档时必须面对的一些常见困难，并提供了解决方案(Wiegers 1998a，Wiegers 2002a)。

见长的需求文档 彻底审查一份几百页的软件需求规格说明会令人望而生畏。我们可能会忍不住想要完全跳过这一步而直接开始构造软件，但这实在不是明智之举。即使对一份中等篇幅的软件需求规格说明，可能所有审查员都会认真地审查开头部分，而只有少数意志坚定的人才可能检查到中间部分，但可能没有一个人能坚持审查到最后一部分。

为了避免审查小组被冗长的软件需求规格说明吓倒，在审查整个需求文档之前，可以在整个需求开发期间采用增量式评审。找出风险高的地方，并进行仔细审查，而风险较小的部分则可以采用非正式评审。可以请不同的审查员从文档的不同位置开始检查，这样可以确保他们用新奇的眼光阅读每一页。另外，还可以考虑采用若干人数较少的审查小组来审查文档的不同部分，尽管这样做会使不一致性的几率增加。为了判断是否确实需要审查全部的规格说明，可以检查一个具有代表性的范例。根据发现的错误数量和类型来判断，进行完全的审查活动是否会得到投资回报(Gilb 和 Graham 1993)。

庞大的审查小组 许多项目参与者和客户都与需求有关系，所以我们可能要为需求审查的潜在参与者制作一张冗长的名单列表。然而，庞大的审查小组会导致会议难于安排，并且容易在审查会上引发题外话，在某些问题上也难以达成一致意见。

我曾参加过一个有 14 名审查员参加的审查会，其组织者并不懂得审查小组人员不能太多的重要性。这 14 个人对一些显而易见的意见都无法统一，更不用说要在判断一个特定的需求是否正确上达成共识了。尝试用以下的方法处理庞大的审查小组：

- 确保每个参与者都是为了查找缺陷，而不是为了接受教育或者维护行政上的位置。
- 理解每一位审查员(例如客户、开发人员或测试人员)所代表的观点，并且委婉地拒绝具有相同的观点的多个人都参与审查。可以将代表同一个群体的若干人的意见汇总起来，但只派其中的一个人作为代表参加会议。
- 把审查组分成若干小组并行地审查软件需求规格说明，并把他们发现的缺陷清单汇总起来，删除重复的部分。研究表明：多个审查小组比起一个大组来，可以更多地发现需求文档中缺陷(Martin 和 Tsai 1990；Schneider、Martin 和 Tsai 1992；Kosman 1997)。并行审查的结果是，各审查小组发现的缺陷基本上互不相同，需要把它们合并起来，且不会有多少重复的信息。

审查员在地域上的分散 越来越多的开发组织正通过地域上分散的团队进行合作来构建产品，这种地域上的分散性使需求审查更加困难。视频会议是一种有效的解决方案。在电话会议中，审查员无法了解其他审查员的手势语言和表情，而在面对面的会议中，这是完全可以做到的。

除了传统的审查会议之外，还可以通过对共享网络文件夹中的电子文件进行文档评审来进行审查(Wiegers 2002a)。在这种方法中，评审员利用字处理软件的功能，在他所审查的文档中插入自己的评论。每条评论都要标明评审员的名字，这样每位评审员都能看见先前评审员所写的评论。另外，内嵌在工具中的基于 Web 的协作软件，例如 Software Development Technologies 公司(*http://www.sdtcorp.com*)提供的 Review Pro，也会对我们有所帮助。如果不想通过召开审查会，那么必须认识到这样会使审查效率下降约25%(Humphrey 1989)，但同时也降低了审查费用。

15.2 测 试 需 求

只通过阅读软件需求规格说明，很难设想在特定环境下的系统行为如何。以功能性需求为基础或者从用户需求推导出来的测试用例，有助于使项目参与者了解系统的预期行为。即使不在运行系统上执行测试用例，设计测试用例这一简单的行为本身也会揭露需求中存在的许多问题(Beizer 1990)。如果在部分需求确定下来时，就尽快开始开发测试用例，那么我们就可以及早发现问题，并可以只用较低的费用解决这些问题。

💡 **注意** 提防测试人员声称只有需求完成之后他们才能开始测试工作，也要提防测试人员声称他们不需要需求就可以测试软件。测试和需求是一种协作关系，因为它们互补地表示了系统视图。

编写黑盒(black box)(功能性)测试用例，我们就可以具体想像在特定条件下的系统行为如何。因为我们无法描述期望的系统响应，所以呈现在我们面前的也可能是模糊不清的和有二义性的需求。而当分析人员、开发人员和客户共同走查测试用例时，他们将对产品的功能有一致的理解。

📖 Charlie 感到很高兴

我曾请公司的 UNIX 脚本权威人士 Charlie 为我们正在使用的"商业缺陷跟踪系统"编写一个简单的电子邮件接口扩展。我写了许多功能性需求来描述电子邮件接口应该如何工作。Charlie 感到很吃惊，因为他以前为别人写过许多脚本，但从来没有人为他写过需求。

遗憾的是，在我为电子邮件功能编写测试用例之前却等待了两个星期。原因是一条需求存在错误。我找到了这一错误的原因是，我对 20 多个测试用例中表现的电子邮件功能的认识与一条需求格格不入。虽然我感到很懊恼，但在 Charlie 完成他的脚本之前我纠正了这条有缺陷的需求，所以他所交付的脚本是没有缺陷的脚本。虽然这只是一个小小的胜利，但大事要从小事做起。

在开发过程的早期阶段，我们可以从用例或其他用户需求表示中推导出概念上的测试用例(Ambler 1995；Collard 1999；Armour 和 Miller 2001)。然后，就可以利用测试用例来评估文本需求、分析模型和原型。测试用例应该覆盖用例的主干过程、分支过程和在需求获取和需求分析期间所确定的异常条件。这些概念性(或抽象)测试用例是独立于实现的。例如，考虑"化学品跟踪系统"中的用例"查看定单"，可能会有下面一些概念性测试用例：

- 用户输入要查看的定单号，定单存在，表明该用户提交了定单。期望的结果是：显示定单的详细情况。
- 用户输入要查看的定单号，定单不存在。期望的结果是：显示消息"很抱歉，定单找不到！"。

- 用户输入要查看的定单号，定单存在，但不是该用户提交的定单。期望的结果
是：显示消息"很抱歉，这不是您的定单！"。

理想情况下，分析人员编写功能性需求与测试人员编写测试用例的依据是相同的，这就是用户需求，如图 15.6 所示。用户需求中的二义性和解释上的差异将会导致功能性需求、模型和测试用例所表示的视图不一致。因为开发人员将需求翻译成用户界面和技术设计，而测试人员将概念性测试详细阐述为正式的系统测试所采用的测试过程(Hsia、Kung 和 Sell 1997)。

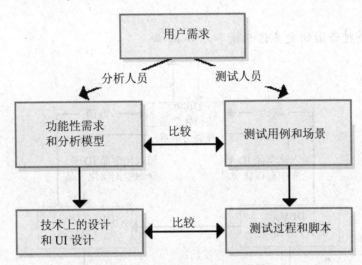

图 15.6　开发工作产品和测试工作产品的依据是相同的

测试需求这一概念似乎有些抽象，所以下面我们先来看看"化学品跟踪系统"项目团队是如何把需求规格说明、分析模型和早期创建的测试用例结合在一起的。下面列出了与"请求一种化学品"这一任务相关的一个业务需求、一个用例、某些功能性需求、部分对话图和一个测试用例。

业务需求　"化学品跟踪系统"最主要的业务目标之一如下所描述：

如果完全使用公司已经获得使用权的化学品，那么在第一年，该系统将为公司节约25%的化学品费用。

　注　这条业务需求来自于第 5 章"确定产品前景与项目范围"中所描述的前景和范围文档。

用例　支持这一业务需求的一个用例是"请求一种化学品"，该用例包括这样一条路径：允许用户请求化学品仓库中有货的化学品容器。以下是这个用例的描述：

请求者说明需要哪种化学品，方法是输入化学品的名称或化学品的 ID 号，或者从化学品绘图工具中导入化学品的结构。系统则从化学品仓库中拨给请求者一个新的或已经用过的化学品容器，或者让他提交一个从外部厂家订购的请求，从而满足请求者的要求。

注　该用例来源于图 8.6。

功能性需求　以下是与这一用例相关的功能说明：

1. 如果仓库中有所请求的化学品容器，那么系统就显示这些可用容器的清单。
2. 用户从所显示的这些容器中选择其中的一种容器，或者是向外部厂商订购一个新容器。

对话图　图 15.7 描述了"请求一种化学品"用例中与这一功能有关的部分对话图。对话图中的矩形框表示用户界面画面，箭头则表示从一个画面切换到另一个画面可能的导航路径。

注　有关对话图的更多信息请参见第 11 章。

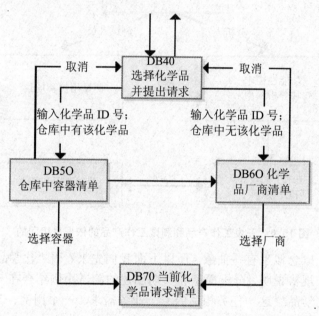

图 15.7　"请求一种化学品"用例的部分对话图

测试用例　由于这个用例有若干条可能的执行路径，所以我们可以预想若干测试用例来分别处理主干过程、分支过程和异常。以下只是一个测试用例，该测试用例是以向用户显示化学品仓库中可用的容器清单为基础的。这个测试用例是从该用户任务的用例描述和对话图 15.7 派生出来的：

在 DB40 对话框中，输入一个合法的化学品 ID 号；化学品仓库中有两种容器包含这种化学品。此时弹出 DB50 对话框，并显示这两种容器。选择第 2 种容器。关闭 DB50，容器 2 被添加到 DB70 对话框中当前化学品请求清单的底部。

"化学品跟踪系统"的测试负责人 Ramesh，根据自己对用户如何与系统交互来请求一种化学品的理解，编写了若干诸如此类的测试用例。这种抽象的测试用例是独立于具体的实现细节的。他们并不讨论将数据输入到域、单击按钮或其他具体的交互技术。随着用户界面设计活动的不断深入，Ramesh 将这些抽象的测试用例细化为测试过程。

现在我们来看看如何用，测试用例来测试需求。首先，Ramesh 将每个测试用例映射到功能性需求，通过检查，他弄清楚了现有的需求集可以使每个测试用例都能够被执行，同时也确信每个功能性需求至少有一个与它对应的测试用例。接下来，Ramesh 用高亮度的笔在对话图中跟踪每个测试用例的执行路径，图 15.8 中的阴影线描绘了如何在"请求一种化学品"这一用例的对话图中跟踪一个测试用例。

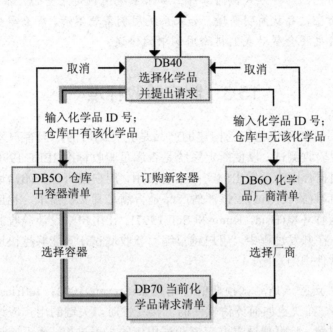

图 15.8　在"请求一种化学品"这一用例的对话图中跟踪一个测试用例

通过跟踪每个测试用例的执行路径，我们可以发现不正确的和遗漏的需求，并在对话图中纠正错误，细化测试用例。例如，假设以这种方式"执行"所有的测试用例后，对话图中从 DB50 到 DB60 之间标有"订购新容器"的导航线未被加亮，那么可能有如下两种解释：

- 从 DB50 到 DB60 的导航是一个非法的系统行为。分析人员应该将这条线从对话图中删掉，并且如果软件需求规格说明中也包含这种指定状态转换的需求，那么也必须从中将这一需求删去。
- 该导航是合法的系统行为，但是遗漏了展示这一系统行为的测试用例。

类似地，假设一个测试用例陈述了用户可以采取某些动作直接从 DB40 对话框转换到 DB70 对话框。但是，图 15.7 对话图中并没有包含这样的导航线，所以测试用例不能以现有的需求来执行。同样，这也存在两种解释，需要我们来判断到底哪一种是正确的：

- 从 DB40 到 DB70 这一导航是一个非法的系统行为，所以测试用例是错误的。
- 从 DB40 到 DB70 这一导航是一个合法的系统行为，但对话图中甚至还可能是软件需求规格说明中遗漏了用于执行这一测试用例的需求。

在这些例子中，分析人员和测试人员在编写代码以前把需求、分析模型和测试用例综合起来通盘考虑，检测出遗漏的、错误的和不必要的需求。软件需求在概念上的测试是一种功能强大的技术，它可以在项目的早期阶段发现需求的歧义和错误，从而控制项目费用和进度。每次使用这一技术，我都会发现需求条目中的错误。正如 Ross Collard(1999)所指出的：

> 用例和测试用例以两种方式协同工作：如果系统用例是完整的、准确的和清晰的，那么测试用例的衍生过程就简明易懂。如果系统用例条理不清，那么要从中衍生出测试用例这一做法本身也将会帮助我们排除用例中的错误。

15.3 制定验收标准

软件开发人员可能确信他们已构建的产品是完美无瑕的，但客户才是最终的裁决者。客户需要完成验收测试，以便断定系统是否满足验收标准(IEEE 1990)。如果确实满足，客户就可以根据合同为开发出的产品支付费用，用户就可以开始启用一个新的公司信息系统。验收标准(验收测试)应该评估产品是否满足其文档需求，也应该评估产品是否适用于预期的运行环境(Hsia，Kung 和 Sell 1997)。让用户来设计验收测试是一种有效的需求开发策略。在开发过程中，用户越早编写验收测试，就能够越快地发现需求中的缺陷和要实现的软件中的缺陷。

验收测试的重点应该是测试预期的使用场景(Steven 1002；Jeffries，Anderson 和 Hendrickson 2001)。在决定如何评估软件的可接受性时，关键的用户应该考虑那些最常用的和最重要的用例。验收测试重点应该测试用例的主干过程，而不应该是那些不常使用的分支过程，或系统是否对每一种异常条件都作了恰当的处理。无论何时，都应该尽量使验收测试自动完成，因为这样就可以在新的软件版本有变化或添加了新的功能时，比较容易地完成重复测试。验收测试也应该测试非功能性需求，这些非功能性测试可以确保产品是否在所有平台都达到了其性能目标、系统是否遵从了易使用性标准，以及提交的全部用户需求是否都已实现等。

💡 **注意** 用户验收测试并不能取代基于需求的全面的系统测试，因为系统测试既覆盖了正常路径，也覆盖了异常路径，而且是通过各种数据组合来进行测试的。

因此，让客户开发验收标准为确认最重要的需求提供了另一种机会。这是一种角度的转移，即从需求获取阶段提出问题"你想让系统做什么？"转移到了"如何判断系统是否满足你的需求？"如果客户并不能表达出如何评估系统是否满足某一特定的需求，那么就说明这条需求陈述得还不够清晰。

仅编写需求还很不够，还需要确保所编写的需求是恰当合理的需求，而且这些需求可以为后续的设计、构造、测试和项目管理奠定良好的基础。验收测试计划、非正式评估、软件需求规格说明审查和需求测试等技术，都有助于我们更快速更廉价地构建出高质量的系统。

下一步

- 从项目的软件需求规格说明中任意选择一页功能性需求。召集代表不同涉众观点的一个小组，并用图 15.5 的缺陷检查清单来仔细检查这一页需求中存在的问题。
- 如果从随机的样例评审中发现太多问题，致使评审人员对整个需求质量感到担忧，那么就要让用户代表和开发人员代表审查整个软件需求规格说明。在审查过程中要培训审查小组的成员，使之发挥出最高效率。
- 为用例或软件需求规格说明中未编码的部分，定义概念上的测试用例，看看用户代表是否认为测试用例反映了预期的系统行为。要确保已经定义了允许测试用例执行的所有功能性需求，而且也不存在多余的需求。
- 与用户代言人一同来制定验收标准，他们与其同事将用这一标准来评估系统是否可以接受。

第 16 章　需求开发面临的特殊难题

本书所讲述的需求开发，是针对一个新软件或系统开发项目的情况，这种项目有时也称为零起点项目(green-field project)。但是，大多数组织的主要精力集中于维护现存的遗留系统，或者为已有的商业产品构建新的版本；其他组织也很少是从零开始构建一个新系统，而是对商用现货(off-the-shelf，COTS)产品进行集成、定制和扩充，以满足自己的需要；而还有一些组织则将开发工作外包给开发公司。本章就为这样的一些项目以及业务需求变化多且不确定的新型项目提供一些适用的需求实践。

16.1　维护项目的需求

维护是指对当前运行的项目进行修改，有时也称为**继续工程**(continuing engineering)或**后续开发**(ongoing development)。维护工作经常会耗用软件组织的大部分资源。一般情况下，程序维护的任务主要是纠正缺陷、为现有系统添加新功能或新报表，以及对功能进行修改以便遵循修订后的业务规则。几乎没有什么遗留系统会有完备的文档。那些最初参与项目开发的人员虽然还能记得项目的一些关键信息，但他们常常是早就离开公司了。本章所介绍的这些方法，可以帮助我们编写正在维护中的项目的需求，也能使我们为项目提供支持，从而既能提高产品质量，又能够提高将来对产品的维护能力(Wiegers 2001)。

遗漏规格说明的情况

对于一个成熟的产品，其下一版本的需求规格说明基本上经常会这样陈述："新系统能够完成旧系统的所有功能，只是新系统添加了新功能并修正了存在的 bug"。一位分析人员就曾接收到某一产品的一份规格说明——该产品是第 5 个版本。为了弄清楚当前版本的这一产品具体能完成些什么功能，他查阅了第 4 个版本的软件需求规格说明。遗憾的是，第 4 个版本也基本上只是说"第 4 个版本能够完成第 3 个版本的所有功能，只是添加了这些新功能并修正了存在的 bug"。他一直追查到底，结果却一无所获，因为他根本没有找到一份真正的需求规格说明。每一个软件需求规格说明都描述了与上一个版本之间存在的差异，但有关系统第 1 个版本的需求描述却无处可寻。结果，每一个人对当前系统所具有的功能在理解上就会有所不同。如果我们遇到这样的情况，一定要为下一个版本的产品编写全面的需求文档，这样项目的所有涉众才能真正理解系统的运作情况。

16.1.1　开始捕获信息

如果缺少精确的需求文档，那么维护人员就必须进行逆向工程，通过代码来理解系统，我将此看作是**软件考古学**(software archaeology)。为了能够从逆向工程中获得最大的收益，考古探险队应该将通过需求和设计描述表中所了解到的信息记录下来，然后将有关当前系统某些部分的精确信息积累起来，这样项目团队就能够更有效地完成未来的升级任务。

也许当前系统是一个杂乱无章的历史谜团，如图 16.1 所示。设想一下，我们要在图中的区域 A 实现某些新功能。如果需求不完整，我们可以先在结构化的软件需求规格说明中或需求管理工具中记录下新的需求。当我们要添加这些新功能时，就必须找出这些新的屏幕和功能如何与现有系统通过接口连接起来。图 16.1 中区域 A 和当前系统之间的桥就代表这种接口。这种分析方法可以帮助我们了解当前系统的白色部分，即区域 B。这就是我们需要捕获的新知识。

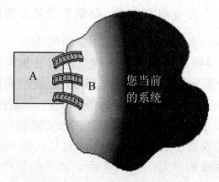

图 16.1　添加区域 A 中的新功能可以提供到区域 B 的某些可视性

一种行之有效的技术是为要添加的新屏幕绘制一幅对话图，图中要显示与已有屏幕元素之间的导航连接，包括到已有屏幕元素和来自屏幕元素的导航连接。其他一些有用的建模技术还包括类图、交互图、数据流图和实体—关系图，而关联图或用例图则描绘了与系统交互的外部实体或执行者。填补信息空白的另一种方法是，当往系统中添加新的数据元素或对已有的定义进行修改时，创建数据字典条目。

构建一个包含当前系统部分的需求表示可达到以下 3 个有用的目标：

- 消除知识鸿沟，使将来的维护人员能更好地理解所做的变更。
- 收集当前系统的一些信息——当前系统在以前缺乏良好的书面文档。当项目团队日后再完成其他的维护任务时，可以对这些零星分散的知识表示加以扩充，进而逐步完善系统文档。记录这些新发现的知识所需要增加的费用，比起以后必须重新发现这些知识所需要的费用更少。
- 提供一个指标，表明当前的系统测试集对系统功能的覆盖率(反过来，测试套件可以作为恢复软件需求的初始信息来源，也将发挥其作用)。

如果由于颁布了新的政府规则或公司策略，或者是因为政府规则或公司策略进行了修订而必须对软件进行改动时，可以先把影响系统的业务规则列出来，如果我们不这么做，那么某些极为重要的信息将会分散在许多团队成员的头脑中。这种零零星星的信息会浪费人们的工作，因为人们在工作时，对那些影响项目的重要业务有着不同的解释。

接口会暴露出许多问题，这些接口包括软件与软件之间、软件与硬件之间以及软件与人之间的连接。当我们完成了某次变更之后，要花些时间编写文档，记录下所发现的有关当前系统的外部用户接口、软件接口、硬件接口和通信接口等信息。有关系统组件的组合方式等构架信息，有助于以后安全高效地对系统进行扩展。曾经有一个承包人不得不为我们的团队构建开发的一个机器人控制系统做一个比较大的改进，由于我们有现成的设计模型，因此就大大加速了他完成任务的速度，使他得以高效地将新的系统功能与已有的系统体系结构有机地结合起来。如果没有我们提供的这些信息，该承包人就必须进行逆向工程，通过代码来理解体系结构及其设计。

花时间为整个产品系统生成一个完整的软件需求规格说明，也未必总是值得的。许多选择会介于两个极端的情况之间，即根本没有需求文档和重构一个完美的软件需求规格说明。了解清楚我们为什么愿意编写可用的需求文档，就可以判断重新构建全部或部分规格说明所投入的费用是否为合理的投资。越处于产品生命周期的早期阶段，就越值得调整需求。

我曾工作于一个团队，当时团队刚开始为一个具有内嵌软件的主要产品开发第二版需求，他们未曾很好地完成第一版的需求工作，而第一版产品目前刚刚完成。需求分析负责人感到很困惑，"到底回过头来改进第一版产品的软件需求规格说明是否值得呢？"公司预期这一产品线至少在 10 年内是公司主要的收入来源，同时还计划在若干副产品中重用该产品的某些核心需求。在这种情况下，改进第一版的需求文档就很值得，因为它是这一产品系列中所有后续的开发工作的基础。如果产品已经开发到 5.3 版本，遗留系统也计划在一年之内就被淘汰，那么重构一个精确的软件需求规格说明就显然不是明智之举。

📖 从代码到需求到测试

A. Datum 公司需要为他们的旗舰产品设计一组全面的测试用例，该旗舰产品是一个至关重要的复杂的财务应用软件，目前已经运行了若干年。他们决定进行逆向工程，先从现有的代码反推出用例，然后再通过这些用例衍生出测试用例。

首先，一名分析人员先通过逆向工程，运用一种能够从源代码生成产品模型的工具，从产品软件得到类图。接下来，这名分析人员为最普通的用户任务编写用例描述，其中一些用户任务相当复杂。这些用例描述了用户执行的所有不同场景，以及许多异常条件。然后，分析人员绘制 UML 顺序图将这些用例与系统的类联系起来(Armour 和 Miller 2001)。最后一步是手工生成一组丰富的测试用例，以覆盖用例的所有主干过程和分支过程。当我们通过逆向工程创建需求和测试产品时，可以确信它们如实地反映了系统及其已知的使用模式。

16.1.2　亲身实践一下新的需求技术

所有的软件开发都是基于需求的，这种需求也许只是一种简单的变更请求。维护项目为我们提供了一个机会，可以小规模和低风险地试用新的需求工程方法。因为只是对项目作一次小的改进，所以不必编写所有的需求，这一点很具有吸引力。一般情况下，迫于发布下一版本的时间压力，我们可能会认为自己根本无暇顾及需求，但如果是增强型项目，我们就可以一点一滴地安排自己的学习曲线。当下次需要开发一个大型项目时，我们就已经具备了一定的经验，也有了一定的信心，可以更好地完成需求实践。

假设市场或客户提出请求，要求向一个成熟的产品中添加一个新的功能。可从用例的角度研究这一新功能，与请求者一起讨论用户通过这一新功能可以完成什么任务。如果以前从没有对用例的实战经验，那么就试着根据标准模板来编写用例模板，图 8.6 就展示了一个范例模板。如果我们的技能水平对项目的成功或失败有着至关重要的影响，那么实践经验就可以减少在一个零起点项目中第一次应用用例的风险。我们还可以在小规模项目维护中试试其他一些技术：

- 创建数据字典(第 10 章)。
- 绘制分析模型(第 11 章)。
- 指定质量属性和性能目标(第 12 章)。
- 构建用户界面和技术原型(第 13 章)。
- 审查需求规格说明(第 15 章)。
- 根据需求编写测试用例(第 15 章)。
- 制定客户验收标准(第 15 章)。

16.1.3　遵循跟踪链

需求的跟踪数据有助于程序维护人员确定由于某一特定的需求发生了变更，他必须修改哪些组件。但是，对缺乏良好文档的遗留系统，我们却得不到跟踪信息。当某一团队成员必须修改现有系统时，他应该创建部分需求跟踪矩阵，把新需求或变更的需求与相应的设计元素、代码和测试用例链接起来。当我们进行开发工作时，将这些跟踪链接累加起来几乎毫不费劲，但要重新根据一个完整系统生成链接则几乎是不可能的。

注　第 20 章中具体描述了需求跟踪。

由于许多软件修改都会引发很大的连锁反应，所以我们必须确保每次需求变更都要正确地传给下游工作产品，审查就是检查这种一致性的一种好方法。第 15 章描述了审查参与者应该代表的下面 4 种观点，这也适用于维护工作：

- 对需求进行修改或增强的作者。
- 提出请求的客户或市场代表，他们能确保新的需求准确地描述所需要的变更。
- 开发人员、测试人员或者其他必须以新的需求为基础来完成自己工作的人们。
- 其工作产品可能受这种变更影响的人们。

更新文档

任何现有的需求表示在维护期间都必须保持最新状态，这样才能及时反映系统修改之后的能力如何。如果这种更新任务过于繁重，那么人们很快就会因失败而放弃，因为忙碌的人们总是疲于应付下一次变更请求。过时的需求和设计文档对未来的维护工作是没有什么用的。软件业普遍存在一种这样的担心，即认为编写需求文档会耗费太多的时间，下意识的反应是忽略对需求文档的所有更新。但是，如果不随时更新需求文档，则未来的维护人员(也许就是你！)必须重新生成这些信息，其所需的费用又会是多高呢？

这一问题的答案就可以促使我们制定全面的业务决策,确定在软件更改时是否要修订需求文档。

16.2　软件包解决方案的需求

即使是购买商用现货软件包作为一个新项目的部分或全部解决方案,也仍然需要需求文档。一般情况下,我们需要对商用现货产品进行配置、定制、集成和扩展之后,才能在目标环境中正常运行它。这些活动也要求有需求。需求也可以用来评估候选方案,以确定哪种软件包最能满足我们的需要。一种评估方法包括如下一些活动(Lawlis et al. 2001):

- 确定需求的重要程度,用0~10对它们进行区分。
- 就每个候选软件包满足每一条需求的程度进行评价,1代表完全满足,0.5代表部分满足,而0则代表完全不满足。我们可以从产品的文献资料、供应商对所提请求的反应(如邀请其对项目投标)或对产品的直接检查中,获得信息来完成这种评价。
- 评估每个软件包的非功能性需求,这些非功能性需求对用户来说很重要,例如:性能、易使用性以及其他一些质量属性,这些属性在第12章中已经列出来了。
- 评估产品费用、厂商的生存能力、厂商对产品的支持能力、使扩展和集成得以进行的外部接口,以及是否遵循了具体环境所要求的技术需求或某些限制条件。

如果计划获取某一商用软件包来满足自己的需要,那么可以采用本节所介绍的几种方法来考虑需求定义,如图16.2所示,它将COTS软件包定制、集成到现有的应用环境中,并用其他增补的模块(bolt-on)对其进行扩展。

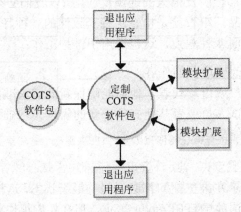

图 16.2　COTS 软件包

16.2.1　开发用例

如果我们计划购买现成的产品,那么就没有必要指定详细的功能性需求或设计用户界面了，而应该将精力集中于在用户需求这一级别上的商用现货的需求上，用例就是能够达此目标的一个很好的选择。虽然我们所选择的软件包都能使用户完成他们的任务目标，但每一种软件包的运作方式是不相同的。通过用例可以进行差异分析，因此我们能够弄清楚在哪些地方需要进行定制或扩展才能满足自己的要求。许多软件包都声称提供了预先定义好的解决方案，以满足企业信息处理的部分需要，因此，要指定商用现货产品必须生成的报表，并确定我们需要对产品的标准报表进行定制的程度如何。很可能没有一种软件包解决方案符合我们确认的每一个用例，因此要对这些用例和报表设定优先级。要将一开始就必须实现的系统功能与那些可以等日后再扩展实现的功能以及对用户来说可有可无的功能区分开。

为了确定用户是否可以用这一软件包完成自己的任务，以及任务完成的程度如何，我们需要从这些高优先级的用例中衍生出测试用例，包括那些用来研究系统如何处理可能出现的重大异常条件的测试用例。还有一种相似的方法是运行商用现货产品，使其覆盖一整套场景套件，这些套件代表了期望的使用模式，这些使用模式被称为**运行模式**(operational profile)(Musa 1996)。

16.2.2　考虑业务规则

经过需求探索，就应该确定商用现货产品必须遵守的相关的业务规则。我们是否可以对这一软件包进行配置，使其符合公司策略、业界标准或政府规则呢？当这些规则有所变化时，我们对这一软件包进行修改的难易程度如何？是否能够以正确的格式生成要求的报表？为满足用例和业务规则，我们可能还定义了一些要求的数据结构，那么，查找一下我们所定义的数据结构和软件包供应商所提供的数据模型之间是否存在重大的脱节之处。

有些软件包还整合了一些全局性的业务规则，例如：计算所应扣除的所得税或打印税表，那么，我们是否信任这些实现是正确无误的？当这些规则或计算方法有所变化时，软件包供应商是否能为我们提供新的版本？如果能提供新版本，能以多快的时间提供呢？供应商是否会提供这一软件包所实现的业务规则的列表清单？如果该产品所实现的内在业务规则并不适用于我们的具体情况，我们是否可以对它们禁用或修改呢？

16.2.3　定义质量需求

软件的质量属性和性能目标(已在第 12 章进行过讨论)是选择包解决方案时所要考虑的用户需求的另一个方面。我们至少要研究下面几个属性：

- **性能**　对某一特定操作能够接受的最大响应时间是多长？软件包是否能处理并发用户的预期负载及事务吞吐量？
- **易使用性**　软件包是否遵循已确定的用户界面约定？这一界面与用户熟悉的其他应用程序的界面是否相似？客户学会使用这一软件包的难易程度如何？
- **灵活性**　为满足某些特定的需要，开发人员对这一软件包进行修改或扩展的难度有多大？软件包是否提供了合适的"钩子(hook)"(连接点和扩展点)和应用编程接口，以方便日后进行扩展？

- **互操作性**   将这一软件包与其他的企业应用程序集成在一起的难易程度如何？这一软件包是否采用了标准的数据交换格式？

- **完整性**   这一软件包是否可以控制，只允许某些用户访问系统或使用某些特定的功能？它是否可以保护数据不丢失、不损坏和不被未经授权的用户访问？我们是否可以自己设定各种用户优先等级？

如果组织采用商用现货软件包，那么与量身定制的专门开发相比，前者缺乏需求灵活性。我们必须弄清楚所请求的功能中，哪些没有商量余地，而哪些经过调整后可以适应这一软件包的约束。要选择合适的软件包解决方案，惟一的方法是理解用户和软件包所能完成的业务活动。

16.3   外包项目的需求

将产品的开发承包给某个独立的公司，需要准备高质量的需求文档，因为与工程团队的直接交互可能很少。需方将向供方发送一份建议请求、一份需求规格说明和一些产品验收标准，而供方则要向需方返回完成的产品和支持文档，如图 16.3 所示。

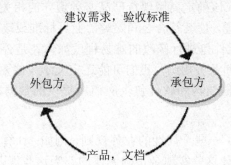

图 16.3   需求是外包项目的莫基石

在这种外包项目中，我们将没有机会进行日常的需求澄清、决策制定和更改，而这些在开发人员和客户紧密协作的项目中是很容易完成的。定义和管理不当的需求是外包项目失败的常见原因(Wiegers 2003)。对外包项目准备需求文档时，要牢记以下几点建议：

提供细节   如果您提出一个建议请求，那么承包方在做出现实的响应和估计之前，必须精确地了解您的请求是什么(Porter-Roth 2002)。

避免二义性   注意不要使用表 10.1 中所列出的那些有歧义的术语，这些词会让人迷惑不解。我曾经看过一份打算要外包出去的项目的软件需求规格说明，其中在多个地方都用到"支持(support)"一词，但是，准备要实现软件的承包方却并不清楚在每个地方"支持"的含义是什么。清楚地表达需方的意图是需求作者的职责。

安排与承包方的接触点   在缺乏实时的面对面交流的情况下，就需要一些其他机制来了解承包方的动态。同级评审和原型可以帮助我们了解承包方是怎样解释需求的。在增量式开发中，承包方定期交付系统的一小部分，这是一种风险管理技术。这样如果承包方的开发人员在理解上有所偏差的话，就可以及时纠正过来。

💡 **注意**　不要以为承包方会以与您相同的方式解释有歧义的和不完善的需求，有时承包方完全按照字面意思来解释需求，并精确地按照外包方的指定来构建产品。就所有必要的信息与承包方进行交流，通过频繁的对话来解决需求问题，这是外包方的责任。

定义双方都能接受的变更控制过程　由于用户需求会逐步有些变化，所以大约有45%的外包项目会有风险(Jones 1994)。变更总是要付出代价的，因此通过变更管理来控制范围蔓延(scope creep)，这在外包开发的情况下是至关重要的。合同应该写明由哪一方来承担各种变更(例如：最近提出的新功能或对原始需求所作的纠正)所需的费用。

为需求的多次迭代和评审预留时间　有一个失败的外包项目的项目进度包括一个用一周时间完成的任务，叫做"需求专题讨论会"，接下来的任务就是实现若干子系统。承包方忽略了一些至关重要的中间任务如编写、评审和修订需求规格说明。由于需求开发具有迭代和通信密集型等本质特点，所以我们必须为这些评审周期预留出一定的时间。项目的外包方和承包方是分隔开的一个整体，当软件需求规格说明来回多次循环时，他们共同经历了无数问题的渐变过程。如果不能及时解决需求问题，就会使项目进度停滞不前，双方甚至会对簿公堂。

制定验收标准。与 Stephen Covey 建议的"以终为始(begin with the end in mind)"相一致(Covey 1989)，要制定如何评估我们及客户是否可以接受被承包的产品，如何判断是否可以向承包方交付最后的报酬。

👉 **注**　第 15 章为制定验收标准提出了一些建议。

16.4　突发型项目的需求

当我听说了"收集需求"这一词语时，我就想像着到处寻找需求，就像采摘了花然后将花放到篮子里一样，但愿收集需求也只是这么简单！在有些项目中，一般是属于成熟的问题域的项目，确实可能在早期阶段就指定许多预期的功能。对这样的项目来说，预先制定具体的需求开发过程是有意义的。

但是，在一些探索式或易变的项目中，预期的系统功能只有随着时间的推移才渐渐的明朗化。这种突发式项目的特征是需求不确定而且变更频繁。在这种项目中，无论是需求开发还是软件开发，都要求采用迭代式、增量式和适应式方法(Highsmith 2000)。其市场需求不停地演化的那些快速变动的项目，经常会偏离目前已有的需求工程方法，相反，开发工作很可能是基于一些对业务目标的模糊的、高层的陈述。我曾经提到一位Internet 开发公司的总裁，他们公司遇到了许多与需求相关的问题，其原因之一就是，与客户签订了合同之后，开发团队就直接开始了全天的可视化设计讨论会，却没有花时间去理解用户如何能从这一 Web 站点获得价值，最终导致了大量的返工工作。

由于突发型(emergent)和快速变动的项目变得流行，所以产生了各种**敏捷开发**(agile development)方法，这些方法强调将可用的功能快速地交付给用户使用(Gilb 1988；Beck 2000；Cockburn 2002)。这种敏捷开发方法对需求开发采用瘦身法，而对需求管理则采用非正式方法。需求是按照产品特性或以用户素材(user stories)的形式来描述的，这些用户素材与第 8 章中所描述的"非正式用例(casual use cases)"有些相似。这种方法不需要详细的需求文档，更乐意采用与现场的客户代表不停地交互，这些客户代表提供需求细节并回答问题。

敏捷开发的基本原理在于认为软件变更既是不可避免的也是合乎需要的。这种方法是对系统不断进行演化，以便响应客户的反馈信息和变更的业务需要。为了应付这种变更，可以用很小的增量来构建系统，每次增量可以修改已有的特性，丰富初始的特性，并添加一些新的特性。这种方法很适用于需求高度不确定的信息系统或 Internet 项目，而不太适用于其需求已经被很好地理解的应用程序，也不太适用于嵌入式系统的开发。

很显然，要进行开发工作，必须先理解用户要利用这一软件完成什么任务。快速变更的项目的需求太不稳定，以至于无法证明预先投资许多需求开发工作确实是值得的。正如 Jeff Gainer(1999)所指出的，"软件开发人员的困难在于迭代开发实际上促进了需求变更和范围蔓延"。如果管理恰当，这些迭代循环有助于软件满足当前的业务需要，虽然付出的代价是对以前完整的设计、代码和测试进行返工。

涉众有时在需求还不知道，也无法知道的情况下，就期望开发人员着手进行编码工作，却并不考虑如果这样做的后果是可能需要大量的重新编码工作。要抵制住诱惑，不要以时间紧迫为借口而忽视了合理的需求开发。如果你确实正在参与一个突发式项目，那么可以考虑采用下面几种需求方法。

16.4.1   非正式用户需求规格说明

非正式地编写需求文档适用于对地域上集中的小团队所构建的系统进行演化。敏捷方法也称为**极限编程**(Extreme Programming，XP)，这种方法提倡将简单的用户素材记录到索引卡上，以这种形式来记录需求(Beck 2000；Jeffries，Anderson 和 Hendrickson 2001)。需要注意的是，如果采用这种方法，客户就必须充分理解他们的需求，甚至能以用户素材的形式描述系统行为。

注意　如果不将需求具体记录下来，而只是通过心灵感应，就不要期望项目一定能取得成功。每一个项目的需求都应该用表格表示出来，项目涉众之间可以共用这些表格，在整个项目进行的过程中都可以对这些表格进行更新，并能对其进行管理。还需要指定专人负责这种编档和更新工作。

16.4.2   现场客户

项目团队成员和相应的客户之间要时常进行交流，这是解决许多需求问题效率最高的一种方法。编写的需求文档无论有多么详细，也无法完全取代这些随时的交流。极限编程的一个基本原则就是要有一名全职的现场客户(on-site customer)，专门负责进行需求讨论，这正如我们在第 6 章中所提到的，大多数项目都有多个用户类以及其他涉众。

📖 近在咫尺的客户

我曾经为一名做研究工作的科学家 John 编写程序，他就坐在离我的办公桌大约 10 英尺远的地方，因此他可以即刻回答我提出的问题；对用户界面屏幕提出反馈意见；澄清我们正式编写的需求。有一天，John 搬到了另一个办公室，仍然在这一栋大楼的同一层。我立刻就感觉到我的编程效率有所下降，因为现在需要更多的时间才能得到 John 的意见。我需要花费更多的时间来纠正问题，因为有时虽然思路已经发生了偏差，但在纠正到正确的思路上来之前，我一直在继续工作。什么也不能取代为开发人员指派一名看得见够得着的合适客户。但是也要注意，中断过于频繁也会使人难以将注意力重新集中在自己的工作上。重新使自己投入到全神贯注的高效率状态，大约需要 15 分钟的时间，这称为"连贯性(flow)"(DeMarco 和 Lister 1999)。

有了现场客户也并不能确保会有合意的结果。我的同事 Chris 帮助开发团队建立了一个具有最小的物理障碍的开发环境，有两名用户代言人参与了这一工作。结果 Chris 提供了这样一份报告："用户代言人的参与似乎为开发团队提供了与他们密切接触的工作环境，但效果却很难说清，一名用户代言人坐在我们大家的中间，还要受到管制，结果他逃避我们所有的人，而当前的这名用户代言人则在与开发人员的交互上工作得很好，确实促进了软件的快速开发"。

💡 **注意**　不要期望只一个人就可以解决出现的所有需求问题。有少量用户代表参与的用户代言人方法，是一种更加有效的解决方案。

16.4.3　尽早地而且要经常地设定优先级

客户和开发人员协同工作，共同选定功能实现的顺序，这样增量开发才会取得成功。开发团队的目标是，将可用的功能和对质量的改进有规律地交到用户手中，因此，开发人员必须了解每次增量开发计划实现哪些功能。

16.4.4　简单的变更管理

软件开发过程应该尽量简单，只要工作能正确地完成即可，但也不可过分简单。如果变更控制的过程太缓慢，则不能适应突发式项目的要求，因为这样的项目要求频繁地进行修改。要确保变更过程井井有条，这样就可以使尽快对请求的变更做出决策的人数最少。但这也并不意味着每一个开发人员都可以简单完成任何变更，无论是他自己想要做的变更，还是客户请求的变更，因为这样会更加混乱，并不能加快产品的交付进度。

👣 下一步

- 如果你正在从事项目维护工作、软件包解决方案的项目、外包项目或突发式项目，那么请研究一下第 3 章中所介绍的需求工程的推荐方法，看看哪些方法可以提高项目的价值，增加项目成功的可能性。

- 如果在本章前面所介绍的项目类型中，存在与需求相关的问题，那么请对项目进行回顾，找出是些什么样的问题，并确定产生问题的根本原因。看看第3章或本章前面所介绍的方法中是否有好的方法，可以防止下次在这类项目中出现同样的错误。

第 17 章　超越需求开发

"化学品跟踪系统"进展顺利。项目主办人 Gerhard 和化学品仓库的用户代言人 Roxanne 一直对有没有必要花费这么多时间来收集需求持怀疑态度。后来,他们同开发团队和其他用户代言人一起参加了一个为期一天的软件需求培训班。这次培训着重讲述所有项目涉众在业务目标和用户需要的理解上达成共识的重要性,同时还向所有团队成员讲述了需求术语、概念和他们要用到的方法,这也促使他们在具体需求实施过程中采用了一些改进需求的技术。

在项目开发过程中,Gerhard 收到了用户代表关于需求开发进展情况的一些十分有用的反馈信息。他甚至请分析人员和用户代言人共进午餐,以庆祝他们在确定系统第一版的需求基线方面达到了一个重要的里程碑。在就餐时,Gerhard 感谢了参与获取需求的人员所做出的贡献以及他们的合作精神,然后他继续说,"现在需求已准备就绪,我希望开发小组很快能写出程序代码。"

"我们还不准备马上编写程序代码",项目经理解释说,"我们打算分阶段发布产品,所以我们需要对系统进行设计,使其能适应将来的系统扩展。产品原型可以提供有关技术方法的良好思想,并且有助于我们理解用户喜欢的界面特性。如果现在我们在软件的设计上花些时间,那么过几个月我们添加产品的更多功能时就可以避免出现问题。"

Gerhard 感到很沮丧。看起来开发团队的工作停滞不前,并没有开始真正的程序编码工作。但是 Gerhard 是否有点操之过急呢?

有经验的项目经理和开发人员都知道把软件需求转化为健壮的设计和合理的项目规划的重要性,无论下一个版本代表最终产品的 1% 还是 100%,这一步骤都必不可少。本章探索性地介绍了几种方法,在需求开发和成功地发布产品之间架起了一座桥梁。下面我们看看需求影响项目规划、设计、编码和测试的几种方法,如图 17.1 所示。

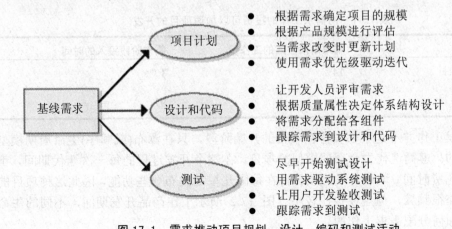

图 17.1　需求推动项目规划、设计、编码和测试活动

17.1　从需求到项目规划

由于需求定义了项目的预期成果，所以项目规划、项目预算和项目的进度安排都必须以软件需求为基础。但是，请记住，最重要的项目成果是交付满足业务目标的系统，而不一定是根据最初的项目规划实现所有初始需求的系统。需求和规划只代表团队最初的评估，项目成果就是根据这一评估来完成的。但是，项目范围可能已经偏离了原来的目标，或者是初始规划可能并不现实，也可能是业务需要、业务规则和项目约束全部都发生了变更。如果不根据变化了的目标和现实相应地对计划进行更新，那么项目的业务是否能取得成功，恐怕还是个问题。

项目经理经常搞不清楚他们应该在需求工程中投入多少时间和精力。一般情况下，对小型项目而言，团队在需求工程上所花费的工作量占整个项目所有工作量的 12%～15%(Wiegers 1996a)，但是，到底占到多大的百分比较为合适，则取决于项目的规模和复杂度。虽然人们担心研究需求会减慢项目的进度，但是，相当多的证据已经表明，花一些时间理解需求实际上可以加速项目的开发进度，下面这几个例子就可以说明这一点：

- 对 15 个电信业和银行业的项目研究表明，最成功的项目在需求工程中所耗费的资源占到项目总资源的28%(Hofmann 和 Lehner 2001)，其中需求获取占11%，需求建模占 10%，需求确认和验证占 7%。一般情况下，需求工程的工作量占项目总工作量的 15.7%，占用时间是项目总时间的 38.6%。
- NASA 项目在需求开发中所投入的资源占总资源的比例超过了 10%，它节省的项目费用和缩短的开发时间与那些在需求阶段投入较少的项目相比更为明显(Hooks 和 Farry 2001)。
- 欧洲的一份研究表明，产品开发较快的项目团队，与产品开发较慢的项目团队相比，在需求阶段所投入的时间和工作量更多一些，如图 17.1 所示(Blackburn, Scuddrr 和 Van Wassenhove 1996)。

表 17.1　对需求工作的投资可以加速项目的开发

	需求阶段投入的工作量	需求阶段投入的时间
开发较快的项目	14%	17%
开发较慢的项目	7%	9%

需求开发工作并不是全部安排在项目的开始阶段，只在瀑布(或顺序)生命周期模型中才是这样的。遵循迭代生命周期模型的项目，在整个开发过程的每一次迭代期间，都要在需求上花费时间。增量开发的项目旨在每隔几星期发布一些功能，因此这种项目的需求开发工作很频繁，但规模也比较小。图 17.2 演示了在产品开发期间，不同的生命周期模型是如何分配需求工作的。

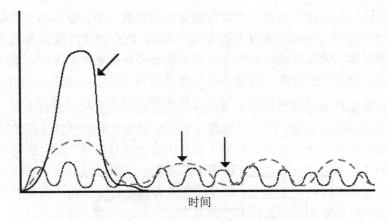

图 17.2 遵循不同的开发生命周期模型的项目

注意 要提防分析瘫痪(analysis paralysia)。如果在项目开始阶段投入大量的工作，旨在一次就使需求达到尽善尽美的程度，那么在合适的时间范围内，经常是几乎交付不出什么有用的功能。但另一方面，也不要因为对分析瘫痪心存恐惧，就逃避需求开发。

17.1.1 需求和预估

项目预估的第 1 步是估计软件产品的规模。我们可以根据文本需求、分析模型、原型或用户界面设计来估计。虽然对于软件的规模没有规定的度量标准，但下面是一些常用的度量标准：

- 可单独测试需求的数量(Wilson 1995)。
- 功能点和特性点的多少(Jones 1996b)，或者将数据、功能和控制三者整合在一起的三维功能点的数量(Whitmire 1995)。
- 图形用户界面(GUI)元素的数量、类型和复杂度。
- 用于实现特定需求所需的源代码行数。
- 对象类的数量或者其他面向对象系统的衡量标准(Whitmire 1997)。

所有这些方法都可用于预估软件的规模，但不管采用什么方法，都必须根据经验和所开发的软件的性质进行选择。通过理解开发团队在相似的项目中采用相似技术所取得的成功经验，我们可以测量出团队的生产率。对软件项目的规模大小做出预估之后，就可以使用商业预估工具，这些工具对开发工作量和进度的组合提出了一些可行性建议。通过这些工具，可以根据开发人员的技能水平、项目复杂度和团队在应用领域的经验等因素，对估算的结果进行调整。有关这些软件预估工具的可用信息请参见 *http://www.laatuk.com/tools/effort_estimation_tools.html*。

如果不将预估的情况与实际的项目结果进行比较，并提高自己的预估能力，那么其预估就永远只能是一种猜测。积累足够的数据，把度量软件规模的标准与开发工作量联系起来，需要一定的时间。我们的目标是要建立起一个方程式，通过这一方程式根据需求正确地判断出整个软件的规模。

如果客户、管理人员或规则制定者频繁地更改项目的需求，那么即使是最好的估算过程也可能会遭到失败。如果需求的变更太大，致使分析人员和开发团队无法跟上其变更速度，那么项目团队就会瘫痪，工作将无法继续进行。在这种情况下，也许应该延长项目的完成日期，直到客户需求明朗化。

规定的交付期限普遍使项目经理感到头疼。无论规定的交付期限有多长，都不可能满足仔细预估得出的项目进度，因此只能通过协商来解决。如果项目经理能证明基于深思熟虑的过程和历史数据的预估是合理的，那么由他来参与协商，比只是简单地尽自己所能进行猜测的人更为合适。如果项目涉众无法就交付期限达成共识，就应该根据项目的业务目标来决定是减少项目范围呢，还是追加资源或在产品质量上打些折扣。要做出这些决定并非易事，但这是确保交付的产品具有最大价值的惟一途径。

　　📖 **一小时能搞定吗?**

一位客户曾要求我们的开发团队将一个很小的程序移植到我们的共享网络上，这个小程序是他自己编写的，原来只是他个人使用，移植以后他的同事们也能够使用这一程序。"一小时能搞定吗?"，经理问我，他已经相当高估了项目的规模大小。当我与这名客户及其同事进行交谈，以便了解清楚他们所需要的系统时，问题变大了。我花了100个小时来编写他们所期待的程序，并没有任何多余的修饰功能。花了100倍的时间，这说明经理最初估计的1小时有点草率，而且所根据的信息也不完善。在做出预估和许下诺言之前，分析人员应该先探索需求、评估项目范围和判定项目规模大小。

不确定的需求不可避免地会导致对软件的规模、工作量和进度的预估也不确定。因为在项目的早期阶段，需求的不确定性是不可避免的，所以在进度和预算安排中，应考虑到一些意外情况，留出一定的余量，以适应某些需求的增加(Wiegers 2002d)。因为业务状况可能会发生变化，用户和市场也有可能会发生变动，以及涉众对软件能够做什么和应该做什么可能会有更好的理解，所以项目范围可能也会有所扩大。但是，如果需求增加得太多，一般说明在需求获取期间遗漏了许多需求。

我们应该花点时间来选择最适合当前这一项目类型的规模度量标准。在产品规模、工作量、开发时间、生产率和人员技术积累时间之间存在着复杂的非线性关系(Putnam和Myers 1997)。理解了这些关系，就可以使我们避免陷入"不可能达到的区域(impossible region)"，在这些区域以前还没有类似的项目获得过完全的成功。

 注意 不要让自己的预估受别人意愿的影响，没有必要投其所好。您不可能只因为某人不喜欢就改变自己的预测。但是，如果预测的偏差太大，则表明需要进行协商。

17.1.2 需求和进度安排

许多软件工程的做法是实行"从右到左安排进度"，即先规定发布产品的具体日期，然后再定义产品的需求。在这种情况下，开发人员要在指定的交付日期内实现要求的所有功能，而又能达到期望的质量水平，常常是不太可能的。更现实的做法是，在制定详细的计划并许下诺言之前，先定义软件需求。但是，如果项目经理可以协商决定所期望的功能的哪部分可以适应进度的要求，那么也可以采用"从设计到进度安排"的策略。需求优先级一贯是项目成功的关键因素。

对于复杂的系统，软件只是最终产品的一部分，只有在产品级(系统)需求和初步体系结构完成以后，才能制定宏观的进度安排。在这种情况下，要根据不同的信息来源(包括市场、销售、客户服务和开发)，确定主要的交付日期并达成一致意见。

考虑一下分阶段进行项目规划和提供项目资金的情况。最初的需求开发阶段将提供足够的信息，我们可以根据这些信息对一个或多个构造阶段，制定出符合实际情况的计划并做出预估。需求不确定的项目受益于增量开发生存周期。项目团队通过增量开发，早在需求变得完全清楚明了之前，就可以先交付有用的软件。通过设定需求优先级来确定每一次增量开发应实现哪些功能。

软件项目经常不能达到预定的目标，这是因为开发人员和其他项目参与者是糟糕的规划者，而不是因为他们是糟糕的软件工程师。主要的规划失误包括，忽略了普通的任务，低估了所需的工作量和时间，没有考虑项目风险，没有考虑返工所需的时间，以及对自己的盲目乐观等。有效的项目规划需要以下元素：

- 估计的产品规模。
- 根据历史记录了解到的开发团队的工作效率。
- 一张任务列表，以便完全地实现和验证每一特性或用例。
- 相当稳定的需求。
- 经验，这有助于项目经理对不可触及的因素和每一个项目所特有的因素加以调整。

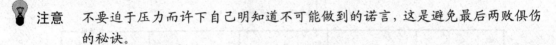

注意　不要迫于压力而许下自己明知道不可能做到的诺言，这是避免最后两败俱伤的秘诀。

17.2　从需求到设计和编码

需求和设计之间并没有很明显的分界线，但要防止规格说明造成实现上的倾向性，除非是有迫不得已的原因要有意地对设计加以约束。理想情况下，对系统预期行为的描述，不应该被设计上的考虑所左右(Jackson 1995)，但是说实话，许多项目都包括设计上的约束，这些约束来自于产品的旧版本，向后兼容就是一个很普遍的需求。因此，需求规格说明几乎总是包括某些设计信息，但是，规格说明不应该包括"漫不经心的(inadvertent)"设计——也就是在最后的设计中不需要或不期望的限制。让设计人员或开发人员参与需求评审，这样可以确保需求为后续的设计打下坚实的基础。

产品的需求、质量属性和用户特点可以决定产品体系结构(Bass、Clements 和 Kazman 1998)，而研究所提议的体系结构为我们提供了不同的角度——帮助对需求进行验证并调整其精度，构建原型也是这样。这两种方法都用到了这样的思维过程："如果我正确地理解了需求，那么我正在评审的方法就是满足这些需求的很好途径。那么如果我手头已有初步体系结构(或原型)，它是否有助于我更好地理解需求呢？"

对于同时包括软件组件和硬件组件的系统，以及只包括软件的复杂系统，体系结构就显得尤其关键。将高层系统需求分配给各种子系统或组件是需求分析必不可少的一个步骤。系统工程师、分析员或构架师应将系统需求分解成软件子系统和硬件子系统的功能性需求(Leffingwell 和 Widrig 2000)。开发团队通过可追溯性信息能够追踪每一条需求在设计中的相应位置。

糟糕的分配决策可以导致应该分配给硬件组件完成的功能却由软件来完成，或者应该分配给软件来完成的功能却由硬件来完成；性能很差；在改进版本中无法轻而易举地替换一个组件。曾经在一个项目中，硬件工程师毫不隐晦地告诉我们的团队，他期望我们的软件能克服他所设计的硬件的所有局限性！虽然软件比硬件具有更好的延展性，但工程师们不应该以软件的灵活性作为理由，对硬件设计敷衍了事。应该采用系统工程方法来制定最佳决策，确定每一个系统组件在其必须遵守的约束下应该满足哪些功能。

将系统功能分配给子系统或组件必须采用自顶向下的方法(Hooks 和 Farry 2001)。我们来考虑一个 DVD 播放机，它包括电机，用来打开和关闭光盘托盘并使光盘旋转；光学子系统，用来读取光盘上的数据；图像呈现软件；多功能遥控器；以及其他一些组件，如图 17.3 所示。这些子系统交互作用以控制某些行为，比如说，当光盘正在播放时，用户想要打开光盘托盘，于是按下了遥控器上的按键，那么会导致什么样的后果呢？这就由这些子系统共同来决定。系统需求推动这种复杂产品的体系结构设计，而体系结构反过来也影响需求的分配。

图 17.3　诸如 DVD 这样的复杂产品包括多个软件和硬件子系统

在有些项目中，软件设计并没有受到重视，但是，在软件设计上花费的时间是一种极好的投资。多种软件设计方法将会满足大多数产品的需求，这些设计在性能、有效性、健壮性和所采用的技术方法等方面会有所不同。如果直接从需求阶段跳到编码阶段，那么设计的软件就基本上是随意设计的。如果虽然完成了软件设计，但未必是优秀的设计，那么最后制作的软件也很可能是结构性很差的软件。虽然重构代码可以改进设计(Fowler 1999)，但是，设计时付出很小的代价就可以解决的问题，如果等到产品发布后对代码重构，所付出的代价将会大得多。考虑其他的设计可选方案也会有助于确保开发人员遵从所陈述的全部设计约束。

通过设计可以极大简化编码工作

我曾经参与了一个项目,是用 8 个计算过程来模拟照相系统的行为。仔细地研究了需求分析之后,团队急于要开始编码。但我们没有这么干,而是花时间创建了一个设计模型,此时我们只考虑如何构建解决方案,而并不试图去理解问题。很快我们就意识到有 3 个模拟步骤采用了相同的计算算法,还有 3 个模拟步骤也采用了另外一种相同的计算算法,剩下的两个模拟步骤采用的计算算法也相同。这样通过设计就简化了问题,将 8 个复杂的计算减少到 3 个。如果在需求分析之后,我们立即开始编码工作,那么毫无疑问在编码过程中我们会注意到在某些地方会发生代码重复,但由于我们尽早对此作了简化,就节约了许多时间。修订设计模型比重写代码具有更高的效率!

与需求一样,优秀的设计也是迭代的结果。当我们获得了信息并产生了其他想法时,用多种方法进行设计可以细化最初的概念。设计上的缺陷会导致产品难以维护和扩展,也会导致无法满足客户在性能、易用性和可靠性等方面的要求。要构建具有高质量的健壮产品,花一些时间将需求转化为设计,是非常划算的投资。

在开始实现产品之前,虽然不需要为整个产品开发完整的、详细的设计,但是,应该先对每一个组件进行设计,然后再对其进行编码。如果项目难度很大,项目涉及到具有许多内部组件接口和交互的系统,或者项目的开发人员经验不足,就最能体现出设计规划的好处(McConnell 1998)。但是,下面的动作可以使所有的项目类型都从中受益:

- 为子系统和组件开发一个坚固的体系结构,这一体系结构在产品改进的过程中可以保持不变。
- 确定需要构建的主要对象类或功能模块,定义它们的接口、职责以及与其他单元的协作。
- 对并行处理系统,要理解计划的执行线程或对并发进程的功能分配。
- 根据强内聚、松耦合和信息隐藏等这些良好的设计原则,定义每个代码单元的预期功能(McConnell 1993)。
- 确保设计满足所有的功能性需求,但不要包括不必要的功能。
- 确保设计能适应可能出现的异常条件。
- 确保设计能达到所陈述的性能、健壮性、可靠性和其他一些质量属性的目标。

当开发人员把需求转化为设计和代码时,他们将会遇到不确定和混淆的地方。理想情况下,开发人员可沿着发生的问题回溯至客户或分析人员,并获得解决方案。如果问题不能马上得到解决,那么开发人员所做出的任何假设、猜想或解释都应该编写成文档,并由客户代表进行评审。如果遇到的此类问题太多,那么就说明分析人员将需求交给开发人员之前,这些需求还不够清晰或不够详细。在这种情况下,最好安排一两个开发人员对剩余的需求进行评审并调整后才能使开发工作继续进行。同时也要重新查看需求确认过程,以弄清楚低质量的需求是如何交到开发人员的手中的。

17.3 从需求到测试

测试和需求工程是一种互相促进的关系，正如顾问 Dorothy Graham 所指出的，"好的需求工程可以生成更好的测试；好的测试分析可以生成更好的需求" (Graham 2002)。需求是系统测试的基础，对产品的测试应该根据需求文档中所记录的产品的预期行为来进行，而不应该根据设计或编码来测试。产品可以正确地展示基于代码的测试用例所描述的所有行为，但这并不意味着产品正确地实现了用户或功能性需求。应该让测试人员参与需求审查，这样可以确保需求是可验证的并可以作为系统测试的基础。

测试什么？

在一次研讨会上，一名与会人员说道，"我目前正在一个测试小组中从事软件测试工作，我们并没有书面的需求文档，因此只能想像软件的行为应该是什么，并据此对软件进行测试。有时测试是错误的，因此我们不得不去问开发人员软件的行为是什么，然后再次进行测试"。测试开发人员所构建的东西，与测试开发人员应该构建的东西，二者是不一样的。需求是系统测试和用户验收的最终的参照标准。如果系统没有良好的需求规格说明文档，测试人员将会发现开发人员实现了许多隐式需求，其中有些隐式需求将反映开发人员的正确决策，但其他一些隐式需求可能是多余的，或者是产生了误解。分析人员应该将合法的隐式需求及其原始需求一同写入到软件需求规格说明中，这样才能更有效地完成将来的回归测试。

项目测试人员应该确定他们如何验证每一条需求，下面列出了一些可能的方法：

*   测试(执行软件以便发现缺陷)。
*   审查(检查代码，以便确保代码满足了需求)。
*   演示(显示产品的运作与所期望的相符)。
*   分析(推导在某些情况下系统应该如何运作)。

对如何验证每一需求的思考过程本身就是一种很有用的质量审查实践。根据需求中的逻辑描述，利用诸如因果图等分析技术来获得测试用例(Myers 1979)，这将会揭示需求的二义性、遗漏或隐含的其他条件、以及一些其他问题。每个功能性需求至少应该由系统测试套件中的一个测试用例来测试，这样就会验证所有的系统行为。我们可以跟踪通过测试的需求所占的比例来衡量测试进度。高水平的测试人员可以根据基于产品的历史记录、期望的使用场景、总体质量特性和一些特有方面的测试，对基于需求的测试进行扩充。

基于规格说明的测试可以运用若干测试设计策略：动作驱动、数据驱动(包括边界值分析和等价类划分)、逻辑驱动、事件驱动和状态驱动(Poston 1996)。从正式的规格说明中自动生成测试用例是可能的，但是对于更多的用自然语言描述的需求规格说明，则必须手工开发测试用例。

随着开发工作的进展，项目团队先在用例中发现的较高抽象层次上来阐述需求，然后再详细阐述软件的功能性需求，最终再阐述单个代码模块的规格说明。测试方面的权威人士 Boris Beizer(1999)指出，针对需求的测试必须在软件结构的每一个层次上进行，而不只是在最终用户这一层上进行。应用程序中的许多代码并不会直接被用户所访问，但这些代码却是产品基本操作所需要的。即使有些模块功能对用户是不可见的，但是每个模块都必须满足其自身的规格说明。因此，针对用户需求来测试系统是系统测试的必要条件，但并不是充分条件。

17.4 从需求到成功

最近我遇到了一个项目，在该项目中，签了合同的开发团队将针对早先的团队所开发的需求实现一个应用程序。这个新的开发团队看到厚厚的软件需求规格说明，感到望而生畏，于是立刻开始编写代码。在构造软件的过程中，他们没有参考软件需求规格说明，而是根据对预期系统的不完整且不正确的理解，按他们自己的想像进行编码设计。果然不出所料，该项目遇到了许多问题。虽然试图理解大量的甚至是优秀的需求会令人望而生畏，但是，如果忽视它们，则是向项目失败迈出了决定性的一步。无论如何，在编写代码之前先阅读需求，比起构建错误的系统之后再重新构建系统，还是快一些。更快的方法是，让开发团队在项目早期就参与需求工作，可以尽早完成项目原型。

使项目更成功的一种方法是，列出与特定的代码版本相对应的所有需求。项目的质量保证(quality assurance，QA)小组通过对照相应的需求来执行测试，从而对每一个版本进行评估。不满足测试标准的需求就算是一个错误。如果不满足的需求数量超过预先设定的一个数字，或者是没有满足特定的有重大影响的需求，那么 QA 小组就拒绝发布这一版本，这个项目的成功，在很大程度上得益于根据需求文档来决定何时发布产品。

软件开发项目最终的可交付工件应该是一个满足客户需要和期望的软件系统。需求是从业务需要通向用户满意之路中必不可少的一步。如果不以高质量的需求作为项目规划、软件设计和系统测试的基础，那么在试图发布优秀产品的过程中将浪费大量的工作。然而，也不要变成需求过程的奴隶。我们没有必要花费大量的时间创建不必要的文档，并举行各种形式上的会议，而不编写任何软件代码，这将会导致项目被取消。努力在精确的规格说明与可将产品失败的风险降至可接受程度的编码之间做出明智的选择。

下一步

- 试着将软件需求规格说明中可实现部分的所有需求追溯到单独的设计元素，这些元素可能是数据流模型中的过程、实体—关系图中的表、对象类或方法、或者其他设计元素。如果遗漏了设计元素，则可能表明开发人员只是在大脑中完成了设计工作，从需求阶段直接就进入了编码阶段。如果开发人员在编写代码前，没有进行软件设计，那么他们可能需要接受软件设计方面的某些培训。
- 记录下实现每一个产品特性或用例所需要的代码行数、功能点、对象类或图形用户界面(GUI)的元素数量。并且还要记录下完全实现并验证每个特性或用例估计需要多大的工作量，以及所需要的实际工作量。尽力找出产品规模大小与所花费工作量之间的相互关系，这将有助于我们对将来的需求规格说明做出更精确的预估。

- 根据最近的几个项目，估算计划外的需求增长的平均百分比。考虑可能有一些预料不到的情况发生，对项目进度的安排留有余地，以便适应在未来的项目中与此相似的范围增长。根据先前项目的增长数据，证明为项目进度所留的余地是合理的，以确保看起来并不是为经理、客户和其他涉众随意选了一个数值。

第 III 部分

软件需求管理

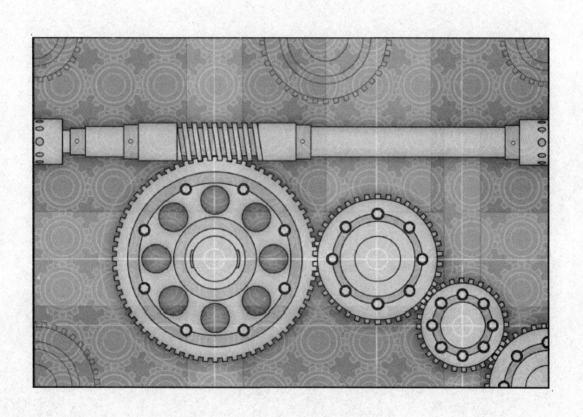

第18章 需求管理的原则和实践

在第1章中，我们将需求工程理论分为需求开发和需求管理。需求开发包括对一个软件项目需求的获取、分析、规格说明及确认。一般的需求开发的成果应包括前景和范围文档、用例文档、软件需求规格说明、数据字典和相关的分析模型。这些成果经过评审和批准之后，就定义了开发工作的需求基线，这个基线是开发团队和客户之间达成的一致约定(agreement)。项目很可能还会有其他的一些约定，例如，可交付产品、约束、进度安排、资金预算或合同约定等，但这些主题已超出了本书的讨论范围。

需求约定在需求开发和需求管理之间架起了一座桥梁。团队成员在整个项目开发期间必须能够访问最新的需求，可能是通过基于Web的网关来访问需求管理工具的内容。需求管理包括在项目开发过程中维护需求约定的完整性、准确性以及保持需求约定是最新约定的所有活动，如图18.1所求，需求管理包括：

- 控制对需求基线的变更。
- 保持项目规划与需求之间的一致。
- 控制单项需求和需求文档的版本情况。
- 跟踪基线中需求的状态。
- 管理单个需求和其他项目工作产品之间的逻辑联系链。

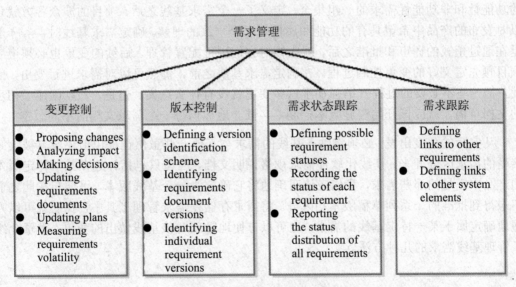

图 18.1 主要的需求管理活动

开发团队接受了新提议的需求变更之后，有可能无法履行原定的进度安排和质量承诺，项目经理必须与受影响的管理人员、客户和其他项目涉众进行协商，就原来的承诺做出一些变更。对提出的新需求或对已变更的需求，项目的响应方式有多种：

- 推迟实现优先级低的需求。

- 增派人手。
- 短时间的突击加班，最好是有偿加班。
- 为了满足新功能，推迟产品的交付日期。
- 保持产品交付日期不变，但在质量上打些折扣。这也是需求变更之后项目通常采取的反应方式，虽然这样做并不可取。

由于不同的项目在特性的灵活性、人员情况、财政预算和软件质量等方面有所不同，所以上面这几种方法中，任何一种方法都不可能适用于所有的项目(Wiegers 1996a)。我们应该根据项目规划期间关键涉众所确定的优先级来做出选择。但无论在需求变更之后采取什么措施，都要面对现实——在必要的时候调整对产品的期望以及对客户的承诺，这总比不现实地认为在原定的交付日期内能够实现所有新特性，而又不会造成预算超支或团队成员筋疲力尽造成的后果要好。

本章描述了需求管理的基本原则，第Ⅲ部分的其他几章详细地介绍了需求管理的实践，包括变更控制(第 19 章)、变更影响分析(第 19 章)和需求跟踪(第 20 章)。第Ⅲ部分的最后部分讨论了商业工具，这些工具可以帮助项目团队管理需求(第 21 章)。

18.1　需 求 基 线

需求基线(requirement baseline)是团队成员已经承诺将在某一特定产品版本中实现的功能性和非功能性需求的一组集合。定义了一个需求基线之后，项目的涉众各方就可以对发布的产品中希望具有的功能和属性有一个一致的理解。确定需求基线时——一般是在通过正式的评审和批准之后，就应该对它们进行配置管理。后续的变更也必须遵守项目预先定义好的变更控制过程。在确定需求基线之前，仍然可以对需求进行变更，因此，把一些不必要的过程开销强加于这些变更就没有什么意义。但是，一旦创建了初步的文档草稿，就应该开始实施版本控制——惟一地标识每一个需求文档的不同版本。

从实际的角度出发，必须将纳入基线的需求与其他一些虽然已提出但还没有被大家接受的需求区分开来。基线化软件需求规格说明文档，应该只包括计划在某一特定版本的产品中满足的那些需求，我们应该明确地将它确定为一个基线版本，以便与在此之前还未得到批准的一系列草稿版本相区分。将需求存储在需求管理工具中，我们就可以方便地确定属于某一特定基线的需求，也可以方便地管理对该基线做出的变更。本章介绍了管理基线需求的几种方法。

18.2　需求管理过程

开发组织应该为项目团队规定他们应该通过哪些活动来管理需求。将这些活动编写成文档，并培训其执行者，这样开发组织内的成员就可以一致而有效地完成这些活动。考虑描述下面这些主题：

- 用于控制各种需求文档和单个需求版本的工具、技术和约定。
- 如何将需求纳入基线。
- 将要使用的需求状态，以及哪些人可能会对它们变更。
- 需求状态跟踪过程。
- 采用什么方法提出新的需求或对原有需求的变更、对其进行处理和协商并将其传达给受此影响的所有涉众。
- 如何分析提议的变更所产生的影响。
- 需求发生变更之后，如何相应地调整项目规划和对客户的承诺。

我们可以将所有这些信息都包括在单一的需求管理过程描述中，当然，还可以根据您自己的意愿，分别编写变更控制、影响分析和状态跟踪等过程。这些过程应该应用于整个组织，因为它们表示每个项目团队应该完成的公共功能。

注　第 22 章描述了需求管理的几种有用的过程资产。

因为必须有人来控制需求管理活动，所以需求管理过程描述也应该确定负责完成每项任务的团队角色，一般情况下，需求管理主要由项目的需求分析员来负责。分析员将建立一些需求存储机制(例如需求管理工具)，以便定义需求属性；协调需求状态，更新跟踪数据；以及生成变更活动的报告等。

注意　如果项目中无人负责执行需求管理活动，那么就不要指望需求管理能够运作。

18.3　需求版本控制

"我终于完成了厂商目录查询功能"，Shari 在"化学品跟踪系统"项目状态的每周例会上说，"啊，费了好大的劲！"

"什么？客户在两星期之前就取消了这个功能"，项目经理 Dave 回答道，"难道你没有拿到修订过的软件需求规格说明吗？"

Shari 被弄糊涂了，"什么意思？被取消了？这些需求就写在我拿到的最新软件规格说明的第 6 页上呀！"

Dave 说，"我的最新版本中可不是这样写的，我拿到的最新软件需求规格说明是第1.5 版，你的是哪一个版本呢？"

"我的版本也说是 1.5 版，"Shari 很生气地说，"这些文档应该是相同的，但很显然并不是这样，那到底是这一功能仍然属于基线需求，还是我浪费了 40 个小时的时间？"

如果您曾听到过类似这样的对话，应该可以理解当人们因为需求已过时或需求不一致而浪费工作时间时，会感到多么沮丧。版本控制是管理需求规格说明和其他项目文档必不可少的一个方面。需求文档的每一个版本都必须惟一地标识出来，使得每个团队成员都能够访问最新版本的需求；对所做的变更也必须明确地写入文档中，并传达给受此影响的每一个人。为了尽量减少混乱、冲突和误传，应该指派一个人专门负责更新需求，并确保只要需求有所变更就相应地改变其版本标识号。

📖 **并非 bug，而是特性！**

有一个签过合同的开发团队从测试人员那里收到了大量的缺陷报告，被测试的系统是他们刚刚交付给客户的最新版本。开发团队感到很困惑，因为系统已经通过了他们自己进行的所有测试。经过大量的研究之后，他们才发现客户一直在根据已经废弃的软件需求规格说明来测试新的软件。测试人员所报告的 bug 实际上都是产品的特性(通常，人们只用这样的话来对软件开玩笑)。因为测试人员正在寻找错误的系统行为，导致大量的测试工作付之东流。结果测试人员不得不花大量的时间根据最新的软件需求规格说明来重新编写测试计划，并重新测试该软件，这一切都是因为需求的版本控制出了问题。

在人们手中流通的每一个需求文档版本都应该包括这样一些内容：变更的内容，每一个变更发生的日期，变更人的姓名和每一次进行变更的原因。我们可以考虑采用在每一个单独的需求文档标签后面追加一个版本数字(例如 Print.ConfirmCopies-1)，可以在每次修改需求之后相应地递增这一数字的值。

最简单的版本控制机制是，根据标准约定，对每一个软件需求规格说明版本进行手工标识。有些标识方案试图根据修订日期或文档的打印日期来区分文档版本，这很容易产生错误并引起混乱，所以我不主张采用这种方案。我们的几个团队已经成功地采用了一种手工标识的约定方法，对任何新文档，第 1 版本都标识为"版本 1.0 草案 1"，下一个草案则标识为"版本 1.0 草案 2"。作者可以随着每一次迭代来递增这一草案的数值，直到该文档得到批准或纳入基线之后，可以将标签改为"版本 1.0 正式版"。下一个版本如果只是作了较小的修订，则可以标识为"版本 1.1 草案 1"，如果作了较大的更改，则标识为"版本 2 草案 1"——当然，"较大"和"较小"只是一个主观的判断，或至少是由上下文驱动的。这种方法的优点是清楚地将草案与基线文档版本区分开来，但缺点是它需要手工进行标识。

如果需求保存为字处理文档，那么可以通过字处理软件的修订功能来跟踪所做的变更，即软件用一些表示符号对文本中的变更进行突出显示，例如，在删除的内容上划上横线，对增添的内容加上下划线，在页边缘处用竖直修订条表示每一个变更的位置。因为这些表示符号在视觉上使文档看起来很混乱，所以字处理软件为我们提供了这样一种功能，可以对作了修订标记的文档或变更完成后的最终文档进行查看，并打印出来。当我们要将以这种方式进行了标记的文档纳入基线时，首先对带有修订标记的版本进行存档，然后再接受所做的全部修订，再将没有修订符号的新版本存储为新的基线文档，以备下一轮变更再使用。

还有一种更复杂的技术，可以把需求文档存储在版本控制工具中，例如有些工具可以通过检入(check-in)和检出(check-out)过程控制源代码。许多现成的商业配置管理工具都具有这样的功能。我知道的一个项目，就将用 Word 编写的几百个用例文档存储在这样一个版本控制工具中，团队成员可以通过这一工具访问每一个用例以前的所有版本，这一工具还将对每个用例所做的变更历史记录到日志中。项目需求分析员及其候选人员对存储在这一工具中的文档既可以读也可以写，而其他团队成员则只有读的权限。

版本控制最有用的方法是将需求存储在商业需求管理工具的数据库中，第 21 章将对此进行介绍。这些工具可以跟踪对每一个需求所作的变更的完整的历史记录,当我们需要还原到某一个需求的以前版本时很有价值。我们还可以通过这种工具来加注一些注释,描述决定要添加、修改或删除一个需求的原因,在将来专门讨论这一需求时,则这些注释就会很有用处。

18.4 需求属性

我们可以将每一个需求想像成一个对象,它具有一些能将自身与其他需求区分开来的属性。除了文本描述之外,每个功能性需求都应该有若干条与之相关联的支持信息或属性,这些属性为每一个需求建立了一个上下文和背景,这已超越了所需的功能描述。我们可以将属性值保存在电子数据表或数据库中,最好是保存在需求管理工具中,这些工具提供了一些由系统生成的属性,但我们也可以自己定义一些其他属性。可以用这些工具对数据库进行筛选、排序或查询,以查看根据需求的属性值所选择的需求子集。例如,我们应该列出分配给 Shari 在版本 2.3 中实现的所有具有高优先级,并且状态是已批准(Approved)的需求。

对大型的复杂项目来说,有一组丰富的需求属性就显得尤为重要,应该考虑为每个需求指定如下一些属性:

- 需求创建的日期。
- 需求的当前版本号。
- 创建需求的作者。
- 负责确保该需求得到满足的人员。
- 需求的拥有者或一组涉众列表(为了对提议的变更做出决策)。
- 需求状态。
- 需求的最初来源。
- 创建需求的理由。
- 需求涉及的子系统。
- 需求涉及的产品版本号。
- 使用的验证方法或验收测试的标准。
- 需求实现的优先级。
- 需求的稳定性(表明将来需求发生变更的可能性,不稳定的需求可能表明定义不佳的,或者易发生变化的业务过程或业务规则)。

📖 实现某条需求的理由

一家生产电子测量设备公司的产品经理想要记录下产品实现了哪些需求,因为竞争对手的产品具有相同的功能,所以他想一查究竟。记录下这些特性的一种很好的方法是采用"需求创建的理由(Rationale)"这一属性,它表明产品为什么要实现某一条特定的需求。

选择最小的属性集有助于提高项目管理的效率,例如,我们可能并不需要某一需求负责人的姓名，也不需要这一需求所涉及的子系统。如果其他地方已经存储了这些属性信息(例如，存储在总体开发跟踪系统)，那么就不要在需求数据库中再复制它了。

 注意 如果选择的需求属性太多，那么开发团队会望而生畏，结果是他们绝不可能提供所有需求的全部属性值，也无法有效地使用这些属性信息。也许一开始应该先选择 3 个或 4 个关键属性，当我们了解清楚这些属性如何提高了项目的价值之后，再添加一些其他属性。

需求基线是动态的。如果添加了新需求，或者是现有的需求被取消或推迟到以后的版本中再实现，那么在某一个特定版本中计划实现的需求集就将发生变动。团队可能在当前项目的需求文档和将来版本的需求文档之间转来转去。用文档形式的需求规格说明来管理这些变化的基线会让人感到很乏味，如果推迟实现或已否决实现的需求仍然保留在软件需求规格说明中，那么读者可能就搞不清楚这些需求到底是否包括在基线中。但是，如果我们不想花费很多时间将需求从一个软件需求规格说明移动到另一个，那么有一种方法可以处理这种情况，即把需求保存在需求管理工具中并定义"版本号(Release Number)"这一属性。推迟实现一个需求就意味着改变了原来计划实现的这一需求的版本，因此，只要简单地更新版本号，就可以将这一需求更改为一个不同的基线。对于已否决实现的需求，最好的处理方法是使用需求状态属性，有关需求状态属性将在下一节中进行介绍。

定义和更新这些属性值也需要费用，因而是需求管理成本的一部分，但是这种投资可以得到巨大的回报。有一家公司定期生成报表，显示每一个设计人员应该完成哪些需求，这些需求来自于 3 个相关的规格说明中的 750 个需求。有一个设计人员发现有若干需求本该由她负责来实现，结果她却没有实现。如果她当时没有发现这个问题，而是在项目的以后阶段才发现，那么据她自己估计，她需要花 1～2 个月的时间来完成工程设计的返工工作。

18.5　跟踪需求状态

"Jackie，那个子系统进行得怎么样了？" Dave 问道。

"还不错，Dave，我已经完成了大约 90%了。"

Dave 有点儿不明白，"不是几个星期前就完成 90%了吗？"，他问道。

Jackie 回答道，"我当时以为是这样，但实际上现在才真正完成了 90%"。

软件开发人员在报告自己完成了多少任务时，有时会夸大其词，他们常常认为自己有能力完成那些已经开始但还没有全部完成的任务。也许他确实已经完成最初指定工作的 90%，却不料后来又碰到了预先没有料到的情况。这种过高地估计工作进度的趋势，会导致一种普遍存在的情况，即宣布软件项目或主要任务已完成 90%之后，这个状态仍然会持续很长一段时间。在整个开发期间跟踪每一个功能性需求的状态，是一种更精确地测量项目进度的方法。跟踪状态的依据是，对本次产品迭代所期望的"完成"的含义。例如，我们可能计划在下一个版本中只实现部分用例，而全部用例的最终实现留待将来的迭代再完成，在这种情况下，只需要监视那些承诺将在下一版本中实现的功能性需求的状态，因为这些需求是交付该版本之前应该 100%完成的。

> 🔖 **注意** 有这样一个古老的笑话，软件项目的前一半消耗 90%的项目资源，项目的后一半也消耗 90%的项目资源。过于乐观的估计和过于放松的状态跟踪绝对是项目超支的原因。

表 18.1 列出了若干可能的需求状态(还有另一种方案，请参见 Caputo 1998)。有些跟踪人员还添加了另外两个状态："已设计(Designed)"(即描述这一功能性需求的设计元素已被创建，并已通过评审)和"已交付(Delivered)"(包括这一需求的软件已交到用户手中，正在由用户完成 β 测试)。记录下已被否决的需求及其被否决的理由，这一做法颇有意义，因为已被否决的需求在开发期间常常会重新浮现出来。有了"已否决(Rejected)"这一状态，使您在将来可能需要参考某一个已提议但被否决的需求时，能够较为轻松地重新得到这一需求。

表 18.1 建议的需求状态

状　态	定　义
已提议(Proposed)	该需求已被有相应权限的人提出
已批准(Approved)	该需求已经被分析，它对项目的影响已进行了估计，并且已经被分配到某一特定版本的基线中。关键涉众已同意包含这一需求，软件开发团队已承诺实现这一需求
已实现(Implemented)	实现这一需求的代码已完成了设计、编码和单元测试。这一需求已被跟踪到相关的设计元素和编码元素
已验证(Verified)	已在集成产品中确认了这一需求的功能实现是正确的。这一需求已被跟踪到相关的测试用例。这一需求目前可以被认为是已完成了
已删除(Deleted)	已批准的需求又从需求基线中取消了。要解释清楚为什么要删除这一需求，以及是谁决定删除的
已否决(Rejected)	需求已被提议，但并不计划在下一版本中实现它。要解释清楚为什么要否决这一需求，以及是谁决定否决的

将需求分成若干状态类别，比起努力监视每个需求完成的百分比或整个基线完成的百分比更有意义。应定义谁有权变更一个状态，并且只在满足某些特定的转换条件时，才能更新需求的状态。有些状态改变还会更新需求跟踪数据，以表明哪些设计、代码和测试元素是针对这一需求的，如表 18.1 所示。

我们假设在一个需要 10 个月完成的项目的开发期间对需求状态进行跟踪，跟踪曲线如图 18.2 所示。图中展示了在每个月底，各种状态的系统需求分别占总需求的百分比。需要注意的是，这种跟踪百分比分布的情况，并不能够展示基线中的需求数量是否随着时间的推移而发生变化。这些曲线说明了项目是如何逐渐达到其目标的，即对所有已获批准的需求都完成了验证。当相关的所有需求其状态成为"已验证"(其实现与预期相符)或"已删除"(从基线中删除)时，整个工作才算完成。

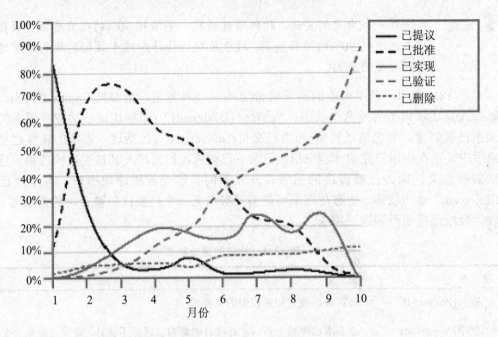

图 18.2　在整个项目开发周期中，跟踪需求状态的分布情况

18.6　评估需求管理的工作量

与需求开发一样，项目规划还应该包括本章所介绍的需求管理活动的任务和资源。如果跟踪在需求管理上投入了多少工作量，我们就可以评估工作量是太少，还是正合适，或者是太多，并且可以对当前过程和未来的计划做出相应的调整。

如果一个组织从未评估过其工作的任何方面，那么要开始记录项目团队所花费的时间情况，通常会感到无从下手。要评估开发和项目管理的实际工作量，需要企业文化的改变，也需要个人养成记录日常工作活动的习惯。工作量的跟踪并不如人们所担心的那样耗费很多的时间，了解了在各种项目任务中实际投入了多少工作量之后，团队将获得有价值的信息(Wiegers 1996a)。需要注意的是，工作量与翻过的日历时间并不是一码事，任务可能会中断，也可能需要与其他人协商讨论而被拖延。一个任务的总工作量，如果以劳动时间为单位计算的话，并不会因诸如上面这些因素而发生变化，但是项目的持续时间却变长了。

跟踪工作量还可以表明团队是否确实执行了管理需求所需的活动。如果不管理需求，就会提高项目的风险，这些风险可能是由于需求变更失控，也可能是由于开发期间人们无意中漏掉了需求而导致的。将下面这些活动中所投入的工作量加起来，就可以算出需求管理的工作量：

- 提交需求变更和提议新的需求。
- 评估已提议的变更，包括进行影响分析。
- 变更控制委员会的活动。
- 更新需求文档或数据库。
- 向受影响的小组或个人传达需求变更。
- 跟踪并报告需求状态。
- 收集需求的跟踪信息。

　　需求管理有助于确保我们在需求的收集、分析和编写文档中所投入的工作不会白费。例如，如果需求已发生了变更，但我们没有及时更新需求集，那么项目的涉众就很难准确地了解在每一个版本中都能交付哪些功能。由于在整个开发过程中，有效的需求管理可以使所有项目涉众及时了解需求的当前状态，因而可以减小大家的期望与现实之间的差距。

 下一步

- 定义一个用于识别需求文档的版本控制方案，将这一方案作为需求管理过程的一部分而编写为文档。
- 选择描述功能性需求生命周期所要使用的状态，绘制一幅状态转换图，展示从一个状态转换到另一个状态的触发条件。
- 定义基线中每个功能性需求的当前状态，在开发过程中要不断更新这些状态。
- 把组织用来管理每个项目需求的过程描述记录下来，请若干分析人员来起草、评审、指导并批准这些过程活动和最终结果。我们所定义的这些过程步骤必须是切实可行的，而且必须能使项目从中受益。

第 19 章 变更管理

"Glenn，你的开发工作进展如何？"，在一次需求状态会议上，"化学品跟踪系统"的项目经理 Dave 问道。

"远没有我原来计划的那么顺利，"Glenn 承认道，"我正在为 Sharon 添加一个新的目录查询功能，所花的时间比我预计的时间多多了"。

Dave 感到困惑不解，"我怎么不记得在最近的变更控制委员会召开的会议上讨论过新的目录查询功能，Sharon 是通过变更控制过程提交的这一请求吗？"

"不是，她直接找到我提出这个建议"，Glenn 说道，"我本来应该要求她通过正式渠道提交这个变更请求，但是这个变更似乎很简单，所以我当时就答应她了。后来才发现其实并不是那么简单，每次我以为任务已经完成时，我发现自己在另一个文件中漏掉了一个变更，所以我必须进行修正，重新构建组件，并再次进行测试。我原以为只需要花费大约 6 小时，但到目前为止几乎已花了 4 天的时间，这就是我为什么没能按进度完成其他任务的原因。我知道自己耽误了进度，现在我是应该继续完成这一查询功能呢，还是重新恢复到以前的工作状态？"

大多数开发人员都遇到过这样的情况：表面上很简单的一个变更，结果却比预想的复杂得多。有时，开发人员没有——或者是不能——对已提议的变更所需的费用和其他由此衍生的结果做出切合实际的估计。而且，当开发人员私下里同意添加用户请求的新功能时，会通过非正式途径来提出需求变更，而没有得到相应涉众的批准。这种对变更的失控是造成项目混乱、进度拖延和质量问题的常见原因，在多站点开发项目和外包开发项目中尤为明显。认真对待软件项目管理的组织必须确保做到以下几点：

- 在提交提议的需求变更之前要对其进行仔细的评估。
- 请合适的人员就需求变更做出周全合理的业务决策。
- 将已批准的变更传达给受此影响的所有人员。
- 项目以一致的方式将需求变更包含进来。

软件变更也并非总是坏事，实际上，提前定义所有的产品需求是不可能的，随着开发工作的不断向前进展，世界也在不断发生变化。如果一个高效的软件团队能够敏捷地对必需的变更做出反应，他们所构建的产品就可以及时满足客户需求。

但变更总是要付出代价的。修改一个简单的 Web 网页可能很快，也很容易，但是，要改变一个集成芯片的设计可能需要花费几万美元。即使是一个已被否决的变更请求，在提交、评估和否决该请求的过程中也会耗费资源。除非项目的涉众在开发期间对变更进行管理，否则他们将不能真正了解将交付什么样的产品，这最终会导致期望差距。离交付日期越近，就越不应该轻易对要发布的版本做出变更，因为变更的后果会很严重。

需求分析人员应该将已批准的变更添加到项目需求文档中，我们的原则应该是需求文档可准确地描述交付的产品，如果产品进行了更新或升级，应该相应地及时更新软件需求规格说明，否则其作用就会大打折扣，甚至团队可能会自行其是，好像根本就不存在软件需求规格说明一样。

当必须做出变更时，我们应该先从变更所涉及的最高抽象层次开始，然后再逐级处理它对相关的系统组件产生的影响，例如，一个已提议的变更可能会影响用例及其功能性需求，但不影响任何业务需求。一个已修改的高层系统需求可能对多个软件需求有影响。有些变更只对系统内部有影响，例如，通信层的实现方式，虽然这样的变更对用户是不可见的，但对设计和编码却要做出相当大的变更。

如果开发人员直接在代码中实现某个需求变更，而不经过需求描述和设计描述阶段，就会引发一些问题。由于代码是最终的软件实现，所以需求规格说明中对产品情况的描述就变得不够准确。如果不充分考虑程序的体系结构和设计结构，编写的代码就会很脆弱。曾有这样一个项目，开发人员引入了新的功能并对已有功能进行了修改，但团队的其他人员直到系统测试时才发现这些改动，因而不得不对测试过程和用户文档进行计划外的返工。采用一致的变更控制方法，就可以避免相关问题，避免开发工作的返工和浪费时间等情况的发生。

19.1　管理范围蔓延

根据 Capers Jones(1994)的报告，需求的蔓延主要会对以下各项造成较高风险：

- 80%的管理信息系统项目。
- 70%的军事软件项目。
- 45%的外包软件项目。

需求蔓延包括在项目需求已经纳入基线之后又提出新功能和重大修改。项目持续的时间越长，范围蔓延得就越大。对于管理信息系统，其需求一般每月增长 1% 左右(Jones 1996b)；商业软件的增长率可以高达每月 3.5%，其他类型的软件则介于这两者之间。造成这种情况的原因并不是需求发生了变更，而是因为后来才进行的变更对已经完成的工作有较大的影响。如果每一个提议的变更都得到批准，那么可能出现的情况是，对项目主办人、参与者和客户来说项目永远也不会完成，确实可能会是这样。

有些需求演化是合理的和不可避免的，甚至还是有益的。在产品开发期间，业务过程、市场机遇、竞争产品以及技术都可能发生变化，管理层可能会决定必须对项目进行调整，以适应新情况。范围蔓延失去控制，是指在此期间不断地为项目添加新功能，却并不相应地调整资源、进度或质量目标，这种做法相当危险。在这里做一点小的改动，在那里做一点原来没有计划的功能改进，很快项目就不可能按客户预期的进度和质量交付产品了。

管理范围蔓延的第 1 步是将新系统的前景、范围和局限性作为业务需求的一部分编写成文档，请参见第 5 章的介绍。应该根据业务目标、产品前景和项目范围，评估每一项提议的需求和特性。让客户参与需求获取过程可以减少遗漏需求的数量，以免在做出承诺和完成资源分配之后，又额外地增加团队的工作负荷(Jones 1996a)。原型是控制范围蔓延的又一种有效技术(Jones 1994)，通过原型可以预先了解产品可能的实现，这有助于开发人员和用户对用户需要和预期的解决方案有一个一致的理解。在需求不确定性较高或者变更较快时，应该采用较短的开发周期，增量地发布系统，这样可以获得更多对系统进行调整的机会(Beck 2000)。

控制范围蔓延的最有效的技术是要敢于说"不"(Weinberg 1995)。人们通常不喜欢说不，然而如果接受每一个提议的需求，开发团队将承受巨大的压力。从抽象的理论上来说，"客户总是对的"和"我们要使所有客户满意"这样的服务哲学是没有错的，但是不要忘记这是要付出代价的，忽略这一代价并不能改变"变更并不是免费的"这一事实。一家软件工具供应商的总裁在建议一种新的特性时，习惯于听到开发经理说"现在不行"。"现在不行"比简单地否决使人感到更舒服一些，因为它暗示可以在后续的版本中实现这一特性。如果接受客户、市场、产品管理人员和开发人员提出的每一个特性，就会导致承诺无法实现、质量下降、开发人员筋疲力尽并生成臃肿的产品。虽然客户并不总是正确的，但他们总有自己的见解，因此我们应该捕获他们的想法，尽可能在以后的开发周期中实现。

理想情况是，在开始构造新系统之前，能够收集到所有的系统需求，并在整个开发工作中一直保持稳定不变。这也是顺序式或瀑布式软件开发生命周期模型的先决条件，但在实践中并不太现实。有时，我们必须为某一特定的版本冻结需求，否则将无法交付产品。但是，禁止变更无法满足某些实际情况，包括客户并不总是能确定他们需要的是什么；客户需要变更；开发人员要响应这些变更等。每一个项目都应该以能够控制的方式将最适当的变更引入到项目当中。

💡 注意　对于一个新系统，如果完成了初始的需求获取活动之后就冻结需求，是不明智的，也是不现实的。相反，当我们认为需求已经准备好，可以开始设计和构造时，应该定义需求基线，然后再对不可避免的变更进行管理，以尽量减少它对项目的负面影响。

19.2　变更控制过程

一次，在完成了软件过程评估后，我问项目团队的成员是如何将产品需求的变更引入到项目中的，一阵尴尬的沉默之后，一个人说道，"不管什么时候，如果市场代表想要做出变更，他都会去找 Bruce 或 Sandy，因为他们总是说没问题，而我们其他人常常说不。"我并不认为这是一个好的变更过程。

项目负责人通过变更控制过程，可以做出周全的业务决策，这些决策在控制产品生命周期成本的同时，可以提供最高的客户价值和业务价值。我们可以通过这一过程跟踪所有已提议变更的状态，这有助于不会丢失或忽视已建议的变更。将一组需求集纳入基线之后，对这一基线提出的所有变更都应该遵循这一过程。

客户和其他涉众常常不喜欢遵循一个新的过程，但是，变更控制过程并不是做出必要修改的障碍，而是一个漏斗和过滤机制，可以确保项目将最合适的需求包含进来。如果某一提议的变更对涉众并不十分重要，只需要几分钟时间就可以通过一个简单的标准渠道提交它，就不值得考虑将它包含到变更控制过程中。应该将变更过程详细地编写成文档，尽可能简单，当然首先是要有效。

> **注意**　如果我们要求涉众遵循一个无效的、麻烦的或者过于复杂的新变更控制过程，人们就会想办法绕过这一过程——也许他们应该这么做。

管理需求变更，与对缺陷报告的收集和决策过程有些相似，某些工具可以同时支持这两种活动，但要记住，工具并不能替代过程的。商业问题跟踪工具可以管理已提议的需求修改，但并不能取代将变更请求的内容和处理过程编写成过程文档。

19.2.1　变更控制策略

管理层应该明确地传达一个策略，具体陈述项目团队应该如何处理提议的需求变更。策略必须是现实的、有益于项目以及必须得到执行的，否则它就没有任何意义。我发现下面这些变更控制策略是很有用的：

- 所有需求变更都应遵循这一控制过程。如果提交变更请求的过程与此过程不符，则不予考虑。
- 对于未获批准的变更，除可行性研究之外，不应再做其他设计和实现工作。
- 简单地提出一个变更请求并不意味该变更肯定能够实现，应由项目的变更控制委员会(change control board，CCB)决定实现哪些变更(本章后面将讨论变更控制委员会)。
- 所有涉众都能够了解变更数据库的内容。
- 绝不能修改或删除变更请求的原始文本。
- 对每一个变更都应该进行影响分析。
- 包含的每一个需求变更必须都能追溯到一个已获得批准的变更请求。
- 对批准或否决每一个变更请求的理由都要进行记录。

当然，很小的变更对项目几乎不会有什么影响，而大的变更则会对项目造成很大的影响。原则上，应该通过变更控制过程来处理所有这些变更。但在实际操作中，可以将一些具体需求的决定权交给开发人员来决定，但只要变更涉及两个或两个以上的人就应该通过变更控制过程来处理。然而，变更控制过程也应该包括一个"绿色通道"，以缩短低风险低投资的变更请求的决策周期。

> **注意**　开发人员不应该将变更控制过程作为障碍而阻止变更，变更是不可避免的，应该正确处理它。

19.2.2　变更控制过程描述

图 19.1 演示了一个变更控制过程描述的模板，可用来处理需求变更和其他项目的

变更。可以从 *http://www.processimpact.com/goodies.shtml* 下载变更控制过程描述的范例。下面主要讨论这一过程如何处理需求变更。将下面几个部分包含在所有步骤和过程描述中是有益的：

- 开始条件——在执行过程或步骤之前必须满足的条件。
- 过程或步骤所涉及的各种任务，负责每个任务的项目角色，以及任务的其他参与者。
- 验证任务是否正确完成的步骤。
- 结束条件——表明满足什么条件、过程或步骤可以说是成功完成了。

```
1.  概述
    1.1  目的
    1.2  范围
    1.3  定义
2.  角色和职责
3.  变更请求状态
4.  开始条件
5.  任务
    5.1  评估请求
    5.2  做出决策
    5.3  执行变更
    5.4  通知受变更影响的各方
6.  验证
    6.1  验证变更
    6.2  安装产品
7.  结束条件
8.  变更控制状态报告
附录：每个请求所需存储的数据项
```

图 19.1 变更控制过程描述的范例模板

1．概述

这一部分描述了变更控制过程的目的，并确定了这一过程所应用的组织范围。如果该过程只处理某些工作产品的变更，应该在这一部分中标明。另外，还要在这里说明是否忽略特定类型的变更，例如在项目开发过程中创建的中间或临时工作产品。还应在这一部分定义便于理解图 19.1 的 1.3 节中其余文档必需的所有术语。

2．角色和职责

按角色而不是按姓名列出参与变更控制活动的项目团队成员，并描述他们的职责。表 19.1 列出了一些相关的角色，可以根据每一个项目的具体情况对这些角色进行调整。一个人可以担任多个角色，例如，变更控制委员会(CCB)主席也可以接收提交的变更请求。在一个小型项目中，若干角色，甚至可能是所有角色，都可能由同一个人来担任。

表 19.1 变更管理活动中可能的项目角色

角　色	职责描述
CCB主席	变更控制委员会主席；如果CCB意见不一致，一般情况下主席有最终的决策权；为每一个变更请求选定评估者和修改者

角　色	职责描述
CCB	变更控制委员会，决定批准或否决针对某一项目所提议的变更请求
评估者	应CCB主席的要求，负责分析可能受提议的变更影响的人；可以是技术人员、客户、市场人员或集这几个角色于一身者
修改者	负责在工作产品中实现变更的人，响应已批准的变更请求
提议者	新的变更请求的提交者
请求接受者	接收提交的变更请求的人
验证者	确定变更是否已正确实现的人

3．变更请求状态

变更请求要有一个定义的生命周期，在生命周期的每一个阶段有不同的状态。我们可以用状态转换图来表示这些状态变更，如图 19.2 所示。只有在满足特定的条件时才能更新请求的状态。

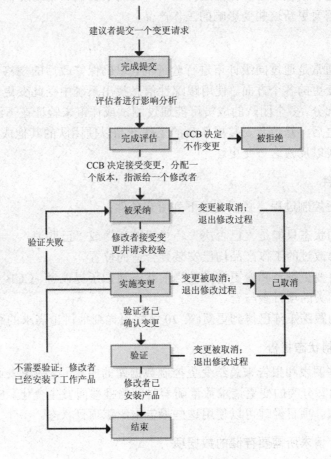

图 19.2　变更请求的状态转换图

4．开始条件

变更控制过程基本的开始条件是：通过正式的渠道接收到一个有效的变更请求。

所有可能的提议者都应该清楚如何提交一个变更请求，是通过书面表格或基于 Web 的表单，还是发送电子邮件，或者是使用变更控制工具。为每一个变更请求分配一个惟一的标识标签，并只能将它们交给联系人，即请求接收者。

5．任务

下一步是评估变更请求的技术可行性、费用以及项目的业务需求和资源限制。CCB 主席可能指定一名评估者来执行影响分析、风险分析、危害分析或其他评估。这一分析能够确保我们可以很好地理解接受这一变更的可能后果是什么。评估者和 CCB 还应该考虑如果否决这一需求，对业务和技术会有什么影响。

接下来，由合适的决策制定者(特许为 CCB)决定批准还是否决所请求的变更。CCB 为每一个已批准的变更设置一个优先级，并确定最终的实现日期，或决定在某一特定的工作版本或发布版本中实现此变更。CCB 传达这一决策的方式是，更新请求的状态并通知可能需要修改自己的工作产品的所有团队成员。受到影响的工作产品可能包括需求文档、设计描述和模型、用户界面组件、代码、测试文档、帮助屏幕和用户手册等。修改者可以根据需要更新这些受影响的工作产品。

6．验证

需求变更通常是通过同级评审进行验证的，以确保修改后的规格说明、用例和模型正确地反映了变更的各个方面。使用跟踪性信息找出系统中受此变更影响，因而必须进行验证的所有部分。多个团队的成员可能通过测试或评审来验证在下游工作产品中的变更。验证完成之后，修改者安装更新后的工作产品以便团队的其他成员能够获得它们，并重新定义基线以反映这一变更。

7．结束条件

要结束变更控制过程，必须满足下列所有条件：

- 请求的状态只能是"已否决"、"已结束"或"已取消"。
- 所有修改过的工作产品均已安装到合适的位置。
- 已经将变更细节和变更请求的当前状态通知了提议者、CCB 主席、项目经理和其他相关的项目参与者。
- 需求的跟踪矩阵已得到更新(第 20 章将更详细地讨论需求的跟踪)。

8．变更控制状态报告

确定用哪些图表和报告来总结变更控制数据库的内容。这些图表通常展示了一个时间函数，即按状态分类的变更请求数量随着时间的推移而发生变化。应描述产生这些图表和报告的步骤。项目经理可以使用这些报告来跟踪项目状态。

附录：每个请求所需要存储的数据项

表 19.2 列出了一些数据项，对每一个变更请求，都要考虑存储这些数据项。具体

定义这一清单时，需要说明哪些数据项是必须的，哪些数据项是可选的，还要说明每个数据项的值是由变更控制工具自动设置的，还是由某一变更管理参与者手工设置的。

表 19.2 建议的变更请求数据项

数 据 项	描 述
变更的来源	请求变更的职能域，可能包括的小组有市场部、管理层、客户部、软件工程部、硬件工程部和测试部等职能部门
变更请求的ID号	分配给每个请求的标识标签或序列号
变更类型	变更请求的类型，例如需求变更、提议的增强或缺陷报告
提交日期	提议者提交变更请求的日期
更新日期	最近修改变更请求的日期
描述	用自由格式的文本描述正在请求的变更
实现的优先级	CCB赋予每个变更的相对重要性，例如低、中和高
修改者	实现这一变更的主要负责人姓名
提议者	提交这一变更请求的人名，注意包括此人的联系方法
提议者设置的优先级	提议者赋予每个变更的相对重要性，例如：低、中和高
实现版本	计划实现已批准变更的产品版本或工作版本号
项目	要求变更的项目名称
响应文本	对变更请求做出响应的自由格式的响应文本，随着时间的推移可以有多个响应文本，产生了新的响应文本后不要修改旧的响应文本
状态	变更请求的当前状态，具体这些状态选项请参见图19-2
标题	对已提议变更的一行概要介绍
验证者	负责确定变更是否已正确实现的人员姓名

19.3 变更控制委员会

变更控制委员会，有时也称为配置控制委员会(configuration control board，CCB)，已被证实是软件开发领域公认的最佳实践(McConnell 1996)。CCB 是由人组成的团体，可以由一个小组担任，也可以由多个不同的小组担任，这些人共同决定将哪些已提议的需求变更和新提议的特性在产品中付诸实现。CCB 也决定所报告的缺陷中哪些需要纠正，什么时候纠正。许多项目已经有负责作出变更决策的小组，但正式组建 CCB 可以使小组的组成和权力更具权威性，并可制定工作规程。

CCB 可以评审和批准对项目中任何基线工作产品所做的变更，项目需求文档只是其中的一个样例。有些 CCB 有权做出决策并且只要将结果通知管理层即可，而有些 CCB 却只能为管理层决策提供建议。在一个小型项目中，只由一两个人做出变更决策很明智，但是在大型项目或程序中可能有多级 CCB，其中有些 CCB 负责业务决策(例如需求变更)，有些负责技术决策(Sorensen 1999)。级别高的 CCB 有权批准对项目有较大影响的变更，例如，包含多个项目的大型程序会组建一个程序级 CCB，并为每个项目单独组建一个 CCB；每个项目级 CCB 负责解决只影响该项目的问题和变更，而如果对其他项目和变更的影响超过了某一特定的费用或进度，那么这些问题就需要上交到程序级 CCB 来决定。

有些人看到"变更控制委员会"这一术语就会联想到一群高高在上而且效率极低的官僚分子，但是，我认为组建 CCB 是有价值的，即使是在一个小型项目中，也可以帮助我们对项目进行管理。这种委员会并不会浪费时间或给人们带来不便，相反效率很高。效率高的 CCB 可迅速地考虑提议的所有变更，分析由此产生的可能的影响和收益，并以此为依据及时做出决策。CCB 规模不必太大，也不必太正式，只要能确保有合适的人对每一个变更请求制定出正确的业务决策即可。

19.3.1 CCB 的组成

CCB 的成员应该能代表需要参与制定决策的所有小组，当然这些决策制定只能是在 CCB 的权力范围之内。可考虑从下面这些部门中选择 CCB 代表：

- 项目或程序管理部门
- 产品管理或需求分析部门
- 开发部门
- 测试或质量保证部门
- 市场或客户代表
- 编写用户文档的部门
- 技术支持或帮助部门
- 配置管理部门

虽然制定决策只需要部分人参与，但必须将最终决策通知给所有受此影响的人。

对于小型项目，只需要几个人担任其中的某些角色就够了，并不一定要面面俱到。组建同时包含软件和硬件项目的 CCB 时，也要包括来自硬件工程、系统工程、制造部门的代表，或者可能还要包括硬件质量保证和配置管理的代表。CCB 要尽可能精简，这样小组才可能迅速而有效地响应变更请求。我们发现，小组规模过大可能导致很难安排会议并做出决策。要确保 CCB 成员理解他们的职责，并认真履行其职责。为了确保 CCB 能获得足够的技术信息和业务信息，在讨论某一特定的建议时，也可以邀请与此相关的专家参加 CCB 会议。

19.3.2　CCB 规章

CCB 规章描述了 CCB 的目的、权力范围、成员构成、运作规程和决策的制定过程等(Sorensen 1999)。可以从 *http://www.processimpact.com/goodies.shtml* 下载 CCB 规章的模板。CCB 规章应该陈述定期召开 CCB 会议的频率，以及临时召开会议的一些特殊条件。CCB 的权力范围规定了哪些决策由 CCB 决定，哪些决策则必须上报给高一级 CCB 或者由管理层来决定。

1. 制定决策

与所有决策制定团体一样，每一个 CCB 都必须选择一个合适的决策规则和过程(Gottesdiener 2002)。决策制定过程的描述应该确定：

- CCB 成员或主要角色的人数，这是制定决策的法定人数。
- 所采用的决策规则是投票、少数服从多数、协商决定或其他方法。
- CCB 主席是否可以否决 CCB 的集体决策。
- 级别高的 CCB 或其他人是否必须认可 CCB 做出的决策。

CCB 对每一个提议的变更权衡利弊，其依据是预计接受提议的变更后可能产生的后果。有利的方面包括节约财政、增加收入、提高客户的满意度和提高产品竞争力；不利的方面是指接受提议后对产品或项目可能产生的负面影响，包括增加开发和支持费用、推迟交付日期、降低产品质量、减少产品功能和降低用户的满意度等。如果预估的费用或进度影响超过了本级别 CCB 所能管辖的范围，就要将此变更上交给管理层或更高一级的 CCB。否则，就通过 CCB 的决策制定过程来批准或否决所提议的变更。

2. 交流状态

CCB 做出决策之后，应该指派专人对变更数据库中的变更请求状态进行更新。有些工具会自动生成电子邮件消息，将新的状态传达给变更的提议者以及受此变更影响的其他人员。如果不能自动生成电子邮件，则需要人工通知受影响的人员，以确保他们能正确地处理这一变更。

3. 重新协商原先的约定

在项目的进度计划、人员安排、资金预算和产品质量等约束之下，假设项目涉众可以将越来越多的功能添加到项目中，同时仍能够保证产品的成功，是不现实的。在接受一个重大的需求变更之前，为了适应这一变更，需要同管理部门和客户重新协商原先的约定(Humphrey 1997)。协商的内容可能包括，要求推迟产品交付时间，要求增派人手，或者要求推迟实现尚未实现的优先级较低的需求等。如果原先的约定未能得到调整，则应该把项目成功面临的风险写进项目风险清单中，这样当项目不能完全达到期望的结果时，人们也不会感到意外。

19.4 变更控制工具

自动化工具能够帮助变更控制过程更有效地运作(Wiegers 1996a)。许多团队使用商业问题跟踪工具来收集、存储和管理需求变更。用这样的工具创建的最近提交的变更建议清单，可以用作 CCB 会议的议程。问题跟踪工具也可以随时按变更状态分类报告出变更请求的数目。

因为可用的工具、厂商和特性总在频繁地变化，所以在这里无法给出有关工具的具体建议。但工具应该具有以下几个特性，以支持需求变更过程：

- 可以定义变更请求中的数据项。
- 可以定义变更请求生命周期的状态转换模型。
- 可以强制实施状态转换模型，以便只有授权用户可以做出允许的状态变更。
- 可以记录每一个状态变更的日期和做出这一变更的人。
- 可以定义当提议者提交新请求或请求状态被更新时，哪些人可以自动接收电子邮件通知。
- 可以生成标准的和定制的报告和图表。

有些商业需求管理工具(参见第 21 章)内置有简单的变更建议系统。这些系统可以将提议的变更与某一特定的需求联系起来，这样无论什么时候，只要有人提交了一个相关的变更请求，负责需求的每个人都会收到电子邮件通知。

用工具改进过程

在我曾工作过的一个开发团队中，最初的过程改进措施之一是实现一个变更控制过程，以便管理大量待处理的变更请求(Wiegers 1999b)。开始的过程与本章所描述的过程相似，我们花了几个星期通过书面表格来指导这一过程，同时评估了多种问题跟踪工具的优劣。在指导过程期间，我们发现了几种改进这一过程的方法，并发现了若干变更请求所需的其他数据项。我们选用了一个可配置性很高的问题跟踪工具，并对它进行了处理，以适用于我们自己的过程。团队使用这一过程和工具可以处理正开发的系统的需求变更、产品系统的缺陷报告及改进建议、Web 网站内容的更新、请求新的开发项目等。变更控制是我们主动进行的最成功的过程改进活动之一。

19.5 测量变更活动

与主观印象或对过去事情的模糊记忆相比，软件测量可以使我们更准确地了解自己的项目、产品和过程。选择测量方法时应该以您或管理层要回答的问题，以及力图要达到的目标为依据。测量变更活动是评估需求稳定性的一种方法，它也揭示了是否可能通过过程改进来减少以后的变更请求。应该考虑需求变更活动的以下几个方面(Paulk et al. 1995)：

- 接收、未作决定和已结束处理的变更请求的数量。
- 变更的累计数量，包括增加、删除和修改的需求(也可以用变更数量占基线中需求总数的百分比来表示)。
- 每个部门所提议的变更请求数。
- 已确定为基线需求后，每个需求中提议的变更和实现的变更的数目。
- 处理和实现变更请求所投入的总工作量。
- 正确实现每一个已批准的变更所经过的变更过程的反复次数(可能有时变更实现不正确，或引起其他错误需要更正)。

我们也并不一定非要如此深入地监视需求变更活动，与所有软件度量一样，在决定要测量的内容之前，要先弄清楚自己测量的目标是什么和如何使用这些数据(Wiegers 1999a)。可以先从简单的测量着手，在组织内建立测量标准，并收集有效管理项目所需要的关键数据。具备了一定的经验之后，可以根据需要建立完善的测量标准，以协助项目获得成功。

图 19.3 演示了在开发过程中跟踪项目需求变更数量的一种方法。这一图表可以跟踪新的需求变更的提议速度，类似地，还可以跟踪获得批准的变更请求数量。不要计算需求基线确定之前的变更，因为确定基线之前需求一直在变化，但是，一旦确定了需求基线，所有提议的变更都应该遵循变更控制过程。我们也应该跟踪变更频率(需求的易变性)，在项目渐渐临近交付日期时，这一变更频率图线应该趋于零。变更频率居高不下，可能意味着项目有可能无法按期完成，同时也表明最初的基线需求可能是不完整的，应该改进需求获取的方法。

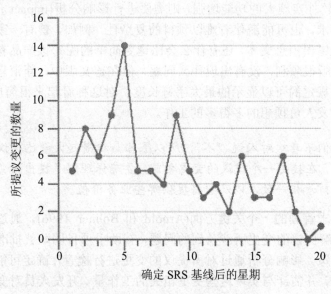

图 19.3　需求变更活动范例图表

由于项目经理担心频繁变更可能会使项目无法按期完成，所以他可以通过跟踪需求变更的来源，进一步了解更多的信息。图 19.4 用柱状图展示了不同的职能部门所提议的变更请求数。项目经理可以同市场部经理讨论这样一张图表，并指出市场部所提出的需求变更最多，这可以促成卓有成效地讨论项目团队应该采取什么措施，从而减少以后在确定基线之后从市场部收到的变更请求。以此数据为起点进行这种讨论，比起遭到失败时再召开面对面的会议，更具有建设性。

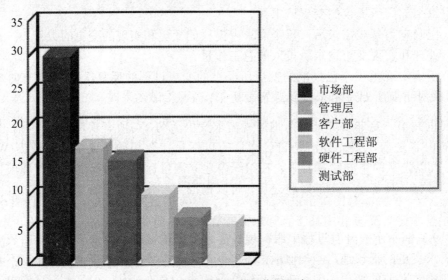

图 19.4   需求变更来源范例图表

19.6   变更需要付出代价：影响分析

显然，如果对软件实施大的功能增强，则需要进行影响分析(impact analysis)。但是，即使是小的变更请求，也可能潜伏着难以预料的复杂性。例如，曾有一家公司必须对自己的产品修改一条错误消息文本，还有什么会比这更简单的呢？该产品有英文和德文两个语言版本，英文版很顺利，没有出现什么问题，但在德文版中，新消息的长度超过了消息框和数据库中规定的可以显示的最大字符长度。对这种看起来很简单的变更请求，结果却付出了比开发人员预想的多得多的工作。

注意   因为人们不喜欢对人说"不"，所以很容易积攒起大量已提议的变更请求需要处理。在接受一个提议的变更之前，要确保理解了提出该变更的理由是否与产品前景相一致，以及它将提供哪些业务价值。

影响分析是需求管理的一个关键方面(Arnold 和 Bohner 1996)。通过对影响进行分析，可以准确地理解提议的变更所涉及到的问题，有助于项目团队就批准哪些提议做出周全合理的业务决策。影响分析通过对所提议的变更进行检查，确定可能必须创建、修改或废弃哪些部分，并估计与实现这些变更相关的工作量。开发人员对变更请求回答说"没问题"之前，应该先花一些时间进行影响分析。

19.6.1   影响分析的过程

CCB 主席一般会要求一名知识丰富的开发人员对提出的某一特定变更进行影响分

析。影响分析有 3 个方面：

1. 理解进行变更可能涉及的问题。变更常常会产生大量的连锁反应，产品包括的功能太多会降低其性能，甚至会到令人难以接受的地步。例如，当一个每日运行的系统，需要大于 24 个小时才能完成一个简单的任务时，就属于这种情况。
2. 确定如果团队将提议的变更包括到产品中，可能必须对哪些文件、模型和文档进行修改。
3. 确定实现变更所需执行的任务，并估计完成这些任务所需的工作量。

💡 **注意**　跳过影响分析并不能改变任务的规模，只会使规模令人感到惊奇，而软件方面令人惊奇却很少是好消息。

　　图 19.5 列出了一些问题清单，可以帮助影响分析人员了解如果接受某一提议的变更可能会导致哪些问题。图 19.6 中的清单包括一些提示性问题，可以帮助我们确定变更可能影响哪些软件元素，可跟踪性数据可以将受影响的需求和其他下游可交付产品链接起来，从而大大地促进了影响分析。当我们对使用这些清单具备了一定的经验之后，就可以根据项目的具体情况对它们进行修改。

> - 所提议的变更是否与基线中现有的需求相冲突？
> - 所提议的变更是否与其他未处理完的需求相冲突？
> - 如果不采纳这一变更，会造成什么样的业务后果和技术后果？
> - 采纳所提议的变更可能产生什么样的负面影响或其他风险？
> - 所提议的变更是否对性能需求或其他质量属性产生不利影响？
> - 所提议的变更在已知的技术约束和当前的技术人员技能水平的情况下是否可行？
> - 所提议的变更是否对开发、测试或运行环境所要求的计算机资源提出了无法接受的要求？
> - 实现和测试这些变更是否要求额外的工具？
> - 在项目计划中，所提议的变更如何影响任务的执行顺序、依赖性、工作量或进度？
> - 验证所提议的变更是否要求制作原型或提供其他的用户意见？
> - 如果接受这一变更，将会浪费多少已在项目中投入的工作量？
> - 所提议的变更是否会使产品的单位成本增加？例如增加了第三方产品使用许可证的费用。
> - 这一变更是否会影响任何市场、生产、培训或客户支持计划？

图 19.5　提议的变更可能涉及的问题清单

　　下面是一个评估需求变更影响的简单例子。在评估过程中出现的许多问题都是因为评估者没有能完全按此行事。因此，这个影响分析方法强调广泛的任务确认。对于重大的变更，应该由一个小组，而不只是由一名开发人员采完成这一分析和工作量的估算，以避免遗漏重要的任务。

(1) 完成图 19.5 中的清单。
(2) 使用可以得到的跟踪性信息，完成图 19.6 中的清单。有些需求管理工具提供影响分析报告，这样的报告遵循跟踪链，并可发现哪些系统元素依赖于受变更建议影响的那些需求。

- 确定哪些用户界面需要变更、添加或删除。
- 确定哪些报告、数据库或文件需要变更、添加或删除。
- 确定哪些设计组件需要创建、修改或删除。
- 确定哪些源代码文件需要创建、修改或删除。
- 确定哪些已生成的文件过过程需要变更。
- 确定必须修改或删除哪些现有的单元测试、集成测试、系统测试和验收测试的测试用例。
- 估计需要增加新的单元测试、集成测试、系统测试和验收测试的测试用例的数目。
- 确定必须创建或修改的帮助屏幕、培训资料或其他用户文档。
- 确定这一变更所影响的其他应用软件、库或硬件组件。
- 确定必须购买或得到使用许可权的第三方软件。
- 确定所提议的变更对项目的软件项目管理计划、质量保证计划、配置管理计划或其他计划所造成的全部影响。

图 19.6   提议的变更可能影响的软件元素清单

(3) 根据图 19.7 的工作表，预估完成预期任务所需的工作量，大多数变更请求只需完成其中的一部分任务，但对于某些变更请求，除这些任务外还会涉及到其他任务。

工作量(劳动小时数)	任务
	更新软件需求规格说明或需求数据库
	开发并评估原型
	创建新的设计组件
	修改现有的设计组件
	开发新的用户界面组件
	修改现有的用户界面组件
	开发新的用户文档和帮助屏幕
	修改现有的用户文档和帮助屏幕
	开发新的源代码
	修改现有的源代码
	购买并集成第三方软件
	修改生成文件
	开发新的单元测试和集成测试
	修改现有的单元测试和集成测试
	完成实现之后执行单元测试和集成测试
	编写新的系统测试和验收测试的测试用例
	修改现有的系统测试和验收测试的测试用例
	修改自动测试驱动程序
	执行回归测试
	开发新报告
	修改现有的报告
	开发新的数据库元素
	修改现有的数据库元素
	开发新的数据文件
	修改现有的数据文件
	修改各种项目计划
	更新其他文档
	更新需求跟踪矩阵
	评审已修改的工作产品
	根据评审和测试情况进行返工
	其他任务
	总的预估工作量

图 19.7   变更需求的工作量

(4)　估算出总的工作量。

(5)　确定任务的实现顺序和它们如何与当前计划的任务相协调配合。

(6)　确定这一变更是否处于项目的关键路径上，如果关键路径上的某个任务被延期交付，那么整个项目的完成日期也将会延后。虽然每一个变更都要消耗资源，但是，如果我们能对变更进行合理的计划，避免变更影响关键路径上的任务，那么变更也不会造成整个项目的延期交付。

(7)　估计变更对项目进度和费用造成的影响如何。

(8)　评估变更的优先级，方法是与其他任意需求相比较，估计出相对的收益、损失、费用和技术风险。

(9)　向 CCB 提交影响分析的结果报告，这样 CCB 就可以根据这些信息来决定对变更请求是批准还是否决。

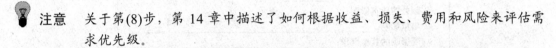

注意　关于第(8)步，第 14 章中描述了如何根据收益、损失、费用和风险来评估需求优先级。

　　一般情况下，完成这一过程不会超过几个小时。对于一名忙碌的开发人员来说，这点时间似乎也不算少，但要确保项目的有限资源得到合理的投资，这点时间实在不算什么。也可以不必进行这样系统的评估，只要能充分地估计变更所造成的影响即可，但要确保自己不会陷入危险的境况。为了使自己以后能更准确地估计变更所造成的影响，应该将实现每一个变更所需要的实际工作量与估计的工作量进行比较。如果两者有差别，要弄清楚具体原因，并相应地修改影响估计清单和工作表。

　　📖 **钱打水漂了**

　　A. Datum 公司的两位开发人员估计花 4 个星期可以对他们的信息系统作一次功能增强。客户认可了他们的估计结果，于是开发人员便开始了工作。但是，两个月后，功能增强工作只完成了大约一半，客户已经失去了耐心，"如果我知道要花这么长的时间和这么多的费用，我当初肯定不会同意的，还是算了吧"。在匆匆忙忙获得认可并开始实现时，开发人员并没有进行充分的影响分析，做出可靠的估计，因而客户也无法做出合理的业务决策。结果，A. Datum 公司浪费了几百小时的工作，如果事先花几小时进行影响分析，那么这种情况本来是完全可以避免的。

19.6.2　影响分析报告模板

　　图 19.8 是一个推荐的报告模板，表示对每个需求变更造成的潜在影响的分析结果。如果采用标准模板，CCB 成员就可以轻松地找到他们所需的信息，作出合理的决策。实现这一变更的人需要分析细节和工作量计划工作表，但 CCB 只需要分析结果的概要。与所有的模板一样，可以先试着使用这一模板，然后再根据项目的具体情况对此模板进行调整。

　　所有软件项目都会面临需求变更，但是，遵循一定的变更管理实践活动可以减少变更引起的混乱。改进需求获取技术可以减少需求的变更数量，有效的需求管理可以提高按照承诺交付项目的能力。

变更请求ID号：＿＿＿＿＿＿＿＿＿＿＿＿＿

标题：＿＿＿＿＿＿＿＿＿＿＿＿＿＿＿＿＿＿

描述：＿＿＿＿＿＿＿＿＿＿＿＿＿＿＿＿＿＿

＿＿＿＿＿＿＿＿＿＿＿＿＿＿＿＿＿＿＿＿＿

分析人员：＿＿＿＿＿＿＿＿＿＿＿＿＿＿＿＿

日期：＿＿＿＿＿＿＿＿＿＿＿＿＿＿＿＿＿＿

优先级评估：

　　相对收益：＿＿＿＿＿(1~9)

　　相对损失：＿＿＿＿＿(1~9)

　　相对费用：＿＿＿＿＿(1~9)

　　相对风险：＿＿＿＿＿(1~9)

　　计算出的最终优先级：＿＿＿＿＿(相对于其他待处理的需求)

估计的总工作量：＿＿＿＿＿劳动小时数

估计损失的工作量：＿＿＿＿＿劳动小时数(用于废弃的工作)

估计对进度的影响：＿＿＿＿＿天

额外的成本影响：＿＿＿＿＿美元

质量影响：＿＿＿＿＿＿＿＿＿＿＿＿＿＿＿＿

受影响的其他需求：＿＿＿＿＿＿＿＿＿＿＿＿

受影响的其他任务：＿＿＿＿＿＿＿＿＿＿＿＿

集成问题：＿＿＿＿＿＿＿＿＿＿＿＿＿＿＿＿

生存期费用问题：＿＿＿＿＿＿＿＿＿＿＿＿＿

检查可能要变更的其他组件：＿＿＿＿＿＿＿＿

图 19.8　影响分析报告模板

 注意　图 19.5 ~ 图 19.8 可以从 *http://www.processimpact.com/goodies.shtml* 获得。

 下一步

- 确定项目的决策制定者，并由他们组成变更控制委员会，制定 CCB 规章，确保每个人都理解 CCB 的作用、组成和决策制定过程。

- 从图 19.2 着手，为项目中提议的需求变更生存期定义一个状态转换图。编写一个过程来描述团队是如何处理提议的需求变更的。手工操作这一过程，直到确信它已实用而有效。

- 选择一个适用于自己的开发环境的商业问题跟踪工具，对它进行处理，使其适应上一步创建的变更控制过程。

- 下一次评估需求变更请求时，先用旧方法估计工作量，再用本章所描述的影响分析方法估计工作量。实现这一变更之后，对这两个估计量进行比较，看看哪一个更接近实际的工作量。根据自己的经验修改影响分析的清单和工作表。

第 20 章　需求链中的联系链

"我们发现新的合同在计算加班费和岗位津贴方面有所变更"，Justin 在一次团队周例会上报告说，"他们还更改了资历的高低对休假安排、升职、工资等方面的影响，我们必须更新工资单和岗位调度系统，立即处理所有这些变更。Chris，你认为完成这些任务需要多长时间呢？"

"哦，这需要做很多工作"，Chris 说道，"有关资历规定的逻辑分布在整个调度系统中，我无法做出一个大致的估计，我先要花几小时看看这些代码，然后还得找出所有应用了这些规定的地方。"

简单的需求变更也常常会产生深远的影响，迫使产品的许多地方都需要进行修改。要找出受某一需求变更影响的所有系统组件并非易事。第 19 章讨论了进行影响分析的重要性，这样可以确保团队在同意实施变更之前了解有关情况。如果有一张路线图可以展示每一条需求或业务规则是在软件的哪些地方实现的，那么进行变更影响分析会更加容易。

本章的主题是需求跟踪(或可追溯性)。需求跟踪机制将单个需求和其他系统元素之间的依赖关系和逻辑联系编写成文档，这些元素包括各种类型的其他需求、业务规则、系统体系结构和其他设计组件、源代码模块、测试用例以及帮助文件等。可跟踪能万信息为分析提供了便利，可以帮助我们确定如果要实现某一提议的需求变更，必须修改哪些工作产品。

20.1 需 求 跟 踪

通过跟踪链，我们可以向前或向后地跟踪从需求起源到需求实现这一需求生存期(Totel 和 Finkelstein 1994)。在第 1 章中介绍了跟踪性是优秀需求规格说明应该具备的特性之一。为了实现可跟踪能力，每一个需求都必须得到惟一的标识，并且要以前后统一的方式进行标识，这样在整个项目中，我们才能没有歧义地引用它。要以详细的方式编写需求，而不应创建包含许多单独的功能性需求的大段落，否则会导致设计元素和代码元素的大爆炸。

图 20.1 演示了 4 种类型的需求跟踪链(Jarke 1998)。"客户需要"可向前跟踪到"需求"，这样就可以断定在开发过程中或开发结束后，如果客户需要发生了变更会影响到哪些需求，同时也使我们相信需求规格说明已经陈述了所有的客户需要。同样，我们也可以从"需求"回溯到"客户需要"，以确认每个软件需求的源头。如果以用例的形式来表示客户需要，那么图 20.1 的上半部分就说明了用例和功能性需求之间的跟踪情况。

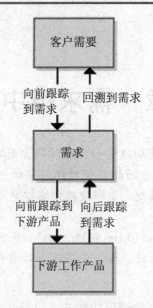

图 20.1　4 种类型的需求跟踪

　　图 20.1 的下半部分表明，在开发过程中当需求流入下游的可交付产品时，我们可以通过定义单个需求和特定的产品元素之间的联系链，从需求向前跟踪到下游工作产品。这种联系链可以确保每一条需求都得到了满足，因为我们可以确认每一条需求都有相应的组件来处理它。第 4 种联系链从特定的产品元素向后回溯到需求，这样我们就可以了解每个元素被创建的原因。绝大多数应用程序都包括并不与用户指定的需求直接相关的代码，但我们应该清楚编写每一行代码的原因。

　　假设某一名测试人员发现了计划之外的功能，它与编写的所有需求都没有关系，那么这些代码可能是开发人员实现的隐含的合法需求，分析人员现在应该将它添加到规格说明中。还有一种可能是，这些代码是些"孤立"代码，是产品中不需要的多余的代码。跟踪链可以帮助我们找出这类情况，并构建一幅更完整的图，详尽说明系统各部分是如何组合的。反过来，从单个需求衍生的、可回溯到单个需求的测试用例，为我们提供了一种检测未实现需求的机制，因为期望的功能可能被遗漏。

　　通过跟踪链，我们可以了解各个需求之间的父子关系、相互连接和依赖关系，这些信息揭示出删除或修改某一特定的需求会波及到的范围。如果将特定的需求映射到项目工作分解结构(work-breakdown structure，WBS)中的任务上，那么当变更或删除某一需求时，相应的任务就会受此影响。

　　图 20.2 说明了许多种可以在项目中定义的直接跟踪关系，我们并不需要定义和管理所有这些跟踪联系链。在许多项目中，我们只需要付出大约 20%的工作，就可以获得80%的期望跟踪收益。也许您只需要将系统测试回溯到功能性需求或用例即可。应该确定哪些联系链与您的项目有关，哪些联系链最有利于成功地完成开发工作和高效地进行维护工作。除非我们对如何使用信息有明确的想法，否则一定不要让团队成员浪费时间记录这些信息。

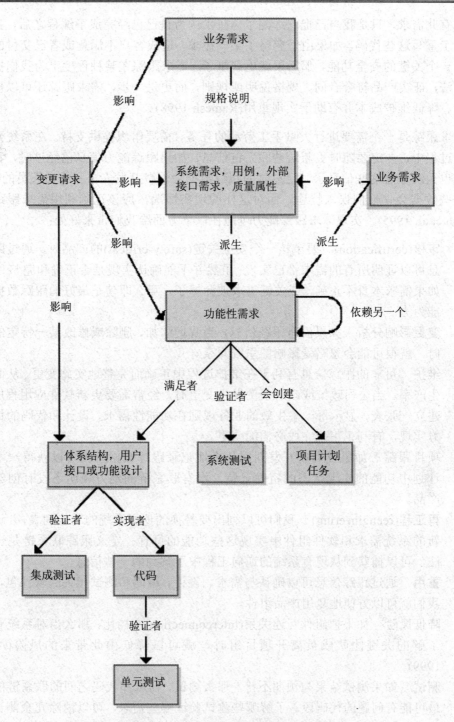

图 20.2　某些可能的需求跟踪联系链

20.2　需求跟踪动机

我曾有过一次尴尬的经历，在编写好程序之后才意识到自己忽略了一条需求。规格说明中有此需求，只是我自己把它遗漏了。在我认为自己已经完成了编程之后，我又不得不返工重写这些代码。如果由于忽略了某一需求，造成客户不满意或者已交付的产品漏掉了一个关键的安全功能，那后果就更严重了。需求跟踪在某种程度上为我们提供了一种方法，证实产品符合合同、规格说明或规则，而更进一步，需求跟踪还可以提高产品质量、降低维护成本并有助于实现重用(Ramesh 1998)。

需求跟踪是一个需要进行大量手工劳动的任务，需要组织提供支持。在系统开发和维护的过程中，一定要随时更新这些联系链信息，如果跟踪能力信息已经过时，我们很可能再也无法重建这些信息了。已过时的跟踪数据会浪费开发人员和维护人员的时间，因为这些数据会使他们误入歧途。面对这样的现实情况，应该正确利用需求跟踪能力(Ramesh et al. 1995)。实现需求跟踪能力可能在以下方面给我们带来好处：

- **审核(certification)**　要审核一个安全关键(safety-critical)的产品时，通过跟踪信息可以证明所有的需求都已实现，虽然并不能确认实现是否正确和完整！当然，如果需求本身不正确，或关键需求被漏掉了，那么即使是最好的跟踪数据也无能为力。

- **变更影响分析**　如果没有跟踪信息，当我们添加、删除或修改某一特定的需求时，就很可能会忽略受影响的系统元素。

- **维护**　可靠的跟踪信息有利于在维护过程中正确而完整地实施变更，从而提高生产率。当公司政策或政府条例发生变更时，经常需要更新软件应用程序。可建立一张表，显示每一条生效的业务规则在功能性需求、设计和代码的什么地方实现，有利于正确完成必需的变更。

- 项目跟踪　如果我们在开发期间认真地记录跟踪数据，就可以获得一个列入计划中功能的实现状态的精确记录。没有联系链的地方表明还没有创建工作产品。

- **再工程(reengineering)**　我们可以列出要替换的遗留系统的功能列表，并记录在新的系统需求和软件组件中实现这些功能的位置。定义跟踪联系链是一种方法，可以捕获到从现有系统的逆向工程中了解到的一些信息。

- **重用**　通过跟踪信息可以确认与需求、设计、编码和测试相关的软件包，这样我们就可以方便地复用产品组件。

- **降低风险**　如果把组件互连关系(interconnection)文档化，那么当对系统有深入了解的关键团队成员离开项目组时，就可以降低由此带来的风险(Ambler 1999)。

- **测试**　如果测试结果与预期不符，那么测试、需求和代码之间的联系链能指出最可能有问题的代码段。了解哪些测试验证哪些需求，可以消除冗余测试，从而节省时间。

以上这些方面许多都能带来长期利益，可减少整个产品生存期费用，但因为积累和管理跟踪信息需要付出劳动，因此会增加开发费用。我们可以把需求跟踪看作是一种投资，它提高了交付可维护产品的机会，可以满足所有客户需求。虽然很难定量地进行计算，但在必须修改、扩展或替换产品时，这笔投资都会得到收益。如果我们在开发过程中就收集信息，那么定义跟踪联系链也不需要做太多的工作，但是，如果在整个系统完成后再实施，则既会让人感到工作乏味，也需要付出很大的代价。

20.3　需求跟踪矩阵

表示需求和其他系统元素之间联系链的最普遍的方式是需求跟踪能力矩阵(requirements traceability matrix)，也称为需求跟踪矩阵(requirements trace matrix)或可跟踪性表(traceability table)(Sommerville 和 Sawyer 1997)。表 20.1 说明了这种矩阵的一部分，该表来自于"化学品跟踪系统"。过去我建立这种矩阵时，总是先复制一份基线软件需求规格说明并删除所有内容，只保留功能性需求的标签。然后建立一张形式如表20.1 所示的表，但只填写功能性需求这一列。团队成员在项目开发过程中，可逐渐填上矩阵的空白单元。

表 20.1　一种需求跟踪矩阵

用户需求	功能性需求	设计元素	代码模块	测试用例
UC-28	catalog.query.sort	Class catalog	catalog.sort()	search.7
				Search.8
UC-29	catalog.query.import	Class catalog	catalog.import()	search.12
			catalog.validate()	search.13
				search.14

表 20.1 展示了每一个功能性需求是如何向后连接某个特定的用例的，以及如何向前连接到一个或多个设计、编码和测试元素。设计元素可以是分析模型(如数据流图)中的对象、关系数据模型中的表，或者是对象类。代码引用可以是类方法、存储过程、源代码文件名，或者源代码文件中的过程或函数。我们还可以添加一些列，扩展与其他工作产品的联系链，例如联机帮助文档。包含的跟踪细节越多，需要投入的工作就越多，但这样可以提供精确的相关联的软件元素的位置，在进行变更影响分析和维护期间就可以节省时间。

只制定了计划而没有做具体工作时还不能填写这些信息，例如，只有编写完"catalog.sort()"这一函数中的代码，通过了单元测试，并集成到产品的源代码基线中，才能在表20.1 的"代码模块"列的第 1 行填上"catalog.sort()"。采用这一种方法，需求跟踪矩阵中已填写上内容的单元格就表明此任务已完成，读者对此一目了然。但需要注意的是，对每一个需求所列出的测试用例，却并不能表明软件已通过了这些测试，而只是表明某些测试已经编写完成，可以在适当的时候验证需求。但具体完成情况需要由跟踪测试状态来单独说明。

非功能性需求(例如性能目标和质量属性)并不总是能直接跟踪到代码；响应时间需

求可能表明使用了某些硬件、算法、数据库结构，或体系结构选择方案；可移植性需求限制了程序员使用的语言特性，但不可能有专门的代码段来实现可移植性。其他质量属性实际上是在代码中实现的。用于用户身份验证的完整性需求会衍生出一些功能性需求，这些功能性需求通过口令或生物识别技术等机制来实现。在这些情况下，可以将相应的功能性需求向后回溯到其父级非功能性需求，也可以向前跟踪到下游可交付产品。图 20.3 说明了一种包括非功能性需求的可能的跟踪联系链。

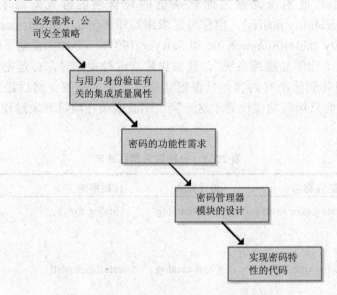

图 20.3 涉及安全策略的需求的示例跟踪链

跟踪联系链可以定义系统元素之间的一对一、一对多、多对多的关系。表 20.1 可以表示出这些基数(cardinality)，方法是在每一个表单元格中输入若干项。下面是一些可能的联系链基数类别：

- 一对一(one-to-one) 一个代码模块实现一个设计元素。
- 一对多(one-to-many) 多个测试用例验证一个功能性需求。
- 多对多(many-to-many) 每个用例导致多个功能性需求，而某些功能性需求经常有若干用例。同样，一个共享的或重复的设计元素可能满足许多功能性需求。理论上，我们可以捕获所有这些互联关系，但在实践中，多对多跟踪关系会变得很复杂，并且很难管理。

表示跟踪信息的另一种方法是通过一组矩阵来定义系统元素对之间的联系链，例如：

- 一个类型的需求与同一类型的其他需求之间
- 一个类型的需求与另一类型的需求之间
- 一个类型的需求与测试用例之间

我们可以用这些矩阵来定义需求对(pair)之间可能的各种关系，例如"指定/被指定"、"依赖于"、"是……的父亲"和"约束/被……约束"(Sommerville 和 Sawyer 1997)。

表 20.2 说明了双向跟踪矩阵，矩阵中的大多数单元是空的，在两种联系链的组件

的交叉点作上标记来标示这种连接。可以在单元格中用不同的符号明确地表明"跟踪到……"和"从……跟踪来"或者其他关系。表 20.2 用一个箭头来标示一个功能性需求是从一个特定的用例追溯而来的。与表 20.1 所示的单一跟踪表相比,这些矩阵更容易得到自动工具的支持。

表 20.2　展示用例和功能性需求表之间联系链的需求跟踪矩阵

功能性需求	用 例			
	UC-1	UC-2	UC-3	UC-4
FR-1	↵			
FR-2	↵			
FR-3			↵	
FR-4			↵	
FR-5		↵		↵
FR-6			↵	

　　无论是谁,只要获得了合适的信息,就应该定义跟踪矩阵。表 20.3 给出了一些典型的有关各种类型的源对象和目标对象之间的联系链的信息源。确定应该为项目提供每种跟踪信息的角色和个人。分析员或项目经理要求某些专人提供某些回退(pushback)信息,这些忙碌的人被授权解释什么是需求跟踪,需求跟踪为什么可以提高产品的价值,以及他们从事这一工作的原因。应指出在完成工作时捕获跟踪信息所增加的费用并不多,这主要是一个习惯和规定问题。

表 20.3　跟踪联系链可能的信息源

联系链的源对象类型	联系链的目标对象类型	信 息 源
系统需求	软件需求	系统工程师
用例	功能性需求	需求分析员
功能性需求	功能性需求	需求分析员
功能性需求	测试用例	测试工程师
功能性需求	软件体系结构元素	软件架构师
功能性需求	其他设计元素	设计人员或开发人员
设计元素	代码	开发人员
业务规则	功能性需求	需求分析员

 注意　必须明确指明哪些人具有收集和管理需求跟踪数据的职责,否则就难以奏

效。一般情况下，需求分析员或质量保证工程师负责收集、存储和报告这些跟踪信息。

20.4   需求跟踪工具

第 21 章将介绍几种商业需求管理工具，这些工具有强大的需求跟踪能力。我们可以将需求和其他信息存储在这种工具的数据库中，并定义各种类型的存储对象之间的联系链，包括相同类型的两个需求之间的对等联系链。有些工具可以区分开"跟踪到……"和"从……跟踪出"关系，并自动地定义相反的联系链，例如，如果我们指出需求 R 被跟踪到测试用例 T，那么工具也会显示相对的关系——T 是从 R 发展而来的。

无论何时，如果联系链的一端被修改，一些工具都会自动地将联系链标记为"可疑(suspect)"，这种联系链在需求跟踪矩阵的相应表格单元中有一个可见的指示符(例如，一个红色的问号或一个红色斜线)。例如，如果用例 3(UC-3)发生变更，那么表 20.2 的需求跟踪矩阵下一次看起来就可能如表 20.4 所示的那样。有疑问的联系链指示符(在这里我们用问号)表明我们需要检查是否需要变更功能性需求 3、4 和 6，以便与变更的用例 3 保持一致。完成了需要的变更后，手工清除有疑问的联系链指示符。这一过程可以确保我们能够考虑某一变更所引起的已知的连锁反应。

表 20.4   需求跟踪矩阵中可疑的联系链

功能性需求	用 例			
	UC-1	UC-2	UC-3	UC-4
FR-1	↵			
FR-2	↵			
FR-3			?↵	
FR-4			?↵	
FR-5		↵		↵
FR-6			?↵	

这些工具也可以定义跨项目或跨子系统的联系链，我所知道的一个含有 20 个主要子系统的大型软件，某些高层产品需求被分配到多个子系统中实现。有时，分配到一个子系统的需求实际上是通过另一个子系统所提供的服务来实现的。这一项目使用需求管理工具成功地跟踪了这些复杂的跟踪关系。

除了非常小的应用程序外，不可能手工完成所有的需求跟踪。虽然使用电子数据表可以维护几百个需求的跟踪数据，但是，大型系统要求有更健壮的解决方案。需求跟踪不可能完全实现自动化，因为联系链的信息来自于开发团队成员本身。但是，一旦我们确认了联系链之后，这些工具就可以帮助我们管理大量的跟踪信息。

20.5 需求跟踪过程

对某个特定的项目开始进行需求跟踪时，应该考虑下面这些步骤：

(1) 选择要定义的联系链，参见图 20.2。

(2) 选择要使用的跟踪矩阵的类型，是表 20.1 所示的单矩阵还是表 20.2 所示的多矩阵。从文本文档中的表格、电子数据表或需求管理工具中选择一种数据存储机制。

(3) 确定对产品的哪些部分维护跟踪信息，开始可以先选择关键的核心功能、风险高的部分、或者在产品生存期中要进行最大量维护和改进的部分。

(4) 修改开发过程和检查列表，以提醒开发人员在实现需求或批准的变更之后及时更新联系链。无论是谁，创建或变更需求链中的联系链之后，都应该尽快更新跟踪数据。

(5) 定义使用什么样的标记约定可以惟一地标识系统元素，这样就可以将这些元素联系在一起(Song et al. 1998)。如果有必要，还可以编写脚本来解析系统文件，以构造和更新跟踪矩阵。

(6) 确定负责提供每类联系链信息的人员，和负责协调跟踪活动并管理这些数据的人员。

(7) 为项目团队提供培训，讲述需求跟踪的概念和重要性、这一活动的目标、跟踪数据的存储位置以及定义这些联系链所用的技术(例如，利用需求管理工具的跟踪特性)。确保所有参与者都履行自己的职责。

(8) 在开发过程中，要求每个参与者只要完成工作的一小部分主体后，就提供所要求的跟踪信息。要强调随时创建跟踪数据，不要在主要的里程碑完成或项目结束之后，再试图重新创建它。

(9) 要定期审核跟踪信息，以确保信息最新。如果有报告指出，某一需求已经得到实现并通过了验证，但其跟踪数据却不完整或不准确，那么需求跟踪过程就没有达到预期的效果。

上面所述的这些步骤适用于一个新项目，从一开始就收集跟踪信息。如果是正在维护一个原有系统，那么很可能没有跟踪数据，但我们没有时间像现在这样开始积累这些有用的信息。可在下一次对项目进行改进或修改时，将所发现的有关代码、测试、设计和需求之间的联系信息记录下来，把所记录的跟踪数据写入用于修改现有软件组件的过程中。虽然这样并不能重新构造一个完整的需求跟踪矩阵，但这些工作可以使得下一次有人重新处理系统的相同部分时感觉更轻松一些。

20.6 需求跟踪可行吗？必要吗？

你可能会推断出这样的结论，建立需求跟踪矩阵并不划算，或者对一个大型项目来说并不可行。但是，让我们看看下面这个反例。在一次会议上，一名在飞机制造公司工作的与会者告诉我，他们团队的有关公司最新型的喷气客机的软件需求规格说明有 6 英尺厚，而且有完整的需求跟踪矩阵。我已经乘坐过这种型号的飞机了，很高兴听到开发人员如此严格地管理他们的软件需求。对具有许多相互关联的子系统的大型产品进行跟踪管理是一项工作量巨大的工作，但这家飞机制造公司知道这么做的必要性，联邦航空管理局对此很赞成。

即使产品出现故障并不会造成生命危险或肢体受伤，也应该认真对待需求跟踪。有一次，在一个专题讨论会上，当我正在介绍需求跟踪时，在场的一名大公司的 CEO 问道，"为什么不为你的战略业务系统创建一个需求跟踪矩阵呢？"这个问题问得很好。我们应该根据采用某一技术所需的费用和不采用这一技术所带来的风险，决定是否采用改进的需求工程实践。与所有的软件过程一样，我们应该做出一个经济合理的决策，将宝贵的时间投入到回报最丰厚的地方。

 下一步

- 为您从当前开发的系统中重要的一部分建立一个包括 15～20 个需求的跟踪矩阵。尝试一下表 20.1 和表 20.2 所示的方法。随着开发工作的进展，几个星期之后再填充这一矩阵。评估哪种方法最有效，以及哪些收集和存储跟踪信息的过程最适用于您的项目团队。
- 下一次维护一个缺乏良好文档的系统时，应该用逆向工程分析所修改的产品部分，并记录下经验和教训。对感到困惑的地方构建一部分跟踪矩阵，这样当下次有人处理同样的部分时就有据可查。以后在团队维护这一产品的过程中，再进一步扩充这一跟踪矩阵。

第 21 章　需求管理工具

前几章讨论了如何用自然语言编写软件需求规格说明，包括功能性需求和非功能性需求，以及如何创建包含业务需求和用例描述的文档。基于文档的存储需求的方法有许多局限性，例如：

- 不容易保持文档的最新和同步。
- 需要将变更人工通知给受影响的所有团队成员。
- 不容易存储每一个需求的增补信息(属性)。
- 很难定义功能性需求和其他系统元素之间的联系链。
- 很难跟踪需求状态。
- 很难同时管理多个分别用于不同产品版本或者相关产品的需求集。如果某一需求从一个版本推迟到下一个版本实现时，分析人员必须将它从一个需求规格说明中移到另一个规格说明中。
- 如果想要重用需求，分析人员必须将文本从初始的软件需求规格说明复制到每一个想要使用这一需求的系统或产品的软件需求规格说明中。
- 如果有多人参与项目，要修改需求是很困难的，如果这些参与者分别位于不同地点，则更是难上加难。
- 没有一个合适的地方可以方便地存储提议之后被否决的那些需求，以及已从基线中删除的需求。

将信息保存在多用户数据库中的需求管理工具中，可为这些约束提供一个健壮的解决方案。对于小型项目，可以用电子数据表或简单的数据库来管理需求；对于大型项目，则最好使用商业需求管理工具，用户通过这些工具可以从源文档导入需求，定义属性值，筛选并显示数据库内容，以各种形式导出需求，定义跟踪联系链以及将需求与存储在其他软件开发工具中的条目联系起来。

 注意　要抵制住诱惑，不要试图自行开发需求管理工具，也不要将一些多用途的办公自动化产品拼凑起来，以此来模拟商业产品。最开始这似乎是一种比较容易的解决方案，但很快项目团队就会败下阵来，因为团队没有足够的资源来构建自己想要的工具。

需要注意的是，之所以将这些产品归类为需求管理工具，而不是需求开发工具，是因为这些工具不能帮助我们确认潜在的用户，并收集正确的产品需求。但是，它们提供了很大的灵活性，可以帮助项目组管理需求变更，使用需求作为设计、测试及项目管理的基础。这些工具并不能取代团队成员已定义的用来描述如何获取和管理需求的过程。如果您已经有了一种有效的方法，但是希望能提高效率，就应选择使用一种工具；不要期望工具能弥补过程、规定、经验或理解的缺乏。

　　本章介绍了使用需求管理工具的若干好处，以及需求管理工具所具有的一般功能。表 21.1 列出了几种目前可用的需求管理工具。本章将不对这些工具的特性逐个进行比较，因为这些工具仍在不断地演化，每个新发布的版本中其功能都会有所改变。软件开发工具的产品价格、支持平台、甚至供应商也在频繁地变更，因此可以通过表 21.1 中的 Web 地址得到最新的产品信息。应该认识到 Web 地址本身也有可能改变，例如，就在两个星期之前，有一家工具供应商就改变了其网址。从国际系统工程委员会(International Council on Systems Engineering，INCOSE)的 Web 网址 *http://www.incose.org/toc.html*，可以获得有关这些工具之间有关特性比较的详细信息，还可以找到许多其他工具，该网站还提供了如何选择需求管理工具的理论指导(Jones et al. 1995)。

表 21.1　商业需求管理工具

工　具	供 应 商	以数据库还是以文档为中心
Active! Focus	Xapware Technologies， 　　*http://www.xapware.com*	数据库
CaliberRM	Borland Software Corporation， 　　*http://www.borland.com*	数据库
C.A.R.E.	SOPHIST Group， 　　*http://www.sophist.de*	数据库
DOORS	Telelogic， 　　*http://www.telelogic.com*	数据库
RequisitePro	Rational Software Corporation， 　　*http://www.rational.com*	文档
RMTrak	RBC，Inc.， 　　*http://wwww.rbccorp.com*	文档
RTM Workshop	Integrated Chipware，Inc.， 　　*http://www.chipware.com*	数据库
Slate	EDS， 　　*http://www.eds.com*	数据库
Vital Link	Compliance Automation, Inc.， 　　*http://www.complianceautomation.com*	文档

　　这些工具之间的一个显著区别是以数据库为中心还是以文档为中心。以数据库为中心的产品将所有需求、属性和跟踪信息都存储在数据库中，不同的产品，其数据库既可以是商业(通用)数据库也可以是专有数据库，可以是关系数据库也可以是面向对象数据库。虽然可以从各种源文档导入需求，但导入之后它们都保存在数据库中。在大多数情况下，需求的文本描述被视作一个所需的属性。有些产品可以将单个需求和外部文件(例

如，Word 文件、Excel 文件、图形文件等)联系起来，这些外部文件提供的补充信息可以扩充需求储存库中的内容。

以文档为中心的产品使用字处理程序(例如，Word 或 FrameMaker)创建需求文档。利用 RequisitePro 工具可以选择 Word 文档中的文本串，将它作为离散需求存储在数据库中。只要将需求存入数据库之后，就可以定义属性和跟踪联系链，如同操作以数据库为中心的产品一样。此工具提供了对数据库和文档内容进行同步的机制。RTM Workshop 主要是以数据库为中心的产品，但同时也允许您用 Word 文档来维护需求。

这些工具都价格不菲，但是，解决与需求相关的问题需要更高的费用，因此相比之下，购买工具还是很合算的。需要注意的是，工具的费用并不仅仅是最初为了获得使用权的购买费用，同时还包括主机费用、每年的维护费用和定期升级、软件安装、执行管理所需的费用、获得供应商的支持和咨询所需的费用，以及对用户的培训费用等。在做出购买决策前，进行成本－效益分析时应该考虑到这些额外的费用。

21.1 使用需求管理工具的益处

即使您的项目需求的收集工作做得很好，也应该使用自动化工具帮助您在开发过程中管理这些需求。随着时间的推移，团队成员对需求细节的记忆会逐渐变得模糊，这时使用需求管理工具的益处就得到了最大程度的体现。下面介绍这种工具可以帮助我们完成哪些任务：

- **管理版本和变更** 项目应该定义需求基线，基线就是某一版本的产品要实现的需求的集合。有些需求管理工具提供了灵活的基线功能，这些工具也可以维护对每个需求所做的变更的历史记录。我们可以记录做出每一个变更决策的理由，必要的时候，还可以恢复到前一个需求版本。有些工具(包括 Active!Focus 和 DOORS)内置有一个简单的变更建议系统，可以将变更请求直接与受影响的需求联系起来。

- **存储需求属性** 我们应该为每个需求记录一些描述性属性，这在第 18 章已进行过讨论。项目开发组所有成员都必须能够查看这些属性，并指定专人来更新这些属性值。需求管理工具可以产生几个系统定义的属性，例如需求的创建日期及版本号，同时我们还可以自己定义不同数据类型的其他属性。如果属性的定义经过了深思熟虑，那么项目涉众就可以根据属性值的某些特定组合来查看需求子集。我们可能需要查看来源于某一特定业务规则的所有需求的列表，这样就可以判断这一业务规则的某一变更可能造成什么后果。要清楚地标出各种版本的产品要实现的需求基线，有一种方法就是使用"版本号(Release Number)"属性。

- **进行影响分析** 我们可以用这些工具来定义不同类型的需求之间、不同子系统的需求之间，以及单个需求和相关的系统组件(例如，设计、代码模块、测试和用户文档)之间的联系链，从而实现需求跟踪。通过确定某一提议的变更可能影响哪些其他系统元素，这些联系链可以帮助我们分析这一变更对某一特定需求将产生的影响。将每一个功能性需求回溯至它的最初来源或上一级需求，也不失为一个好的思路，这样可以清楚地知道每个需求的来源。

注　　第 19 章介绍了影响分析，第 20 章描述了需求跟踪。

- **跟踪需求状态**　将需求保存在数据库中就可以知道我们已为产品指定了多少离散的需求。在开发过程中跟踪每个需求的状态，就可以了解项目的整体跟踪状态。如果项目经理知道下一个要交付的需求版本中有 55% 的需求已得到验证，28%的需求已实现但还没有得到验证，17%的需求还没有完全实现，那么他对项目状态就有了一个很好的了解。
- **访问控制**　需求管理工具可以定义单个用户或用户组的访问权限，并通过到数据库的 Web 接口与地域上分散的团队共享信息。这些数据库在需求这一级别通过加锁机制来实现多用户同时更新数据库的内容。
- **与涉众沟通**　有些需求管理工具允许团队成员通过电子联系方式来讨论需求问题，当添加一条新需求或修改某一特定的需求时，会自动触发电子邮件消息通知受影响的人员。保持需求的在线访问可以节省差旅费，还可以减少文档的发放费用。
- **重用需求**　将需求保存在数据库中，就可以方便地在多个项目或子系统中重用这些需求。对那些逻辑上适用于产品描述的多个部分的需求，只需要存储一次，无论何时，只要有必要，就可以引用它们，从而避免了重复需求。

21.2　需求管理工具的功能

商业需求管理工具可以定义不同的需求类型(或类)，例如业务需求、用例、功能性需求、硬件需求和约束等，因此允许您将需要被视作需求的单个对象与软件需求规格说明中的其他有用信息区分开。所有的这些工具都具有强大的功能来定义各种类型需求的属性，这一点是它们相对于典型的基于文档的软件需求规格说明所具有的优势。

大多数需求管理工具都与 Word 有某种程度的集成，一般情况下，是在 Word 菜单栏中添加了一个专门的工具菜单。但 Vital Link 工具是基于 FrameMaker 的，Slate 工具则同时与 FrameMaker 和 Word 都进行了集成。这些高端工具支持多种导入和导出文件格式，有几种工具还可以对 Word 文档中的文本进行标记，将它们作为离散的需求来对待，这些工具将需求高亮显示，并将 Word 书签和隐藏的文本插入到文档中。这些工具还能以各种不同的方式解析文档，以便将单个需求提取出来。这种字处理文档中的解析过程并不完美，除非我们在创建文档时常常使用文本样式或诸如"将(shall)"这样的关键字。

这些工具为每一个需求都分配一个惟一的内部标识符，此外，还支持分层式编码的数字标签，一般情况下，这些标识符用一个短文本前缀表明需求类型，例如用 UR 表示用户需求(user requirement)，后面跟一个惟一的整数。有些工具还提供了类似于 Windows

Explorer 那样的显示画面，可以高效地操纵层次化的需求树。DOORS 工具中的一种需求显示画面看起来就好像是分层式的结构化软件需求规格说明。

这些工具的输出能力包括以用户指定的专门格式或表格格式报告生成需求文档的能力。CaliberRM 工具具有一个功能强大的"文档工厂(Document Factory)"特性，可以在 Word 中定义软件需求规格说明模板，方法是用简单的指令说明页面布局、样板文本、从数据库中提取出来的属性以及要使用的文本样式。"Document Factory"根据用户定义的查询标准从数据库中选择出信息，然后填充到这一模板中，生成一个定制的规格说明文档。因此，软件需求规格说明本质上是根据数据库内容产生的一个报表。

所有这些工具都具有健壮的跟踪特性，例如，在 RTM Workshop 工具中，每个项目都为存储的所有对象类型定义了一个与实体—关系图类似的类模式。根据这一模式中定义的类关系，定义两个类(或相同的类)中的对象之间的联系链，从而可以实现跟踪。

其他特性还包括：建立用户小组，并为所选的用户或用户组定义对项目、需求、属性和属性值进行创建、读、更新和删除等权限。有几种产品甚至还将非文本对象(例如，图形和电子数据表)整合到需求储存库中。这些工具还包括一些学习帮助功能，例如教程或示例项目，以帮助用户尽快上手。

这些产品有一个共同的趋势，就是尽量与应用程序开发所用的其他工具相集成，如图 21.1 所示。选购需求管理产品时，要考虑它是否能与所用的其他工具交换数据。下面是目前这些产品所展示的工具相互连接的几个例子：

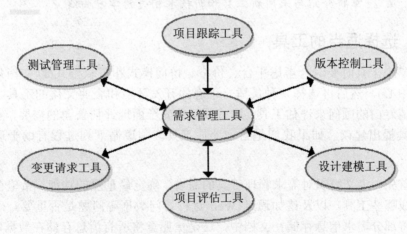

图 21.1　需求管理工具与其他类型的软件工具相结合

- RequisitePro 可以将需求与用 Rational Rose 建立的用例模型连接起来，也可以与 Rational TeamTest 中存储的测试用例连接起来。
- 用 DOORS 可以将需求跟踪至 Rational Rose、Telelogic Tau 和其他设计建模工具中存储的单个设计元素。
- RequisitePro 和 DOORS 可以将单个需求与 Microsoft Project 中的项目任务连接起来。
- CaliberRM 有一个中央通信框架，通过它可以将需求与 TogetherSoft Control

Center 中存储的用例、类或过程设计元素连接起来，也可以与 Borland's StarTeam 中存储的源代码连接起来，还可以与 Mercury Interactive's TestDirector 中存储的测试元素连接起来。然后您就可以通过存储在 CaliberRM 数据库中的需求直接访问这些连接的元素。

对工具进行评估时，要考虑到在执行需求工程、测试、项目跟踪和其他过程时如何利用这些产品集成。例如，考虑如何向版本控制工具公布确定为基线的一组需求，如何定义功能性需求和专门的设计或编码元素之间的跟踪联系链。

21.3　实现需求管理自动化

无论是在复杂性方面还是在处理能力上，上述所有这些工具都可以把需求管理实践提高到一个更高的层次。但是，这些工具用户的勤奋努力仍然是取得成功的一个至关重要的因素。对于有敬业精神的、受过培训且知识丰富的用户，即使使用普通的工具也会获得成功进展；然而，对于缺乏热忱或没有经过培训的用户，即使使用最好的工具也会无济于事。如果不计划投入时间进行学习，那么就不要轻易决定购买需求管理工具。因为我们不能指望立竿见影，所以不要把项目的成功寄希望于第 1 次使用的工具上。应该先在某个试验性项目中使用工具，待积累了一定的经验后，再考虑将它用于投资大的项目中。

💭 注　第 22 章将介绍与采用新工具和新技术相关的学习曲线。

21.3.1　选择适当的工具

选择一个工具时要综合考虑平台、价格、访问模式和需求方式(以文档为中心或以数据库为中心)，然后再选择一种最适合于您的开发环境和企业文化的工具。有些公司签订合同请专门的顾问来评估工具，这些顾问首先全面地评估公司的需要，然后对有效的候选工具提出建议。如果我们是自己评估工具，则遵循下列过程有助于选择适当的工具：

1. 首先，定义组织对需求管理工具的需求。确定最重要的功能、希望在产品中集成哪些工具，以及诸如通过 Web 远程访问数据等问题是否重要。确定是继续将部分需求信息存储在文档中，还是更愿意将所有信息存储在数据库中。

2. 列出影响工具选择决策的 10～15 个因素，包括主观因素，例如可剪裁性以及用户界面的效率和效果，费用也是选择工具时应该考虑的一个因素，但最初评估工具时先不要考虑其费用。

3. 对第 2 步中列出的因素进行打分，满分为 100 分，越重要的因素分值越高。

4. 获取现有的需求管理工具的最新信息，并根据第 2 步中列出的每一个因素，评估这些候选工具。主观因素的分值必须在实际操作每一种工具之后才能给出。供应商演示之后，可以给出某些因素的分值，但这种演示很可能更倾向于展示其优势。自己亲自使用几小时将胜过这种演示。

5. 赋予每个因素一个权值，据此计算出每个候选工具的分值，看一下哪些产品最适合自己的需要。

6. 从使用每一个候选工具的其他用户那里了解他们的使用经验，可以向在线论坛提一些问题，将获得的信息作为所做的评估和供应商提供的产品资料、演示和宣传标语的补充材料。

7. 对得分最高的几种工具，从其供应商那里索取评估副本，安装这些候选工具之前，先定义一个评估过程，以确保获得足够的信息来做出合适的选择。

8. 用实际的项目来评估工具，而不仅仅是用随产品所带的示教项目进行评估。完成评估之后，根据需要调整评估分值，看看现在是哪个工具得分最高。

9. 综合考虑评定的分值、使用许可费、开发商后续支持费、当前用户的输入以及团队对产品的主观印象之后，再做出最后的选择决定。

21.3.2 改变文化

购买工具并不难，但为了接受工具并最大限度地利用它对文化和过程进行变革，其难度却大多了。大多数组织已形成了自己适宜的文化氛围，它们将需求存储在字处理文档中，如果改为联机方式，就需要有不同的思维观点。若采用工具，则对数据库有访问权的所有涉众都可以看到需求。有些涉众认为这种可见性减弱了他们对需求、需求工程过程或同时对二者的控制。有些人不愿意将未完成的或不完整的软件需求规格说明拿出来给别人看，但数据库中的内容就存在于数据库中，所有的人都可以看到它。如果在需求完成之前不公开，就会失去多人频繁查看需求以发现其中可能存在的问题这样一种机会。

如果不能利用需求管理工具所提供的功能，它也就失去使用意义了。我曾遇到过这样一个项目团队，团队成员已经不辞辛苦地将所有的需求存储到某一商用需求管理工具中，但还没有定义任何需求属性或跟踪联系链，也没有为所有涉众提供联机访问的功能，虽然将需求存储到需求工具中付出了必要的劳动，但事实上，他们并没有从不同形式存储的需求上获得多大的好处。还有一个项目团队是在需求管理工具中存储了数百条需求，同时也定义了许多跟踪链接，但他们惟一使用这些信息的时候就是生成大量的可打印跟踪报告，这些报告应该由人工进行评审，以发现问题，但实际上没有一个人研究过这些问题，也没有人将数据库作为项目需求的权威性储存库。这两个组织都在需求管理工具上投入了大量的时间和金钱，但他们却并没有充分地从中获得收益。

如果我们努力要从商用需求管理工具中获得最大的投资回报，就应该考虑下面几个文化和过程问题：

- 不要使用需求管理工具，甚至不要试用，直到书面创建了合适的软件需求规格说明。如果我们所面临的最大问题是收集并编写清晰的高质量需求，那么使用这些工具也将无济于事。

- 在项目早期的需求获取专题讨论会期间，不要试图直接用工具来捕获需求。但需求稳定之后，要将需求存储到管理工具中，这样这些讨论会的与会人员就可以看到这些需求，以对其精化。

- 将需求工具作为软件支持辅助工具，以方便不同地理位置的项目涉众进行交流。设置访问和变更权限，允许各种人对需求充分发表意义，但不要赋予每个人变更数据库内容的全部权限。
- 仔细考虑要定义的各种需求类型。不要将当前软件需求规格说明模板的每一部分都作为一个独立的需求类型，但也不要将软件需求规格说明的全部内容作为单一的需求类型。通过工具可以为定义的每种需求类型创建不同的属性，因此，选择合适的属性有助于确定要定义多少种不同的需求类型。
- 为每一种需求类型定义一个拥有者，他对管理那一类型的数据库内容负有主要的职责。
- 定义新的数据域或需求属性时，要使用业务术语，而不要使用 IT 术语。
- 在需求稳定前不要定义跟踪链接，否则，当需求继续变更时，要进行大量的修订工作。
- 为了加快从基于文档的模式转向使用工具，要设置一个日期。从该日期之后，则将工具中的数据库认为是项目需求定义的储存库，只保存在字处理文档中的需求被认为是无效的需求。
- 不要期望在项目早期就冻结需求，而要养成习惯将某一特定版本的一组需求纳入基线。根据需要，动态地将需求从一个版本的基线移到另一个版本的基线。

注 第 18 章讨论用需求属性来管理不同版本中指定的需求。

随着使用需求管理工具在企业文化中根深蒂固，项目涉众会把需求看作软件生存期中的一种资产，如同将软件代码看作是一种资产一样。项目团队将会发现一些方法，通过使用工具来加速编写需求文档的过程、交流需求文档和管理需求变更。但要记住，对无效的需求开发过程，即使使用最好的工具也无济于事。需求管理工具并不能帮助我们确定项目范围、确认用户、与合适的用户交谈或收集合适的需求。如果需求很糟糕，那么需求管理工具也发挥不出其作用。

21.3.3 使需求管理工具服务于自己

要平稳地过渡到使用需求管理工具，需要指定一名使用工具的倡导者，他身处本地，对详细地学习如何使用工具充满了热情，乐意指导其他人员，并清楚工具是否发挥出了预期的作用。先在一个不太关键的项目中试验性地使用需求管理工具，这有助于组织了解需要花多大的工作量来管理和支持工具。在试验性使用工具期间，由最初的工具倡导者来管理工具，然后由他对其他人员进行培训和指导，以便为以后在其他项目中使用工具提供支持。虽然团队成员很聪明，但较好的做法是对他们进行培训，不要期望他们自己能琢磨出多么好的工具使用方法。毫无疑问，他们能够推导出一些基本的操作，但他们不可能掌握工具的全部能力，以及如何高效地使用工具。

要记住，将项目需求加载到数据库、定义属性和跟踪链接、及时更新数据库内容、定义访问小组和他们的权限、以及培训用户，这些都需要付出劳动。管理层必须为这些操作分配所需的资源，确保在组织范围内确实将所选的产品用起来了，而不要让昂贵的工具束之高阁。

倘若我们明白工具不能克服过程的缺陷，就很可能会发现，商用需求管理工具可以提高我们对软件需求的控制能力。一旦我们使需求管理数据库服务于自己，那么就再也不想重新使用普通纸了。

下一步

- 分析当前需求管理过程存在哪些缺陷，从而确定是否有必要购买需求管理工具。要确信已经了解了现有缺陷存在的原因，而不能想当然地认为工具会纠正这些缺陷。
- 在对工具进行比较评估之前，先要确定项目团队是否愿意采用需求管理工具。参照以前将新工具用于开发过程的做法，理解其成功和失败的原因，这样才能使自己立于不败之地。

第 IV 部分

实现需求工程

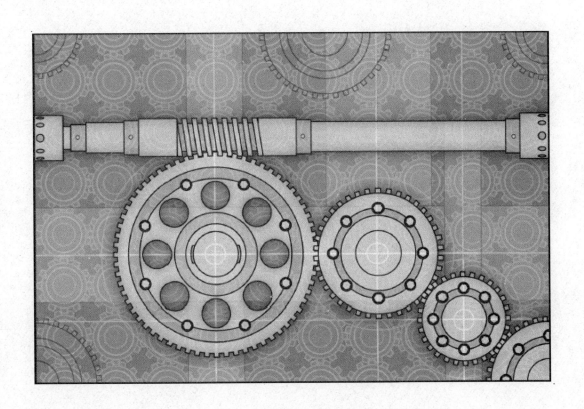

第 22 章　改进需求过程

第 3 章中已经介绍了几十种有关需求工程的"推荐方法"，应该考虑在您自己的软件组织中应用这些方法。将推荐的方法 付诸于行动是软件过程改进的本质所在。简而言之，过程改进包括尽量使用对有效的方法，并避免使用过去令我们感到头痛的方法。但是，即使是在改进性能的道路上都布满了荆棘，受改进影响的人常常会对改进进行抵制，还可能常常会经历由于时间过于紧迫而不能处理任务这样的失败，更不用说改进程序了。

软件过程改进的最终目标是降低软件的创建和维护费用，下面几种方法可以达此目标：

- 纠正在以前项目或当前项目中遇到的由于软件过程的缺陷而产生的问题。
- 预见并避免未来的项目中可能会遇到的问题。
- 采用比当前的方法效率更高的方法。

如果项目团队目前所采用的方法好像也是有效的——或者即使有证据表明完全不是这么回事，但人们坚持认为自己的方法有效——此时人们可能会觉得没有必要变更自己所采用的方法。但是，即使是很成功的软件组织，在面临大型项目、不同的客户群、远距离协作、紧迫的进度安排或全新的应用领域时也会感到力不从心。对于包含 5 个人的项目团队和一个的客户很适用的方法，并不一定就会适用于位于不同时区的 125 个人组成的项目团队和 40 多个公司客户。因此，您至少应该了解其他一些很有价值需求工程方法，值得将它们补充到您自己的软件工程工具箱中。

本章将介绍需求与各种重要的项目过程和涉众之间的联系、有关软件开发过程改进的一些基本概念，并推荐一种用于改进过程的循环法，同时将列出企业组织应该具有的若干有用的需求"过程资产(process assets)"。最后描述了过程改进路线图，可用于实现改进的需求工程方法。

22.1　需求与其他项目过程的联系

需求是每个软件项目成功的核心所在，它支持其他技术活动和管理活动。对需求开发方法和需求管理方法的变更会对项目的其他过程产生影响，反之亦然。图 22.1 演示了需求和其他过程之间的某些连接，下面简要介绍一下这些过程之间的接口。

项目规划　需求是项目规划过程的基础。规划者选择合适的软件开发生命周期，并根据需求估计项目的资源和进度。项目规划可能会指出所需的所有特性不可能在可用的资源和时间范围内完成，因此可能需要在规划项目时缩小项目的范围，或者选择增量开发或分阶段发布的方法，分阶段地交付产品功能。

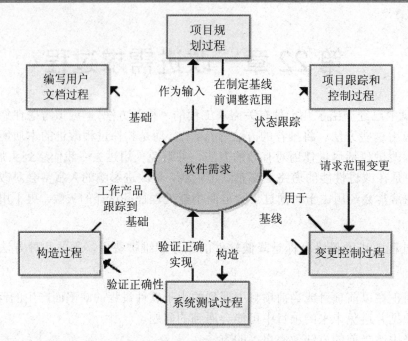

图 22.1 需求与其他项目过程之间的关系

项目跟踪和控制　项目跟踪包括监视每一个需求的状态,这样项目经理可以了解设计工作和验证工作是否达到了要求,如果没有达到,管理者可能需要通过变更控制过程来请求缩小项目的范围。

变更控制　将一组需求集确定为基线之后,以后的所有变更都应该通过一个预先定义好的变更控制过程来完成,这一过程有助于确保:

- 理解所提议的变更产生的影响。
- 由合适的人选作出接受变更的正式决定。
- 所有受变更影响的人得到关于发生变更的通知。
- 根据需要对项目资源和所做出的承诺进行调整。
- 保持需求文档是最新版本,并且是准确的。

系统测试　用户需求和功能性需求是系统测试必不可少的参考依据,如果未能清楚地说明产品在各种条件下的预期行为,测试人员将很难确认缺陷和验证计划实现的全部功能是否都已按要求得到完成。

构造　虽然软件项目最终的可交付产品是可执行软件,但需求是所有设计工作和实现工作的基础,需求与各种各样的构造产品联系在一起。要采用对设计进行评审的方法来确保设计能够正确地反映所有的需求。通过单元测试可以确定代码是否满足设计规格说明和相关的需求。通过跟踪需求,我们可以对从每条需求中衍生出来的特定的软件设计和编码元素编写文档。

编写用户文档　我曾与技术文档编写人员在一个办公室工作过,他们为复杂的软件产品准备用户文档,我曾问其中的一名人员为什么他们的工作时间那么长。"我们在食物链的最后位置"，她回答道，"我们必须对用户界面显示屏的最终变更和在最后一分钟被删除或添加的特性做出响应。"产品需求是用户文档编写过程的依据，因此，如果编写的需求质量很差或需求提出得太晚，则编写文档就会有困难。因此，长期处在需求链最末端的人们(例如，技术文档编写人员和测试人员)经常满腔热情地对改进需求工程方法给予大力支持，对此我们丝毫也不感到奇怪。

22.2　需求和各涉众组

图 22.2 展示了与软件开发组有联系的某些项目涉众，也展示了他们对项目需求工程活动产生的某些影响。向每个功能领域的联系人说明自己需要从他们那里获取哪些信息和帮助，这样产品开发工作才可能取得成功。要对开发组和其他功能领域(例如，系统需求规格说明或市场需求文档)之间的重要交流接口的规范和内容达成一致意见。重要的项目文档经常是从作者本身的角度来编写的，而没有完全考虑这些文档的读者需要哪些信息。

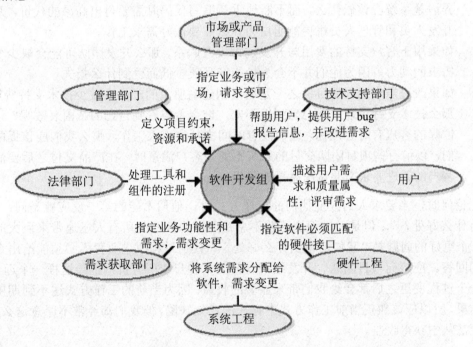

图 22.2　软件开发和其他涉众之间的与需求相关的接口

另一方面，要询问其他组织需要从开发团队获取些什么，才能有助于他们的工作。技术可行性方面的哪些信息有助于市场部门更好地制定产品的销售计划？管理部门需要什么样的需求状态报告，才能充分了解项目的进展情况？与系统工程部门之间怎样协作才能确保合理地将系统需求分配到软件和硬件子系统之中。应该努力在开发团队和需求过程的其他涉众之间建立协作关系。

当软件开发团队变更其需求过程时，与其他项目涉众进行沟通的接口也会发生变化。人们都不愿意被迫离开他们已经习惯的环境，因此提出变更需求过程后可能会遭到抵制。要弄清楚人们抵制的缘由是什么，这样才能做到既能尊重它又能化解它。许多抵制都源于不了解而产生的恐惧。为了减少这种恐惧，应该向其他部门的合作伙伴解释过程改进的理由和动机，以及他们将从新的过程当中获得什么好处。当对过程改进需要进行协作时，开始可以这样表述自己的观点，"这是我们大家共同遇到的问题，我们认为这些过程变更将有助于解决这些问题，这就是我们计划进行的改进，需要你们的帮助，要知道这对我们双方都有利"。下面列出了我们可能会遇到的一些抵制情况：

- 变更控制过程可能会被看作是开发工作的障碍而被丢弃，因此变更工作很难实施。实际上，变更控制过程是开发工作的一个组成部分，并不是开发工作的障碍。通过变更控制过程，十分了解项目的人可以做出合理的业务决策。软件开发团队负责确保变更过程真正地得以实施。如果新的过程并不能带来更好的结果，人们将会绕道而行。

- 有些开发人员认为编写和评审需求文档纯粹是浪费时间的官僚做法，妨碍他们的"真正"工作，即编写代码。如果我们能向他们解释清楚，在开发团队力图弄清楚系统应该做什么，而不断地重新编写代码时需要付出高昂的代价，那么开发人员和管理人员将更能明白为什么需要做好需求工作。

- 如果用于客户支持的费用与开发过程没有联系，那么开发团队可能会缺少变更需求的动力，因为他们并不会为最终产品质量低而受到什么损失。

- 如果改进需求过程的目标之一是通过创建高质量的产品来减少技术支持费用，那么技术支持经理可能会感到很不安，谁会希望看到自己的帝国衰败呢？

- 忙碌的客户有时会声称，他们没有时间去从事需求工作，那么我们应该提醒他们，以前有些项目团队交付的系统不能令客户满意时，在产品交付之后要满足客户的改进要求需要付出高昂的代价。

无论何时，当要求人们改变他们的工作方式时，他们本能的第一反应就是问："这对我有什么好处？"，但是，过程变更并不总是能够为涉及的所有人迅速带来巨大的收益。一个更好的问题是"我们会得到什么好处"？任何过程改进负责人必须能给出令人信服的回答。应该向项目团队、开发组织、公司、客户或所有机构描绘这样一个远景，即每一个过程变更之后都会给我们带来显著的收益。因为当前的工作方式达不到期望的业务结果，所以应该纠正当前工作方式中存在的已知缺陷，但我们却经常不愿意这么做，也就无法从中获得收益。

22.3 软件过程改进的基本原则

如果您阅读本书的目的是想要改变目前您的组织所采用的需求工程方法，那么在开始努力建立优秀的需求时，应该牢记下面4条软件过程改进的原则(Wiegers 1996a)：

1. **过程改进应该是不断演化的、连续的、周期性的** 不要期望一次就能改进全部过程，要知道在第1次尝试变更时，可能无法解决所有问题。我们不应奢求完美，而应该在开始实现之前，先开发几个改进的模板和过程。当团队对新技术具有了一定的经验之后，再逐渐调整所采用的方法。有时，简单而容易的变更就能获得丰厚的回报，因此应先从容易的变更开始。

2. **只有人们和组织具有变更的动机时才可能实施变更**　引起变更的最强烈的动机来源于痛苦，但我这里的意思并不是要人为地制造痛苦，比如管理层强加的进度压力给开发人员造成的痛苦，而是指在以前项目中曾经经历过的真正痛苦。下面列出了一些典型的问题，也许能为需求过程的变更提供驱动力：

   - 项目超出了最后期限，原因是需求比预期的扩展了很多，也复杂了很多。
   - 开发人员频繁加班，原因是直到开发后期才发现了引起误解的需求和表达不明确的需求。
   - 系统测试工作前功尽弃，原因是测试人员并没有弄清楚产品应该做什么。
   - 虽然正确的功能都实现了，但是用户不满意，这是由于性能不好、易使用性差或存在其他质量缺陷。
   - 维护费用很高，因为客户的对产品的许多增强要求没有在需求获取阶段确定下来。
   - 开发组织名誉受损，因为客户不接受交付的软件。

3. **过程变更要有的放矢**　在开始运用更好的过程之前，一定要明确变更的目标是什么(Potter and Sakry 2002)。是想减少需求问题引起返工的工作量呢？还是想更好地预测进度？或者是想要在实现中不遗漏某些需求？制作一幅路线图，它可以定义达到业务目标的途径，这会大大提高改进过程获得成功的可能性。

4. **将改进活动视作小型项目**　许多改进活动一开始就失败了，其原因是缺乏计划，或者没有获得所需的资源。项目的总体计划应该包括过程改进的资源和任务。与所有项目一样，改进项目也要执行计划、跟踪、测量和报告，只是规模相应地缩小了。为每个过程改进领域指定一份活动计划。跟踪参与者执行这一行动计划所花的时间，以便检查是否达到了期望的目标，以及改进过程所花的费用是多少。

💡 **注意**　软件过程改进计划中最大的威胁是缺少管理层的支持，其次是组织的重组，这会完全打乱计划的参与者和优先级。

　　所有的团队成员都有可能也有责任积极地改进他们的工作方式。职业软件人员不需要经理批准，有责任使自己和团队采用更好的工作方式。由于对现状感到痛苦或由一位有魄力的领导所激励而产生的普通改进计划也能取得巨大的成功。但是，大量的过程改进工作要取得成功，则必须得到管理层的支持，为他们提供资源、设置期望值、并鼓励成员积极主动地为变更做出自己的贡献。

📖 **过程改进的经验之谈**

　　有经验的过程改进负责人在实践中总结出了一张简短的清单。下面是我从中摘取的几条，以供参考：

   - 不要贪多嚼不烂(如果过程变更太大，则团队可能会难以应付)。

- 从小的胜利中获得大的满足(我们将不会有太多的大胜利)。
- 不要采用高压政策,但却要坚决执行(过程改进负责人和致力于此的管理者会带领团队到达更美好的未来,具体做法是保持变更活动的透明化,并逐渐实现变更)。
- 集中,集中,再集中(一个忙碌的软件团队一次只能完成三个或两个,甚至也许只能完成一个过程改进,但决不应少于一个)。
- 寻找同盟军(每一个团队都有一些早期使用者,他们试用新的模板和过程,并向改进负责人提出反馈意见。联系他们,感谢他们,并回报他们)。
- 不付诸于行动的计划毫无用处(完成过程评估和编写行动计划并不难,难的是让人们采用新的工作方式,同时要坚信会取得更好的结果,但这才是过程改进的惟一目的)。

22.4 过程改进周期

图 22.3 是我发现的一个有效的过程改进周期。这一方法反映了您在执行下一个任务之前先清楚自己所处位置的重要性;反映了绘制过程路线图的必要性,以及以往的经验在持续的过程改进中的重要性。

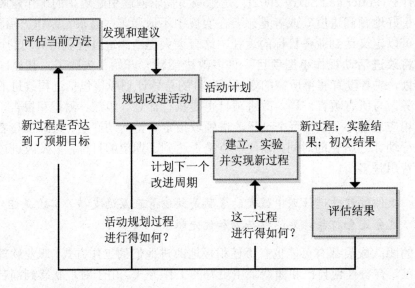

图 22.3 过程改进的周期

22.4.1 评估当前采用的方法

所有改进活动的第 1 步都是评估组织当前所使用的方法,找出这些方法的优点和缺陷。评估本身并不能带来任何改进,但它能提供信息,为正确做出变更选择奠定了基础。评估也能使组织实际所采用的过程透明化——实际所采用的过程与陈述的或文档中所记录的过程经常会有差别。通过评估我们将会发现,一般情况下,不同的团队成员对他们所采用的过程会持有不同的观点。

评估当前过程的方法有多种。如果我们已经试过前几章末尾的"下一步",实际上已经开始对需求方法及其结果进行了非正式评估了。设计结构化问卷表是一种更系统的方法,它能够以较低的费用对当前过程进行评估。与团队成员进行面谈和讨论,可以更准确更全面地了解当前的过程。

我们可以采用附录 A 所提供的问卷表来审查组织当前采用的需求工程方法[1]。这种自我评估法有助于我们确定哪些需求过程最需要改进。但仅仅由于某项问题所得的分数低还不足以表明应该立即对其进行改进。要将注意力更多地放在项目中最困难的领域,以及对将来项目的成功带来最大风险的领域。

注释 1 摩托罗拉公司开发了一个相似的"软件需求质量模型(Software Requirements Quality Model)"用于对需求过程进行评估(Smith 1998)。

一种更合理的方法是请公司外部的顾问来评估当前的软件过程。最全面的过程评估是以一种已确立的过程改进框架为基础,例如,由软件工程研究所(Software Engineering Institute)开发的**软件能力成熟度模型**(Capability Maturity Model for Software,SW-CMM)(Paulk et al. 1995)。一般情况下,外部评估者会检查许多软件开发过程和软件管理过程,而不只是检查需求活动。经过正式的评估后,最后交付的结果包括一个有关"发现"和"建议"的列表,"发现"部分陈述了当前过程的优势和缺陷,"建议"部分描述了需要改进的地方。选择一种与过程改进活动所要达到的业务目标相一致的评估方法,不要过分担心需求是否满足 SW-CMM 或其他专用模型。附录 B 中描述了需求如何适应 SW-CMM 和新的 CMM 集成模型 CMMI-SE/SW。

22.4.2 规划改进活动

我们应该遵从这样一种哲学,即将过程改进活动视为一个项目。评估完成之后,应该紧接着编写活动计划(Potter 和 Sakry 2002)。战略性计划描述了组织的总体软件过程改进,战术性的活动计划则描述需要改进的专门领域,例如,收集需求所采用的方法或设定优先级的过程。每个活动计划都应该陈述改进活动的目标、活动的参与者、和实现这一计划必须完成哪些单独的活动。如果没有制定计划,则很容易忽略重要的任务。通过这一计划还可以在跟踪单独活动的完成情况时监视其进展情况。

图 22.4 演示了我多次使用过的一个过程改进活动计划的模板。在每一个活动计划中包括的活动条目不要超过 10 个,使得这个计划可以在两三个月内完成。下面举一个例子,这是我曾看到过的一个需求管理改进计划,它包括下面这些活动条目:

1. 起草一个需求变更控制过程草案。
2. 评审并修订变更控制过程。
3. 在项目 A 中试验变更控制过程。
4. 根据试验的反馈信息,修订变更控制过程。
5. 评估问题跟踪工具,并从中选择一种工具来支持变更控制过程。
6. 购买并定制问题跟踪工具以支持变更控制过程。
7. 在组织中使用新的变更控制过程和工具。

对每一个活动条目专门指派一个人来完成。不要指派整个团队作为活动条目的负责人，因为团队无法具体负责，只有具体的个人才能负责。

如果需要的活动条目多于 10 个，则应将改进过程周期的开始部分集中在最重要的条目上，其余的条目在以后单独的活动计划中考虑。不要忘记，变更是周期性完成的。本章后面将介绍过程改进路线图，它演示了如何将多个改进活动组成一个整体软件过程改进计划。

需求过程改进的活动计划

项目：<项目名称>

日期：<编写计划的日期>

目标：<成功执行这一计划后希望达到的若干目标，根据业务价值而不要根据过程变更来陈述这些目标。>

成功的标准：<描述如何确定过程变更是否对项目达到了预期的影响。>

组织受影响的范围：<描述本计划所描述的过程变更产生的影响面。>

人员和参与者：<确定实现这一计划的人员、他们的角色、以及所承诺的时间(以小时/周或百分比为基础来计算)。>

跟踪和报告过程：<描述如何跟踪该计划的动作条目的执行进度，以及向谁报告状态、结果和问题。>

依赖、风险和约束：<确定成功完成本计划可能需要的所有外部因素，以及妨碍本计划成功执行的所有外部因素。>

所有活动完成的预估日期：<期望该计划什么时候全部完成？>

活动条目：<为每个行动计划编写 3～10 个活动条目。>

活动条目	负责人	截止日期	目标	活动描述	交付的结果	所需资源
<顺序号>	<负责人>	<目标日期>	<本活动目标>	<执行哪些行为才能实现这一活动>	<将要创建的规程、模板或其他过程改进方法>	<所需的各种外部资源,包括材料、工具、文档或其他人员>

图 22.4　软件过程改进的活动计划模板

22.4.3　建立、实验并实现新过程

到目前为止，我们已经对当前采用的需求方法进行了评估，并起草了一份活动计划，描述了最可能带来收益的过程领域。现在即将进入较困难的一步，即实现这一计划。许多过程改进在试图将计划付诸于实践时，一开始便夭折了。

实现活动计划意味着开发一些过程，并相信这些过程比当前的工作方式会带来更好的结果，但不要期望新的过程第 1 次试用就很完美。许多从抽象理论上来说看上去很不错的想法，付诸实践后却既没有预想中那样实用和高效。因此，要为建立的大多数新过程或文档模板先制定一个实验计划，根据从实验中获得的经验再调整这一新过程，这样

将它运用于整个目标群体时，改进活动的效果会更好，也能够被更好地接受。请牢记下面这些关于指导过程实验的建议：

- 选择实验参与者，他们将尝试新方法并提供有用的反馈信息。无论这些参与者是过程改进的同盟者还是持怀疑态度者，都不应该强烈反对改进工作。
- 使改进过程的结果容易解释，应该定量说明团队评估试验所采用的标准。
- 确定需要了解实验情况和实验原因的有关涉众。
- 考虑在不同的项目中实验新过程的不同部分，这样可以使更多的人尝试新方法，因此提高了了解程度，增加了反馈信息，更易于大家接受。
- 询问实验参与者，如果他们还必须重新采用以前的工作方法，那么他们感觉如何，将此作为评估工作的一部分。

即使是积极推动和乐意接受新过程的团队，他们接受变更的能力也依然有限，所以一次不要寄予项目团队太多的期望。编写一份初步计划，定义如何将新方法和新资料分配给项目团队，并为他们提供足够的培训和帮助。同时也要考虑管理层如何传达他们对新过程的期望，也许是通过正式的需求工程渠道。

22.4.4 评估结果

过程改进周期的最后一步是评估完成的活动和取得的成果，这种评估有助于团队在未来的改进活动中做得更好。评估内容包括判断实验进行得是否顺利，在解决新过程的不确定性方面是否有效，下一次指导过程实验时是否需要做些变更。

同时还要考虑新过程的总体执行情况是否顺利，包括新过程或模板的可用性是否有效地传达给了每一个人，参与者是否理解并成功地应用了新过程，下次工作中是否需要有所变更等。

其中关键的一步是，评估新实现的过程是否带来了期望的结果。尽管有些新技术和管理方法可以带来明显的改进，但其他方法却需要一定的时间才能证明其全部价值。例如，如果我们采用一个新的过程来处理需求变更，那么我们很快就可以看到它是否能以一种更有序的方法将变更整合到项目中。但是，一个新的软件需求规格说明模板却需要一段时间才能证明其价值，因为分析人员和客户都已经习惯了以特定的格式编写的需求文档。对一种新方法要有足够的运行时间，并且要选择能说明每项过程变更成功与否的衡量标准。

要接受学习曲线这一事实，也就是，当从业人员花费时间努力用新方法工作时，生产率可能会降低，如图 22.5 所示。这种短期的生产率降低(有时也称为"绝望之谷")是组织致力于过程改进时必不可少的一部分投资。对此不理解的人可能在得到回报之前就半途而废，放弃了过程改进，因此他们的投入就得不到任何回报。要向管理人员和同事灌输学习曲线的思想，并使其明白整个变更过程的最终结果。采用这种新的需求过程，团队终将会获得更好的项目和业务成果。

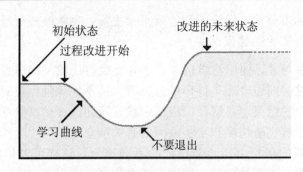

图 22.5 学习曲线是过程改进不可避免的一部分

22.5 需求工程过程资产

高性能项目在需求工程的各个阶段(需求获取、需求分析、编写需求规格说明、需求确认和需求管理)都有有效的过程。为了更方便地执行这些过程，每个组织都必须有一个**过程资产**(process assets)集合(Wiegers 1998c)。每一个过程都包括采取的活动和产生的可交付产品。过程资产有助于团队成员一致而有效地执行过程，还有助于项目相关人员理解他们应该遵循的步骤和他们应该创建的产品。过程资产包括表 22.1 中所描述的文档类型。

表 22.1 过程资产文档

类 型	描 述
检查清单	一张列表清单，它列举了活动、可交付产品或需要引起注意或验证的其他条目。检查清单是帮助记忆的一种方法，可以确保忙碌的人们不会遗漏重要的细节
范例	一种特定工作产品类型的代表。项目团队创建工作产品时应将优秀范例积累起来
计划	概括说明如何达到目标和达到目标需要哪些准备
政策	是一种指导原则，它陈述了管理层对行为、动作和交付工件的期望。过程应该满足这些政策
步骤	一步一步描述完成某个活动的任务序列，描述要执行的任务并确定执行这些任务的项目角色。不要包括教程信息。指导文档可以为过程或步骤提供教程信息和帮助提示
过程描述	用文档对为达到某些目的而执行的一组活动进行定义。过程描述可能包括过程目标、关键里程碑、参与者、交流步骤、输入和输出数据、与这一过程相关联的制品、以及对这一过程进行剪裁以适应不同的项目所用的方法(Caputo 1998)
模板	所使用的一种模式，可用来指导产生完整的工作产品。关键项目文档的模板可以提醒我们有可能遗漏的一些问题。结构良好的模板会提供许多"栏目槽(slot)"，用于捕获和组织信息。内嵌在模板中的指导文本有助于文档作者有效地使用它

图 22.6 指出了一些有价值的需求工程过程资产。您不必拥有所有这些条目，但它

们有助于实现与需求相关的活动。团队成员至少应该一致而有效地执行图 22.6 中列出的过程。我们并不需要对这些过程单独编写文档，整个需求管理过程可能包括变更控制过程、状态跟踪过程和影响分析检查清单。图 22.6 中的许多过程资产都可以从网址 *http://www.processimpact.com/goodies.shtml* 获得。

需求开发过程资产	需求管理过程资产
■ 需求开发过程	■ 需求管理过程
■ 需求分配步骤	■ 变更控制过程
■ 需求优先级设定步骤	■ 需求状态跟踪步骤
■ 前景和范围模板	■ 需求跟踪步骤
■ 用例模板	■ 变更控制委员会规章
■ 软件需求规格说明模板	■ 需求变更影响分析检查清单和模板
■ 软件需求规格说明和用例缺陷检查清单	

图 22.6　需求开发和需求管理的重要过程资产

下面简要介绍图 22.6 中列出的每一个过程资产，并指出详细介绍这些过程资产的具体章节。需要牢记的是，每一个项目都必须根据自己的需要对组织的资产进行剪裁。

22.5.1　需求开发过程资产

需求开发过程

这一过程描述了如何确定涉众、用户类和用户代言人，还描述了如何规划需求获取活动，包括选择合适的需求获取技术、确定参与者和估算需求获取需要的工作量和工作日。此外还描述了项目应该创建的各种需求文档和模型，并为读者推荐了合适的模板。这一需求开发过程还应该确定项目应该执行哪些步骤来完成需求分析和确认。

需求分配步骤

如果正在开发的系统既包括软件组件又包括硬件组件，或者正开发的产品是包括多个软件子系统的复杂产品，那么就必须将高层的产品需求分配给特定的子系统(包括人员)来实现(Nelsen 1990)。在分配需求之前，要先完成系统级需求的说明，并完成系统体系结构的定义。这一步骤描述了如何执行这些分配，以确保将功能分配给合适的组件来实现。同时还描述了如何对已分配的需求实施跟踪，以便跟踪到他们的上一级系统需求和其他子系统中相关的需求。

需求优先级设定步骤

为了在固定不变的进度安排下，合理地缩小需求范围或者适应需求的增加，我们有必要了解计划实现的哪些系统功能具有最低的优先级。第 14 章介绍了设定需求优先级所用的一种电子数据表工具，它能综合考虑为客户提供的价值、相对的技术风险，以及实现每一个特性、用例或功能性需求所需要的相对费用。

前景和范围模板

前景和范围文档简明扼要地对新产品的业务需求进行了总体描述，并为设定需求优先级和需求变更提供决策参考。第 5 章推荐了一个前景和范围文档的模板。

用例模板

用例模板提供了一个标准形式，描述了用户期望软件系统必须执行的任务。用例定义包括对这一任务的简短描述、对可选行为和必须处理的已预见的异常的描述、以及有关这一任务的一些其他信息。第 8 章推荐了一个用例模板。

软件需求规格说明模板

软件需求规格说明模板提供了一种结构化的一致的方法，将产品的功能性需求和非功能性需求组织起来。为适应组织采用不同的项目类型和规模，可以考虑采用多种模板。这样当"万能的"模板或过程不能适用于项目要求时，就可以减轻我们的挫折感。第 10 章中描述了一个范例软件需求规格说明模板。

软件需求规格说明和用例缺陷检查清单

需求文档的正式审查是确保软件质量的一种强有力的技术。缺陷审查清单指出了需求文档中发现的许多常见错误，在审查准备阶段使用这一检查清单可以将注意力集中到存在常出现问题的领域。第 15 章包括范例软件需求规格说明和用例缺陷检查清单。

22.5.2 需求管理过程资产

需求管理过程

这一过程描述了项目团队采取哪些行动来处理变更、区分需求文档的不同版本、跟踪并报告需求状态、以及收集跟踪信息。这一过程应该列出每个需求包含的属性，例如优先级、预测的稳定性和计划的版本号。还应该描述批准软件需求规格说明和建立需求基线需要执行哪些步骤。

变更控制过程

实用的变更控制过程可以减少因没完没了的、难以控制的需求变更而引起的混乱。变更控制过程定义了一种方法，用来提议、交流、评估和最终解决新的需求或对已有需求进行修改。问题跟踪工具为变更控制提供了便利，但要记住工具并不能取代过程。第 19 章详细描述了变更控制过程。

需求状态跟踪步骤

需求管理包括监视和报告每一个功能性需求的状态。在一个大型项目中，我们需要用数据库或商用需求管理工具来跟踪许多需求的状态。这一步骤也描述了要生成这样一些报告，可以随时查看所收集的需求的具体状态。有关需求状态跟踪的更多信息请参见第 18 章。

变更控制委员会规章

变更控制委员会(change control board，CCB)是由项目涉众组成的一个团体，它负责决定批准或否决哪些提议的需求变更,以及每个批准的变更在哪个产品版本中实现。第 19 章已介绍过,CCB 宪章描述了 CCB 的组成、功能和操作过程。

需求变更影响分析检查清单和模板

在决定是否批准提议的需求变更时,估计变更所需的费用和造成的其他影响是至关重要的一步。影响分析有助于变更控制委员会做出明智的决策。第 19 章已介绍过,影响分析检查清单有助于估计可能的任务、副作用以及与实现特定的需求变更相关的风险。所附的工作表提供了一种简单的方法,可用于估计完成任务所需要的劳动时间。第 19 章还为影响分析的结果提供了一个范例模板。

需求跟踪步骤

需求跟踪矩阵列出了所有功能性需求、针对每一个需求的设计组件和代码模块、以及验证其正确实现的测试用例。需求跟踪矩阵还应该识别上一层系统需求、用例、业务规则、或者每一个功能性需求所衍生的其他来源。这一需求跟踪步骤描述了谁提供跟踪数据,谁收集并管理这些数据,以及这些数据存储在什么地方。第 20 章介绍了需求跟踪。

22.6 需求过程改进路线图

随意采用一些方法来实施过程改进极少能取得持续的成功,与其匆匆忙忙着手于过程改进,不如开发一个路线图,用于在组织内实现改进的需求方法。这一路线图是过程改进战略计划的一部分。如果已经尝试过一种本章描述的需求过程评估方法,那么就一定了解哪些方法或过程资产对团队最有帮助。过程改进路线图中描述的改进动作序列,可以用最小的投入获得最大的收益。

因为具体情况各不相同,所以我们无法提供一种放之四海而皆适用的路线图。过程改进的公式化方法并不能取代仔细思考和一般常识。图 22.7 演示了一个组织用于改进需求过程的路线图,图中右侧的矩形框展示了期望达到的业务目标,其他矩形框展示了主要的改进活动,圆圈表示沿这些路径达到业务目标的一些中间里程碑(milestone)(M1 代表里程碑 1)。从左到右实现每一组改进活动。一旦创建了一个路线图,就为每个里程碑指定一个专门的负责人。接下来由这一负责人编写达到这一里程碑的行动计划。然后要把这些行动计划付诸实践!

下一步

- 完成附录 A 中的当前需求实践自我评估。根据当前实践中缺陷所产生的后果的严重程度,确定最需要改进的 3 个需求实践。
- 确定图 22.6 中所列出的哪些需求工程过程资产在组织中目前还没有,但拥有这些资产会很有用。
- 以前面这两步为基础,模仿图 22.7 建立一个需求过程改进路线图。在组织内为每一个里程碑确定一个负责人,每一位里程碑负责人以图 22.4 中的模板为基础，编写一个活动计划，用于实现通向其里程碑的一些推荐活动。在实现活动计划中的具体条目时，要跟踪其具体进展情况。

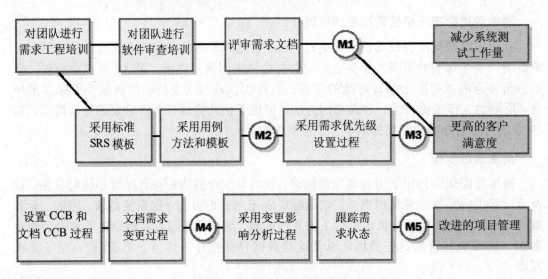

图 22.7 需求过程改进路线图

第 23 章 软件需求与风险管理

负责 Contoso 制药公司"化学品跟踪系统"的项目经理 Dave，正在会见程序负责人 Helen 和测试负责人 Ramesh。要开发新项目，他们都很兴奋，但他们也记得以前曾在一个称作"药品仿真"的项目中遇到的问题。

"还记得我们直到进入 β 测试时才发现用户对仿真程序的用户界面非常不满意吗？" Helen 问道。"我们花了 4 个星期重新构建它并重新测试它，我可再也不想玩这样的死亡游戏了。"

"的确是烦人，" Dave 表示赞同。"同样让人感到气愤的是那些用户提出一大堆没人用过的特性。那个药品交互建模特性所花费的编码时间是预计时间的 3 倍，我们是不管好歹，编完了事，简直是废品！"

"在药品仿真那个项目中我们确实太匆忙了，确实没有时间编写详细的需求规格说明"，Ramesh 回忆道。"测试人员有一半的时间都用在询问程序员某些特性应该如何工作，以便他们能测试它。后来的结果是程序员设计的一些功能根本就不是用户所要求的。"

"我确实对那位经理很生气，他甚至没有看一眼就要求停止药品仿真项目的需求活动。" Dave 补充道："还记得后来他们部门的人不停地提出变更请求吗？结果项目拖延了 5 个月，所消耗的费用几乎是原来预算的两倍，这也就不足为怪了。若再发生这样的事，我很可能会被炒鱿鱼了。"

Ramesh 建议道："也许我们应该把在药品仿真项目中遇到的这些问题一一列出来，这样我们就能在"化学品跟踪系统"中避免重蹈覆辙。我看过一篇有关软件风险管理方面的文章，上面介绍说我们应该预先指出各种风险，并说明如何才能避免它们对项目造成不利影响"。

"我倒没听说过，" Dave 抗议道："我们已经从药品仿真项目中学到了不少东西，因此我们不可能再遇到那些问题了。这个项目并不算大，还不需要风险管理。如果我们把可能在"化学品跟踪系统"中犯的错误都写下来，客户可能会觉得我连怎么做软件项目都不知道。我不希望任何消极想法影响项目，我们必须制定成功的计划。"

正如 Dave 的最后一句话所反映的那样，软件工程师永远都是乐观主义者。尽管以前的项目有这样那样的问题，但他们总是相信下一个项目会进展顺利。事实却是许多有潜在威胁阻碍软件项目按计划进行。与 Dave 的想法恰恰相反的是，项目经理必须要确定并控制项目风险，并且要从与需求相关的风险作为切入点。

所谓风险就是可能给项目的成功带来某些损失或威胁的情况。这种情况实际上还没有带来问题，而我们希望它永远不会带来问题。但这些潜在问题可能对项目的成本费用、进度、技术、产品质量及团队工作效率等方面带来较大的负面影响。而风险管理是软件业最好的一种方法(Brown 1996)，它可在风险给项目带来损失之前，就指出、评估并控制风险的一个过程。如果不希望发生的事已经在项目中发生了，那就不再是风险，而是事实了，这时只能通过跟踪项目状态和更正过程来处理当前的问题。

因为没有人能够准确地预测未来，所以应该采用风险管理方法，尽可能降低潜在问题发生的可能性或减小其带来的负面影响。风险管理的意思是在一种担忧转变为危机之前提前对它进行处理，这将提高项目成功的几率，并且可以减少由无法避免的风险所造成的财政损失或其他损失。对于超出团队能力控制范围的风险，应该直接由相应的管理层来负责。

由于需求在软件项目中具有十分重要的地位，所以精明的项目管理者应尽早确定与需求相关的风险并积极主动地控制它们。典型的需求风险包括误解需求、用户的参与不恰当、项目范围和目标不确定或随意进行变更，以及对需求不断进行变更等。项目经理只能通过与客户或客户代表的合作来控制需求风险。如何合作编写需求风险文档，共同制定减小风险的措施，加强客户与开发人员之间的合作伙伴关系，这在第 2 章中已经进行了介绍。

只是简单地了解风险，风险并不会就自行消失，因此本章将对软件风险管理进行简要介绍(Wiegers 1998b)。本章后面还会提到需求工程活动中出现的许多风险因素。运用这些信息可以在风险对项目进行攻击之前处理这些需求风险。

23.1　软件风险管理基本原理

除了与项目范围和需求有关的风险外，项目还面临着许多其他风险。对外部实体(例如，外包商或提供重用组件的另一个项目)的依赖就是一种常见的风险来源。另外，项目管理一直面临各种风险的挑战：评估不准确、管理人员拒绝开发人员的准确评估、对项目状态不了解以及进行了人员调整等原因所引起的风险。技术风险威胁着高度复杂或很前沿的开发项目。知识的缺乏是风险的另一种来源，另外还有参与者对所用的技术或项目应用领域经验不足。经常变更的或强制执行的一些政府规定可能会使最好的项目规划彻底作废。

多可怕呀！这就是为什么所有项目都必须认真进行风险管理的原因。风险管理是不断查看水平线上是否出现了冰山，而不是以充足的信心认为船不会下沉就以全速向前挺进。与其他过程一样，应该根据项目规模相应地调整风险管理活动。小型项目只要简单地给出一张风险列表就足够了，但对于一个大型项目，制定正式的风险管理计划则是项目成功的关键因素。

23.1.1　风险管理的要素

风险管理(risk management)就是使用某些工具和步骤把项目风险限制在一个可接受的范围内。风险管理提供了一种标准的方法，可以指出风险因素并将其编写成文档，评估这些风险的潜在威胁，并提出减少这些风险因素的战略(Williams，Walker 和 Dorofee 1997)。风险管理包括图 23.1 所示的这些活动。

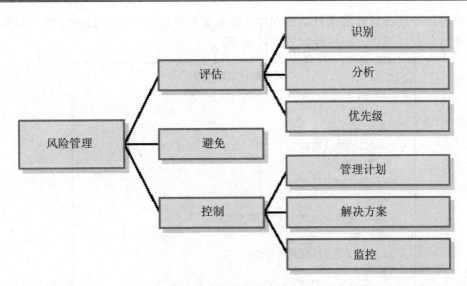

图 23.1 风险管理的要素

　　风险评估(risk assessment)是一个对项目进行检查以确定潜在风险领域的过程。通过列出软件项目的常见风险因素，包括 23.2 一节中介绍的需求风险因素，可以更方便地完成风险识别(risk identification)(Carr et al. 1993; McConnell 1996)。在风险分析(risk analysis)期间，我们将检查特定风险对项目造成的潜在后果。通过对每一个风险的潜在危害进行评估来设定风险优先级(risk prioritization)，这有助于我们集中精力处理最严重的风险。风险危害(risk exposure)包括风险带来损失的可能性和损失的大小。

　　风险避免(risk avoidance)是处理风险的一种方法，也就是尽量不要做冒险的事。避免风险的方法有：不承担任何项目，采用成熟的技术而并非处于研究阶段的技术，或者将难以正确实现的特性排除在项目之外。但是，软件开发本身都是有风险的，因此避免风险也就意味着可能会失去机会。

　　我们必须常常进行风险控制(risk control)活动来管理那些已确定为具有最高优先级的风险。风险管理计划是用于处理每个重大风险的一项计划，包括降低风险的方法、应急计划、负责人和截止日期。风险降低行动力图避免使风险成为真正的问题，或者即便问题发生了，也可尽量降低其负面影响。风险本身并不能自我控制，因此应该使用风险解决方案(risk resolution)执行计划以便降低每一个风险。最后，还要通过风险监控(risk monitoring)来跟踪每一项风险解决过程的进展情况，这也应该成为日常的项目状态跟踪的一部分。监控风险降低行动的效果如何，要注意发现新出现的风险、取消已没有威胁的风险、并定期更新风险优先级。

23.1.2 编写项目风险文档

　　只是认识到项目所面临的风险是远远不够的，我们还必须以某种方式对风险进行管理，以便在整个项目开发过程中可以将风险问题和状态传达给项目的涉众。图 23.2 展示了一个模板，用于对单个风险编写文档。我们可能会发现将这些信息以表格形式存储在电子数据表中会更加方便，因为这样更便于对各项风险进行排序。但与其将风险列表嵌入项目管理计划或软件需求规格说明中,倒不如将它作为一个单独的文档,这样可以在整个项目开发过程中,轻松地对它进行更新。

```
风险条目跟踪模板
ID号:
<顺序号>
确定日期:
<风险的确认日期>
撤消日期:
<风险的撤消日期>
描述:
<以"条件-结果"的形式描述风险>
可能性:
<风险转变为问题的可能性>
影响:
<如果风险转变为问题会有多大的潜在危害>
危害值:
<可能性×影响>
降低风险计划:
<一种或多种控制、避免、最小化或降低风险的方法>
负责人:
<负责解决这一风险的人>
截止日期:
<完成降低风险活动的截止日期>
```

图 23.2 风险条目跟踪模板

编写风险文档时要使用"条件—生的负面结果。人们经常只是陈述风险条件("客户不同意产品需求")或风险结果("我们只能满足其中的一个主要客户"),正确的做法是应该将这些陈述结合起来,形成一个"条件—结果"形式的结构,即"由于客户不同意产品需求,因此我们只能满足其中的一个主要客户"。一个条件可能会导致若干个结果,若干个条件也可能产生相同的结果。

模板能记录风险事实的可能性、变为事实后对项目的负面影响,以及总的风险危害值。我用 0.1(极不可能)到 1.0(肯定发生)来表示风险转变为问题的可能性大小,用 1(没什么影响)到 10(影响很大)来表示影响的相对大小。实际上评估潜在影响的更好的方法是,测量损失了多少时间和金钱。将可能性和影响这两者相乘就可以以此估算出每一个风险的危害值。

不要试图精确地量化风险,我们的目标是将威胁最大的风险和那些不需要立即处理的风险区别开来。我们通常更喜欢将可能性和影响简单地评估为高、中或低。必须尽早关注至少有一个"高"的风险条目。

在模板的"降低风险计划"一栏中,指出您将计划采取哪些活动来控制风险。有些控制策略是尽量降低风险发生的可能性,而有些则是降低风险发生后带来的影响。制定计划时要考虑降低风险所需的费用。如果投入 20 000 美元来控制一项只会损失 10 000 美元的风险，就得不偿失了。我们也可以为大多数严重风险制定应急计划，指出当我们已经尽力了但风险还是对项目有影响时，应该采取什么活动。为我们要控制的每一项风险指定一名负责人，并确定完成风险减小行动的截止日期。长期的或复杂的风险可能需要具有多个里程碑的多步骤降低风险策略。

图 23.3 演示了本章开始部分"化学品跟踪系统"团队负责人所讨论的风险。团队根据他们以前的经验对可能性和影响作了评估。除非他们对其他风险因素也进行评估，否则不会了解风险危害值 4.2 究竟有多严重。降低风险最常用的方法有两种，一种是通过提高用户参与需求过程的程度来减少风险实际发生的可能性，另一种是通过建立原型尽早得到用户界面的反馈信息，从而减小风险的潜在影响。

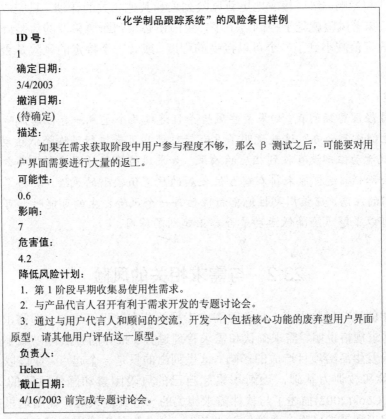

"化学制品跟踪系统"的风险条目样例

ID 号：
1
确定日期：
3/4/2003
撤消日期：
(待确定)
描述：
　　如果在需求获取阶段中用户参与程度不够，那么 β 测试之后，可能要对用户界面需要进行大量的返工。
可能性：
0.6
影响：
7
危害值：
4.2
降低风险计划：
1. 第 1 阶段早期收集易使用性需求。
2. 与产品代言人召开有利于需求开发的专题讨论会。
3. 通过与用户代言人和顾问的交流，开发一个包括核心功能的废弃型用户界面原型，请其他用户评估这一原型。
负责人：
Helen
截止日期：
4/16/2003 前完成专题讨论会。

图 23.3　"化学品跟踪系统"的风险条目示例

23.1.3　制定风险管理计划

一张风险清单并不等于一个风险管理计划。对于小型项目，我们可以把控制风险的计划包括在软件项目管理计划内。但对一个大型项目，则应该编写一个单独的风险管理计划，详细说明打算采用哪些方法来识别、评估、编档和跟踪风险。这一计划还应该包括风险管理活动的角色和职责。风险管理计划模板可以从 *http://www.processimpact.com/goodies.shtml* 获得。许多项目都指定一名专门的项目风险经理，负责最容易出问题的地方。有一家公司授予风险经理"Eeyore"的称号，这是《小熊维尼》(Winnie-the-Pooh)中的一个悲观人物，他总是愁眉苦脸，不停地抱怨。

> 💡 **注意**　不要想当然地以为，在识别出了风险并采取了降低风险的相应活动之后，风险就会处于您的控制之下。接下来还要实行风险管理活动。在制定项目进度时，要为风险管理安排足够的时间，这样在风险计划上的投资就不会浪费。在项目任务列表中应该包括风险降低活动、风险状态报告以及风险列表更新等任务。

要建立起周期性进行风险监控的措施。将具有最大风险危害值的大约 10 个风险作为重点，定期跟踪风险降低方法的有效性。当风险降低活动完成之后，要重新评估该条风险的可能性和影响，然后相应地更新风险列表和其他相关的计划。只完成了风险降低活动，并不意味着风险就处于控制之中了，我们还必须判断所采取的风险降低方法是否已经将风险危害值减小到了一个可以接受的程度，或者一个特定的风险是否不再可能发生了。

📖 失控

一位项目经理曾经问我，如果某些风险条目连续几个星期一直位居风险列表排行榜的前 5 名，他们该怎么办？这就说明了没有针对那些风险执行风险降低活动，或者是执行了风险降低活动但却没有收到相应的效果。如果风险降低活动有效，那么相应的风险危害值就将会降低。这样原来排在前 5 位之后的危害值较小的风险，其排名就会向前提升，引起我们的注意。应该周期性地重新评估每一个风险发生的可能性和可能造成的损失，这样就可以了解风险降低活动是否真正起到了作用。

23.2　与需求相关的风险

下面介绍的这些风险因素，是按照需求工程的分支过程组织的，即需求获取、需求分析、编写需求规格说明、需求确认和需求管理过程。推荐的方法可以减小风险发生的可能性或风险发生后给项目造成的影响。这里列出的只是一个起点，应该以从每个项目中获得的经验和教训为基础，逐渐积累起自己的风险因素和降低风险的策略列表。Leishman 和 Cook(2002)描述了与软件需求相关的一些其他风险。使用这里提供的条目可以帮助我们识别需求风险，要确保以"条件—结果"的形式来编写风险条目。

23.2.1　需求获取

产品前景和项目范围　如果项目涉众对产品的功能没有达成一个明确的共识，则很可能会发生范围蔓延。应该在项目早期，编写一份包括业务需求在内的前景和范围文档，并将它作为添加新需求和修改现有需求的指导。

需求开发所需的时间　紧张的项目进度经常会给管理人员和客户造成压力，他们对需求一带而过，因为他们相信如果程序员不立即着手进行编码就不能按时完成任务。虽然项目因其规模和应用种类的不同(例如，信息系统、系统软件、商业应用或军事应用)而有着很大的不同，但大体的指导原则是，需求开发活动的工作量应占项目总工作量的10%～15%(Rubin 1999)。应该将每个项目中需求开发所耗费的实际工作量记录下来，这样就可以判断出需求开发是否充分，并可以改进未来项目的工作计划。

需求规格说明的完整性和正确性　为了确保需求是客户真正需要的，应该以用户任务为中心，应用用例技术来获取需求。要设计专门的使用场景，根据需求编写测试用例并让客户开发他们的验收标准。创建原型可以使需求对用户更有意义，也可以获取用户的反馈信息。应该让客户代表参加需求规格说明和分析模型的审查工作。

创新产品的需求　对某类产品中的第 1 个产品，不太容易把握市场对产品的反映。应该强调市场调研、构建原型并成立客户小组，小组负责尽早并经常获取对新产品前景的反馈信息。

定义非功能需求　由于我们一般都会强调产品的功能，所以很容易忽略产品的非功能性需求。向客户询问以获得相应的质量特性需求，例如性能、易使用性、完整性和可靠性需求。尽可能精确地在软件需求规格说明中，对这些非功能性需求及其验收标准编写文档。

客户对产品需求意见一致　如果不同的客户对产品持有不同的意见，最后的结果必将是有些客户会不满意。确定那些主要的客户，并采用产品代言人的方法，保证有足够的客户代表的积极参与，确保由合适的人对需求做出权威性的决策。

未加说明的需求　客户经常会有一些隐含的期望要求，但并未以文档的方式说明出来。尽量识别客户可能做出的任何假设。提出自由回答的问题来鼓励客户分享更多的想法、期望、主意、信息和关注点，而不只是我们以其他方式所听到的。

把已有的产品作为需求基线来源　在升级和再工程项目中，我们可能会认为需求开发并不重要。有时开发人员会被告知，将现有产品作为需求来源，只是用一张列表说明需要哪些变更和增加哪些特性。这就迫使开发人员通过当前产品的逆向工程来收集大量的需求。但是，逆向工程对收集需求是一种效率低且不完整的方法，因此，可能会导致新系统与现有系统有某些相同的缺陷。将通过逆向工程发现的需求编写成文档，让客户评审这些需求，以确保其正确性和相关性。

根据需要提出解决方案　用户提议的解决方案可能会掩盖用户的真实需要，导致低效的业务流程自动化，并对开发人员产生压力，使他们做出糟糕的设计决策。分析人员必须提炼出隐藏在客户提出的解决方案背后的真正意图。

23.2.2　需求分析

设定需求优先级　要确保对每一个功能需求、特性或用例都设定了优先级，并安排在一个特定的系统版本或迭代中实现它们。根据剩余要完成的工作主体评估每一个新需求的优先级，这样就能够做出明智的折衷取舍决策。

技术上难以实现的特性　评估每一个需求的可行性，确定哪些需求的实现时间可能比预期时间长。成功似乎总是近在咫尺却得不到，此时应采用项目状态跟踪来监控落后于实现计划的需求，并尽早采取纠正措施。

不熟悉的技术、方法、语言、工具或硬件 为满足某些需求而采用新技术时，要考虑到学习曲线的问题，只有通过一定的学习时间才能达到适当的熟练程度。要尽早确认那些高风险的需求，并留出足够的时间用于从错误中学习经验、实验及制作原型。

23.2.3 编写需求规格说明

需求理解 开发人员和客户对需求的不同理解会导致彼此间的期望差距，并最终导致交付的产品无法满足客户的需要，因此对需求文档进行正式评审的团队应该包括开发人员、测试人员和客户，以减小这种风险。训练有素且经验丰富的需求分析人员会向客户询问一些合适的问题，并编写出高质量的需求规格说明。模型和原型可以从多个不同的角度来表示需求，它们也可以澄清一些模糊不清的和有二义性的需求。

尽管问题待确定但迫于时间压力而继续向前 在软件需求规格说明中，将需要进一步研究的地方标上 TBD(to be determined，待确定)，不失为一个好主意。但是，如果这些 TBD 还没有得到解决，就继续开发项目是有风险的。应该记录下负责最终解决每一个 TBD 的负责人的姓名和解决的截止日期。

具有二义性的术语 对于不同的读者可能会有不同解释的业务术语或技术术语，应该创建一个术语表对这些术语进行定义。尤其应该对既具有普通含义又具有技术或专门领域含义的那些术语做出定义。创建一个数据字典来定义这些数据条目和结构。对软件需求规格说明的评审可以帮助参与者对关键术语和概念达成一致的理解。

需求中包括了设计 软件需求规格说明中所包含的设计对开发人员做出有效选择造成了不必要的限制，会妨碍他们发挥创造性设计出最佳方案。对需求进行评审，可以确保强调的是需要解决的业务问题是什么，而不是规定如何解决。

23.2.4 需求确认

未经确认的需求 审查冗长的软件需求规格说明会令人望而生畏，在开发过程早期编写测试用例的想法就是基于这一点。但是，如果在构造设计开始之前，我们能确认需求的正确性和质量，那么就可以避免在项目后期进行大量的返工。在项目计划中应该为这些质量保证活动预留出一定的时间并提供资源。要确保客户代表参与需求审查活动，因为只有客户才能判断陈述的需求是否满足他们的需要。也可以执行增量式的非正式评审，以便尽早以尽可能低的代价发现问题。

审查熟练程度 如果审查人员不知道该如何正确地评审需求文档和怎样做到有效评审，那么就可能会遗漏一些严重的缺陷。所以要对参与需求文档审查的所有团队成员进行培训，请组织内部有经验的审查人员或外界的咨询顾问来评述早先的审查，也许还要做出些调整，以此来指导审查活动的参与者。

23.2.5　需求管理

变更需求　将前景和范围文档作为批准需求变更的参照,可以减少范围蔓延。如果有广泛的用户参与,应与他们协作完成需求获取过程,这样可以减少几乎一半的需求范围蔓延(Jones 1996a)。能够在早期发现需求错误的质量控制方法可以减少以后要求的变更数量。为了减小需求变更造成的影响,应该推迟实现那些很可能还要发生变更的需求,待确定之后再实现,并在设计时要考虑到应该使系统易于修改。

需求变更过程　与需求变更的处理方式相关的风险包括,缺少已定义的变更过程,采用无效的变更机制,以及不遵循制定的过程来做出变更。在组织内建立变更管理的文化和氛围需要一定的时间。需求变更过程要包括对提议的变更进行影响分析,组建变更控制委员会做出决策,使用工具支持预定义的过程,这些都是项目起步时的一些重要方法。

未实现的需求　需求跟踪矩阵有助于在设计、构造或测试期间避免遗漏任何需求。

扩大目范围　如果最初的需求定义不够好,那么进一步定义需求就会扩大项目的范围。如果未明确说明产品的某些部分的功能,将导致耗费比预期多得多的工作量。如果根据最初不完整的需求来分配项目资源,那么可能难以实现所有的用户需要。为了降低这种风险,应该制定分阶段或增量地交付产品的实现计划。在初始版本中先实现核心功能,在以后的迭代中再逐步增加系统功能。

23.3　风险管理是我们的好帮手

项目经理运用风险管理可以更敏锐地发现对项目造成危害的条件。例如在需求获取阶段有合适的用户参与方面,明智的经理不仅能意识到这一过程会有风险,而且将它加入到风险清单中,并根据以往的经验对风险的可能性和影响做出评估。如果时间一天天过去了,仍然没有用户的参与,这条风险的危害值就会加大,甚至会危害到项目的成功。我曾劝说管理人员如果没有足够的用户代表参与就应该将项目向后延期,我告诉他们不应该把公司的资金浪费在注定要失败的项目上。

周期性地进行风险跟踪可以使项目经理了解风险对项目的威胁,没有得到有效控制的风险应该上报高层管理人员,他们可能开始采取一些纠正措施,也可能不管风险,依旧按照原来的业务决策思路进行。即使不能控制项目可能遇到的所有风险,风险管理也能帮助我们看清形势,做出合理的决策。

👣 下一步

- 确定当前项目中若干与需求相关的风险。不要把当前的问题当作风险,只有尚未发生的问题才是风险。用图 23.2 所示的模板将这些风险因素编写成文档。对每条风险至少提出一种可能的降低风险的方法。

- 召开由关键的项目涉众参与的会议,让他们进行自由讨论。尽可能找出更多的与需求相关的风险因素，评估每一个风险因素发生的可能性和相对影响，将两者相乘得到风险危害值。按照风险危害值由大到小的顺序将这些风险条目排序，确定危害值最高的 5 个与需求相关的风险。为每条风险指定一个负责人，负责实现降低风险的活动。

附录 A　当前需求实践的自我评估

本附录包括 20 个问题，通过这些问题，我们可以评估当前的需求工程实践，以确认需要加强哪些方面。可以从 *http://www.processimpact.com/goodies.shtml* 下载该评估的副本和一张电子数据表，帮助我们分析问题的答案。每一个问题都提供了 4 个答案，从中选择一个与当前处理需求问题的方式最接近的答案。如果我们想要对这一自我评估进行量化，那么如果答案是"a"，则记为 0 分；如果答案是"b"，则记为 1 分；如果答案是"c"，则记为 3 分；如果答案为"d"，则记为 5 分，这样最高分为 100 分。每一个问题还提供了描述这一问题主题的相应章节。

不要盲目追求得高分，而要通过这一自我评估发现机会，采用使组织可能受益的新实践。有些问题可能与组织开发的软件无关，而且，由于不同组织的情况各不相同，因而并不是每一个项目都要采用最严格的方法。例如，市场上还没有同类产品的新产品具有不稳定的需求，这些需求从总体产品概念上会随着时间不断演化。但是，也要认识到不正式的需求方法会提高以后大量返工的可能性。大多数组织会从下面的答案"c"和"d"所表示的实践中获益。

您所选中的进行评估的人也会对评估结果产生影响。要密切注意回答问题的人可能会倾向于根据政策或自己对"正确"答案的猜测来选择答案，而不是根据组织内真正的情况来选择答案。

1. 如何定义、交流和使用项目范围？【第 5 章】
   a. 设计产品的人通过心灵感应或以口头方式与开发组织进行交流。
   b. 在某处有一个项目前景陈述。
   c. 根据标准模板来编写前景和范围文档、项目规章或类似文档。所有项目涉众都可以访问这些文档。
   d. 评估所有提议的产品特性和需求变更，确定它们是否与项目范围文档中的要求相符。

2. 如何确定产品的客户团体并描述其特性？【第 6 章】
   a. 开发人员猜测未来的客户是谁。
   b. 销售人员相信他们自己清楚客户是谁。
   c. 由管理层、根据市场调研和现有的用户群来确定目标客户组和市场。
   d. 由项目涉众识别明显不同的用户类，在软件需求规格说明中对这些用户类的特性做出概要说明。

3. 如何获取用户的需求信息？【第 7 章】
   a. 开发人员已经了解所开发的产品。
   b. 销售人员、产品管理层或用户经理相信他们能够理解的用户需求。
   c. 调查典型的用户组，或者与这些用户组进行面对面交流。

    d. 代表不同用户类的特定人员参与项目，约定其的责任和权力。

4. 需求分析人员所接受的培训情况如何？他们的经验如何？【第 4 章】

    a. 由开发人员或以前的用户担任需求分析人员，他们在软件需求工程方面几乎没有什么经验，也没有接受过专门的培训。

    b. 由开发人员、有经验的用户或项目经理担任分析人员的职责，他们以前参与过需求工程。

    c. 分析人员在与用户协同工作方面接受过若干天的培训，并具有丰富的经验。

    d. 我们有专业的业务分析人员或需求工程师，他们在与技术人员交流、促进小组会谈和编写技术文档等方面接受过培训，并具有丰富的经验。他们既了解应用领域，又熟知软件开发过程。

5. 如何将系统需求分配到产品的软件部分来实现？【第 17 章】

    a. 期望软件本身克服硬件的所有缺陷。

    b. 软件工程师和硬件工程师讨论由哪些子系统来完成哪些功能。

    c. 系统工程师或构架师分析系统需求，并决定每一个软件子系统实现哪些需求。

    d. 将系统需求部分分配到软件子系统，并跟踪到特定的软件需求。明确定义子系统的接口，并编写文档。

6. 采用什么方法来了解客户的问题？【第 7 章】

    a. 我们的开发人员很聪明，他们可以很好地了解客户的问题。

    b. 我们向用户询问他们想要什么，然后再实现它。

    c. 我们就用户的业务需要和当前系统与他们进行交流，然后编写需求规格说明。

    d. 我们观察用户如何执行任务，然后对其当前的工作过程建模，了解用户要求新系统做什么。这样可以向我们展示他们的业务过程部分的自动化程度如何，使我们了解了哪些软件特性最具价值。

7. 采用什么方法来确定所有具体的软件需求？【第 7 章　第 8 章】

    a. 开始我们先有一个总体的了解，编写一些代码，并修改这些代码，一直到完成任务为止。

    b. 管理层或销售人员提供产品概念，开发人员编写需求文档，如果开发人员有遗漏的需求，则由销售人员来告知他们。当产品方向发生变更时，销售人员要时常记得告知开发人员。

    c. 销售人员或客户代表告知开发人员产品应该包含哪些特性和功能。

    d. 召开有组织的需求获取见面会或专题讨论会，来自产品不同用户类的代表参加这种会议。采用用例来理解用户的目标，并从用例衍生功能性需求。

8. 如何编写软件需求文档？【第 10 章　第 11 章】

    a. 将口头的历史记录、电子邮件和语音信箱的消息、面谈笔记以及会议笔记拼凑起来。

    b. 编写非结构化的叙述性文本文档，或者绘制用例图和类图。

    c. 用结构化自然语言编写需求文档，其详细程度与标准的软件需求规格说明模板相一致。有时用图形化分析模型的标准符号表示法来扩充这些需求。

  d.　将需求存储在数据库或商业需求管理工具中,将分析模型存储在 CASE 工具中。将每个需求和多个属性一同存储。

9.　如何获取诸如软件质量属性等非功能性需求,并将此编写成文档?【第 12 章】

  a.　什么是"软件质量属性"?

  b.　我们通过 β 测试得到用户的反馈信息,了解用户对产品的满意程度如何。

  c.　我们将某些属性(例如,性能、易使用性和安全性需求)编写成文档。

  d.　我们与用户一道确认每个产品重要的质量属性,然后以正确的和可验证的方式编写文档。

10.　如何标记单个功能性需求?【第 10 章】

  a.　编写叙述性文本段落;不单独标记单个特定的需求。

  b.　采用项目符号或数字列表。

  c.　采用分层编号方案,例如"3.1.2.4"。

  d.　每一个单独的需求都有一个惟一的、有特定含义的标签,这一标签在添加、移动或删除其他需求时并不会受到影响。

11.　如何设定需求优先级?【第 14 章】

  a.　所有需求都重要,否则我们根本就没有必要记录这些需求。

  b.　客户告诉我们对他们来说哪些需求最重要。

  c.　所有需求都标上高、中或低优先级标签,所标记的优先等级是由客户一致确定的。

  d.　为了帮助制定优先级决策,我们采用一个分析过程来评估每个用例、特性或功能性需求的客户价值、费用和技术风险。

12.　采用什么方法来准备问题的部分解,并验证对这些问题的相互理解?【第 13 章】

  a.　没有任何方法,只管构建系统。

  b.　构建一些简单的原型,并征求用户的反馈意见。有时我们由于压力而迫不得已地交付一些原型代码。

  c.　合适的时候,我们既创建原型用于用户界面模型(mock-up),也创建原型用于技术上概念的证明。

  d.　我们的项目计划包括开发电子的或书面的抛弃型原型,以帮助我们完善需求,有时也建立演化型原型。用结构化演化脚本来获取客户对我们构建的原型的反馈意见。

13.　如何确认需求?【第 15 章】

  a.　当我们开始编写需求文档时,就认为它们相当不错。

  b.　将需求规格说明分发下去,以得到人们的反馈意见。

  c.　由分析人员和某些涉众进行非正式的评审。

  d.　对需求文档和模型进行审查,参与审查者包括客户、开发人员和测试人员。对照需求来编写测试用例,并使用这些测试用例来确认软件需求规格说明和模型。

14. 如何区分需求文档的不同版本？【第 18 章】
    a. 自动生成文档的打印日期。
    b. 对每一个文档版本使用一个顺序号(例如 1.0、1.1 等)。
    c. 采用手工识别方案，可以将草案版本与基准版本区分开，将作了较多修订的版本与作了较少修订的版本区分开。
    d. 将需求文档存储在配置管理系统的版本控制下，或者将需求存储在需求管理工具中，这一工具可以维护每个需求的修订历史记录。

15. 如何跟踪软件需求的来源？【第 20 章】
    a. 根本无需跟踪。
    b. 我们知道许多需求的来源。
    c. 所有需求的来源都作了标识。
    d. 我们在每一个软件需求与某些客户需求陈述、系统需求、用例、业务规则、构架需要或其他来源之间，充分实施双向跟踪。

16. 如何将需求用作开发项目计划的基础？【第 17 章】
    a. 收集需求之前我们就已经确定了产品交付日期，所以既不能改变项目的进度计划，也不能改变需求。
    b. 就在临近产品交付日期时，我们迅速地进行一次范围缩减，减少一些特性。
    c. 项目计划的第 1 次迭代确定收集需求所需要的时间进度，在对需求有了一个初步的了解之后制定其余项目计划，但是，此后不能改变计划。
    d. 对实现要求的功能所需的工作量进行估计，并据此确定项目进度和计划。使这些计划在需求发生变更时进行相应的更新。如果必须减少某些产品特性或调整项目资源，以保证在原来承诺的时间内交付产品，应该尽早作出变更。

17. 如何将需求用作设计的基础？【第 17 章】
    a. 如果我们已经编写了需求，那么在编程期间直接参考这些需求。
    b. 需求文档中描述了我们打算实现的解决方案。
    c. 每一个功能性需求都可以被跟踪到一个设计元素。
    d. 设计人员审查软件需求规格说明，以确保能将它用作设计的基础。在单个功能性需求和设计元素之间，我们能充分地实施双向跟踪。

18. 如何将需求用作测试的基础？【第 17 章】
    a. 测试和需求之间没有直接关系。
    b. 测试人员根据开发人员对自己所实现的产品的叙述来完成测试工作。
    c. 对照用例和功能性需求来编写系统测试用例。
    d. 测试人员审查软件需求规格说明，以确保需求是可验证的，并开始着手其测试计划。我们将系统测试跟踪到特定的功能性需求，在某种程度上，系统测试进度可以根据需求覆盖率(实现率)来度量。

19. 如何定义并管理每个项目的软件需求基线？【第 18 章】
    a. "基线"是什么？
    b. 由客户和经理签定需求协议，但是开发人员仍然收到许多需求变更，并听到很多抱怨。

  c. 虽然我们在软件需求规格说明中定义了一个初始的需求基线，但是，不需要总是在发生变更时对其进行更新。

  d. 当定义了初始基线时，我们将需求存储在数据库中。当批准发生需求变更时，对数据库和软件需求规格说明进行更新。一旦将某一条需求纳入基线，就维护其变更的历史记录。

20. 如何管理需求变更？【第 19 章】

  a. 无论何时，只要有人产生了新的想法，或者是意识到自己忘记了某些东西，就不加控制地将变更添加到项目中。

  b. 需求阶段完成之后，我们通过冻结需求来阻止需求变更，但是，非正式的变更协议仍在继续。

  c. 我们采用一种正规的形式来提交变更请求和一个中心子任务，由项目经理来决定接受哪些变更。

  d. 根据我们所编写的变更控制过程文档来做出变更，用工具来收集、存储并讨论变更请求。在变更控制委员会做出是否批准变更的决策之前，要对每一个变更的影响进行评估。

附录 B　需求和过程改进模型

许多软件开发组织已经使用软件能力成熟度模型(Capability Maturity Model for Software，SW-CMM)来指导其过程改进活动(Paulk et al. 1995)。SW-CMM 是由卡内基·梅隆大学下属的软件工程研究所(Software Engineering Institute，SEI)开发研制的，SEI 还针对复杂产品开发研制了与系统工程相关的能力成熟度模型(System Engineering CMM，SE-CMM)，这些复杂产品一般包括多个子系统，既有硬件又有软件。

2000 年，SEI 又发布了两者的集成模型 CMMI-SE/SW，它对软件能力和系统工程能力同时进行了改进(CMU/SEI 2000a；CMU/SMI 2000b)。CMMI-SE/SW 已经取代了 SE-CMM，并最终也将取代 SW-CMM。SW-CMM 和 CMMI-SE/SW 都为开发和维护需求推荐了一些具体的标准。本附录将简要地描述这两种过程改进框架，以及需求开发和管理如何遵循这两种框架。

B.1　软件能力成熟度模型

SW-CMM 描述了提高软件过程能力的 5 个成熟度级别。成熟度为一级的组织一般情况下都是以非正式的和不一致的方式来指导其项目，他们的成功主要是得益于天才般从业人员和管理人员的优秀行为。成熟度级别更高的组织，则将有能力的、有创造性的和训练有素的员工同软件工程和项目管理过程结合起来，不断取得软件的成功。

为了达到 SW-CMM 的第二级，组织必须证实自己满足软件开发和管理的 6 个关键过程域(key process areas，KPA)中所陈述的目标，具体内容请参见表 B.1。SW-CMM 描述了能帮助项目团队达到每一组目标集的若干关键实践(key practices)、要执行的分成若干组的活动、完成任务必须具备的能力、组织承诺的标志以及验证和测量性能的实践。"需求管理"(在表 B.1 中用黑体显示)是第 2 级的 6 个关键过程域中的一个，它有两个目标(Paulk et al. 1995)：

- 对分配给软件来实现的系统需求加以控制，以建立基线，用于软件工程和管理。
- 软件计划、产品和活动要与分配给软件来实现的系统需求保持一致。

表 B.1　软件能力成熟度模型的结构

成熟度级别	名　称	关键过程域
1	初始级	(无)
2	可重复级	**需求管理**
		软件项目规划
		软件项目跟踪和监督

续表

成熟度级别	名 称	关键过程域
		软件分包合同管理
		软件质量保证
		软件配置管理
3	已定义级	同级评审
		组间协调
		软件产品工程
		集成软件管理
		培训计划
		组织过程的焦点
		组织过程的定义
4	已管理级	软件质量管理
		量化过程管理
5	优化级	缺陷预防
		过程变更管理
		技术变更管理

无论软件开发组织是否了解或重视 SW-CMM，但实现上面这两个目标会使大多数软件开发组织从中受益。SW-CMM 确定了组织要持续达到这两个目标所必须具备的若干前提条件和技术实践，但并没有描述组织必须遵循的特定的需求管理过程。

"需求管理"这一关键过程域并没有描述如何收集和分析项目的需求，而是假定已经收集完成了软件需求，或者是其需求来自于更高层的系统需求(因此就有了"分配给软件来实现的系统需求"这一用语)。这种情况反映了 CMM 最初是用于政府机构的(主要是国防部)，他们依赖于承包商为自己提供复杂的系统，这些系统既包括硬件，也包括软件。

一旦已经获得了需求，并编写了需求文档之后，软件开发团队就应该和其他受影响的小组(例如，质量保证组和测试组)共同对这些需求进行评审。对发现的问题，要与客户或其他需求提供者共同确定解决方案。项目经理应该根据已获批准的计划来制定软件开发计划。开发团队在向客户、管理人员或其他项目涉众做出承诺之前，应该首先就需求达成共识，并确认所有的约束条件、风险、偶然因素或假设条件。也许我们会被强制接受一些在技术实现上或时间进度上不现实的需求，但是，如果明知道自己无法完成，就不要做出任何承诺。

"需求管理"这一关键过程域还建议通过版本控制实践和变更控制实践来管理需求文档。版本控制确保我们随时能获知开发和计划所用的需求是哪一个版本。变更控制可以使我们以规范的方式将需求整合进来，根据良好的业务决策和技术决策来批准或否决提议的变更。如果在开发过程中修改、添加或删除需求，那么应该及时更新软件开发计划使其与新的需求保持一致，这一点很重要。不反映当前现实的计划根本不能用于指导项目。

与需求管理不同，在 SW-CMM 模型中，需求开发并不保证属于它自己的关键过程域，依我看来，这是这种模型的一个严重缺陷。大多数组织发现，与管理需求相比，发现并编写优秀的需求难度更大。需求开发只在 SW-CMM 模型第 3 级的"软件产品工程"(也在表 B.1 中用黑体显示)关键过程域中的一个关键实践中进行了描述。这一关键过程域的活动 2 陈述道："必须根据项目已定义的软件过程，系统地分析分配的需求，才能对软件需求进行开发、维护、编档和验证。"这一活动描述了本书已经介绍的需求开发的实践类型，具体包括如下：

- 分析需求可行性和其他期望达到的质量。
- 编写需求文档。
- 与客户代表共同评审需求文档。
- 确定如何确认和验证每一条需求。

SW-CMM 的第 3 级描述了需求跟踪。"软件产品工程"这一关键过程域的活动 10 陈述到："各个软件工作产品之间要保持一致性，这些工作产品包括软件计划、过程描述、分配的需求、软件需求、软件设计、代码、测试计划和测试步骤"。这一活动中的子实践还提出了一些专门的建议，说明组织应该如何处理需求跟踪。

即使我们并不使用 SW-CMM 来指导软件过程改进，"需求管理"和"软件产品工程"这两个关键过程域中所概述的理论和实践也很有意义，如果完全应用这些方法，则每一个组织都能从中获益。

B.2   CMMI-SE/SW

CMM 集成模型将系统工程过程和软件工程过程结合起来，CMMI-SE/SW 有两种表示形式。分级表示法(staged representation)与 SW-CMM 的结构类似，具有 5 个成熟度级别，包括 22 个过程域，如表 B.2 所示(CMU/SEI 2000a)。另一种形式是连续表示法(continuous representation)，这种形式与旧版的 SE-CMM 相似，它将同样的 22 个过程域分为 4 个类别：Process Management(过程管理)、Project Management(项目管理)、Engineering(工程)和 Support(支持)(CMU/SEI 200b)。连续表示法没有定义总体成熟度级别，相反，它为每个过程域定义了 6 个能力级别(capability level)。每个组织都可以确定，对连续表示法中 22 个过程域中的每一个过程域，哪个能力级别最适用于组织。例如，我们可能确定需求开发需要在第 4 级(量化管理级)，而需求管理可能需要在第 3 级(已定义级)。这些过程域的内容在两种表示法中是相同的。

表 B.2 用分级表示法表示的 CMMI-SE/SW 结构

成熟度级别	名 称	过 程 域
1	初始级	(无)
2	已管理级	**需求管理**
		项目规划
		项目监控和控制
		供应协议管理
		度量与分析
		过程和产品质量保证
		配置管理
3	已定义级	**需求开发**
		技术解决方案
		产品集成
		验证
		确认
		组织过程的焦点
		组织过程的定义
		组织内的培训
		集成项目管理
		风险管理
		决策分析和决议
4	量化管理级	组织过程性能
		量化项目管理
5	优化级	组织的革新与部署
		原因分析和解决方法

　　与软件 CMM 一样，CMMI-SE/SW 在第 2 级也有一个称作"需求管理"的过程域，但它在第 3 级还单独有一个称作"需求开发"的过程域。将需求开发置于第 3 级并不意味着组织的项目不需要收集需求并编写需求文档，除非这些项目已经达到第 2 级。毫无疑问，每个项目都必须收集需求并编写需求文档。需求管理被视为一种能力，它可以帮

助组织更好地预测项目，并减少项目的问题，而这是 CMM 第 2 级的本质。组织一旦规范地管理需求变更并跟踪状态之后，就能够更集中精力地开发高质量的需求。

虽然争论如何有效地管理糟糕的、错误的或不存在的需求是合理的，但从另一种角度来说，这种争论却毫无意义。那些认真地提高其效率的软件组织将致力于需求开发和管理中引起最大问题的方面，而不考虑如何构造能力成熟度模型。

B.2.1　需求管理过程域

CMMI-SE/SW 中的需求管理过程域与 SW-CMM 中相应的关键过程域相似，关键的主题包括让开发团队理解需求并与客户一道解决问题、获得项目参与者对需求的承诺，以及管理变更。与软件 CMM 不同，需求跟踪包括在"需求管理"这一过程域中。需求管理的 5 个专门实践的其中之一是"维护双向需求跟踪"，讨论了需求的如下 3 个方面：

- 确保记录级别低的需求或衍生的需求的来源。
- 对每个需求向下跟踪到其衍生的需求，以及跟踪将每个需求分配给哪些功能、对象、过程和人。
- 建立同一类型中从一个需求到另一个需求的水平联系链。

B.2.2　需求开发过程域

CMMI-SE/SW 描述了 3 组需求开发实践集：

- 确定一组完整的客户需求集的实践，这些实践接着被用于开发产品需求(获取涉众需要；将需要和约束条件转换为客户需求)。
- 定义一组完整的产品需求集的实践(建立产品组件；将需求分配到产品组件；确认接口需求)。
- 衍生子需求、理解这些需求并确认这些需求的实践(建立操作上的概念和场景；定义要求的系统功能；分析衍生的需求；评估产品费用、进度和风险；确认需求)。

所有 CMM 都陈述了软件开发项目或组织应该在各种过程域中努力达到的目标，同时也推荐了一些达到这些目标的技术上的实践。本书所描述的软件需求工程的"推荐的实践"能帮助所有的组织在"需求管理"和"需求开发"过程域方面达到 CMM 目标。每一个组织都必须选择合适的实践，并将它们引入到实用的过程中，这将有助于组织的项目在需求工程方面有杰出的表现。

过程改进的目标并不仅仅只是积累一些过程来满足诸如 CMM 这样的参考模型，而是将更好的工作方式引入到项目团队成员的日常实践中，从而减少构建和维护软件的费用。组织成员对改进后的新过程应该养成习惯，将他们所采取的行动变成无意识的自然行为。要达到这个目标，就需要得到管理层的支持，获得资源，跟踪计划，进行培训和监控，以了解新过程是否在按预期执行，产生的结果是否与预期相符。为此，两种 CMM 都包括有助于将新过程作为组织的工作方式而使其制度化的一些实践。

图 B.1 演示了"需求管理"、"需求开发"和 CMMI-SE/SW 中的其他过程域之间的连接。图中清楚地阐明了需求并不是处于真空中，而是与项目的其他过程和活动有密切的关系。

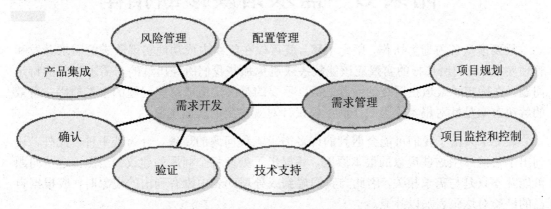

图 B.1 需求开发、需求管理和 CMMI-SE/SW 中的其他过程域之间的联系

附录 C　需求错误诊断指南

只要涉众各方通力协作，坚定不移，就可以在组织内成功地实现改进的需求开发和管理实践。我们所选择的实践应该能解决或避免那些我们所经历过的与需求相关的特定问题。在确定了最迫在眉睫的问题之后，重要的是确定造成这些问题的根本原因。有效的解决方案是针对根本原因的，而不仅仅针对观察到的表面现象。

表 C.1 列出了我们可能会遇到的许多需求工程问题的现象，分为若干种。此外，还列出了可能产生这些现象的根本原因，并提出了处理每个问题的建议。当然，这些问题可能并不只是与需求相关，因此当我们遇到或处理此表中没有列出的现象时，应根据自己的经验对这张表加以补充。

遗憾的是，我们并不能保证提议的解决方案肯定能够解决问题。当基本问题本质上是政策性或文化方面的问题，或者是根本原因已超出了开发团队所能控制的范围时，就更是如此。如果我们正在与不明事理的人打交道，那么这些解决方案就不能起作用。

要使用这个表，就要先确定表明项目需求活动进行得不顺利的那些现象。从"现象"一列中搜索与我们观察到的相似的现象，接着，研究这一现象对应的"可能的根本原因"，以弄清楚在我们的项目环境中哪些因素可能会造成这一问题，然后，从"可能的解决方案"一列中选择我们认为有效地针对根本原因的那些实践和方法，如果一切顺利，问题便迎刃而解。

C.1　根本原因分析

根本原因分析是力图找出是哪些基本因素促成了观察到的这一问题，从表面现象跟踪到了为了修正这些问题所必须处理的基本条件。根本原因分析包括询问"为什么"观察到的问题连续多仍然存在，每次都要研究上次对"为什么"问题回答的原因。

有时，问题是什么和根本原因是什么并不清楚，某些现象和根本原因混合在一起，一个现象可能是另一个现象的根本原因。例如，表 C.1(在本附录的最后)中需求获取的现象"遗漏了必需的需求"可能是"在需求分析过程中没有询问适当的问题"的根本原因，而这一根本原因本身又是造成过程现象"扮演需求分析角色的人员并不能胜任这一工作"的一个方面。

因果图是一种描绘根本原因分析的结果的行之有效的方法，它也称为"鱼骨图(fishbone chart)"，或 Ishikawa 图(根据其创始人 Kaoru Ishikawa 而命名)。图 C.1 就是一幅因果图，图中部分地分析了组织的项目团队反复不能按时完成项目这一问题。从主要的"脊椎骨"中分枝出来的"骨头"展示了对"为什么团队不能按时完成任务？"这一问题的答案，其他的骨头展示了对随后的"为什么"问题的回答。这一分析最终揭示了大多数主要分支"骨头"最基本的根本原因。

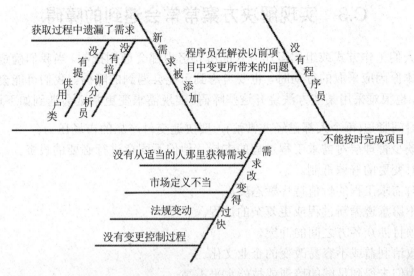

图 C.1　对识别的问题现象确定根本原因的因果图

　　我们必须用这种分析处理所识别出的每一个根本原因。帕雷托法则(Pareto principle)陈述了大家熟知的 80/20 规则，这一规则指出观察到的问题中，大约有 80% 的问题可能是由于 20% 的重大的根本原因引起的(Schulmeyer 和 McManus 1996)。即使是一个简单的根本原因分析也可能会揭示这种杠杆原因，应该针对这些原因做出相应的需求改进行动。

C.2　需求问题的常见现象

　　问题就是对项目产生某些负面影响的那些条件。开始进行根本原因分析应该先从我们所经历过的某些预料之外的结果的表面现象着手，构建一幅因果图，理解基本问题，并考虑如何解决这些问题。下面是一些需求问题引起的常见现象：

- 进度延误和费用超支。
- 产品不满足用户需要或不满足用户的期望。
- 产品刚发布就需要纠错或打补丁。
- 团队成员受挫，失去积极性，消极怠工以及人员变动。
- 大量的返工。
- 重复劳动。
- 市场机遇丧失或没有及时获得商业利益。
- 市场份额减少或收入减少。
- 产品被退回或市场不接受产品。
- 所交付的特性减少。
- 软件不可测试。

C.3 实现解决方案常常会遇到的障碍

改变人们工作方式或组织运作方式的所有努力都会遭到抵制。当我们确定针对需求问题的根本原因应采取的行动时，也要考虑到可能会遇到的障碍，我们可能会很难实现这些行动，也很难采用某些方法绕开这些障碍。实现需求变更常常会遇到如下这些障碍：

- 时间紧迫(每个人都已经非常忙)，要快速交付产品的市场压力。
- 缺少管理层对需求工程过程的支持，他们不同意进行必要的投资。
- 对变更的普遍抵制。
- 对需求工程的价值持怀疑态度。
- 不愿意遵循新过程或更复杂的过程。
- 项目涉众各方之间的冲突。
- 政治利益或不容易改变的企业文化。
- 人们未得到足够的培训或技能水平不高。
- 项目角色和职责不够明确。
- 缺少对需求活动的负责人和责任心。
- 没有合格的产品合作伙伴。
- 对当前需求实践所引起的问题认识不够和证据不足。

注意这些问题只是有关人或沟通方面的问题，并不受技术上的约束。要克服多数这些障碍，没有什么容易实现的方法，但是，第 1 步是必须意识到这些障碍。

表 C.1 需求错误诊断指南

过程问题

现 象	有可能产生此现象的根本原因	可能的解决方案
各项目之间的需求过程和文档模板不一致 所采用的需求过程无效	对需求过程缺乏共识 对有效的需求过程缺乏管理层的支持 没有共享模板和过程文档的机制 缺少模板和需求文档的优秀范例	对当前需求过程编写文档，对期望的过程创建一个提议的描述 培训需求工程的所有团队成员 对前景和范围文档、用例和软件需求规格说明采用一个或多个标准模板。提供有助于根据项目需要对模板进行剪裁的指导信息 收集并共享优秀的需求文档范例 度量纠正缺陷所需要的费用，以便团队了解糟糕的需求需要花费多少费用

过程问题

现　象	有可能产生此现象的根本原因	可能的解决方案
		运用项目回顾来捕获当前问题及其影响的实例
承担分析任务角色的人并不清楚如何分析任务	对有关需求工程和需求分析角色缺少教育	培训在需求工程及其相关的软件技能方面均有前途的分析人员
	管理层期望所有开发人员都能自动成为优秀的分析人员	为需求分析编写工作描述和技能列表
		为新的分析人员建立指导计划
需求管理工具使用不充分	对工具的能力缺乏理解	在工具供应商培训类中包括一些分析人员
	还没有修改过程和文化,以充分利用工具的优势	安排一名积极倡议使用工具的人来管理工具并指导其他工具用户
	没有人能担当起使用工具的主要负责人	确定并变更阻止充分地使用工具的那些过程和文化问题

规划问题

现　象	有可能产生此现象的根本原因	可能的解决方案
需求不完整	在需求开发中用户的参与程度不够	在充分地理解需求之前不要承诺产品交付时间表
需求的详细程度不够	用于需求开发的时间不够长。	有关技术人员应尽早介入项目,理解需求
在充分理解这次增量开发所要实现的需求之前,就着手开始构造工作	也许是迫于法律或市场的压力,在定义需求之前就确定了发布日期	仔细地定义产品前景和项目范围
	关键的销售或业务涉众没有参与需求过程	教育涉众懂得匆匆忙忙地构造产品可能会产生风险
	分析人员技能水平不高和经验不足	构建分析人员、开发人员和业务合作伙伴之间的协作关系,并制定符合实际情况的目标
	误以为开始着手编码比理解需求更有成效	增强团队的需求分析能力
	管理层或客户并不理解需求的必要性	度量纠正缺陷所需要的费用,以便团队了解糟糕的需求需要花费多少费用

规划问题

现　象	有可能产生此现象的根本原因	可能的解决方案
	分析人员和开发人员没有就充分的需求应该包括哪些内容达成共识	采用增量开发方法,尽快向客户交付有价值的东西
		让开发人员评估需求,然后再实现它们
项目启动之后,在项目时间上发生了较大的变更,但并没有相应地缩减项目范围	涉众并不理解时间缩短对达到项目范围所造成的影响	构建开发人员和业务合作伙伴之间的协作关系,并制定符合实际情况的目标
		当项目的约束条件发生变更时,协商进行折衷取舍
需求工作的完成存在差距 多个人完成相同的需求活动	没有为需求工程活动明确地定义角色和职责	为每个项目的需求开发和管理定义角色并分配其职责
	没有指定专人负责管理需求	委托某些人来负责有效的需求开发和管理,他们是有效需求开发和管理中不可忽缺的人物
		将需求活动纳入项目计划和进度安排
在可以利用的时间和资源约束下,所规划的需求超出了所能实现的需求	需求定义之前就制定了进度安排	在做出承诺之前,编写产品前景和项目范围文档,使其与业务目标相一致
	缺乏良好的项目范围定义	根据需求衍生开发时间表,也许要通过一个初始的需求探索阶段
	对范围的增长失去控制	
	要考虑到使用不熟悉的技术或工具的学习曲线	在进度安排上要考虑培训时间和学习曲线时间
	对项目的人员分配不够充分	要将技术探索和产品调研与产品开发分离开
	没有设定需求的优先级	设定需求优先级
	风险因素转变为问题	主动实行风险管理
	在精确地评估项目范围之前就提交了项目	采用时间箱(timebox)开发或增量地交付产品特性
	热衷于采用令人激动的新技术或挑战,而这些技术和挑战超出了对现实能力的评估	

规划问题

现　象	有可能产生此现象的根本原因	可能的解决方案
没有编写范围文档，或者虽然编写了范围文档但却很糟糕	对项目缺少合适管理层的倡导	根据项目的实际要求动态地调整范围
	匆匆忙忙开始构造工作	教育经理们懂得范围和倡导的重要性
	对范围陈述的重要性缺乏理解	编写前景和范围文档，并获得关键涉众的认同
	涉众之间没有对范围达成一致意见	如果项目范围定义不良，不要开始着手项目
	市场情况多变或业务需要快速变更	如果倡导和范围的定义没有完成，应该取消项目

交流问题

现　象	有可能产生此现象的根本原因	可能的解决方案
多个人实现相同需求，出现重复劳动	没有明确地指定实现需求的职责	为软件实现明确地定义角色和职责
	项目各部分的子工作小组之间的交流不够充分	对单个需求提供可视的状态跟踪
	开发团队之间或开发人员和客户之间地域上分散	
重访以前制定的决策	缺乏合适的决策制定者的明确认可和授权	确定由哪些人对项目需求做出决策，并定义他们的决策制定过程
		确定产品代言人
		对需求被拒绝、推迟或取消的历史原因编写文档
项目参与者没有共用相同的词汇	想当然地以为每个人对关键术语都有相同的和正确的解释	在词汇表中定义术语
		定义数据字典中的数据项
		对开发团队提供业务领域方面的培训
		对用户代表提供需求工程方面的培训

需求获取问题

现　象	有可能产生此现象的根本原因	可能的解决方案
客户参与程度不高 开发人员对要实现的东西做了许多猜测	客户代表没有足够的时间参加需求开发	为客户和管理人员在需求和他们参与需求的必要性方面提供教育
	客户不理解他们参与需求开发的必要性	描述从用户参与程度不够到客户和管理人员参与程度不够所可能产生的风险
	客户不清楚分析人员需要从他们这里了解哪些信息	构建开发人员和业务合作伙伴之间的协作关系
	客户没有答应项目	定义用户类或市场区隔
	客户认为开发人员应该已经清楚了他们需要什么	确定产品代言人(用户或合适的代理人)
	分析人员并不了解谁是合适的客户	发展技术水平高的分析人员
	分析人员并没有接触真正的客户	获得开发管理层和客户管理层对有效需求过程的承诺
	分析人员并不清楚如何与客户进行协作	
	拒绝遵循需求开发过程。	
不适当的用户代表介入	管理人员、销售人员或其他用户代理人试图为最终用户说话	定义用户类 确定产品代言人
	管理人员没有派真正的用户参与分析	从直接用户之外的其他涉众那里获得信息
用户不能确定他们的需求	用户不能很好地理解或不能很好地描述他们的业务过程	对受影响的项目涉众澄清项目成功的预期结果
	正在构建的系统支持一个定义不完整的新业务过程	对用户的业务过程建模,确定产品代言人
	用户没有答应项目,也许是被项目所吓倒	开发用例
	期望新系统能推动开发新的业务过程	构建原型,并让用户来评估这些原型
		采用增量开发,一次只澄清少许需求

续表

需求获取问题

现　象	有可能产生此现象的根本原因	可能的解决方案
开发阶段并不清楚谁是用户	缺乏定义良好的产品视图	创建产品前景文档 【第12章】
	没有很好地理解市场需要	进行市场调研
		确定当前产品或有竞争力的产品的用户
		成立专题小组。
参与需求获取的人太多	由于政治上的原因,每一个人都想要成为代表	定义用户类
	用户类的定义不明确	确定产品代言人
	没有派遣特定的用户代表	确定需求的决策制定者
	实际上有许多不同的用户类	将政治优先级与业务优先级和技术优先级区分开
		将项目重点放在满足需要优先考虑的用户类上
根据需要提出解决方案,需求不得不从提出的这一解决方案中推导出来	客户请求他们已经很熟悉的解决方案	反复问几次"为什么",以便理解隐藏在所提出的需求后面的真正的用户需要,并理解隐藏在设计约束后面的理由
已经实现的"需求"不满足用户的需要	需求中包括设计上的约束	
	新软件必须遵照已有的应用程序标准和用户界面	在描述用户界面细节之前,在必要的层次上开发用例
需求约束过多		
	客户不了解"需求"由哪些信息组成	发展技术水平高的分析人员,他们能提出合适的问题
	需求讨论的重点是用户界面设计	对客户提供有关需求工程的教育
遗漏了必需的需求	用户并不清楚他们需要什么	定义用户类
	需求分析人员提不出合适的问题	确定产品代言人
		发展技术水平高的分析人员,他们能提出合适的问题
	需求获取的时间不够长	
	有些用户类没有表示出来	开发用例
	没有合适的、知识丰富的用户代表参与需求获取	以多种方式来表示用例(例如各种分析模型)

续表

需求获取问题

现　象	有可能产生此现象的根本原因	可能的解决方案
	分析人员、开发人员和客户做出的假设不正确,或者对需求文档的领会不一致	审查需求文档,采用多次增量式评审
		对客户提供有关需求工程的教育
	开发人员和客户之间的交流不够充分	用 CRUD(Create, Read, Update, Delete)矩阵来分析需求
		构建原型,并让用户来评估这些原型
		增量地构建产品,这样可以在将要发行的版本中将遗漏的需求整合进来
指定的需求不正确或不恰当	有不适当的用户代表或不适当的代理参与	确定有缺陷的需求会有哪些问题,以及为什么要指定这些需求
强制接受由上级管理层或外部权威指定的需求	用户代表从自己的利益出发,而不是考虑他们所代表的团体的整体利益	定义用户类
		确定合适的产品代言人,为他们提供教育,并授权与他们
	分析人员向经理们谈得太多,而向用户谈得不够	让各种团队审查需求文档
	经理没有接触用户代表	就不精确需求可能带来的风险与高级权威人士进行交流
	对外部权威部分缺乏责任性或承诺	

需求分析问题

现　象	有可能产生此现象的根本原因	可能的解决方案
指定了没必要的需求(多余的修饰功能)	缺少对需求审批的控制机制	记录下每个需求的来源和理由
测试期间发现有些功能明显不是所期望的功能	开发人员没有同用户商量就将功能包括进产品中	采用用例将重点放在用户的业务目标上,而不是放在系统功能上。从用例衍生功能性需求
指定并构建了功能,但却没有使用这一功能	用户请求复杂的解决方案,而不是表达业务需要	设定需求优先级,尽早交付价值高的功能
	需求获取的重点是系统功能,而不是用户目标	让各种团队审查需求文档

需求分析问题

现　　象	有可能产生此现象的根本原因	可能的解决方案
	开发人员和客户对需求的解释不同	
需求尚不够清晰，无法编写测试用例	需求不明确、不完整、或者详细程度不够	请测试人员或质量保证工程师审查需求的可测试性
没有设定需求优先级，所有的需求似乎都一样重要	担心低优先级的需求永远也不会实现	开发一个协作过程，以便　设定需求优先级
所有的需求都具有最高的优先级	对业务及其需求的知识不够充分	尽早设定需求优先级。对优先级高的需求编写详细的规格说明
当添加新需求时，分析人员不能做出知情的折衷取舍决策	对每一个需求的价值和业务不清楚、没有交流、或没有讨论	采用增量开发或分阶段发布产品，尽早将价值最大的特性交付用户
只有客户提供了优先级信	除非实现大型的关键的功能集，否则该产品不可用	应该认识到早期版本交付使用后，优先级可能会发生很大的变化
	客户或开发人员的期望不合理	
变更需求优先级	没有确定或授权决策制定者	编写项目范围、目标和优先级文档
	"微观"目标和"宏观"目标有冲突	确定需求的决策制定者
	内部政策	对接受变更所需的费用提供一个明确的评估
	业务目标不清晰，或者对业务目标没有达成一致意见	根据费用、收入和拖延的进度跟踪变更影响
	外部施加了压力，例如规章制度方面的问题或法律规定方面的问题	保持需求与业务目标相一致
	没有经过合适的人对需求及其优先级批准并纳入基线	
涉众之间的需求优先级发生冲突	不同的用户类有不同的需要	进行更多的市场调研
	缺少坚持最初前景的规范	确定需要优先考虑的用户类或市场区隔
	业务目标不清晰，或者对业务目标没有达成一致意见	确定代表不同用户类的产品代言人

需求分析问题

现　　象	有可能产生此现象的根本原因	可能的解决方案
	没有明确谁是决策制定者	根据前景、范围和业务目标来制定优先级
		确定需求的决策制定者
项目后期快速缩减范围	对开发人员的生产率盲目乐观	在项目早期确定优先级。运用优先级来指导决策制定，决定现在完成什么任务，哪些任务推迟完成
	没有尽早设定优先级，定期重新设定这些优先级也执行得不好	添加新的需求之后要重新设定优先级
	不要根据优先级来定义实现顺序，和做出受控制的范围变更	要定期制定推迟功能实现的决策，而不能只在项目后期才匆忙做出决定
开发人员发现需求含糊不清和不明确	分析人员和客户没有理解开发人员需要什么详细程度的需求	对开发人员提供培训，教他们如何编写优秀的需求。在编写需求规格说明时要避免使用主观的、不明确的术语
开发人员不得不跟踪捕捉遗漏的信息	客户不清楚自己需要什么，或不能清楚地表达自己需要什么	让开发人员尽早参与需求评审，以便澄清细节并确定合适的细节
开发人员对需求的解释不正确，不得不重新实现这些需求	需求获取所花的时间不够多	对需求建立模型，以便发现遗漏的需求和遗漏的信息
	没有确定、交流或理解业务规则	构建原型，并让用户来评估这些原型
	需求包括许多模糊的和不明确的用语	进一步详细地对需求进行精化
	涉众对术语、概念和数据定义的解释不同	编写业务规则文档
		定义术语表中的术语
	客户以为开发人员对业务领域和他们的需求已经有足够的了解	定义数据字典中的数据项
		为所有涉众之间进行有效的交流提供便利
	分析人员心存顾虑，担心露出自己对业务领域的无知，因此没有请求用户代表的帮助	通过用户代表所拥有的业务领域知识来进行平衡

需求分析问题

现　象	有可能产生此现象的根本原因	可能的解决方案
有些需求在技术上无法实现	需求分析不正确 客户没有接受可行性分析结果 可行性评估所花的时间不够 对新工具和新技术以及它们的局限性缺乏理解	进行可行性分析或构建垂直原型 对微型项目单独进行调研或探索，以便评估可行性
出处不同的需求或来自不同用户类的需求有冲突 涉众之间难以对需求达成共识	缺乏从管理层到所有涉众进行过广泛交流的统一产品前景 没有确定需求的决策制定者 对部门过程的理解方式不相同 需求的信息输入是由政策来推动的 不同的用户组或市场区隔有不同的需要、期望和业务目标 产品的重点没有充分地放在特定的目标市场上 有些用户组可能已经在使用合适的系统，尽管这些系统有缺陷，但他们并不愿意放弃使用	开发、批准和交流一个统一的产品前景和项目范围 理解目标市场区隔和用户类 确定要优先考虑的用户类并确定冲突的解决方案 确定产品代言人，以便在每个用户类内解决冲突 确定需求的决策制定者 将重点放在兼顾业务利益上，而不要维护感情上和政治上的地位
需求中包含标有"待确定(to be determined, TBD)"标记的需求，和需求中还有信息空缺	需求交付给开发人员之前，没有安排人来解决待确定的问题 在开始实现之前，没有时间来解决待确定的问题	审查需求，以便确定信息空缺 指定专人负责解决每一个待确定的问题 跟踪每一个待确定的问题，直到问题得到解决

需求确认问题

现　象	有可能产生此现象的根本原因	可能的解决方案
产品没有达到业务目标或不满足用户期望	客户没有精确地表达他们的需要	进行市场调研，以理解市场区隔和它们的需要
存在未陈述的、假定的或隐含的客户需求没有得到满足	需求分析人员没有提出合适的问题	在整个项目开发期间，确保产品代言人确实能代表每一个主要用户类的利益
	在需求开发中客户的参与程度不够	培训分析人员如何提出合适的问题
	有不合适的客户代表介入，例如这样一些管理人员、开发人员或其他代理人，他们并不能代表真正用户的真正需要	开发用例，确保理解业务任务
		从需求过程一开始，尽早让客户参与需求文档审查
	新颖的创新产品具有不确定的需求，销售或产品管理层没有精确地评估市场需要	构建原型，并让用户评估这些原型
	项目参与者做出了不准确的假设	让用户编写验收测试和验收标准
没有指定质量属性和性能目标	在需求获取阶段没有讨论性能目标和质量属性	对分析人员和客户提供非功能性需求方面的教育，以及如何对这些需求编写文档
产品没有达到性能目标，或不满足用户对质量的其他期望	涉众对非功能性需求及其重要性缺乏理解	在需求获取期间让分析人员讨论非功能性需求
	所使用的软件需求规格说明模板没有非功能性需求这一部分	使用的软件需求规格说明模板要包含非功能性需求部分
	用户没有表达他们对系统性能和质量特性的设想	采用Planguage语言精确地指定性能目标和质量属性
	没有精确地指定性能目标和质量属性，以致于所有涉众产生的理解有所不同	

规格说明问题

现　象	有可能产生此现象的根本原因	可能的解决方案
需求没有编写成文档 开发人员为客户或销售人员提供需求 客户向开发人员以口头方式或通过非正式渠道提供需求信息 开发人员编了许多探索性的程序，因为他们要力图了解客户的需要	没有人确信要构建什么样的东西 为需求获取和编写需求文档所安排的时间不够充分 认为编写需求文档会减慢项目的速度 没有明确地指定和委托需求文档的负责人 执行分析人员职能的那些人并不了解该怎么做 没有规定好的需求开发过程或模板 开发管理层不理解需求开发，不懂得需求开发的价值，也不期望执行需求开发 过于自信的开发人员自以为自己了解客户的需要	定义并遵循一个需求开发过程 与管理层一道制定团队角色定义，并获得承担这些角色的单个人的承诺 对需求分析人员提供帮助 对参与需求过程的其他团队成员和客户提供培训 在项目规划和进度安排中考虑需求开发工作量、所需的资源和完成的任务
客户或开发人员认为要将现有系统中已有的功能复制到新系统中	为新系统指定的需求与缺乏良好需求文档的现有系统的需求有所不同	对现有系统进行逆向工程，以全面地理解其能力 在编写需求规格说明时，要包括新系统的所有预期的功能
需求文档没有精确地描述系统	需求文档中没有将变更包括进来	遵循这样一个变更控制过程，当接受变更时相应地更新需求文档 所有的变更请求都要通过变更控制委员会来决定 汇集关键涉众来评审修改过的需求规格说明

续表

规格说明问题

现　象	有可能产生此现象的根本原因	可能的解决方案
存在不同的需求版本或需求版本有冲突	缺乏良好的版本控制实践	定义并遵循需求文档良好的版本控制实践
	需求文档有多个"主(master)"副本	将需求存储在一个需求管理工具中。根据这一工具的数据库内容生成需求文档报表
		指定一名需求经理负责对规格说明做出变更

需求管理问题

现　象	有可能产生此现象的根本原因	可能的解决方案
有些计划内的需求没有实现	开发人员没有遵循软件需求规格说明	保持软件需求规格说明最新,并使所有团队都可以得到它
	软件需求规格说明没有在所有开发人员之间进行交流	确保变更控制过程包括涉众间的交流
	接受变更时没有更新软件需求规格说明	将需求存储在需求管理工具中
	变更没有在所有受影响的人之间进行交流	跟踪单个需求的状态
	在实现期间无意漏掉了需求	构建并使用需求跟踪矩阵
	没有明确指定实现需求的负责人	明确定义软件实现的角色和职责

变更管理问题

现　象	有可能产生此现象的根本原因	可能的解决方案
频繁地变更需求	客户并不了解自己需要什么	改进需求获取实践
在开发过程的后期发生了许多需求变更	变更业务过程或市场要求	实施并遵循一个变更控制过程
	有些应该参加提供并批准需求的人没有参与进来	成立变更控制委员会来对提议的变更做出决策
	最初对需求没有充分进行良好的定义	在接受变更之前完成变更影响分析
	没有定义需求基线,或对需求基线达成共识	在确定需求基线之前,让项目涉众审查需求

变更管理问题

现　象	有可能产生此现象的根本原因	可能的解决方案
	技术发生变更	设计软件时要尽量使软件易于修改，并尽量能适应变更
	外部因素，例如：行政管理机构发生变化或颁布的命令有所改变	在制定项目进度计划时，要考虑到意外事件而留出一定的时间余量，以适应某些变更
	需求中包含的解决方案有多种思想，并不能满足真正的需要	采用增量开发方法，快速响应变更的需求
	没有透彻地理解市场需要	意识到本地的政策问题，并试图预料它们对需求产生的影响
	政策问题造成了需求变更	
频繁地添加新需求	需求获取不完整	改进需求获取实践
	没有透彻地理解应用领域	定义并交流项目范围
	涉众没有理解或遵从项目范围	让合适的人对范围的变更明确地做出决策
	项目范围的增长失去控制	执行根本原因分析，弄清楚新需求的出处，以及为什么要添加新需求
	管理层、销售人员或客户要求新的特性，并没有考虑对项目造成的影响	在接受新需求并广泛地交流结果之前，先进行变更影响分析
	客户参与需求开发的程度还不够	在需求获取活动中要有管理层的参与
		确保所有用户类都提供了自己的信息
		在制定项目的进度计划时，要考虑到意外情况而留出一定的时间余量，以适应某些增长
		采用增量开发方法，快速响应新需求

变更管理问题

现　象	有可能产生此现象的根本原因	可能的解决方案
需求属于项目范围之内还是在项目范围之外，反反复复来回变	没有明确地定义产品前景和项目范围	明确地定义业务目标、产品前景和项目范围
	没有清楚地理解业务目标	用范围陈述来确定所提议的需求是属于项目范围内还是在项目范围之外
	项目范围易变,也许是为了响应变更的市场要求	
	缺乏定义良好的需求优先级	记录下对某一提议的需求否决的理由
	变更控制委员会的成员对项目范围没有达成一致意见	根据项目范围调整变更控制委员会的成员
		确保变更控制委员会有合适的成员和权限
		采用增量开发，灵活地适应变更的范围界限
开发工作已开始进行之后，项目范围又发生了变更	没有明确地定义或透彻地理解业务目标,或者是业务目标发生了变更	定义业务目标，并据此调整产品前景和项目范围
	没有透彻地理解市场区隔和市场需要	在业务需求的层面上来确定制定决策的涉众
	出现了有竞争性的产品	让决策制定者来审查前景和范围文档
	关键涉众没有参与评审和批准需求	将变更整合进来要遵循变更控制过程
		在制定项目的进度计划时，要考虑到意外情况而留出一定的时间余量，以适应某些范围增长
		当项目方向发生变更时，要重新协商项目的进度计划和所需资源

续表

变更管理问题

现　　象	有可能产生此现象的根本原因	可能的解决方案
需求变更没有传达给受影响的所有涉众	需求发生变更时，没有更新需求文档	为每个需求指定一名负责人
	客户请求变更直接来自开发人员	定义需求和其他制品之间的跟踪联系链
	并不是所有人都能够容易地访问到需求文档	需求交流要包括所有受影响的部门
	非正式的、口头的交流途径将某些项目参与者排除在外	建立包括交流机制的变更控制过程
	没有明确说明应该接到变更通知的所有人员	采用需求管理工具，确保所有涉众都可以通过Web获得当前需求
	没有建立变更控制过程	
	对需求之间的相互关系缺乏理解	
遗失了提议的需求变更	无效的变更控制过程	采用实用的、有效的变更控制过程，并对涉众提供这方面的教育
不了解变更请求的状态	没有遵循变更控制过程	分配执行变更控制过程具体步骤的相应职责
		确保遵循变更控制过程
		使用需求管理工具来跟踪变更和跟踪每个需求的状态
涉众没有遵守变更控制过程	变更控制过程不实用或无效	确保变更控制过程对所有涉从都是实用的、有效果的、可以提高效率的、得到理解的并且是可以访问的
客户直接向开发人员请求变更	变更控制委员会无效	
	有些涉众并不理解或接受变更控制过程	成立合适的变更控制委员会
	管理层并不要求遵循变更控制过程	获得管理层对变更控制过程的支持
		强制执行需求变更只能通过变更控制过程来进行这一政策

变更管理问题

现　象	有可能产生此现象的根本原因	可能的解决方案
需求变更所花费的工作量超过了预计的工作量	对提议的需求变更所做的影响分析还不够充分	采用变更影响分析过程和检查列表
与预期相比，变更影响到了更多的系统组件	匆匆忙忙做出批准变更的决策	变更控制过程中有不合适的影响分析
变更危害到了其他需求	不合适的人做出接受变更的决策	将变更传达给所有受影响的涉众
由于产生负面影响，所以变更影响到产品质量	团队成员心存顾虑,不愿意诚实地讲出提议的变更所产生的影响	使用跟踪信息来评估提议变更的影响分析
		当提议变更时，按照需要重新协商项目承诺，并做出必要的折衷取舍

注意这些问题只是有关人或沟通方面的问题，并不受技术上的约束。要克服多数这些障碍，没有什么容易实现的方法，但是，第1步是必须意识到这些障碍。

表C.1 需求错误诊断指南

过程问题

现　象	有可能产生此现象的根本原因	可能的解决方案
各项目之间的需求过程和文档模板不一致	对需求过程缺乏共识	对当前需求过程编写文档，对期望的过程创建一个提议的描述
所采用的需求过程无效	对有效的需求过程缺乏管理层的支持	培训需求工程的所有团队成员
	没有共享模板和过程文档的机制	对前景和范围文档、用例和软件需求规格说明采用一个或多个标准模板，提供有助于根据项目需要对模板进行剪裁的指导信息
	缺少模板和需求文档的优秀范例	收集并共享优秀的需求文档范例
		度量纠正缺陷所需要的费用，以便团队了解精确的需求需要花费多少费用

附录 D　需求文档范例

该附录通过"自助食堂订餐系统(Cafeteria Ordering System，COS)"这样一个假想的小型项目，阐述了本书所描述的某些需求文档和图。这里包括如下这些内容：

- 前景和范围文档。
- 用例列表和若干用例描述。
- 部分软件需求规格说明。
- 某些分析模型。
- 部分数据字典。
- 若干业务规则。

因为这仅仅是一个范例，所以我们并不打算完善这些需求元素。我们的目标只是提供一种思想，各种类型的需求信息之间彼此是如何关联的，并演示我们可能如何编写文档每一部分的内容。在一个小型项目中，将不同的需求信息综合到单一的文档中，常常是有意义的，因此我们可能没有单独的前景和范围文档、用例文档和软件需求规格说明。这些文档中的信息能够以多种其他合理的方式来组织。基本的目标是确保需求文档清晰明了、完整和易使用。

这些文档总的来说都遵照前面章节所描述的模板，但是，因为这只是一个小型项目，所以对这些模板稍微作了一些简化。有时，会将几个部分合并起来，这是为了避免信息重复。每一个项目都应该考虑如何适应组织的标准模板，以尽量适合于项目的规模和本质。

D.1　前景和范围文档

D.1.1　业务需求

1. 背景、业务机会和客户需要

目前，Process Impact 公司的大多数员工平均每天要花费 60 分钟去自助食堂选择、购买并用午餐，其中大约有 20 分钟要花在公司和自助食堂之间的往返路程、选择自己喜欢的午餐、以及以现金方式或以信用卡方式结算餐费上。当员工出去用午餐时，他们平均有 90 分钟时间不在岗。有些员工提前给自助食堂打电话预订午餐，请自助食堂准备好他们所选择的午餐。但是，员工并不是总能如愿以偿，因为自助食堂有些食物已卖完，而与此同时，自助食堂又不可避免地会浪费大量的食物，因为有些食物没有卖出去而只好倒掉。早餐和晚餐同样面临着这样的问题，只是到自助食堂用餐的员工人数比午餐要少得多。

许多员工都通过允许自助食堂用户在线订餐的一个系统而提出订餐请求，要求在指

定的日期和时间内将所订的午餐送到公司的指定地点。通过这样一个系统，使用这一服务的员工可以节约相当可观的时间，而且订到自己所喜欢的食物的机会也增大了。这既提高了他们的工作生活质量，也提高了他们的生产率。自助食堂提前了解到客户需要哪些食物，就可以减少浪费，并提高自助食堂员工的工作效率。要求送货上门的订餐员工将来还可以从本地的饭店来订餐，这就大大扩大了员工对食物的选择范围，并通过与饭店的大量购餐协议而有可能节约费用。Process Impact 公司也可以只在自助食堂订午餐，而在饭店订早餐、晚餐、特定事件的用餐以及周末会餐。

2. 业务目标(Business Objective，BO)和成功标准(Success Criteria，SC)

BO-1：初始版本发布之后的 6 个月内，自助食堂的食物浪费减少 50%。[1]

度量单位(scale)：自助食堂的工作人员每星期所倒掉的食物的价值。

计量(meter)：检查"自助食堂存货系统(Cafeteria Inventory System)"的日志。

过去情况(past)[2002，初步调研]：30%

一般标准(plan)：小于 15%

最低标准(must)：小于 20%

注　该范例展示了使用 Planguage 语言来精确陈述业务目标或其他需求这样一种方法。

BO-2：初始版本发布之后的 12 个月内，自助食堂的运作费用减少 50%。

BO-3：初始版本发布之后的 3 个月内，每个雇员每天的平均有效工作时间增加 20 分钟。

SC-1：目前通过自助食堂解决午餐问题的那些员工，在初始版本发布之后的 6 个月内，他们中有 75% 的人使用"自助食堂订餐系统"。

SC-2：初始版本发布之后的 3 个月内，对自助食堂满意度的季度调查评价要提高 0.5，而在初始版本发布之后的 12 个月内，这种满意度要提高 1.0。

3. 业务风险(RIsk)

RI-1："自助食堂雇员联合会(Cafeteria Employees Union)"可能要求与雇员重新签订合同，以反映新的雇员角色和自助食堂营业时间。(可能性为 0.6，影响为 3)

RI-2：使用该系统的雇员太少，减少了对系统开发和变更自助食堂经营过程的投资回报。(可能性为 0.3，影响为 9)

RI-3：本地饭店可能并不认同减价是雇员使用这一系统的正当理由，这会减低雇员对该系统的满意度，并可能会减少他们对这一系统的使用。(可能性为 0.4，影响为 3)

D.1.2　解决方案的前景

1. 前景陈述

对那些希望通过公司自助食堂或本地饭店在线订餐的员工来说,"自助食堂订餐系统"是一个基于 Internet 的应用程序,它可以接受个人订餐或团体订餐,结算用餐费用,并触发将预订餐送到 Process Impact 公司内的指定位置。与当前的电话订餐和人工订餐不同,使用"自助食堂订餐系统"的雇员并不需要到食堂内去用餐,这既可以节约他们的时间,又可以增加他们对食物的选择范围。

2. 主要特性(FEature)

FE-1:根据自助食堂提供的选择菜单或送货菜单来订餐。

FE-2:根据本地饭店的送货菜单来订餐。

FE-3:创建、浏览、修改和删除用餐预订服务。

FE-4:注册用餐的付费方式。

FE-5:请求送餐。

FE-6:创建、浏览、修改和删除自助食堂菜单。

FE-7:预订自助食堂菜单上所没有的定做菜。

FE-8:生成自助食堂定做菜的食谱和配料列表。

FE-9:通过公司的内联网可以访问系统,或者授权的员工通过外部 Internet 访问系统。

3. 假设(ASsumption)和依赖(DEpendency)

AS-1:自助食堂内有可以访问公司内联网的计算机和打印机,这样自助食堂的雇员就可以处理期望的订单量,不会遗漏任何送货时间。

AS-2:最多比请求的送货时间晚 15 分钟,自助食堂有送货人员和送货车辆,这样就能满足所有订单的送货要求。

DE-1:如果某饭店有自己的联机订餐系统,那么"自助食堂订餐系统"必须能与这一系统进行双向通信。

D.1.3　范围和局限性

1. 初始版本和后续版本的范围

特　性	版本 1	版本 2	版本 3
FE-1	只能从午餐菜单中订标准餐;交货单的费用支付方式只能是从工资中扣除	除了午餐订单外,也接受早餐订单和晚餐订单;费用的支付方式可以是信用卡和借记卡	

特　性	版本 1	版本 2	版本 3
FE-2	不实现	不实现	完全实现
FE-3	如果有时间就实现(具有中等优先级)	完全实现	
FE-4	注册的费用支付方式只能是从工资中扣除	注册的费用支付方式可以是信用卡和借记卡	
FE-5	送餐地点只能是公司内	送餐地点还可以选择在公司外面	
FE-6	完全实现		
FE-7	不实现	不实现	完全实现
FE-8	不实现	完全实现	
FE-9	完全实现		

2. 局限性(LImitation)和排斥性

LI-1：自助食堂的有些食物不适宜于送货，因此"自助食堂订餐系统"的顾客所用的菜单是食堂整个菜单的一个子集。

LI-2："自助食堂订餐系统"只能用于俄勒冈州 Clackamas 的 Process Impact 公司总部内的自助食堂。

D.1.4　业务上下文

1. 涉众概览

涉　众	主要价值	态　度	主要兴趣	约束条件
公司管理层	提高员工生产率；节约自助食堂的费用	强烈承诺完成版本2；如果有条件尽早完成版本3	使用该系统所节约的费用必须超过开发此系统的费用和使用此系统的费用	无
自助食堂工作人员	更高效地利用了工作人员的整个工作时间；提高了客户的满意度	担心与联合会的关系，担心食堂有可能会裁员；否则很愿意接受新系统	保住工作	培训工作人员，掌握使用Internet所必需的技能；必须有送货人员和车辆

续表

涉 众	主要价值	态 度	主要兴趣	约束条件
顾客	可以更好地选择食物；节约了时间；更加方便	积极支持新系统，但使用系统的次数可能没有期望的次数多，这主要是因为顾客考虑到在自助食堂和饭店就餐具有社会价值	使用要简单；送货可靠；食物选择的有效性	需要访问公司内联网
薪资管理部门	得不到什么益处；需要建立从工资中扣除餐费的注册方案	不愿意采用该软件系统，但认识到对公司和员工的整体利益，所以能以大局为重	尽量减少对当前薪资核算软件所做的变更	还没有得到资源来实现薪资软件的变更
饭店经理	增加了销售额；扩大了销售范围，增加了新客户	虽然接受，但比较谨慎	尽量少用新技术；关注送餐所需的资源和费用	可能没有足够的人手和能力来处理订单；可能需要得到 Internet 访问权

2. 项目优先级

因 素	具体干活者	约束条件	自 由 度
进度			计划3/1/03前完成第一版，到5/1/03前完成第二版；在不包括责任人评审的情况下，最多可超过期限3个星期
特性		安排1.0版本实现的特性必须完全可操作	
质量		必须通过95%的用户验收测试；必须通过全部的安全性测试；所有的安全事务都必须遵守公司的安全标准	

因　素	具体干活者	约束条件	自　由　度
工作人员	项目团队规模包括一名半日工作的项目经理，两名开发人员，和一名半日工作的测试人员；如果有必要，还可以另外再增加半日开发人员和半日测试人员		
费用			在不包括责任人评审的情况下，财政预算最多可超支15%

D.2　用　　例

各种用户类确认的"自助食堂订餐系统"的用例和主要参与者如下所示：

主要参与者	用　例
顾客	1. 订餐
	2. 变更订单
	3. 取消订单
	4. 查看菜单
	5. 注册从工资中扣除餐费的付费方式
	6. 取消注册的从工资中扣除餐费的付费方式
	7. 订购标准餐
	8. 修改所订的标准餐
	9. 推翻所订的标准餐
菜单经理	10. 创建菜单
	11. 修改菜单
	12. 定义特色菜

续表

主要参与者	用　例
自助食堂工作人员	13. 准备餐
	14. 生成付费请求
	15. 请求送货
	16. 生成系统使用报告
送餐人员	17. 送餐
	18. 记录送餐情况
	19. 打印送餐说明

用例ID号	UC-1
用例名称	订餐
创建者	Karl Wiegerss
最后更新者	Jack McGillicutty
创建日期	2002年10月21日
最后更新日期	2002年11月7日
参与者	顾客
描述	顾客从公司内联网或从家里访问"自助食堂订餐系统",随意查看某一天的菜单,选择自己想要的食物,提交订单并要求在特定的时间窗口(15分钟)内送货到指定的地点
前置条件	1. 顾客登录到"自助食堂订餐系统" 2. 顾客注册的付费方式是从工资中扣除
后置条件	1. 订单在"自助食堂订餐系统"中的存储状态是"已接受" 2. 根据这一订单的食物条目来更新食物存货 3. 根据这一次的送货请求,对请求的时间窗口更新剩余的送货能力

主要参与者	用 例
主干过程	1.0 订一份餐
	1. 顾客要求查看某一天的菜单
	2. 系统显示有效食物菜单和当日特色菜
	3. 顾客从菜单中选择一种或多种食物
	4. 顾客表明订餐完成
	5. 系统显示所订菜单条目、单价和总价格，包括应交纳的税和送货费用
	6. 顾客确认订餐订单或请求修改订餐订单(回到第3步)
	7. 系统显示那一天中有效的送餐时间
	8. 顾客选择送餐时间和指定送餐地点
	9. 顾客指定付费方式
	10. 系统确认接收订单
	11. 系统向顾客发送电子邮件，确认订单细节、价格和送餐说明
	12. 系统将订单存储在数据库中，并发送电子邮件通知自助食堂工作人员，将食物信息发送给自助食堂库存系统，并更新有效的送餐时间
分支过程	1.1 订多份餐(第4步之后分支出来)
	1. 顾客要求预订另一份餐
	2. 返回到第2步
	1.2 同样的餐订多份(第3步之后分支出来)
	1. 顾客请求预订指定数量的同样食物的多份餐
	2. 返回到第4步
	1.3 订当日特色菜(第2步之后分支出来)
	1. 顾客从菜单中订当日特色菜
	2. 返回到第5步

续表

主要参与者	用　例
异常	1.0.E.1　订单截止时间在当前时间之前(第1步)
	1.　系统通知顾客今天订餐已太晚了
	2a.　顾客取消订单
	2b.　系统终止用例
	3a.　顾客请求选择另一个日期
	3b.　系统重新启动用例
	1.0.E.2　没有有效的送餐时间(第1步)
	1.　系统通知顾客送餐日已没有有效的送餐时间
	2a.　顾客取消订单
	2b.　系统终止用例
	3.　顾客请求在自助食堂选择订单(跳过第7步和第8步)
	1.2.E.1　不能完成指定数量的同样食物的多份餐(第1步)
	1.　系统通知顾客它所能提供的同样食物的多份餐的最大数量
	2.　顾客变更所订的同样食物的份数，或者取消订单
包含	无
优先级	高
使用频率	大约400名用户，平均每天使用一次
业务规则	BR-1，BR-2，BR-3，BR-4，BR-8，BR-11，BR-12，BR-33

续表

主要参与者	用 例
特别需求	1. 顾客在确认订单之前的任何时间都可以取消订单
	2. 顾客能查看自己前6个月的全部订餐,并可以重复其中的任一次订餐作为新的订餐,只要所有食物在请求送餐日的菜单中都有效。(优先级为中)
假设	1. 假设30%的顾客会订当日特色菜(来源:根据前6个月的自助食堂数据所得)
注意和问题	1. 如果客户在今天的截止时间之前使用系统,那么默认的日期是当前日期。否则,默认日期是自助食堂的下一个营业日
	2. 如果顾客不要求送餐,那么"请求注册付费方式是从工资中扣除"这一前置条件就不适用
	3. 这一用例的峰值使用负载是当地时间早晨8点到10点
用例ID号	**UC-5**
用例名称	注册从工资中扣除餐费的付费方式
创建者	Karl Wiegers
最后更新者	Chris Zambito
创建日期	2002年10月21日
最后更新日期	2002年10月31日
参与者	顾客,薪资核算系统(Payroll System)
描述	使用"自助食堂订餐系统"并要求送餐的自助食堂顾客,必须注册从工资中扣除餐费的付费方式。"自助食堂订餐系统"不支持现金购买,自助食堂会向"薪资核算系统"发出付费请求,这将从下次雇员工资中扣除餐费或是在发薪日直接交款
前置条件	1. 顾客登录到"自助食堂订餐系统"
后置条件	1. 顾客注册从工资中扣除餐费的付费方式

主要参与者	用 例
主干过程	5.0 注册从工资中扣除餐费的付费方式
	1. 顾客请求注册从工资中扣除餐费的付费方式
	2. 系统调用"认证用户身份(Authenticate User's Identity)"用例
	3. 如果顾客符合注册从工资中扣除餐费的付费方式，那么系统请求薪资核算系统
	4. 薪资核算系统确认顾客具有合法资格
	5. 系统通知顾客他有合法资格选择从工资中扣除餐费的付费方式
	6. 系统要求顾客确认他期望注册的是从工资中扣除餐费的付费方式
	7. 顾客确认他期望注册的是从工资中扣除餐费的付费方式
	8. 系统要求薪资核算系统建立从顾客的工资中扣除餐费。
	9. 薪资核算系统确认已建立了从工资中扣除餐费
	10. 系统通知顾客已建立了从工资中扣除餐费，并向顾客提供注册交易的确认号
分支过程	无
异常	5.0.E.1 顾客身份认证失败(第2步)
	1. 系统再给用户两次机会来纠正身份认证
	2a. 如果认证成功，则顾客继续进行用例
	2b. 如果3次尝试都认证失败,则系统通知顾客,将无效的认证尝试记入日志，并终止用例
	5.0.E.2 顾客没有资格从工资中扣除餐费(第4步)
	1. 系统通知顾客他没有资格从工资中扣除餐费，并给出具体理由

续表

主要参与者	用　例
	2. 系统终止用例
	5.0.E.3　顾客已经有资格从工资中扣除餐费(第4步)
	1. 系统通知顾客他已经注册了从工资中扣除餐费的付费方式
	2. 系统终止用例
包含	验证用户身份(Authenticate User's Identity)
优先级	高
使用频率	平均每个雇员一次
业务规则	BR-86和BR-88决定雇员是否有资格从工资中扣除餐费
特别需求	1. 按照公司制定的中等安全应用程序的标准来执行用户认证
假设	无
注意和问题	系统发布之后的最初两星期，预计会相当频繁地执行这一用例
用例ID号	**UC-11**
用例名称	修改菜单
创建者	Karl Wiegers
最后更新者	
创建日期	2002年10月21日
最后更新日期	
参与者	菜单经理(Menu Manager)
描述	自助食堂菜单经理可修改菜单的有效食物和特定日的价格，以反映有效食物或价格的变更，或者也可以定义当日特色菜
前置条件	1. 菜单已存在于系统中
后置条件	1. 修改的菜单已经保存起来

主要参与者	用 例
主干过程	11.0 编辑已存在的菜单
	1. 菜单经理请求查看某一特定日期的菜单
	2. 系统显示菜单
	3. 菜单经理修改菜单以添加新的食物项、删除或变更食物项、创建或变更特色菜、或者变更价格
	4. 菜单经理请求保存修改过的菜单
	5. 系统保存修改过的菜单
分支过程	无
异常	11.0.E.1 指定日期的菜单不存在(第1步)
	1. 系统通知菜单经理这一指定日期的菜单不存在
	2. 系统询问菜单经理他是否要创建这一指定日期的菜单
	3a. 菜单经理回答"是"
	3b. 系统调用"创建菜单"用例
	4a. 菜单经理回答"否"
	4b. 系统终止用例
	11.0.E.2 指定的日期已过去了(第1步)
	1. 系统通知菜单经理请求日期的菜单不能修改
	2. 系统终止用例
包含	创建菜单
优先级	高
使用频率	每星期每个用户大约使用20次
业务规则	BR-24

主要参与者	用 例
特别需求	1. 菜单经理可以在任何时候取消菜单修改功能。如果菜单已经发生了变更，则系统会请求对取消进行确认
假设	1. 对Process Impact公司的每一个工作日都创建一个菜单，包括按照计划雇员要在公司加班的周末和节假日

D.3　软件需求规格说明

D.3.1　介绍

1. 目标

软件需求规格说明描述了"自助食堂订餐系统(Cafeteria Ordering System，COS)" 1.0 版本的软件功能性需求和非功能性需求。这一文档计划由实现和验证系统正确功能的项目团队成员来使用。除非在其他地方另有说明，这里指定的所有需求都具有高优先级，而且都要在版本 1.0 中加以实现。

2. 项目范围和产品特性

"自助食堂订餐系统"允许 Process Impact 公司雇员向公司的自助食堂在线订餐，并送餐到公司内的指定地点。详细的项目描述请参见 *Cafeteria Ordering System Vision and Scope Document*(自助食堂订餐系统前景和范围文档)【1】。文档中这一部分的标题为 "初始版本和后续版本的范围"，列出了按照进度计划在这一版本中实现的全部或部分特性。

3. 参考文献

(1) Karl Wiegers 所著的 Cafeteria Ordering System Vision and Scope Document，其网址是 www.processimpact.com/projects/COS/COS_vision_and_scope.doc

(2) Karl Wiegers 所著的 Process Impact Intranet Development Standard 版本 1.3，其网址是 www.processimpact.com/corporate/standards/PI_intranet_dev_std.doc

(3) Christine Zambito 所著的 Process Impact Business Rules Catalog，其网址是 www.processimpact.com/corporate/policies/PI_business_rules.doc

(4) Christine Zambito 所著的 Process Impact Internet Application User Interface Standard 版本 2.0，其网址是 www.processimpact.com/corporate/standards/PI_internet_ui_std.doc

D.3.2 总体描述

1. 产品远景规划

"自助食堂订餐系统"是一个新系统，它取代了当前在 Process Impact 公司自助食堂内以手工方式和电话方式预定和选择午餐的过程。图 D.1 是一幅关联图，它演示了 1.0 版本的外部实体和系统接口。期望系统演化若干个版本，最终与本地若干饭店的 Internet 订餐服务相连接，并提供信用卡和借记卡授权服务。

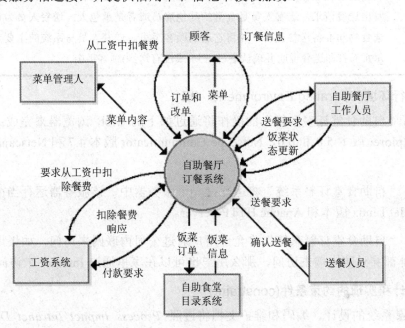

图 D.1 "自助食堂订餐系统"版本 1.0 的关联图

2. 用户类和用户特性

用户类	描述
顾客(优先考虑)	顾客是俄勒冈州Clackamas的Process Impact公司的雇员，他们希望从公司的自助食堂订餐并能送货上门。大约有600名潜在顾客，其中估计有400人预计平均每星期每人使用"自助食堂订餐系统"4次(来源：根据当前自助食堂的使用数据)。顾客有时会由于团体事件或有来宾而订好多份餐。估计90%的订单是通过公司的内联网而提交的，10%的订单是从家里提交的。所有的顾客都可以从他们的办公室访问公司内联网。有些顾客希望建立固定的订餐，每天送同样的饭菜，或者是自动送当日特色菜。顾客必须能推翻对某一具体日期的订餐
自助食堂工作人员	Process Impact公司自助食堂目前雇佣了大约20名"自助食堂工作人员"，他们从"自助食堂订餐系统"接受订单，准备饭菜，对要送货上门的饭菜进行打包，打印送餐说明，并请求送餐。自助食堂工作人员需要接受培训，学会如何使用计算机、Web浏览器和"自助食堂订餐系统"

用户类	描 述
菜单经理	菜单管理人是自助食堂的雇员，也许就是食堂经理，他负责建立并维护自助食堂有效的食物条目日常菜单，和某一天每一个食物条目的有效时间。有些饭菜不适宜于送货上门。菜单管理人也要定义食堂的每日特色菜。菜单经理还需要定期编辑菜单，以反映计划内的无效的或价格发生了变更的食物
送餐人员	当自助食堂工作人员准备订单所要求送的饭菜时，他们打印送餐说明并向送餐人员发出送餐请求，送餐人员是食堂的其他雇员或者是承包人。送餐人员为每餐都要挑选食物和准备送餐说明，并将它送到顾客手里。送餐人员与系统的主要交互将是偶尔重新打印送餐说明并确认餐已送到(或没有送到)顾客手中

3. 运行环境(Operating Environment，OE)

OE-1："自助食堂订餐系统"的操作将通过如下的 Web 浏览器来完成：Microsoft Internet Explorer 版本 5.0 和 6.0，Netscape Communicator 版本 4.7 和 Netscape 版本 6 和版本 7。

OE-2："自助食堂订餐系统"将运行在一个服务器中，该服务器运行当前由公司批准的 Red Hat Linux 版本和 Apache HTTP Server。

OE-3："自助食堂订餐系统"将允许用户通过公司内联网来访问，如果用户被授权在公司的外部穿过防火墙来访问，那么用户也可以在家里通过 Internet 来访问该系统。

4. 设计和实现的约束条件(constraint)

CO-1：系统的设计、编码和维护文档将遵照 *Process Impact Intranet Development Standard*(Process Impact 公司内联网开发标准)版本 1.3【2】。

CO-2：系统将采用公司标准的当前 Oracle 数据库引擎。

CO-3：所有 HTML 代码将遵照 HTML 4.0 标准。

CO-4：所有脚本都用 Perl 语言来编写。

5. 用户文档(User Documentation，UD)

UD-1：系统将提供一个分层的和跨链接的 HTML 联机帮助系统，它描述并演示了所有系统功能。

UD-2：如果是一个新用户第一次使用该系统，系统可以根据用户的要求，提供一个联机教程，这样用户可以使用静态教程菜单来具体实践一下如何订餐。系统不会将采用这一模板的订餐订单存储到数据库中，也不会将这种订单提交给自助食堂。

6. 假设(ASsumption)和依赖(DEpendency)

AS-1：只要是要求员工在岗的每一个公司工作日，自助食堂在早餐、午餐和晚餐时都会营业。

DE-1："自助食堂订餐系统"的运行依赖于"薪资核算系统"所做出的变更，它接受用"自助食堂订餐系统"订餐的付费请求。

DE-2："自助食堂订餐系统"的运行依赖于"自助食堂库存系统"所做出的变更，当接受"自助食堂订餐系统"订单后，它更新食物条目的有效性。

D.3.3 系统特性

1. 订餐

(1) 描述和优先级

自助食堂的顾客其身份得到验证之后，他们就可以订餐，并可以要求送到公司内指定的地点，也可以去食堂内就餐。只要所订餐还没有准备好，顾客就可以取消或改变订单。优先级为高。

(2) 刺激/响应序列

刺激：顾客请求订餐，可以是一份或多份。

响应：系统向顾客询问订餐细节、付费方式和送餐说明。

刺激：顾客请求改变订单。

响应：如果订单状态是"已接受"，则系统允许用户编辑以前的订单。

刺激：顾客请求取消订单。

响应：如果订单状态是 "已接受"，则系统取消订单。

(3) 功能性需求

Order.Place	登录到"自助食堂订餐系统"的顾客可以通过该系统订餐，订一份或多份都可以
Order.Place.Register	系统将确认订餐的顾客所注册的付费方式是从工资中扣除餐费的付费方式
Order.Place.Register.No	如果顾客没有注册从工资中扣除餐费的付费方式，那么系统将为顾客提供一些选择方案，顾客可以现在注册并继续进行订餐，也可以订餐后去食堂用餐(不送餐)，或者还可以退出"自助食堂订餐系统"
Order.Place.Date	系统将提示顾客输入用餐日期(请参见BR-8)
Order.Place.Date.Cutoff	如果订餐日期是当前日期，而订餐时间已过了截止时间，那么系统将通知顾客订餐太晚了，今天已不能订餐了。顾客可以改变订餐日期，或者也可以取消订单
Order.Deliver.Select	顾客将指定只是订餐或者是还要求送餐
Order.Deliver.Location	如果订单是要求送餐，而且送餐日仍有有效的送餐时间，那么顾客将提供一个有效的送餐地点

续表

Order.Deliver.Notimes	如果送餐日已没有有效的送餐时间，那么系统将通知顾客。顾客既可以取消订单，也可以选择去食堂就餐
Order.Deliver.Times	系统将显示订餐日剩余的有效送餐时间。顾客可以从显示的送餐时间中选择一个时间，也可以将订单改为去食堂就餐，或者也可以取消订单
Order.Menu.Date	系统将显示指定日期的菜单
Order.Menu.Available	当前日期的菜单只显示至少在自助食堂存货的一个供应间中有货的那些食物
Order.Units.Food	系统允许顾客表明他希望订餐的每个菜单条目的份数
Order.Units.Multiple	系统允许用户订多份同样的餐，但其最大份数只能是订单中的所有菜单条目的有效份数中的最小值
Order.Units.TooMany	如果顾客所订的某一菜单项的份数超过了目前自助食堂存货中的数量，那么系统将通知顾客他所能订的食物条目的最大份数
Order.Units.Change	如果食堂存货中的食物不能满足顾客的数量要求，那么顾客可以改变所订的份数，也可以改变所订的同样餐的份数，或者也可以取消订餐
Order.Confirm.Display	如果顾客表明他不希望再订食物了，那么系统将显示他所订的食物条目，每一食物条目　的单价，以及应该支付多少费用，具体计算方法请参见BR-12
Order.Confirm.Prompt	系统提示顾客确认订餐的订单
Order.Confirm.Not	如果顾客不确认订单，那么顾客既可以编辑订单，也可以取消订单
Order.Confirm.More	顾客可以通过系统再另外订餐，可以是同一天的，也可以不是同一天的。BR-3和BR-4与在单一订单中订多份餐有关系
Order.Pay.Method	当顾客表明他已经完成订餐时，系统会要求用户选择一种付费方式。
Order.Pay.Deliver	请参见BR-11
Order.Pay.Pickup	如果顾客选择在食堂就餐，那么系统会让顾客选择付费方式，可以是从工资中扣除，也可以是在就餐时支付现金
Order.Pay.Details	系统将显示所订的食物条目、费用、付费方式和送货说明
Order.Pay.Confirm	顾客可以确认订单，也可以请求编辑订单，或者也可以请求取消订单

续表

Order.Pay.Confirm.Deduct	如果顾客确认订单，并选择了从工资中扣除餐费的付费方式，那么系统将向"薪资核算系统"发出一个付费请求
Order.Pay.Confirm.OK	如果付费请求被接受，那么系统将显示一条消息来确认订单已接受，消息中包括从工资中扣除餐费的事务号
Order.Pay.Confirm.NG	如果付费请求被拒绝，系统将显示一条消息来说明拒绝的理由。顾客可以取消订单，也可以改为现金支付方式，或者是去食堂就餐
Order.Done	当顾客确认了订单时，系统会将下面几步作为一个事务来处理
Order.Done.Store	为该订单分配下一个有效的订单号并存储这一订单，其订单的初始状态设置为"已接受"
Order.Done.Inventory	向"自助食堂存货系统"发送一条消息，包括订单中每种食物条目的份数
Order.Done.Menu	更新当前订单的订餐日期所对应的菜单，从自助食堂存货中扣除订单中的食物条目数量，以反映所有食物条目的最新状况
Order.Done.Times	更新订餐日期中剩余的有效送餐时间
Order.Done.Patron	向顾客发送电子邮件消息，消息包括订单和支付费用的有关信息
Order.Done.Cateteria	向自助食堂工作人员发送电子邮件消息，消息包括订单的有关信息
Order.Done.Failure	如果Order.Done中的任何一步不成功，则系统将回滚事务，通知用户订单不成功，并说明失败的原因
Order.Previous.Period	系统允许顾客浏览前6个月的全部订餐。【优先级为中】
Order.Previous.Reorder	顾客可以重新预订他前6个月所订过的任一餐，只要新订单中的所有食物条目在用餐日的菜单中有效即可。【优先级为中】

(本范例不提供改变和取消订餐订单的功能性需求)

2. 创建、浏览、修改和删除订餐

(该范例不提供细节)

3. 注册订餐的付费方式

(该范例不提供细节)

4. 请求送餐

(该范例不提供细节)

5. 创建、浏览、修改和删除自助食堂菜单

(该范例不提供细节)

D.3.4 外部接口需求

1. 用户界面(User Interfaces，UI)

UI-1："自助食堂订餐系统"的屏幕画面将遵照 *Process Impact Internet Application User Interface Standard*(Process Impact 公司的 Internet 应用程序用户界面标准)版本 2.0 【4】。

UI-2：系统对所显示的每个 HTML 网页都提供帮助链接，解释如何使用这些网页。

UI-3：Web 页面的全部导航和食物条目选择，除了综合使用鼠标和键盘共同完成外，还可以只通过键盘来单独完成。

2. 硬件接口

硬件接口还没有确定。

3. 软件接口(Software Interfaces，SI)

SI-1：自助食堂存货系统。

SI-1.1："自助食堂订餐系统"通过程序界面向"自助食堂存货系统"发送所订的食物条目数量。

SI-1.2："自助食堂订餐系统"将轮询"自助食堂存货系统"，以确定请求的食物是否有效。

SI-1.3：当"自助食堂存货系统"通知"自助食堂订餐系统"某一指定的食物条目已经没货时，"自助食堂订餐系统"会从当日的菜单中将该食物条目删除。

SI-2："薪资管理系统"。"自助食堂订餐系统"通过程序界面与"薪资管理系统"进行通信，完成下面这些操作：

SI-2.1：允许顾客注册从工资中扣除餐费的付费方式。

SI-2.2：允许顾客取消所注册的从工资中扣除餐费的付费方式。

SI-2.3：检查顾客是否注册了从工资中扣除餐费的付费方式。

SI-2.4：为所购餐提交付费请求。

SI-2.5：退还全部或部分上面的费用，其原因是因为顾客拒绝了所订的餐，或对它不满意，也可能是因为没能按照送餐说明完成送餐任务。

4. 通信接口(Communications Interfaces，CI)

CI-1："自助食堂订餐系统"将向顾客发送电子邮件消息，以确认收到订单、价格和送餐说明。

CI-2："自助食堂订餐系统"将向顾客发送电子邮件消息，以报告订单接受之后订单中或送餐中存在的问题。

D.3.5 其他非功能性需求

1. 性能(PErformance)需求

PE-1：在当地时间早晨 8 点到 10 点这一段高峰期间，系统将能适应 400 个用户，平均每个会话估计持续 8 分钟。

PE-2：系统生成的所有 Web 页面，通过速率为 40KBps 的调制解调器在不超过 10 秒的时间内可以全部下载下来。

PE-3：用户提交了查询之后，对查询的响应时间不能超过 7 秒，在此时间内要将查询结果显示在屏幕上。

PE-4：用户向系统提交信息后，系统将在 4 秒内向用户显示确认消息。

2. 防护性需求

防护性需求还没有确定。

3. 安全性(SEcurity)需求

SE-1：所有涉及功能信息或个人身份信息的网络事务，都要按照 BR-33 进行加密操作。

SE-2：除浏览菜单外，用户必须登录到"自助食堂订餐系统"才能完成其他所有操作。

SE-3：顾客的登录受计算机系统访问控制策略的限制，具体请参照 BR-35。

SE-4：自助食堂的工作人员，只有那些授权为菜单经理的成员，才能通过系统创建或编辑菜单，具体请参照 BR-24。

SE-5：只有那些被授权可以在家访问公司内联网的用户，才可以在公司以外的地方使用"自助食堂订餐系统"。

SE-6：系统只允许顾客浏览他们自己以前的订单，而不能浏览其他顾客的订单。

4. 软件质量属性

Availability(可用性)-1："自助食堂订餐系统"将对公司内联网的用户可用，拨号用户在当地时间早晨 5 点到晚上 12 点 99.9%的时间可用，当地时间晚上 12 点到早晨 5 点则 95%的时间可用。

Robustness(健壮性)-1：如果在订单得到确认或取消之前，用户和系统的连接中断，那么用户应该能通过"自助食堂订餐系统"恢复不完整的订单。

D.3.6 附录 A 数据字典和数据模型

送餐说明　　　=顾客名字

　　　　　　　+顾客电话号码

　　　　　　　+用餐日期

+送餐地点

+送餐时间窗口

送餐地点=*将所订的餐送到哪个大楼和房间*

送餐时间窗口=*送餐的时间间隔是 15 分钟；以每一刻钟开始和结束*

雇员 ID 号=*订餐雇员在公司中的 ID 号；是由 6 个字符数字组成的字符串*

食物条目描述=*菜单中食物条目的文本描述，最多 100 个字符*

食物条目价格=*一份菜单食物条目的税前费用，以美元和美分来计算*

用餐日期=*送餐或就餐日期；格式为 MM/DD/YYYY；如果订单截止日期在当前日期之后，则用餐日期的默认值为当前日期，否则为第二天；用餐日期不可能在当前日期之前*

订单　　　=订单号

　　　　　　+订单日期

　　　　　　+用餐日期

　　　　　　+1:m{所订的食物条目}

　　　　　　+送货说明

　　　　　　+订单状态

订单号=*系统为接受的每一个订单分配一个惟一的、顺序的整数；初始值是 1*

订单状态=[未完成|已接受|已准备|送餐期间|已送餐|已取消]*请参看图 D.3 的状态转换图*

结算餐费　　=餐费价格

　　　　　　+付费方式

　　　　　　+(从工资中扣除餐费的事务号)

菜单　　　　=菜单日期

　　　　　　+1:m{菜单食物条目}

　　　　　　+0:1{特色菜}

菜单日期=*某一特定的食物条目菜单有效的日期；格式是 MM/DD/YYYY*

菜单食物条目　　　　=食物条目描述

　　　　　　　　　　+食物条目价格

订单截止日期=*所有订单必须在此之前提交的那天的具体时间*

订单日期=*顾客提交订单的日期；格式是 MM/DD/YYYY*

所订的食物条目　　　　=菜单食物条目

　　　　　　　　　　+所订的数量

顾客　　　　　=顾客名字

　　　　　　　+雇员 ID 号

　　　　　　　+顾客电话号码

　　　　　　　+顾客地点

　　　　　　　+顾客电子邮件

顾客电子邮件=*提交订单的雇员的电子邮件地址；由 50 个字母数字组成*

顾客地点=*提交订单的雇员所在的大楼和房间号；由 50 个字母数字组成*

顾客名字=*提交订单的雇员的名字；由 30 个字母数字组成*

顾客电话号码=*提交订单的雇员的电话号码；格式为 AAA-EEE-NNNN xXXXX，分别表示区号、电话局号、号码和扩展号码*

所付餐费=*以美元和美分表示的一个订单的总价格，具体计算按照 BR-12*

付费方式=[从工资中扣除|现金]*从版本 2 开始添加其他付费方式*

从工资中扣除餐费的事务号=*“薪资核算系统”为它所接受的每个从工资中扣除餐费的事务分配一个数字，该数字是由 8 位数字组成的顺序整数*

订餐数量=*顾客订的每一个食物条目的份数；默认值为 1；最大值为目前的存货数量*

特色菜　　　　=特色菜描述

　　　　　　　+特色菜价格

　　　　　　　　菜单经理可以为每个菜单定义一个或多个特色菜，这些特色菜是以优惠价将某些食物条目组合在一起

特色菜描述=*每日特色菜的文本描述；最多为 100 个字符*

特色菜价格=*以美元和美分表示的一份特色菜的价钱*

图 D.2 是“自助食堂订餐系统”1.0 版本的部分数据模型，展示了数据字典中描述的实体以及它们之间的关系。

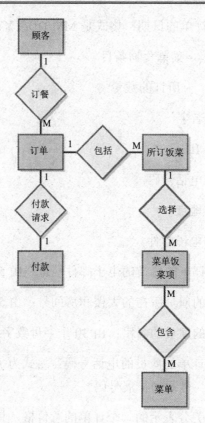

图 D.2 "自助食堂订餐系统"1.0 版本的部分数据模型

D.3.7 附录 B 分析模型

图 D.3 是一幅状态转换图,它展示了可能的订单状态和允许的状态变更。

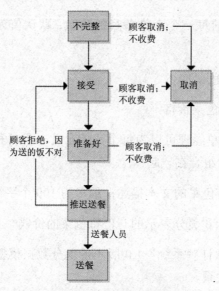

图 D.3 订单状态的状态转换图

D.4 业 务 规 则

下面是单独业务规则(Business Rule，BR)类别的一个范例：

ID	规则定义	规则类型	静态或动态	来　源
BR-1	送餐的时间窗口是15分钟，以每一刻钟开始	事实	静态	自助食堂经理
BR-2	送餐必须在当地时间上午10点和下午2点之间完成	约束	动态	自助食堂经理
BR-3	一张订单上的所有饭菜必须送到同一个地点	约束	静态	自助食堂经理
BR-4	一张订单上的所有饭菜必须采用同一种付费方式来支付费用	约束	静态	自助食堂经理
BR-8	订餐必须在用餐日前14天内预	约束	动态	自助食堂经理
BR-11	如果是送餐上门的订单，则顾客必须通过从工资中扣除餐费的方式来支付餐费	约束	动态	自助食堂经理
BR-12	计算订单价格的方法是每一种食物条目的单价乘以所订的这种食物条目的数量，加上应该交纳的销售税，如果订单是要求送货上门，而送餐地点在免费送餐区域范围之外，则还要再加上送餐费	计算	动态	自助食堂策略；州税收规则(state tax code)
BR-24	只有由自助食堂经理指定为菜单经理的那些自助食堂雇员，才有权创建、修改或删除自助食堂菜单	约束	静态	自助食堂策略
BR-33	在网络上传输的信息，如果涉及财务信息或个人身份信息，则要求采用128位的加密	约束	静态	公司安全策略
BR-35	(这里不列出有关受限的计算机系统访问策略的细节)	约束	静态	公司安全策略
BR-86	只有正式员工才能注册从工资中扣除餐费的支付方式来为公司购餐	约束	静态	公司会计部经理

ID	规则定义	规则类型	静态或动态	来　源
BR-88	如果由于其他原因从员工薪资总额中扣除费用,则只有在当前已扣除的费用不超过工资总额40%的情况下,那么他才能注册从工资中扣除在自助食堂订餐的费用	约束	动态	公司会计部经理

术 语 表

A

acceptance criteria(验收标准)　用户、客户或其他涉众接受软件产品所必须满足的条件。

activity diagram(活动图)　一种分析模型,它显示了系统的动态视图,方法是描绘从一个活动到另一个活动的流。活动图与流程图(flowchart)相似。

actor(执行者)　扮演特定角色的一个人、一个软件系统或一个硬件设备,他们与系统交互以达到某一有用目的。执行者也称作"用户角色(user role)"。

allocation(分配)　请参见"需求分配(requirements allocation)"。

alternative course(可选路径)　通向成功的用例的(达到了参与者的目的)一条路径,但与正常路径在任务细节上或参与者与系统的交互细节上有些变化。

analysis requirements(分析需求)　包括这样一些过程:将需求信息分成各种类别;评估需求是否达到了期望的质量;以不同的形式表示需求;从高层需求衍生出详细的需求;协商需求优先级;等等。

analyst(分析员)　请参见"需求分析员(requirements analyst)"。

architecture(体系结构)　软件系统的结构,包括组成系统的软件组件和硬件组件,这些组件之间的接口和关系,以及对其他组件可见的组件行为。

assumption(假设)　在缺乏证据或明确的知识的情况下,被认为是真(true)的陈述。

attribute,requirements(属性,需求)　请参见"需求属性(requirement attribute)"。

B

baseline,requirements(基线,需求)　一个时间快照,表示针对某一产品的特定版本达成一致意见的、经过评审的、并得到批准的需求集。

business analyst(业务分析)　请参见"需求分析员(requirements analyst)"。

business requirements(业务需求)　构建产品的组织或获得产品的客户的高层业务目标。

business rule(业务规则)　定义或约束业务某些方面的政策、原则、标准或规则。

C

cardinality(基数)　逻辑上与另一个对象或数据实体的实例相关的某个指定对象或数据实体的实例数。范例有一对一、一对多、多对多。

change control board(变更控制委员会)　由负责做出决定是接受还是否决所提议的软件需求变更的人组成的一个团体。

class(类)　描述了具有公共特性和行为的一个对象集，一般情况下，与业务或问题域中的真实世界条目(人、地点或东西)相对应。

class diagram(类图)　一种分析模型，它展示了一组系统类或问题域类及其关系。

constraint(约束)　设计和构造产品时，开发人员进行有效选择时必须强行接受的限制条件。

context diagram(关联图)　一种分析模型，它在很高的抽象层次上对系统进行了描绘。关联图识别与系统交互的系统外部的对象，但它并不展示系统的内部结构或行为。

commercial off-the-shelf product(商业现货(COTS)产品)　从供应商购买的软件包，既可以独立作为问题的解决方案，也可以通过集成、定制和扩展以满足本地客户的需要。

CRUD matrix(CRUD 矩阵)　将系统动作与数据实体相关联起来的一张表，可以展示每一个数据条目在什么地方被创建、读取、更新和删除。

customer(客户)　一类项目涉众，他们请求、付款、选择、规定、使用或接受某一产品产生的输出。

D

data dictionary(数据字典)　有关对问题域重要的数据元素、结构和属性的定义的集合。

data flow diagram(数据流图)　一种分析模型，它描绘了过程、数据集合、端点以及它们之间的流，这种流表现了业务过程或软件系统的行为特点。

decision rule(决策规则)　达成一致意见的一种方法，成员团体通过这种方法达成决议。

decision table(判定表)　一种表，它展示了影响部分系统行为的一组因素值的所有组合，并指明了对每一种组合系统预期以什么动作来响应。

decision tree(判定树)　一种分析模型，它用图形方式展示了系统以什么动作来响应一组影响部分系统行为的因素的所有组合。

dependency(依赖关系)　一个项目对它控制之外的外部因素、事件或团体的依赖。

dialog map(对话图)　一种分析模型，它描绘了用户界面构架，展示了屏幕元素以及在这些元素之间允许的导航。

E

elicitation requirements(获取需求)　通过面谈、专题讨论会、工作流分析和任务分析、文档分析和一些其他机制，从各种来源中确认软件需求或系统需求的一种过程。

entity(实体)　收集和存储有关其数据的业务域中的一个条目。

entity-relationship diagram(实体-关系图)　一种分析模型，它确认了一对实体之间的逻辑关系。

essential(本质)　缺乏实现的详细说明和约束。本质模型是在概念一级描绘信息，独立于它在系统中可能的实现方式。

event(事件)　系统环境中发生的触发或刺激，系统对此做出响应，例如功能行为或状态的变更。

event-response table(事件-响应表)　对系统产生影响的外部事件或由时间触发的事件的列表，它还描述了系统如何响应每一个事件。

evolutionary prototype(演化型原型)　一个完整的功能原型，创建此原型只是作为最终产品的框架或最初增量，当需求渐渐清晰并准备要实现时，对该原型增量地进行充实和扩展。

exception(异常)　阻止用例成功结束的一种条件。除非可能有恢复机制，否则无法得到用例的后置条件，也无法满足参与者的目的。

extends relationship(扩展关系)　用例中的可选路径从正常的步骤序列中分叉的一种结构。将执行可选路径时参与者遵循的步骤打包成一个扩展用例，调用此用例会执行可选动作。然后过程流与正常路径重新会合，直到结束。

external interface requirement(外部接口需求)　对软件系统和用户、另一个软件系统或硬件设备之间接口的描述。

Extreme Programming(极限编程)　一种"敏捷"软件开发方法，其特点是开发人员和现场客户代表之间面对面地协作；需求文档只限于采用"用户材料"的形式；以较小的增量迅速而频繁地交付有用功能。

F

facilitator(协调人)　负责计划和主持协调小组活动(例如需求获取专题讨论会)的人。

feature(特性) 逻辑上相关的一组功能性需求集,为用户提供了某一能力,并使业务目标得以满足。

flowchart(流程图) 一种分析模型,它按照过程或程序的逻辑,显示了过程步骤和判定点。流程图与活动图(activity diagram)相似。

function point(功能点) 对软件规模大小的一种测量,这种测量是基于内部逻辑文件、外部接口文件、外部输入、输出和查询的数量和复杂度的。

functional requirement(功能性需求) 对在某些特定条件下系统将展示的必需的功能或行为的陈述。

G

gold plating(镀金) 指定或构建到产品中的没必要或过分复杂的功能。

H

horizontal prototype(水平原型) 软件系统用户界面的部分实现或可能的实现。此原型用于评估软件系统的易使用性,也用于评估需求的完整性和正确性。也称为"行为原型(behavioral prototype)"或"模型(mock-up)"。

I

IEEE(电气与电子工程师协会) 电气与电子工程师协会。是一种职业协会,它维护一组标准集,其目的是管理和执行软件工程项目和系统工程项目。

includes relationship(包含关系) 一种结构,这种结构把多个用例中重复出现的若干步骤提取出来作为单独的子用例,需要的时候,高层用例(或"调用"用例)可以调用此子用例。

inspection(审查) 同级评审的一种类型,指受过培训的团队成员遵循定义良好的和严格的过程来仔细地检查工作产品中存在的缺陷。

N

navigation map(导航图) 请参见"对话图(dialog map)"。

nonfunctional requirement(非功能性需求) 对软件系统必须展示的特性或特点的描述,或软件系统必须遵照的约束,非功能性需求不同于可观察到的系统行为。

normal course(正常路径)　用例中默认的步骤序列，它导致满足用例的后置条件，而且用户能达到目的。正常路径也称为基本路径(basic course)、主路径(main course)、正常序列(normal sequence)、事件流(flow of events)、主成功场景(main success scenario)和快乐路径(happy path)。

O

object(对象)　类的具体实例，类包括一组数据属性集和对这些属性执行操作的列表，例如，"Mary Jones"是类"Customer"的一个具体实例。

operational profile(运行剖面)　一种场景套件，表示了软件产品的期望使用模式。

P

paper prototype(书面原型)　一种软件系统用户界面的不可执行模型，它采用的是廉价且不涉及高深技术的屏幕草图。

peer review(同级评审)　除工作产品的作者外，由一人或多人执行的一种活动，他们检查工作产品以有意找出其缺陷和改进可能性。

pilot(试验)　一种对新过程的受控执行，目的是在真实的项目条件下评估新过程，以评定是否愿意全面部署这一新过程。

Planguage(Planguage 语言)　由 Tom Gilb 提出的一种面向关键字的语言，用它可以精确和定量地说明需求。

postcondition(后置条件)　描述用例成功完成之后系统状态的一种条件。

precondition(前置条件)　用例开始之前必须满足的条件或系统必须达到的一种状态。

procedure(步骤)　对完成某个指定活动所要执行的动作路径的一步一步的描述，描述了这一活动是如何完成的。

process(过程)　达到某一指定目的所执行的活动序列。"过程描述(process description)"是将这些活动的定义编写成的文档。一个过程可以包括一个或多个步骤(procedure)。

process assets(过程资产)　对诸如模板、表格、检查列表、策略、步骤、过程描述和样例工作产品等编写文档，将它们收集起来协助组织有效地应用改进的软件开发实践。

product champion(用户代言人)　某一特定用户类的指派代表，他为他所代表的用户团体向软件组织提供用户需求。

prototype(原型)　一个程序的部分、初步或可能的实现。用来探索和确认需求，并设计方案。原型类型包括演化型原型、废弃型原型、书面原型、水平原型和垂直原型。这些原型可以综合使用，例如演化型垂直原型。

Q

quality attribute(质量属性)　一种非功能性需求，描述了系统的质量或特性。例如包括有易使用性、可移植性、可维护性、完整性、有效性、可靠性和健壮性。质量属性需求描述了软件产品达到要求的特性的程度，而不是产品行为。

R

requirement(需求)　描述了客户需要或目标，或者描述了为满足这种需要或目标，产品必须具有的条件或能力。需求是这样一种特性，要求产品必须为涉众提供价值。

requirement attribute(需求属性)　有关需求的描述性信息，它丰富了需求的定义，超越了预期的功能陈述。例如包括有需求的来源、需求创建的理由、需求的实现优先级、需求的拥有者、实现需求的产品版本号和需求的当前版本号。

requirements allocation (需求分配)　把系统需求分配给各种构架子系统和组件的过程。

requirements analyst(需求分析员)　项目团队中的一种角色，主要负责与涉众代表协同工作，以便对项目需求进行获取、分析、编写规格说明、确认和管理。也可以称为业务分析员(business analyst)、系统分析员(system analyst)、需求工程师(requirements engineer)、或简称为分析员(analyst)。

requirements development(需求开发)　一种过程，包括定义项目范围、确认用户类和用户代表、并获取、分析、编写规格说明和确认需求等，需求开发的产品是需求基线，它定义了所要构建的产品。

requirements engineering(需求工程)　需求工程领域包括与理解产品必需的能力和属性相关联的项目生存期的所有活动。需求工程包括需求开发和需求管理。是系统工程和软件工程的一个分支学科。

requirements management(需求管理)　对一组已定义的产品需求的管理过程，跨越整个产品开发过程和产品使用寿命。包括跟踪需求状态、管理需求变更和需求规格说明的版本，并对其他项目阶段和工作产品的单个需求加以跟踪。

requirements specification(需求规格说明)　请参见"software requirements specification(软件需求规格说明)"和"specification, requirements"(规格说明，需求)。

requirements traceability matrix(需求跟踪矩阵)　演示单个功能性需求和其他系统制

品之间逻辑联系的一张表，这些系统制品包括其他功能性需求、用例、构架和设计元素、代码模块、测试用例和业务规则。

retrospective(回顾研究)　项目参与者回顾项目活动和结果，有意识地确认使下次项目甚至更成功的方法。

risk(风险)　引起某些损失或对项目成功造成威胁的某种情况。

root cause analysis(根本原因分析)　一种活动，这种活动试图理解产生检察出的问题的根本原因。

S

scenario(场景)　描述了用户和系统之间的特定交互，以达到某些目的。是系统使用的一个实例。是通过用例的一条特定路径。经常以故事的形式来表示。

scope(范围)　当前项目将实现的最终产品前景中的某一部分，这一范围在项目范围内和项目范围外之间绘制了一个边界。

scope creep(范围蔓延)　在整个开发过程中项目范围不断扩大的一种条件，一般情况下是以一种失去控制的方式扩大。

sequence diagram(顺序图)　是一种分析模型，展示了系统中对象或组件之间消息传递的顺序，以完成某一活动。

software development life cycle(软件开发生存周期)　对软件产品进行定义、设计、构建和验证的活动序列。

software requirements specification(软件需求规格说明)　软件产品的功能性需求和非功能性需求的集合。

specification(规格说明)　将系统需求以结构化的、共享的和可管理的形式编写成文档的过程，同样，产品也要经过这一过程。请参见"software requirements specification (软件需求规格说明)"。

stakeholder(涉众)　积极参与项目的一个人、小组或组织，受产品结果的影响，或影响产品的结果。

statechart diagram(状态图)　一种分析模型，它展示了系统中对象在其生存期内所经过的状态顺序，以响应所发生的特定事件；或者展示了系统作为一个整体，它所可能存在的状态。状态图与状态转换图相似。

state-transition diagram(状态转换图)　一种分析模型，它展示了系统可能的各种状态，或系统中对象可能具有的状态，还展示了状态之间允许的状态转换。状态转换图与状态图相似。

subject matter expert(行业专家)　在某一领域具有丰富经验和知识的某个人,他被公认为是这一领域信息来源的权威人士。

system requirement(系统需求)　包含多个子系统的产品的最高层需求,这些子系统可以全部是软件,也可以既有软件又有硬件。

T

template(模板)　一种指导模式,可以生成一个完整的文档或其他条目。

terminator(端点)　上下文图或数据流图中的一个对象,表示用户类、参与者、软件系统或硬件设备,在所描述的系统的外部,但与系统有某种方式的接口,也称为"外部实体(external entity)"。

throwaway prototype(废弃型原型)　一种原型,在创建这种原型时就打算在澄清并确认需求和设计可选方案之后将它废弃。

tracing(跟踪)或可追溯(traceability)　定义一个系统元素(用例、功能性需求、业务规则、设计组件、代码模块、测试用例,等等)和另一个系统元素之间逻辑链接的过程。

U

usage scenario(使用场景)　请参见"scenario (场景)"。

use case(用例)　描述了执行者与系统之间逻辑上相关的可能交互集,系统的输出为执行者提供了价值。用例可以包含多个场景。

use-case diagram(用例图)　一种分析模型,它确认了与系统交互以达到有用目的的执行者,和每一个执行者将执行的各种用例。

user(用户)　直接或间接(例如,使用来自系统的输出,但并不亲自产生这些输出)与系统交互的客户。也称为"最终用户(end user)"。

user class(用户类)　系统的一组用户,他们具有相似的特征和系统需求。当与系统交互时,用户类的成员起执行者的作用。

user requirement(用户需求)　用户通过系统必须能够达到的用户目的或任务,或者陈述了用户对系统质量的期望。

user role(用户角色)　请参见"actor(执行者)"。

V

validation(确认) 对工作产品进行评估以确定它是否满足客户需求这样一种过程。

verification(验证) 对工作产品进行评估以确定它是否满足规格说明和某些条件的这样一种过程，这些条件是在开发工作开始阶段创建工作产品时就确定了必须强行接受的。

vertical prototype(垂直原型) 软件系统的部分实现，它触及到了构架的所有层次。用来评估技术可行性和性能。也称为"结构化原型(structural prototype)"或"概念的证明(proof of concept)"。

vision(前景) 有关新系统的最终目的和形式的一种长期的战略性概念。

vision and scope document(前景和范围文档) 提出了新系统业务需求的一种文档，包括产品前景陈述和项目范围描述。

W

waterfall development life cycle(瀑步式开发生存周期) 一种软件开发过程的模型，在这一模型中，需求、设计、编码、测试和部署等各种活动都是按顺序完成的，几乎没有重叠或迭代。

结　　语

软件项目要取得成功，最重要的莫过于要了解需要解决哪些问题，需求为项目的成功奠定了基础。如果开发团队及其客户没有就产品功能和特性达成共识，那么其结果很可能会令人很不愉快，而这是我们都不愿意看到，且应该尽量避免的。如果当前的需求实践并不能使您得到满意的结果，那么可以仔细考虑一下本书中提出的哪些技术可能会对您有所帮助，并有选择地应用这些技术。有效需求工程的重要原则包括：

- 客户代表尽早介入需求工程，并且要有足够的客户参与。
- 迭代地或增量地开发需求。
- 以各种方式来表示需求，以确保每个人都能理解。
- 确保需求对所有涉众的完整性和正确性。
- 控制需求变更方式。

要改变软件开发组织的工作方式并不是一件容易的事，因为我们很难证实当前的工作方式不如我们喜欢的方式好，也很难断定下一次应该尝试哪种方法。我们很难抽出时间学习新技术、开发改进的软件过程、试验并调整过程、以及将它们传达到组织的其他部门。使涉众各方确信必须进行变更也是一件很困难的事。但是，如果不改变工作方式，我们就没有理由相信当前项目将比上一个项目更好。

软件过程改进的成功取决于下面几个因素：

- 清楚地描述组织的痛苦所在。
- 一次只集中改进少许领域。
- 目标明确，定义改进活动的计划。
- 描述与组织变更相关的人为因素和文化因素。
- 说服高级经理将过程改进视为业务成功的战略投资。

当我们定义路线图来改进需求工程实践并开始付诸于行动时，要牢记上述过程改进原则。保留那些适合于组织和团队的实践方法。如果我们积极地应用已知的良好实践，并依靠常识，就可以显著地改进处理项目需求的方式，并获得由此带来的全部优点和益处。另外还应记住，没有优秀的需求，软件就像是一个巧克力盒子：我们决不会知道我们将得到什么样的产品。

读者回执卡

欢迎您立即填妥回函

您好！感谢您购买本书，请您抽出宝贵的时间填写这份回执卡，并将此页剪下寄回我公司读者服务部。我们会在以后的工作中充分考虑您的意见和建议，并将您的信息加入公司的客户档案中，以便向您提供全程的一体化服务。您享有的权益：

★ 免费获得我公司的新书资料；　　　　　　★ 免费参加我公司组织的技术交流会及讲座；

★ 寻求解答阅读中遇到的问题；　　　　　　★ 可参加不定期的促销活动，免费获取赠品；

读者基本资料

姓　　名＿＿＿＿＿＿＿＿　性　　别 □男　□女　年　　龄＿＿＿＿＿＿＿

电　　话＿＿＿＿＿＿＿＿　职　　业＿＿＿＿＿　文化程度＿＿＿＿＿＿＿

E-mail＿＿＿＿＿＿＿＿　邮　　编＿＿＿＿＿＿＿

通讯地址＿＿＿＿＿＿＿＿＿＿＿＿＿＿＿＿＿＿＿＿＿＿

请在您认可处打√（6至10题可多选）

1、您购买的图书名称是什么：＿＿＿＿＿＿＿＿＿＿＿＿＿＿＿＿＿＿

2、您在何处购买的此书：＿＿＿＿＿＿＿＿＿＿＿＿＿＿＿＿＿＿

3、您对电脑的掌握程度：　　　　□不懂　　　　□基本掌握　　　□熟练应用　　　□精通某一领域

4、您学习此书的主要目的是：　　□工作需要　　□个人爱好　　　□获得证书

5、您希望通过学习达到何种程度：□基本掌握　　□熟练应用　　　□专业水平

6、您想学习的其他电脑知识有：　□电脑入门　　□操作系统　　　□办公软件　　　□多媒体设计
　　　　　　　　　　　　　　　　□编程知识　　□图像设计　　　□网页设计　　　□互联网知识

7、影响您购买图书的因素：　　　□书名　　　　□作者　　　　　□出版机构　　　□印刷、装帧质量
　　　　　　　　　　　　　　　　□内容简介　　□网络宣传　　　□图书定价　　　□书店宣传
　　　　　　　　　　　　　　　　□封面，插图及版式　□知名作家（学者）的推荐或书评　　□其他

8、您比较喜欢哪些形式的学习方式：□看图书　　□上网学习　　　□用教学光盘　　□参加培训班

9、您可以接受的图书的价格是：　□20元以内　□30元以内　　　□50元以内　　　□100元以内

10、您从何处获知本公司产品信息：□报纸、杂志　□广播、电视　　□同事或朋友推荐　□网站

11、您对本书的满意度：　　　　　□很满意　　□较满意　　　　□一般　　　　　□不满意

12、您对我们的建议：＿＿＿＿＿＿＿＿＿＿＿＿＿＿＿＿＿＿＿＿＿＿＿＿＿

请剪下本页填写清楚，放入信封寄回，谢谢！

1 0 0 0 8 4

北京100084—157信箱

读者服务部　　　　　　　收

贴 邮
票 处

邮政编码：□□□□□□